G. Schimmel

Elektronenmikroskopische Methodik

Mit 134 Abbildungen
in 249 Einzeldarstellungen

Springer-Verlag Berlin · Heidelberg · New York 1969

Dr.-Ing. G. SCHIMMEL

Battelle-Institut e.V., Frankfurt am Main

ISBN-13: 978-3-642-49023-1 e-ISBN-13: 978-3-642-92986-1
DOI: 10.1007/978-3-642-92986-1

 Library of Congress Catalog Card Number 69-12301.
Softcover reprint of the hardcover 1st edition 1969

Titel-Nr. 1538

Vorwort

In diesem Buch haben Erfahrungen ihren Niederschlag gefunden, die ich während 16jähriger Tätigkeit auf dem Gebiet der angewandten Elektronenmikroskopie sammeln konnte. Dabei beziehen sich diese Erfahrungen nicht nur auf die Durchführung elektronenmikroskopischer Präparationen und Anfertigen von Aufnahmen am Elektronenmikroskop, sondern sie schließen auch den diesen Tätigkeiten vorangehenden und nachfolgenden Denk-Prozeß mit ein: Das Erkennen echter Aufgaben für die Elektronenmikroskopie, die Interpretation der elektronenmikroskopischen Aufnahmen und die Kombination der elektronenmikroskopischen Möglichkeiten mit anderen Meßmethoden. Diesen ganzen Komplex habe ich in Ermangelung eines besseren oder eindeutigeren Ausdrucks als „elektronenmikroskopische Methodik“ bezeichnet.

Bei der Notwendigkeit, während der Tätigkeit im Battelle-Institut stets wieder neue Mitarbeiter in das Arbeitsgebiet Elektronenmikroskopie einzuführen und bei der Aufgabe, Ergebnisse den Institutskollegen oder institutsfremden Auftraggebern zu erklären, hatte ich laufend Gelegenheit zu erkennen, wo die begrifflichen Schwierigkeiten auch für physikalisch Gebildete innerhalb des Komplexes der „elektronenmikroskopischen Methodik“ liegen: Sie liegen in der Notwendigkeit, eine elektronenmikroskopische Aufnahme nicht als „Abbildung“ eines Objektes, sondern als physikalisches Meßergebnis aufzufassen, wobei ein Hauptproblem darin liegt, daß sich das Meßergebnis fast nie in einfache Zahlenwerte zusammenfassen läßt, wie Zeigerausschläge an Voltmeter oder Ampèremeter. Kein Maschineningenieur, Chemiker oder Metallkundler wird sich ohne besondere Einweisung oder Erfahrung an die Auswertung einer Röntgeneinkristallaufnahme heranwagen, auch wenn er vielleicht aufgrund seiner Ausbildung dazu in der Lage sein müßte. Aber sowie ein „Bild“ vorliegt, werden die kühnsten Schlüsse daraus gezogen. Die physikalische Tatsache, daß in vielen Fällen die Gesetze für die Entstehung der Beugungsaufnahme leichter zu übersehen und zu handhaben sind als die Formeln, denen die Kontraste in der reellen Abbildung gehorchen, wird nur allzuoft übersehen. Auch ist der Irrglaube, daß ein gutes Abdruckpräparat praktisch mit dem Untersuchungsobjekt, von dem es stammt, gleichgesetzt werden darf, einfach nicht auszurotten. Dabei ist die Abdrucknahme ein komplizierter Abbildungsvorgang, bei dem je nach angewandter Technik die „Kontrastübertragungsfunktion“ (im erweiterten Sinne verstanden) über einen großen Bereich variieren kann. Die Frage nach der richtigen Abdruck-Abbildung ist im Grunde sinnlos: Richtig sind Abdrucke mit eindeutiger funktionaler Beziehung zwischen den resultierenden Kontrasten im elektronenmikroskopischen Bild und besonderen Objekteigenschaften, gleichgültig, wie vertraut oder fremd oder ästhetisch befriedigend die Kontrastfiguren uns erscheinen mögen.

Um nun zum Verständnis dieser Erscheinungen zu gelangen, ist eines vor allem notwendig: Die Kenntnis der Grundgesetze über die Bildentstehung im

Mikroskop. Die in allen modernen Elektronenmikroskopen gegebene Möglichkeit, Elektronenbeugung und reelle Abbildung wahlweise zu beobachten, weist der Abbeschen Theorie des Mikroskopes im Falle der Elektronenmikroskopie eine größere, praktische Bedeutung zu als in der Lichtmikroskopie. Allerdings ist dabei scharf herauszustellen, welcher Teil des Beugungsbildes jeweils als primäre Abbildung, das heißt als für das sekundäre Bild maßgebliche Beugungserscheinung aufgefaßt werden darf. Hierdurch lassen sich in leichter Weise wesentliche Unterschiede zur Lichtmikroskopie erkennen; weiterhin eröffnet sich der Zugang zum Verständnis des Beugungskontrastes in seinen vielfältigen Varianten. Die Kenntnis der Grundgesetze der Elektronenbeugung ist hierfür allerdings weitere Voraussetzung.

Aus diesen Überlegungen ergab sich eine konsequente Konzeption und Gliederung für den ersten Teil des Buches, wobei sich Überschneidungen mit anderen Büchern über Elektronenmikroskopie nicht vermeiden ließen; sie wurden zu Gunsten der Geschlossenheit der Darstellung in Kauf genommen.

Der zweite Teil des Buches enthält Anwendungsbeispiele. Bei der Auswahl wurde unter anderem besonderer Wert darauf gelegt, die Kombination verschiedener elektronenmikroskopischer Methoden und die Kombination der Elektronenmikroskopie mit anderen Untersuchungsmethoden zu demonstrieren. Nur in wenigen Fällen wird das Elektronenmikroskop allein die Lösung eines wissenschaftlichen Problems ermöglichen. Oft führt erst die sinnvolle Kombination verschiedener Untersuchungsmethoden zum Erfolg. Leider gibt es nicht viele Forschungsinstitute in Deutschland, in denen die modernen experimentellen Hilfsmittel (wie Elektronenmikroskop, Elektronen-Rastermikroskop, Elektronenstrahl-Mikrosonde, LEED-Apparatur, BET-Apparatur usw.) gleichzeitig zur Verfügung stehen. Das sollte aber nicht davon abhalten, darauf hinzuweisen, daß die sinnvolle Kombination von Untersuchungsmethoden nicht einfache Summation der Erkenntnis zu sein braucht, sondern daß eine viel größere Steigerung der Informationsdichte erreicht werden kann. Die Auswahl der Beispiele erfolgte nicht nach der Bedeutung der zugrundeliegenden Probleme, sondern nach didaktischen Gesichtspunkten entsprechend dem Ziel des Buches, nicht aktuelle Forschungsprobleme, sondern elektronenmikroskopische Methodik zu behandeln. Vielleicht mögen manchen Fachkollegen einige der Bilder nicht „schön“ genug erscheinen. Ihnen gestehe ich offen ein: Ich habe oft wesentliche Erkenntnisse aus gar nicht „schönen“ Bildern gezogen. Die Freude über eine ästhetisch besonders schöne und technisch besonders gute Aufnahme sollte nicht vergessen lassen, daß die Interpretation und nicht das schöne Bild den Wert der Arbeit ausmacht.

Auf die Behandlung der Elektronenoptik habe ich konsequent verzichtet. Sie gehört nicht in ein Buch dieser Art. Der praktische Elektronenoptiker wird vor ein kommerzielles Gerät gesetzt, an dessen optischen Einrichtungen er im allgemeinen nichts ändern kann. Anleitung zur Justierung der optischen Elemente und zur Korrektur von axialem Astigmatismus findet er in den meistens sehr ausführlichen und gründlichen Gebrauchsanweisungen der Geräte. Die Elektronenbahnen in einer magnetischen oder elektrostatischen Linse braucht er zum optimalen Einsatz des Gerätes ebensowenig zu kennen wie die Größe der Fehlerkonstanten der Elektronenlinsen, an denen er doch nichts ändern kann. Schließlich wird von keinem Anwender des Lichtmikroskopes verlangt, daß er die Durchrechnungsformeln für optische Linsensysteme beherrscht, die Fehlerkonstanten seiner Linsen kennt oder gar berechnen kann. Wichtig ist dagegen, daß der Benutzer eines Gerätes die Leistungsgrenze richtig einschätzt und nicht im Bereich der Auflösungsgrenze aus jedem Phasenkontrast eine neue Objekteigenschaft herausliest. Hier werden die Interpretationsmöglichkeiten der Aufnahmen häufig leider viel zu optimistisch dargestellt, so daß bei manchem Anfänger ein wahrer Kinderglaube an die Unfehlbarkeit elektronenmikroskopischer Aufnahmen wachsen kann.

Es ist mir ein Bedürfnis, an dieser Stelle allen denen, die mir bei meinen elektronenmikroskopischen Arbeiten und beim Schreiben dieses Buches behilflich waren, meinen herzlichen Dank auszusprechen. Ich habe sehr schnell bei den ersten Schreibversuchen gespürt, daß die Fertigstellung eines solchen Manuskriptes neben einer vollberuflichen, industriellen Tätigkeit nahezu unmöglich ist. Um so mehr gilt mein Dank jenen, die in selbstloser, über die normale Dienstzeit hinausreichender Tätigkeit geholfen haben, schließlich doch zum Schlußpunkt zu gelangen. Aus der langen Reihe der Namen sei hier nur der meiner langjährigen Mitarbeiterin Frl. HANNY GROTHE hervorgehoben, ohne deren Tätigkeit in diesem Buch so manche Aufnahmen fehlen würden.

Dem Battelle-Institut sei an dieser Stelle für die finanzielle Unterstützung bei Schreib- und Zeichenarbeiten und Herstellung der photographischen Vorlagen gedankt.

Schließlich möchte ich noch meinen besonderen Dank an Herrn Prof. Dr. ERNST BRÜCHE abstatten, der mich in die Kunst des Lesens elektronenmikroskopischer Aufnahmen einführte, einer Kunst, in der er selbst es zu großer Meisterschaft gebracht hat.

Frankfurt am Main, Oktober 1968 Dr. G. SCHIMMEL

Inhaltsverzeichnis

1. Elektronenstrahlen

Jede physikalische Messung ist in irgendeiner Weise mit einer oder mehreren Energietransformationen verknüpft, durch die die Meßgröße dem menschlichen Bewußtsein als Meßwert zugänglich und interpretierbar gemacht wird. In welche Form der Meßwert letztlich gebracht wird (Schallwellen, Wärmestrahlung, Lichtwellen, gedrucktes Ergebnis) ist eine Frage der Zweckmäßigkeit. Entscheidend für den Wert einer Messung ist dagegen die Energieform, die wir primär als eine Art „Sonde“ zur Beobachtung von Naturvorgängen anwenden, denn sie entscheidet wesentlich über die Grenzen des Verfahrens. Entsprechend der unterschiedlichen „Qualität“ unserer Sinnesorgane sind Schallwellen und Lichtwellen die Sonden, mit denen sich der Mensch in seiner Umwelt orientiert. Die organisch bedingte Begrenzung unseres Wahrnehmungsvermögens wurde durch die Entwicklung von sinnvollen Meßgeräten überwunden, durch die im Falle des Lichtes die zu beobachtenden Dinge oder Vorgänge durch Vergrößern oder Verkleinern in Dimensionen „abgebildet“ werden, die unserem Auge zugänglich sind. Speziell gestattet es das Mikroskop, die durch das Auflösungsvermögen unseres Auges gesetzte Grenze in der Wahrnehmung kleiner Objekte zu unterschreiten. Als vorteilhaft wird bei dem Mikroskop oft noch der Umstand empfunden, daß das Meßergebnis hier als Bild erscheint, das in den meisten Fällen keiner weiterenUmformung oder mathematischen Analyse bedarf, sondern dem Beobachter ohne weitere Hilfsmittel verständlich ist (im Gegensatz zum Beispiel zu einer Beugungsfigur). Jedoch liefert auch das Lichtmikroskop Ergebnisse, die nicht mehr an Hand der Erfahrungen aus dem makroskopischen Bereich, sondern nur durch Anwendung physikalischer Gesetze interpretiert werden können, z. B. die Farbenerscheinungen in der Polarisationsmikroskopie, die Phasenkontraste und die Beugungserscheinungen in der Nähe der Auflösungsgrenze.

Das Maß für die Feinheit der „Licht-Sonde“ ist die Wellenlänge des sichtbaren Lichtes. Gegenstände, die klein gegen die Wellenlänge der verwendeten Strahlung sind, können nicht mehr abgebildet werden. Wir wissen heute, daß der Wellenlängenbereich des sichtbaren Spektrums eine relativ grobe Sonde darstellt gemessen an der Bedeutung, die atomaren, molekularen oder auch zellularen Vorgängen weit unterhalb der Lichtwellenlängen zukommt.

So war es für die angewandte Forschung ein enormer Fortschritt, als durch die Arbeiten von Busch, Ruska, Borries, Brüche, Ardenne die Elektronenstrahlen als brauchbare Sonden zur Beobachtung von Objekten, die in ihren Dimensionen unterhalb der Lichtwellenlänge liegen, erkannt wurden. Es entstanden die ersten Elektronenmikroskope, die sich inzwischen einen bedeutenden Platz in der reinen und angewandten Naturforschung erobert haben. Die Tatsache, daß genau wie bei einem Lichtmikroskop das Meßergebnis als „Bild“ erscheint, hat diesem neuen Hilfsmittel den Eingang in die verschiedensten Forschungsbereiche zweifellos bedeutend erleichtert; gerade in diesem Merkmal liegt jedoch zugleich eine große Gefahr für unsachgemäße Interpretation der Ergebnisse.

So ist einer der größten und häufigsten Fehler bei der Bewertung und Auswertung elektronenmikroskopischer Aufnahmen die Annahme, daß eine solche Aufnahme eine Abbildung im herkömmlichen Sinne sei. Ein Elektronenstrahl gehorcht bei der Wechselwirkung mit einem Objekt anderen Gesetzen als ein Lichtstrahl bei der Streuung an den Objekten unserer Umwelt, und darum ist es nicht zulässig, die Erfahrungen, die wir beim Sehen mit dem unbewaffneten Auge oder mit dem Lichtmikroskop gesammelt haben, kritiklos auf elektronenmikroskopische „Bilder" zu übertragen. Der Irrglaube, man könne elektronenmikroskopische Aufnahmen wie Bilder aus einem handelsüblichen Photoapparat verstehen und interpretieren, ist anscheinend nicht auszurotten.

Um elektronenmikroskopische Aufnahmen verstehen zu können, muß man die Gesetze der Wechselwirkung zwischen Elektronenstrahlung und Materie kennen und die Grundzüge der Bildentstehung im Mikroskop beherrschen.

Wenden wir uns nun zunächst den wichtigsten Kenndaten der Elektronenstrahlen zu.

Betrachten wir Elektronen als kleine, geladene Teilchen, charakterisiert durch Ruhemasse m_0 und Ladung e, so läßt sich ein Elektronenstrahl durch Richtung, Geschwindigkeit v und die Zahl der Elektronen beschreiben. Die Geschwindigkeit kann über die kinetische Energie aus der Beschleunigungsspannung U berechnet werden: Das Produkt aus Beschleunigungsspannung U und Elementarladung e eines Elektrons ist gleich seiner kinetischen Energie E_{kin}. Nach den Gleichungen der speziellen Relativitätstheorie können wir also schreiben:

$$E_{\mathrm{kin}} = e\,U = m\,c^2 - m_0\,c^2$$

oder

$$m = m_0 + \frac{e\,U}{c^2}. \tag{1.1}$$

Dabei ist c die Lichtgeschwindigkeit im Vakuum und m die relativistische Masse des Elektrons, die mit der Ruhemasse m_0 durch die Beziehung

$$m = \frac{m_0}{\sqrt{1 - \frac{v^2}{c^2}}} \tag{1.2}$$

verknüpft ist.

Für den Impuls $p = m v$ ergibt sich aus den Gln. (1.1) und (1.2) der Ausdruck

$$p = c\sqrt{\left(m_0 + \frac{e\,U}{c^2}\right)^2 - m_0^2}. \tag{1.3}$$

Diese Gleichung verknüpft den Impuls p mit der Beschleunigungsspannung U.

Für numerische Überlegungen ist es zweckmäßig, analog zur Ruhemasse m_0 der Elektronen ein Ruhepotential φ_0 durch die folgende Gleichung einzuführen:

$$m_0\,c^2 = e\,\varphi_0.$$

Damit läßt sich Gl. (1.3) in folgender Form schreiben:

$$p=\sqrt{2m_0 e U\left(1+\frac{U}{2\varphi_0}\right)}. \tag{1.4}$$

Das Glied in der runden Klammer stellt den relativistischen Korrekturfaktor gegenüber der klassischen Mechanik dar.

Die korpuskulare Betrachtungsweise der Elektronenstrahlen reicht bekanntlich nicht aus, um die im Elektronenmikroskop zu beobachtenden Phänomene zu erklären. Vielmehr wird die Wechselwirkung zwischen den Elektronen und Materie durch die Gleichungen der Quantenmechanik beschrieben. Können relativistische Effekte vernachlässigt werden, so kann man von der Schrödingergleichung in der gewohnten Form ausgehen:

$$\Delta\psi-\frac{8\pi^2 m_0}{h^2}(E-V)\psi=0 \tag{1.5}$$

wobei E die Gesamtenergie und V die klassische potentielle Energie der Elektronen bedeutet.

Wir beschränken uns zunächst auf den feldfreien Raum, setzen also $V=0$ und erhalten aus (1.5)

$$\Delta\psi+\frac{8\pi^2 m_0}{h^2}E=0 \tag{1.6}$$

E ist dann gleich der kinetischen Energie.

Diese Differentialgleichung wird durch den Ansatz

$$\psi=\psi_0 e^{i\mathfrak{k}\mathfrak{r}} \tag{1.7}$$

erfüllt, also der (zeitunabhängigen) Gleichung für eine ebene Welle mit der Wellenzahl

$$|\mathfrak{k}|=k=\frac{2\pi}{\lambda}.$$

Durch Einsetzen von (1.7) in (1.6) folgt:

$$k=\sqrt{\frac{8\pi^2 m_0 E}{h^2}}=\frac{2\pi}{\lambda}. \tag{1.8}$$

Bei Beschränkung auf das positive Vorzeichen erhalten wir aus (1.8) für die Wellenlänge λ den Ausdruck:

$$\lambda=\frac{h}{\sqrt{2m_0 E}}.$$

Setzen wir für die kinetische Energie den klassischen Wert $\frac{m_0}{2}v^2$ ein, so erhalten wir die de Broglie-Beziehung:

$$\lambda=\frac{h}{m_0 v}=\frac{h}{p_0}. \tag{1.9}$$

Nach dieser Gleichung wird jedem Elektronenstrahl, dessen Elektronen den Impuls p_0 besitzen, im feldfreien Raum eine Materiewelle mit der Wellenlänge λ zugeordnet. Die Gl. (1.9) war hier aus der nichtrelativistischen Schrödinger-Gleichung für den feldfreien Raum abgeleitet worden, was durch die Indizes bei m_0 und p_0 angedeutet wurde. Die Gl. (1.9) gilt jedoch auch bei relativistischer Betrachtung, so daß wir für den Impuls p_0 in Gl. (1.9) den relativistischen Impuls p aus (1.4) einsetzen können. Somit ergibt sich für die „Elektronenwellenlänge“ im feldfreien Raum der Ausdruck

$$\lambda = \frac{h}{\sqrt{2 m_0 e U \left(1 + \frac{U}{2\varphi_0}\right)}}. \tag{1.10}$$

Setzt man für die Konstanten m_0, e und h die Zahlenwerte ein, so erhält man die Gleichung

$$\lambda = \frac{12{,}26}{\sqrt{\frac{U}{V}\left(1 + 0{,}9788 \cdot 10^{-6} \frac{U}{V}\right)}} \text{ Å}. \tag{1.11}$$

Abb. 1 zeigt die Werte für λ in Abhängigkeit von der Beschleunigungsspannung mit und ohne relativistische Korrektur. Letztere braucht erst berücksichtigt zu werden, wenn U sich dem Wert von $2\varphi_0 \approx 10^6$ V nähert.

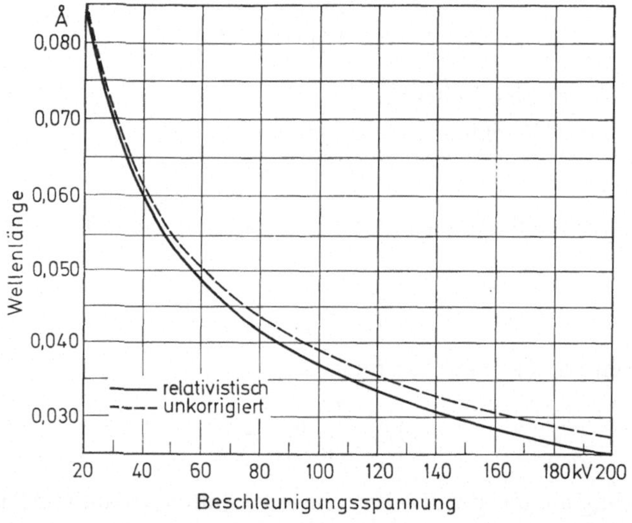

Abb. 1. Zusammenhang zwischen Beschleunigungsspannung und Elektronen-Wellenlänge. (Aus L. Reimer: Elektronenmikroskopische Untersuchungs- und Präparationsmethoden, S. 78. Berlin-Göttingen-Heidelberg: Springer 1959)

Die Gl. (1.11) kann zu der Annahme verleiten, daß die Wellenlänge der Elektronenstrahlen in gleicher Weise eine physikalische Realität sei wie die Wellenlänge elektromagnetischer Strahlung. Das ist aber nicht der Fall. Lösungen der Schrödingergleichung (1.5) liefern nur Aussagen über die Aufenthaltswahrscheinlichkeit der Elektronen, gegeben durch das Produkt $\psi\psi^*$, und nur diese ist einer experimentellen Nachprüfung zugänglich. Dagegen ist die Elektronen-Wellenlänge keine physikalisch meßbare Größe. Das sei an einem Beispiel erläutert:

Der elektronenoptische Brechungsindex und damit auch die Elektronenwellenlänge ist eine Funktion des magnetischen Vektorpotentials $\mathfrak{A}$. Für $\mathfrak{A} \neq 0$ wird

$$\lambda = \frac{h}{p - e\,\mathfrak{s} \cdot \mathfrak{A}}. \tag{1.12}$$

wo p der Impuls und $\mathfrak{s}$ der Einheitsvektor in Bahnrichtung des Elektrons ist. $\mathfrak{A}$ ist jedoch nur bis auf eine willkürliche Größe, die sich als Gradient schreiben läßt, eindeutig definiert, und man kann setzen:

$$\mathfrak{A}^* = \mathfrak{A} + \operatorname{grad} \varphi. \tag{1.13}$$

Die magnetische Feldstärke wird durch die Transformation (1.13) nicht verändert wegen

$$\operatorname{rot} \mathfrak{A} = \operatorname{rot} \mathfrak{A}^*.$$

Jedoch wird die Elektronen-Wellenlänge dadurch vieldeutig. Auch in Gebieten, in denen $\mathfrak{A} = 0$ ist, kann gemäß (1.13) ein beliebiges $\mathfrak{A}^*$ vorgegeben werden. Das Produkt $\psi\psi^*$ (also die Aufenthaltswahrscheinlichkeit der Elektronen z. B. in einem Interferenzversuch) ändert sich durch eine Transformation (1.13) im Gegensatz zu λ in (1.12) nicht, da der quantenmechanische Impulsoperator, der das Vektorpotential $\mathfrak{A}$ enthält, eichinvariant ist. Unter den unendlich vielen im Prinzip möglichen Wellenlängen ist die durch Gleichung (1.10) definierte die mathematisch einfachste. Ungeachtet dieser Vieldeutigkeit ist die Elektronen-Wellenlänge bei physikalischen und elektronenoptischen Überlegungen eine sehr nützliche Größe, und im folgenden wird daher stets auf die durch (1.10) definierte Wellenlänge zurückgegriffen.

2. Einführung in die Theorie des Mikroskopes

2.1. Wechselwirkung zwischen Strahlung und Materie

Bei allen optischen Geräten, in denen man einen *nichtleuchtenden* Gegenstand mit Licht einer geeigneten Lichtquelle bestrahlt, wird die Störung, die das beleuchtende Lichtbündel durch das Untersuchungsobjekt erleidet, dazu benutzt, Informationen über das Objekt zu erhalten. Der Begriff „optische Geräte" soll hier sehr weit gefaßt sein. Wir verstehen darunter alle Meßeinrichtungen, bei denen primär ein Wellenpaket auf das Untersuchungsobjekt trifft, gleichgültig ob es sich dabei um elektromagnetische Strahlung (sichtbares Licht, Röntgenstrahlung) oder Materie-Wellen (Elektronen-, Protonen-, Neutronenstrahlung) handelt. Je nach der Art der Störung spricht man von Absorption, Brechung, Lichtstreuung, Beugung, Interferenz usw. Die meßtechnische Erfassung der Lichtstörung richtet sich erstens nach den experimentellen Möglichkeiten und zweitens nach dem Untersuchungsziel.

Im Falle der Röntgenstrahlung zum Beispiel stehen keine Linsen zur Verfügung (wenn von den bisher noch unbefriedigenden Versuchen mit Zonenplatten abgesehen wird). Hier wird das Wellenfeld hinter dem Objekt mit einer photographischen Schicht registriert oder mit einem Zählrohr abgetastet. Bei sichtbarem Licht werden oft Linsen dazu benutzt, eine reelle Abbildung von beleuchteten Gegenständen zu erzeugen, da in diesem Falle die Interpretation der Abbildung wegen der einfachen geometrischen Abbildungsgesetze keinen mathematischen Aufwand erfordert. In jüngster Zeit wurde am Beispiel der Holographie gezeigt, daß ein Interferenzbild (hier Hologramm genannt) mehr Informationen über das Objekt enthält als eine reelle, optische Abbildung. Allerdings ist die Holographie an bestimmte Eigenschaften des beleuchtenden Lichtes (Kohärenz) geknüpft.

Alle Informationen, die über das Objekt erlangt werden können, sind in der Veränderung, welche die beleuchtenden Strahlen erleiden, enthalten. Im allgemeinen ist es nicht möglich, alle Informationen gleichzeitig meßtechnisch zu erfassen. Deshalb ist es oft sehr wichtig, Ergebnisse verschiedener Methoden zu kombinieren.

Welche Art der Beeinflussung bei der Wechselwirkung zwischen Wellenstrahlung und Untersuchungsobjekt überwiegt, richtet sich vornehmlich nach dem Verhältnis zwischen Wellenlänge und der Größe örtlicher Inhomogenitäten im Objekt. Sind die Strecken, in denen sich charakteristische Eigenschaften des Objektes merklich verändern, groß gegen die Wellenlänge, so überwiegen Brechung und Absorption, im anderen Falle Beugung und Streuung. Elektronenstrahlen der Energie von rund 100 keV besitzen, wie aus Abb. 1 hervorgeht, eine Wellenlänge, die weit unterhalb der Atomabstände in Kristallen liegt. Sie werden in elektronenmikroskopischen Objekten vorwiegend gestreut und gebeugt.

2.2. Die Bildentstehung im Durchstrahlungsmikroskop

Wir setzen in diesem Buch als bekannt voraus, daß es Linsen für Elektronenstrahlen gibt, die sich genau wie Linsen für Lichtstrahlen durch bestimmte Größen wie Brennweite, Apertur, Fehlerkonstanten usw. beschreiben lassen. Die Gesetze, nach denen sich diese Größen im einzelnen berechnen lassen, sind für den Benutzer eines Elektronenmikroskopes ebenso unwichtig wie Durchrechnungsformeln der lichtoptischen Linsensysteme oder gar die Zusammensetzung der Gläser für den Benutzer eines Lichtmikroskopes. Wichtig ist dagegen die Kenntnis der möglichen Strahlengänge und der Kontrastentstehung im Bild eines Objektes, denn nur diese Kenntnis ermöglicht eine optimale Ausnutzung der apparativen Möglichkeiten und eine den physikalischen Gegebenheiten gerecht werdende Interpretation der elektronenmikroskopischen Meßergebnisse.

An dieser Stelle wird auch bewußt auf eine Beschreibung spezieller Konstruktionsmerkmale einzelner Geräte verzichtet. Diese sind den Anleitungen und Beschreibungen der Herstellerfirmen viel besser zu entnehmen. Außerdem unterscheiden sich die modernen Hochleistungsdurchstrahlungsmikroskope in ihrem prinzipiellen Aufbau nur sehr wenig.

Allen Durchstrahlungsmikroskopen (worunter hier sowohl Licht- als auch Elektronenmikroskope verstanden werden) ist gemeinsam, daß ein durchstrahlbares Objekt mit räumlich kohärenter Wellenstrahlung beleuchtet wird. (Mit Kohärenz wurde ursprünglich die Fähigkeit zweier oder mehrerer Lichtstrahlen verstanden, miteinander zu interferieren. Der Begriff hat nicht zuletzt durch die Entwicklung der Laser-Lichtquellen eine Ausweitung erfahren, und man betrachtet nunmehr die Kohärenz als Maß für die ungestörte räumliche und zeitliche Periodizität einer Wellenstrahlung. Man unterscheidet dementsprechend zwischen räumlicher und zeitlicher Kohärenz. Für die folgenden Überlegungen setzen wir am Objekt räumliche Kohärenz voraus.) Bestrahlen wir nun ein Objekt mit kohärenter Strahlung, so bestehen wegen der strengen, räumlichen Periodizität über das gesamte Objekt hinweg feste Phasenbeziehungen zwischen den Teilbündeln, in die wir uns die gesamte Strahlung zerlegt denken können. Diese Phasenbeziehungen werden durch die Geometrie des Beleuchtungssystems und die optischen Weglängen zwischen Strahlenquelle und Objektpunkt bestimmt. In einem durchstrahlbaren Objekt werden die Strahlen je nach den örtlich wechselnden Eigenschaften mehr oder weniger stark absorbiert und gebeugt. Die aus ihrer ursprünglichen Richtung durch Streuung und Beugung abgelenkten, von verschiedenen Objektpunkten ausgehenden Strahlen sind infolge ihrer Kohärenz interferenzfähig. So entsteht hinter dem Objekt ein modifiziertes Wellenfeld, das alle unter den speziellen experimentellen Bedingungen ermittelbaren Informationen über das Objekt enthält. Die mit einem geeigneten Empfänger (z. B. Photoplatte) in einer Ebene senkrecht zur optischen Achse als Folge von Beugung und Interferenz ermittelte Energieverteilung wird im allgemeinen als Beugungsbild des Objektes bezeichnet.

Wir setzen nun ein spezielles Beleuchtungssystem voraus, bestehend aus einer Strahlenquelle (in der Lichtmikroskopie einer Mikroskopierlampe, in der Elektronenmikroskopie einem Kathodensystem) und einer Linse (Kondensor), welche die von der Strahlenquelle kommenden Strahlen parallel richtet. Das Objekt wird jetzt also von einer ebenen Welle getroffen. Ferner nehmen wir an, daß sich die optischen Eigenschaften des Objektes räumlich periodisch ändern. Ein solches Objekt wird im folgenden kurz als Gitter bezeichnet, wobei die spezifische Art der Eigenschaftsänderung zunächst offen bleibt. Zum Beispiel kann sich der Absorptionskoeffizient periodisch ändern; dann liegt ein Absorptionsgitter vor. Ändert sich dagegen der Brechungsindex, sprechen wir von einem Phasengitter. Die Beschränkung auf periodische Gitter ist viel weniger einschneidend, als es zunächst den Anschein hat. Alle Objekte können im Prinzip als Überlagerung periodischer Strukturen aufgefaßt werden (Fourierzerlegung). Im speziellen Fall der Elektronenmikroskopie sind die obigen Voraussetzungen oft besonders gut erfüllt: 1. Wegen der kleinen Aperturen der Elektronenlinsen verlaufen die Strahlen annähernd parallel, 2. kristalline Objekte stellen dreidimensionale Punktgitter dar.

Wir betrachten zunächst den einfachsten Fall: Das Gitter soll aus abwechselnd durchlässigen und undurchlässigen Streifen gleicher Breite aufgebaut sein (Absorptions-Rechteckgitter). Ein derartiges Gitter, das von parallelem Licht bestrahlt wird, beugt bekanntlich das Licht nur in ganz bestimmte Richtungen (vgl. Kapitel 3: Elektronenbeugung). Es kommt nun darauf an, das Beugungsbild in günstiger Weise auszumessen und zu interpretieren, um möglichst viele Informationen über das Objekt zu erhalten. Hinter die in Mikroskopen untersuchten kleinen Objekte setzt man zu diesem Zweck vergrößernde Linsen.

Abb. 2 erläutert den Strahlengang in einer solchen Anordnung. Durch die Linse werden *alle parallelen Strahlen*, die von *verschiedenen Punkten* des Objektes ausgehen, in der bildseitigen Brennebene in einem Punkt vereinigt. In dieser Ebene entsteht also eine besondere Energieverteilung, die nach ABBE als das *primäre Bild* des Gegenstandes bezeichnet wird. Im vorliegenden Falle würde also in der senkrecht zur Papierebene stehenden Brennebene als Beugungsbild eine

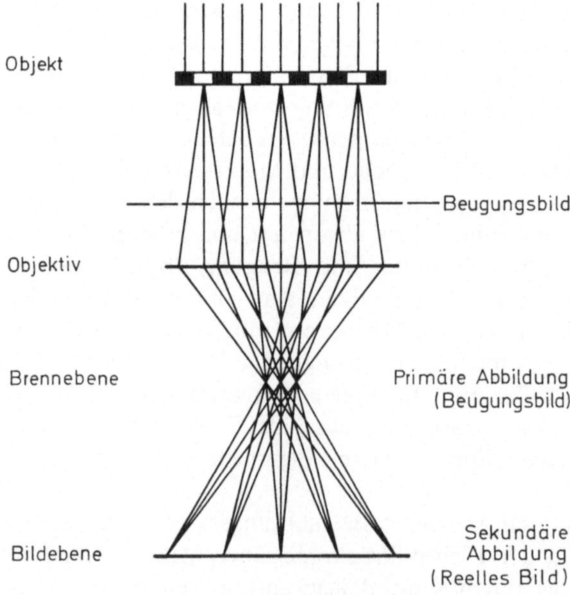

Abb. 2. Bildentstehung im Mikroskop. Fremdbeleuchtetes, periodisches Objekt

Schar paralleler Linien entstehen. (In der Abbildung wurden nur die Beugungsmaxima nullter und erster Ordnung gezeichnet.)

Hinter der Brennebene laufen die Strahlen wieder auseinander. In einer zweiten, ausgezeichneten Ebene vereinigen sich nun *diejenigen Strahlen* in einem Punkt, die von der *gleichen Objektstelle unter verschiedenen Richtungen* ausgehen. Die in einem solchen „Bildpunkt" vereinigten Strahlen kommen, wie die Abb. 2 zeigt, aus den verschiedenen „Beugungslinien" des primären Bildes, haben also verschiedene Wege durchlaufen. Da sie jedoch nach obigen Voraussetzungen untereinander kohärent sind, interferieren sie miteinander. So entsteht in der Bildebene die sekundäre reelle Abbildung des Objektes als Interferenzerscheinung des primären Bildes. Je mehr Strahlen nun zur Entstehung eines Bildpunktes beitragen können, das heißt, je mehr Ordnungen des abgebeugten Lichtes in die Objektiv-Linse gelangen, desto „ähnlicher" wird das Bild dem Objekt. Es gilt der Satz von LUMMER:

„*Wenn das abbildende System frei von Abbildungsfehlern ist und alles vom Objekt gebeugte Licht erfaßt wird, dann ist die Abbildung getreu nach Amplitude und Phase*".

Nun ist die Forderung, alles abgebeugte Licht zu erfassen, praktisch nicht erfüllbar. Wie sich die Beschränkung auf einen Teil der gebeugten Strahlen auf das Bild auswirkt, ist zumindest bei komplizierten Objekten schwer vorauszusagen.

Ein großer Verdienst des Elektronenmikroskopes liegt deshalb in dem Beweis, daß das, was wir im Lichtmikroskop bei hoher Vergrößerung und unter Verzicht auf die Beugungsmaxima höherer Ordnung sehen, noch hinreichend „objektähnlich" ist.

Sowohl beim Lichtmikroskop als auch beim Elektronenmikroskop entsteht nach Abb. 2 in der Brennebene des Objektives das Beugungsbild des Objektes. Als Beispiel zeigt Abb. 3 die lichtmikroskopische Aufnahme des Skelettes einer Kieselalge (Diatomee) und das dazugehörige Beugungsbild. Zwar wird das Beugungsbild in der Lichtmikroskopie seltener zu Meßzwecken benutzt als in der Elektronenmikroskopie. Jedoch läßt es sich auch im Lichtmikroskop leicht beobachten. Man braucht nur das normalerweise benutzte Okular gegen ein Beobachtungsfernrohr auszutauschen, wie es z.B. zum Justieren des in der Objektivbrennebene liegenden $\lambda/4$-Plättchens beim Phasenkontrastverfahren benutzt wird.

In Abb. 4 ist zum Vergleich das elektronenmikroskopische Bild eines Kaolinit-Kristalles mit zugehörigem Beugungsbild zu sehen. Die regelmäßige Anordnung der Beugungspunkte entspricht der regelmäßigen Anordnung der Atome (bzw. Ionen) im Kristallgitter.

Zwischen Abb. 3b und 4b besteht nun ein grundsätzlicher Unterschied:

Bei der lichtmikroskopischen Abbildung der Diatomee sind deutlich die das Licht beugenden Bildelemente, nämlich die feinen Streben des Kieselsäuregerüstes der Diatomee zu erkennen, die wie vier gegeneinander verdrehte optische Strichgitter wirken. In der elektronenmikroskopischen Abbildung des Kristalls fehlt dagegen das die Elektronenstrahlen beugende (Raum-)Gitter. Auch bei weit höherer Vergrößerung könnte das Kristallgitter nicht abgebildet werden. Der Grund hierfür liegt in den physikalischen Bedingungen für die Bildentstehung: In der lichtmikroskopischen Abb. 3b wurden alle in der primären Abb. 3a zu erkennenden Beugungspunkte für die Bildentstehung genutzt. Zum Bild trugen

a
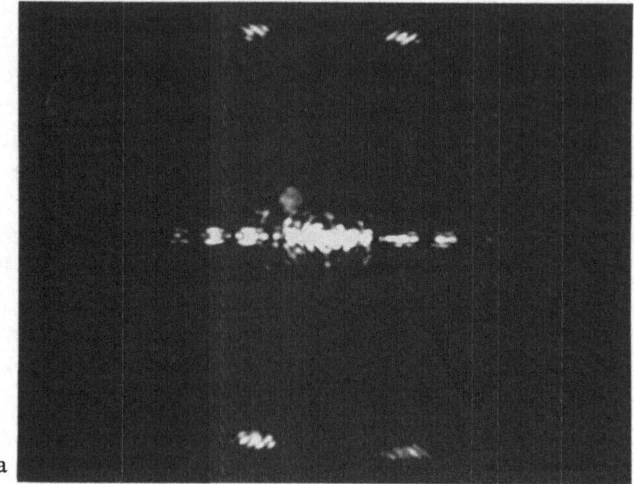

b
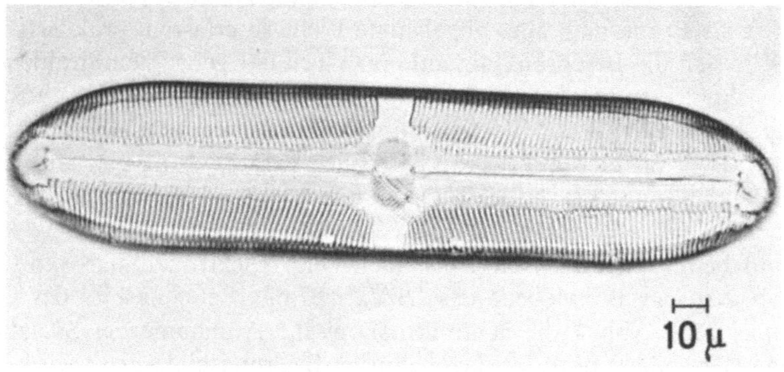

Abb. 3a u. b. Lichtmikroskopische Aufnahme einer Diatomee. (Aufnahme: G. SCHIMMEL). a Primäre Abbildung (Beugungsbild). b Sekundäre Abbildung (reelles Bild) (vgl. Abb. 2)

also die Beugungspunkte nullter und erster Ordnung bei, wie es auch die schematische Darstellung in Abb. 2 zeigt. In solch einem Falle wird im Bild die richtige Zahl und der richtige gegenseitige Abstand der Gitterpunkte wiedergegeben.

Bei der elektronenmikroskopischen Abb. 4b trug jedoch nur der zentrale Strahl (d.h. das Beugungsmaximum nullter Ordnung) zum Bild bei. Wegen des großen Öffnungsfehlers der Elektronenlinsen muß der Öffnungswinkel der zur Bildentstehung beitragenden Strahlen durch eine Blende (die sog. Objektivblende) klein gehalten werden. Dadurch ist es im allgemeinen nicht möglich, die am Kristallgitter gebeugten Strahlen für die Abbildung auszunutzen. Auch in Abb. 4a wurden durch die Objektivblende alle Beugungspunkte mit Ausnahme des Zentrahlstrahles abgefangen, weswegen eine Abbildung des Kristallgitters nicht möglich war.

Nach dem Satz von LUMMER ist nun eine der Bedingungen dafür, daß die Abbildung getreu nach Amplitude und Phase sei, daß alles vom Objekt gebeugte Licht vom Objektiv erfaßt wird. Bei Abb. 3b wurden jedoch nur die Beugungs-

a 

b 

Abb. 4a u. b. Elektronenmikroskopische Aufnahme von Kaolinit. (Aufnahme: H. GROTHE). a Primäre Abbildung (Beugungsbild). b Sekundäre Abbildung (reelles Bild) (vgl. Abb. 2)

maxima erster Ordnung zur Bildentstehung genutzt. Diese Beschränkung hat natürlich einen Verlust an Information zur Folge. Feinheiten, wie z.B. Rauhigkeiten der Leisten des Kieselsäuregerüstes können der Abbildung nicht entnommen werden. Auch eine Nachvergrößerung der Abbildung würde keinen weiteren Gewinn an Informationen bringen.

Scheinbar steht nun die Tatsache, daß beim Elektronenmikroskop sogar nur das Beugungsmaximum nullter Ordnung (der Zentralstrahl) zur Abbildung genutzt wird, im Gegensatz zur Abbeschen Forderung, daß mindestens ein Beugungsmaximum erfaßt werden muß, wenn eine reelle Abbildung des Objektes (sekundäres Bild) entstehen soll. Hierbei ist jedoch zu bedenken, daß die Elektronenstrahlen am Kristallgitter gebeugt werden, dieses aber im Normalfall gar nicht abgebildet werden soll. So wurde auch in Abb. 4a lediglich die Abbildung der geometrischen Form des Kristalls angestrebt. Die gesamte, von der *geometrischen Form* des Kristalls herrührende Beugungserscheinung ist jedoch infolge der kleinen Elektronen-Wellenlänge im „Zentralstrahl" enthalten. Wegen der endlichen Apertur des beleuchtenden Bündels ist sie in Abb. 4a allerdings nicht zu erkennen. Mit einigen experimentellen Kunstgriffen kann man aber auch diese Beugungserscheinung beobachten:

a) Die Objekte müssen möglichst klein sein, damit die Ablenkung durch Beugung groß wird.

b) Die Strahlquelle und der Öffnungswinkel (die Apertur) des Elektronenstrahls sollen möglichst klein sein, damit das Beugungsbild möglichst „scharf" wird.

Abb. 5a zeigt das Elektronen-Beugungsbild von dem sehr feinteiligen Calciumcarbonat in Calcit-Struktur der elektronenmikroskopischen Aufnahme 5b. Jeder einzelne Kristall, dessen Rhomboeder-Form vom isländischen Doppelspat her bekannt ist, liefert ein Punktdiagramm analog Abb. 4a; infolge der verschiedenen Orientierungen der vielen Kristalle ergänzen sich die Beugungspunkte in Abb. 5b zu einem System kernzentrischer Kreise (Debye-Scherrer-Aufnahme). Wegen der Kleinheit der Kristalle ist Forderung a) erfüllt. Wegen Forderung b) wurde für die Aufnahmen die normale Haarnadel-Kathode des Elektronenmikroskopes gegen eine Spitzenkathode ausgetauscht. Die Beleuchtung des Objektes erfolgte mit einem Doppelkondensorsystem sehr kleiner Apertur. Mit diesen Aufnahmebedingungen lassen sich die von der Geometrie der einzelnen Kristallkörner herrührenden Beugungserscheinungen gut beobachten, allerdings nicht in der Umgebung des Zentralstrahls, da sich ja hier die Beugungsbilder aller Kristallkörner überlagern. Dagegen rührt jeder Beugungspunkt aus den Beugungsringen von einem bestimmten Kristall her, und daher ist die Feinstruktur der einzelnen Beugungspunkte höherer Ordnung bei starker Nachvergrößerung gut zu erkennen (Abb. 5c). In diesen „Sternen" liegt die Information über die Form der einzelnen Körner, jeder einzelne Stern entspricht im Sinne der Abbeschen Theorie der „primären Abbildung" von Abb. 3a. Da die Elektronenstrahlen nicht nur an den Außenflächen der Kristalle, sondern an den Atomen im Inneren gebeugt werden, ist die mathematische Behandlung der Beugungserscheinung hier eine andere als etwa bei der Beugung von Licht an kleinen, undurchsichtigen Körnern, doch ändert das nichts an der physikalischen Analogie der Erscheinungen.

Durch den Vergleich der Bildentstehung beim Lichtmikroskop und Elektronenmikroskop ist nun klar geworden, daß die normalerweise als Elektronenbeugungsbilder bezeichneten Beugungsbilder analog Abb. 4a und 5b in der Elektronenmikroskopie für die Bildentstehung eine andere Bedeutung besitzen als lichtmikroskopische Beugungsbilder analog Abb. 3a:

Alle in Abb. 3a erkennbaren Beugungspunkte tragen zur Abb. 3b bei. Dagegen geht alle Energie, die in den Beugungspunkten höherer als nullter Ordnung

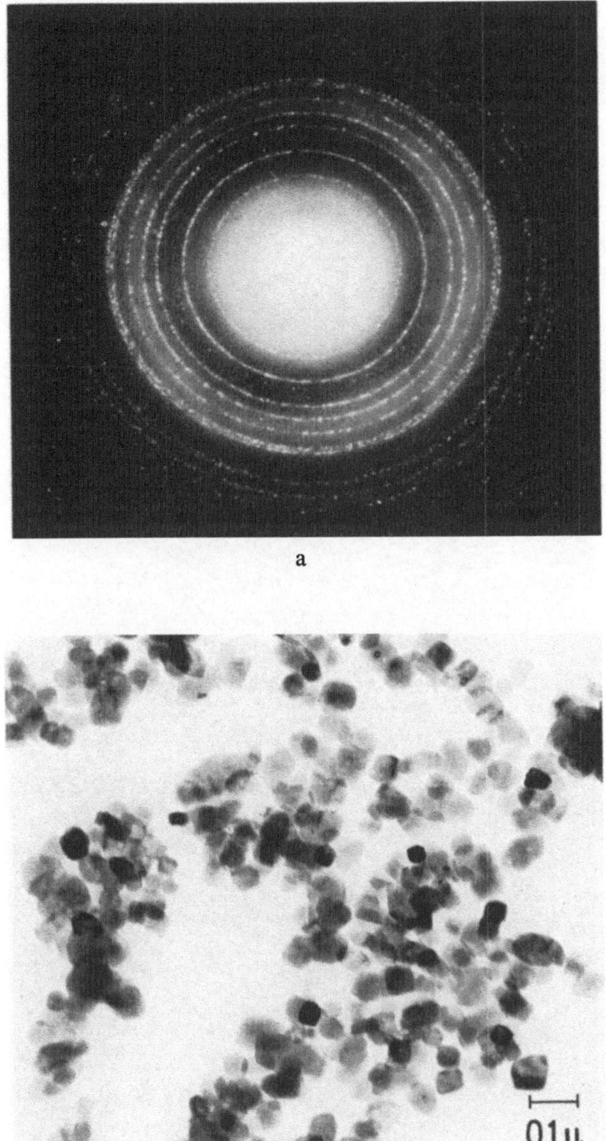

Abb. 5a—c. Elektronenmikroskopische Aufnahme kleiner Calcit-Kristalle. (Aufnahme: G. SCHIMMEL). a Primäre Abbildung (Beugungsbild). b Sekundäre Abbildung (reelles Bild)

von Abb. 4a konzentriert ist, für die Bildentstehung verloren. Dieser grundlegende Unterschied darf bei der Interpretation elektronenmikroskopischer Aufnahmen nie außer acht gelassen werden. Aus diesem Unterschied erklärt sich auch die besondere Bedeutung, die dem Elektronenbeugungsbild im Vergleich zum Lichtbeugungsbild zukommt:

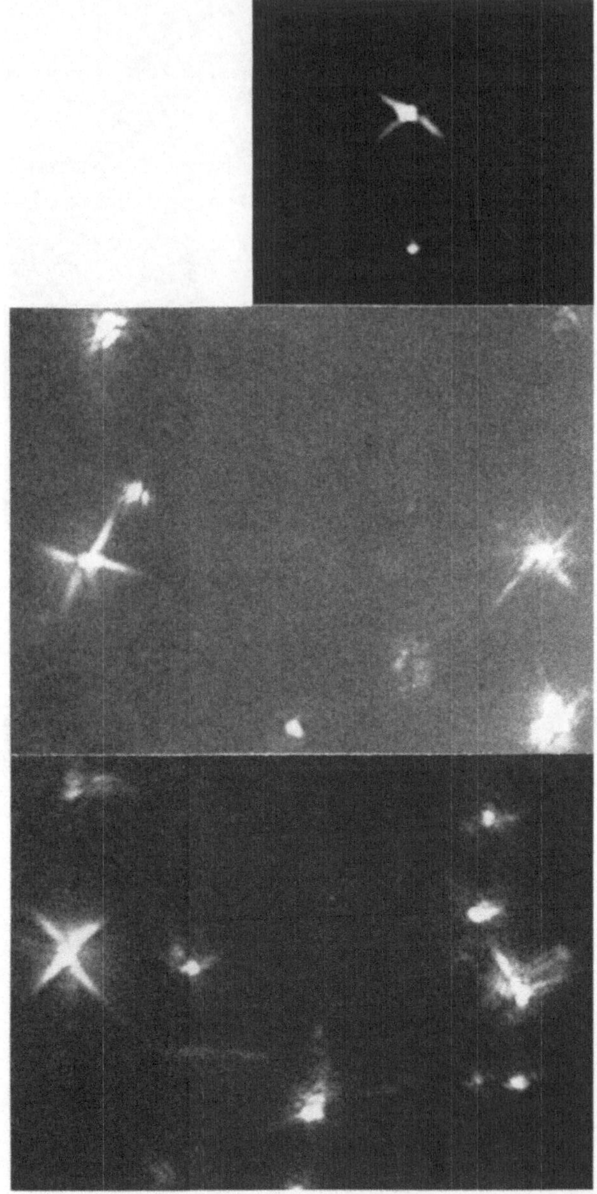

Abb. 5c. Elektronen-Beugungsbilder kleiner Calcit-Kristalle. Ausschnittvergrößerung aus Abb. 5a

Abb. 3a enthält im Grunde die gleiche Information wie Abb. 3b, nur wird sich niemand der Mühe unterziehen, das Beugungsbild Abb. 3a auszuwerten, da die Informationen über das Objekt in der sekundären Abb. 3b viel leichter zu erhalten sind. Dagegen enthält Elektronenbeugungsbild Abb. 4a eine bedeutend größere Information als die Abbildung des Kristalles in Abb. 4b. Es liefert uns den

Schlüssel zur Beschreibung der Kristallstruktur, die elektronenmikroskopische Abbildung die Kenntnis über Größe und Form des Kristalls.

In Abb. 2 war das Objekt als Absorptionsgitter dargestellt. Diese Darstellung steht im Einklang mit Abb. 3, wo die Diatomee als Absorptionsgitter aufgefaßt werden darf. Auch bei vielen anderen lichtmikroskopischen Objekten liegen Absorptionsobjekte vor, zum Beispiel bei eingefärbten biologischen oder medizinischen Präparaten. Hier werden vielfach durch das Einfärben Phasenobjekte in Absorptionsobjekte umgewandelt. Beim Phasenkontrastverfahren wird schließlich bei weitgehend reinen Phasenobjekten der Kontrast durch Eingriffe in das primäre Bild erhöht. Hierbei werden durch Phasenverschiebungen die Interferenzbedingungen zwischen den gebeugten Strahlen und dem Primärstrahl so verändert, daß sich im sekundären Bild Unterschiede im Brechungsindex benachbarter Objektbereiche als Kontrastunterschiede äußern. Viele Elektronenmikroskopische Präparate dürfen als reine Phasenobjekte aufgefaßt werden. Nahezu alle Elektronen werden vom Präparat durchgelassen, die Absorption kann vernachlässigt werden. Hätten wir Linsen für Elektronenstrahlen mit annähernd gleicher Apertur und gleichem Korrekturgrad wie im Lichtmikroskop für Lichtstrahlen, so könnte zwar theoretisch das Auflösungsvermögen gesteigert werden, doch müßten besondere Maßnahmen zur Kontrastverstärkung getroffen werden.

Bei den derzeitigen Elektronenmikroskopen mit Elektronenlinsen sehr kleiner Aperturen sind derartige Maßnahmen nicht erforderlich; denn aus der Feststellung, daß bei der elektronenmikroskopischen Abbildung kristalliner Objekte im Normalfall nur der nicht abgelenkte Zentralstrahl (Beugungsmaximum nullter Ordnung) die Energie für die reelle Abbildung liefert, darf nicht geschlossen werden, daß die Beugungsmaxima höherer Ordnung ohne Einfluß auf das Bild sind. An allen Stellen des Objektes, an denen gemäß den Gesetzmäßigkeiten für die Beugung am Raumgitter Energie aus dem Zentralstrahl in Beugungsmaxima abgelenkt wird, die dann durch die Objektivblende abgefangen wird, muß diese Energie im Bild fehlen. Im elektronenmikroskopischen Bild kristalliner Objekte erscheinen also diejenigen Stellen dunkler als ihre Umgebung, in denen aufgrund von Orientierung und Struktur aus dem Primärstrahl durch Beugung Strahlenbündel in andere Richtungen gelenkt wurden.

Die so entstandenen Kontraste werden kurz als „Beugungskontraste" bezeichnet. Doch ist dieser Mechanismus der Kontrastentstehung nicht auf kristalline Objekte beschränkt. Auch im Falle amorpher Objekte wird ein Teil der gestreuten Strahlung durch Blenden absorbiert. Für die so entstandenen Kontraste wurde der Begriff „Streuabsorptionskontraste" geprägt. Prinzipielle physikalische Unterschiede bestehen zwischen Beugungskontrasten und Streuabsorptionskontrasten nicht. In jedem Falle ist der primäre Effekt die elastische Streuung der Elektronen an den Atomkernen. Da die Beugungskontraste, die besonders bei der Interpretation von Aufnahmen aus dem physikalisch technischen Bereich von großer Bedeutung sind, ohne Kenntnis der Beugungsgesetze nicht verstanden werden können, sollen diese Gesetze im nächsten Kapitel eingehend besprochen werden, wobei gleichzeitig die Interpretation der Beugungsaufnahmen behandelt wird.

3. Beugung am Raumgitter

Nachdem im vorigen Kapitel die Bedeutung der Beugung von Elektronen für den Abbildungsvorgang im Elektronenmikroskop beschrieben worden war, sollen jetzt die wichtigsten Gesetzmäßigkeiten der Elektronenbeugung, bewertet nach ihrer Wichtigkeit für die angewandte Elektronenmikroskopie, besprochen werden.

3.1. Geometrische Theorie

3.1.1. Der Amplitudenfaktor

Über die Beugungs- und Interferenzerscheinungen, die bei Bestrahlung von Kristallen mit Elektronen- oder Röntgenstrahlen auftreten, existiert eine umfangreiche Spezialliteratur. Hier soll deshalb die Elektronenbeugung nur soweit besprochen werden, wie es zum Verständnis der wesentlichsten im Elektronenmikroskop zu beobachtenden Phänomene erforderlich ist.

In Abb. 6 wird eine Atomreihe AB unter dem Winkel α_0 von parallelen Elektronenstrahlen oder (in der Sprache der Wellenoptik) einer ebenen Elektronenwelle getroffen. Entsprechend Gl. (1.7) beschreiben wir die Welle durch den Ausdruck

$$\psi = \psi_0 \, e^{i \mathfrak{k} \mathfrak{r}} \tag{3.1}$$

($\mathfrak{k}$ = Wellenvektor, $\mathfrak{r}$ = Ortsvektor).

Die ortsabhängige Größe ψ (mit Betrag ψ_0) heißt komplexe Amplitude der Welle. Das Produkt von ψ mit der konjugiert komplexen Größe ψ^* stellt die Intensität des Wellenzuges dar. Wir betrachten nun die Beugungserscheinungen, die durch Streuung der Elektronenstrahlen an den Atomen der Reihe AB hervorgerufen werden, wobei wir annehmen, daß Gl. (3.1) auch in unmittelbarer Nähe der Atome die ankommende Welle beschreibt. Das ist streng genommen *nicht* der Fall. Die Gl. (1.7) stellt nur für den feldfreien Raum eine Lösung von (1.5) dar. Diese Voraussetzung ist jedoch im Falle der Streuung der Elektronen an Atomen nicht mehr erfüllt. Vielmehr müßten bei exakter Behandlung des Problems in Gl. (1.5) die durch das Kernfeld der Atome bedingten Werte für V eingesetzt werden. Allerdings erfordert diese Methode einen großen mathematischen Aufwand, besonders wenn an die Stelle der Atomreihe ein dreifach periodisches Kristallgitter tritt. Es gibt jedoch Beugungsphänomene, die nur durch diese exakte sogenannte „dynamische Theorie" befriedigend gedeutet werden können.

In diesem Kapitel rechnen wir dagegen konsequent mit dem Ansatz (3.1), müssen jedoch stets im Auge behalten, daß die Ergebnisse der Rechnungen nur brauchbare Näherungen darstellen. Wir nehmen also an, daß die Elektronenstrahlen mit der Wellenlänge λ an den einzelnen Atomen der Reihe AB in Abb. 6 gestreut werden und jedes Atom zum Ausgangspunkt einer neuen Kugelwelle

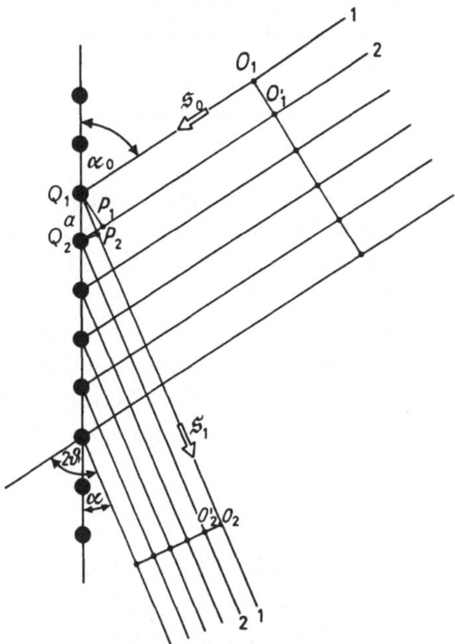

Abb. 6. Schematische Darstellung der Beugung von Wellenstrahlung an einer Punktreihe

wird. Die Streuintensität hängt dabei von der Ordnungszahl der Atome ab. Alle Kugelwellen überlagern sich, und wir erhalten in Abständen von der Atomreihe, die groß gegen die Wellenlänge sind, die resultierende Amplitude der gebeugten Welle an jedem Punkt als Summe der Amplituden aller Kugelwellen. Zur Berechnung dieser Summe in Abhängigkeit vom Beugungswinkel 2ϑ betrachten wir alle um 2ϑ abgelenkten Strahlen, die mit der Atomreihe den Winkel α einschließen (vgl. Abb. 6). Gesucht wird zunächst der Wegunterschied Δ zwischen zwei parallelen, an benachbarten Atomen gestreuten Strahlen. Dazu verfolgen wir den Weg der Strahlen 1 und 2. Offensichtlich hat der Strahl 2 gegenüber Strahl 1 zwischen der Wellenfront $O_1 O'_1$ und der Atomreihe einen um $P_1 Q_2$ größeren Weg zurückzulegen. Diese Strecke berechnet sich zu:

$$P_1 Q_2 = a \cos \alpha_0$$

(a = Gitterkonstante, $\alpha_0 = \sphericalangle$ zwischen einfallendem Strahl und Atomreihe). Weiterhin hat der Strahl 1 zwischen der Atomreihe und der Wellenfront $O_2 O'_2$ gegenüber Strahl 2 einen um

$$Q_1 P_2 = a \cos \alpha$$

größeren Weg zurückzulegen.

($\alpha = \sphericalangle$ zwischen abgelenktem Strahl und Atomreihe).

Die Wegdifferenz Δ ergibt sich also aus Differenz der Strecken $Q_1 P_2$ und $P_1 Q_2$.

$$\Delta = Q_1 P_2 - P_1 Q_2 = a(\cos \alpha - \cos \alpha_0).$$

Nun ist es zweckmäßig, nicht den Wegunterschied Δ direkt, sondern den in Wellenlängen gemessenen Wegunterschied A in die Rechnung einzusetzen:

$$A = \frac{a}{\lambda}(\cos\alpha - \cos\alpha_0). \tag{3.2}$$

Dieser Ausdruck stellt den in Wellenlängen gemessenen optischen Wegunterschied für die Strahlen 1 und 2 und somit auch für zwei beliebige andere benachbarte Strahlen der Abb. 6 zwischen $O_1 O_1'$ und $O_2 O_2'$ dar. Die resultierende komplexe Amplitude der gebeugten Strahlen erhält man am einfachsten, indem man die komplexen Amplituden der von den streuenden Atomen ausgehenden Kugelwellen unter Berücksichtigung des Phasenwinkels addiert. Da der Phasenunterschied $\varphi_1 - \varphi_2 = \Delta\varphi$ zwischen den beiden oben betrachteten Strahlen nach (3.2) gleich $2\pi A$ ist, wird die Amplitude der resultierenden Welle proportional dem Ausdruck

$$G = 1 + e^{2\pi A}.$$

G wird im allgemeinen als Amplitudenfaktor bezeichnet. Die Überlagerung von Wellenzügen, die gegeneinander eine Phasenverschiebung aufweisen, kann man sich leicht in der komplexen Zahlenebene veranschaulichen, in der man die Amplituden als Vektoren und die Phasendifferenzen als Winkel gegenüber einer festen Bezugsrichtung einträgt. Eine solche Darstellung für die Überlagerung der beiden Strahlen 1 und 2 aus Abb. 6 zeigt Abb. 7. Diese Art der Darstellung wird als Phasendiagramm bezeichnet.

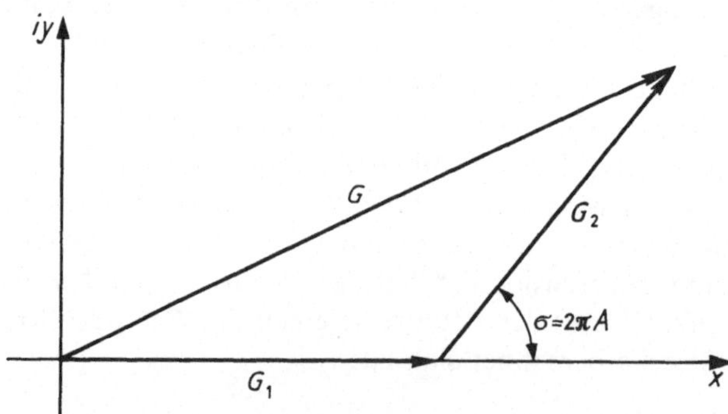

Abb. 7. Addition zweier Amplitudenfaktoren in der komplexen Zahlenebene

In hinreichend großer Entfernung von der Atomreihe dürfen wir die Wellenfront $O_2 O_2'$ als eben ansehen (Frauenhofersche Näherung) und haben dann im Aufpunkt eine Überlagerung vieler Schwingungen, bei denen zwischen zwei aufeinanderfolgenden jeweils die gleiche Phasendifferenz $2\pi A$ besteht. Ist M die Zahl der streuenden Atome, so erhalten wir für den Amplitudenfaktor die Summe

$$G = \sum_{m=0}^{M-1} e^{2\pi i m A}.$$

Diese Gleichung stellt eine geometrische Reihe mit dem Faktor $2\pi A$ dar, und mit der Summenformel für geometrische Reihen ergibt sich der Ausdruck

$$G=\frac{1-e^{2\pi i M A}}{1-e^{2\pi i A}}=\frac{\sin \pi M A}{\sin \pi A}\, e^{\pi i(M-1)A},$$

so daß

$$|G|^2=\frac{\sin^2 \pi M A}{\sin^2 \pi A} \tag{3.3}$$

wird.

Dieser Quotient hat für große Werte von M dann sehr scharfe Maxima, wenn A ganzzahlig ist, und sinkt für nicht ganzzahlige Werte von A sehr schnell auf Null ab.

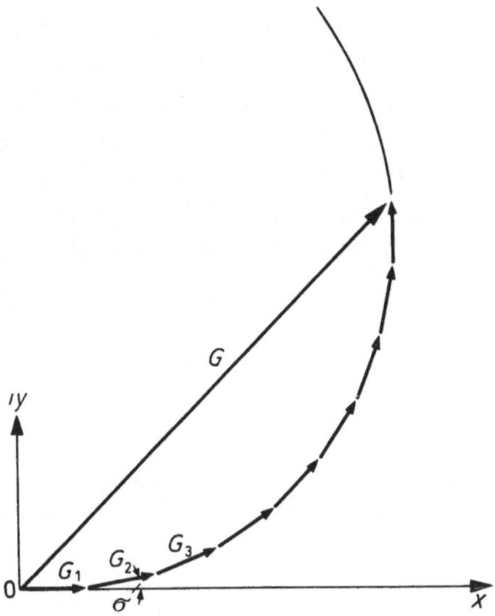

Abb. 8. Addition vieler Amplitudenfaktoren in der komplexen Zahlenebene

Nach Gl. (3.2) erscheinen Beugungsmaxima also in solchen Richtungen, in denen die Gleichung

$$a(\cos\alpha-\cos\alpha_0)=h\lambda \tag{3.4}$$

mit

$$h=(1,2:3\ldots)$$

erfüllt ist. Auch dieses Ergebnis läßt sich anschaulich einem Phasendiagramm (Abb. 8) entnehmen; für ganzzahliges A ist der Phasenwinkel benachbarter Strahlen gleich einem Vielfachen von 2π: das bedeutet aber, daß alle Vektoren G entlang der reellen Achse addiert werden. G wird also reell und sehr groß. Bereits kleine Abweichungen von der Ganzzahligkeit in A bewirken, daß der Realteil von G gegenüber diesem Maximalwert klein wird.

Die Gl. (3.4) läßt sich auch in etwas anderer Form schreiben, wenn wir in Richtung der einfallenden und ausfallenden Wellen die Einheitsvektoren $\mathfrak{s}_0$ und $\mathfrak{s}_1$

einführen (vgl. Abb. 6). Ersetzen wir ferner die Strecke $Q_1 Q_2$ durch einen Gittervektoren $\mathfrak{a}$, so läßt sich (3.4) unter Verwendung des skalaren Vektorproduktes in folgender Form schreiben:

$$\mathfrak{a}(\mathfrak{s}-\mathfrak{s}_0)=h\lambda \tag{3.4}$$

(h ganze Zahl).

Die Richtung von $\mathfrak{s}$ wurde in der Abb. 6 der leichteren Darstellung wegen so gewählt, daß die Vektoren $\mathfrak{s}_0$ und $\mathfrak{s}$ in der gleichen Ebene, nämlich der Zeichenebene liegen. Diese Annahme ist willkürlich. Der Vektor $\mathfrak{s}$ kann in jede Richtung zeigen, die mit der Atomreihe den Winkel α bildet; das heißt also, daß bei einem festen Wert für h die Gl. (3.4) und (3.5) für alle Strahlen gelten, die auf einem Kegelmantel mit der Atomreihe als Symmetrieachse und α als Kegelwinkel liegen; h kennzeichnet die Ordnung des jeweiligen Beugungsmaximums, und man erhält für verschiedene Werte von h ein System von Kegelmänteln um die Atomreihe.

Wir betrachten als nächstes ein zweidimensionales Punktgitter, bei dem die Atome in den Eckpunkten von Parallelogrammen mit den Seitenlängen a_1 und a_2 liegen. Wir kennzeichnen das Parallelogramm durch die Gittervektoren $\mathfrak{a}_1$ und $\mathfrak{a}_2$, die von einem beliebigen Atom zu seinen nächsten Nachbarn führen und formulieren die Gl. (3.2) für die Atomreihen parallel zu a_1 und a_2. Der einfallende Strahl bildet mit den zwei Scharen paralleler Atomreihen die Winkel α_0 und β_0, der gebeugte Strahl die Winkel α und β.

Anstelle von Gl. (3.3) erhalten wir für den Amplitudenfaktor das Produkt von zwei geometrischen Reihen

$$G=\sum_{m_1} e^{2\pi i m_1 A_1}\cdot\sum_{m_2} e^{2\pi i m_2 A_2}$$

mit

$$A_1=\frac{a_1}{\lambda}(\cos\alpha-\cos\alpha_0)=k\,\mathfrak{a}_1\cdot(\mathfrak{s}-\mathfrak{s}_0)$$

$$A_2=\frac{a_2}{\lambda}(\cos\beta-\cos\beta_0)=k\,\mathfrak{a}_2(\mathfrak{s}-\mathfrak{s}_0)$$

$$(k=1/\lambda).$$

Interferenzmaxima treten in solchen Richtungen auf, in denen A_1 und A_2 ganzzahlig sind. Analog zu (3.4) müssen jetzt gleichzeitig die beiden folgenden Gleichungen erfüllt sein:

$$a_1(\cos\alpha-\cos\alpha_0)=h_1\lambda$$

$$a_2(\cos\beta-\cos\beta_0)=h_2\lambda.$$

Durch diese Gleichungen werden zwei Systeme von Kegelmänteln festgelegt, deren Achsen mit den Richtungen von $\mathfrak{a}_1$ und $\mathfrak{a}_2$ zusammenfallen. Verstärkte Intensität tritt nur in solchen Richtungen auf, in denen Schnittpunkte der Beugungskegel liegen. Man erhält dementsprechend auf einem Empfänger (Leuchtschirm, Film) als Beugungsbild ein Punktdiagramm.

Schließlich gehen wir zu einem dreidimensionalen Punktgitter, einem Raumgitter, über. Der Amplitudenfaktor bekommt jetzt die Form

$$G = \sum_{m_1} e^{2\pi i m_1 A_1} \cdot \sum_{m_2} e^{2\pi i m_2 A_2} \sum_{m_3} e^{2\pi i m_3 A_3} \tag{3.5}$$

mit

$$A_i = k \cdot \mathfrak{a}_i(\mathfrak{s} - \mathfrak{s}_0). \tag{3.5a}$$

$$i = 1, 2, 3$$

Für das Amplitudenquadrat ergibt sich daraus in Analogie zu (3.3):

$$G^2 = \frac{\sin^2 \pi M_1 A_1}{\sin^2 \pi A_1} \cdot \frac{\sin^2 \pi M_2 A_2}{\sin^2 \pi A_2} \cdot \frac{\sin^2 \pi M_3 A_3}{\sin^2 \pi A_3}. \tag{3.6}$$

Jeder der drei Faktoren ist für große Werte von M nur bei ganzzahligem A_i merklich von Null verschieden und somit hat G nur dann einen von 0 verschiedenen Wert, wenn alle A_i *gleichzeitig* ganzzahlig sind. Diese Bedingung ist nur in ganz bestimmten Richtungen erfüllt, die aus den Gln. (3.5a) zu ermitteln sind. Wir setzen in diesen Gleichungen $A_1 = h_1$, $A_2 = h_2$ und $A_3 = h_3$ und erhalten aus (3.5a) die Laue Gln. (3.7):

$$\begin{aligned} a_1(\cos\alpha - \cos\alpha_0) &= h_1 \lambda. \\ a_2(\cos\beta - \cos\beta_0) &= h_2 \lambda \\ a_3(\cos\gamma - \cos\gamma_0) &= h_3 \lambda. \end{aligned} \tag{3.7}$$

Diese Gleichungen werden oft als „Laue-Gleichungen“ bezeichnet.

Beim Übergang vom Flächengitter zum dreidimensionalen Punktgitter ist jedoch zu beachten, daß die Winkel γ und γ_0 nicht mehr frei wählbar, sondern durch α, α_0 und β, β_0 bereits festgelegt sind. Zum Beispiel gelten im rechtwinkligen Koordinatensystem zusätzlich noch die Gleichungen

$$\begin{aligned} \cos^2\alpha + \cos^2\beta + \cos^2\gamma &= 1 \\ \cos^2\alpha_0 + \cos^2\beta_0 + \cos^2\gamma_0 &= 1. \end{aligned} \tag{3.8}$$

Das durch (3.7) und (3.8) gebildete Gleichungssystem ist überbestimmt, und im allgemeinen Fall werden (3.7) und (3.8) nicht mehr gleichzeitig erfüllbar sein; geometrisch drückt sich das dadurch aus, daß sich die drei Scharen von Beugungskegeln um die Achsenrichtungen $\mathfrak{a}_1$, $\mathfrak{a}_2$ und $\mathfrak{a}_3$ des Raumgitters im allgemeinen nicht in einer gemeinsamen Geraden schneiden.

3.1.2. Das reziproke Gitter

In besonders übersichtlicher Form lassen sich die Gln. (3.7) mit Hilfe des reziproken Gitters schreiben. Dazu formen wir in Analogie zu (3.4) das Gleichungssystem (3.7) um und erhalten in Vektorschreibweise:

$$\begin{aligned} \mathfrak{a}_1(\mathfrak{s} - \mathfrak{s}_0) &= h_1 \lambda \\ \mathfrak{a}_2(\mathfrak{s} - \mathfrak{s}_0) &= h_2 \lambda \\ \mathfrak{a}_3(\mathfrak{s} - \mathfrak{s}_0) &= h_3 \lambda. \end{aligned} \tag{3.9}$$

Wir führen nun aus Zweckmäßigkeitsgründen, also zunächst ohne physikalische Hintergründe, drei neue Vektoren $\mathfrak{b}_1$, $\mathfrak{b}_2$ und $\mathfrak{b}_3$ durch die Gleichungen (3.10) ein.

$$\begin{aligned} (\mathfrak{a}_i \mathfrak{b}_j) &= \delta_{ij} \\ i,j &= 1,2,3 \\ \delta = 1 \quad &\text{für} \quad i = j \\ \delta = 0 \quad &\text{für} \quad i = j\,. \end{aligned} \tag{3.10}$$

Durch diese 9 Gleichungen sind die 3 Vektoren b_j bereits festgelegt. Zum Beispiel muß $\mathfrak{b}_1$ senkrecht auf $\mathfrak{a}_2$ und $\mathfrak{a}_3$ stehen wegen $(\mathfrak{a}_2\,\mathfrak{b}_1)=0$ und $(\mathfrak{a}_3\,\mathfrak{b}_1)=0$. Also zeigt $\mathfrak{b}_1$ in die Richtung des Vektorenproduktes $\mathfrak{a}_2\,\mathfrak{a}_3$. Aus $(\mathfrak{a}_1 \cdot \mathfrak{b}_1)=1$ folgt dann auch der Betrag von $\mathfrak{b}_1$, und es muß sein:

$$\mathfrak{b}_1 = \frac{[\mathfrak{a}_2\,\mathfrak{a}_3]}{(\mathfrak{a}_1\,\mathfrak{a}_2\,\mathfrak{a}_3)}\,. \tag{3.11}$$

Entsprechende Gleichungen findet man für die beiden anderen Vektoren:

$$\mathfrak{b}_2 = \frac{\mathfrak{a}_3\,\mathfrak{a}_1}{(\mathfrak{a}_1\,\mathfrak{a}_2\,\mathfrak{a}_3)} \quad \text{und} \quad \mathfrak{b}_3 = \frac{\mathfrak{a}_1\,\mathfrak{a}_2}{(\mathfrak{a}_1\,\mathfrak{a}_2\,\mathfrak{a}_3)} \tag{3.11}$$

Während die Vektoren $\mathfrak{a}_1$, $\mathfrak{a}_2$ und $\mathfrak{a}_3$ das Kristallgitter beschreiben, wird durch die Vektoren $\mathfrak{b}_1$, $\mathfrak{b}_2$ und $\mathfrak{b}_3$ ein zweites Gitter aufgespannt, das mit dem Kristallgitter durch die Definitionsgleichungen (3.9) fest verknüpft ist und als „reziprokes Gitter“ bezeichnet wird. Das reziproke Gitter gestattet in vielen Fällen die Beschreibung der Beugungsphänomene in besonders einfacher Form. So läßt sich das Gleichungssystem (3.10) unter Verwendung der reziproken Gittervektoren zu einer einzigen Vektorgleichung zusammenfassen:

$$h_1\,\mathfrak{b}_1 + h_2\,\mathfrak{b}_2 + h_3\,\mathfrak{b}_3 = \frac{\mathfrak{s} - \mathfrak{s}_0}{\lambda} = \mathfrak{g} \tag{3.12}$$

wo $\mathfrak{g}$ einen Vektor im reziproken Gitter darstellt. Der Beweis ist einfach:

Multipliziert man die Gl. (3.12) nacheinander mit $\mathfrak{a}_1$, $\mathfrak{a}_2$ oder $\mathfrak{a}_3$, so erhält man unter Berücksichtigung der Definitionsgleichungen wieder die Laue-Gleichungen (3.9).

Die Bedingung für das Auftreten eines Beugungsmaximums läßt sich nun aufgrund der Gl. (3.12) in folgender einfacher Form ausdrücken:

Bei der Beugung an einem Raumgitter treten bei der Einstrahlung in Richtung $\mathfrak{s}_0$ *für solche Richtungen* $\mathfrak{s}$ *Beugungsmaxima auf, für die* $\frac{\mathfrak{s}}{\lambda} - \frac{\mathfrak{s}_0}{\lambda}$ *ein Vektor des reziproken Gitters ist, also zwei beliebige Gitterpunkte miteinander verbindet.*

Wir betrachten dementsprechend in Abb. 9 das durch die Vektoren $\mathfrak{b}_i$ aufgespannte reziproke Gitter und legen willkürlich den 0-Punkt des Koordinatensystems in einen Gitterpunkt. Von diesem Punkt aus tragen wir den Vektor $-\frac{\mathfrak{s}_0}{\lambda}$ ab (er läuft also entgegen der Richtung des einfallenden Strahles und hat die Länge

$1/\lambda$). Er markiert den Punkt M, der im allgemeinen Fall kein Gitterpunkt ist. Von M aus tragen wir $\mathfrak{s}/\lambda$ auf. Die Bedingung für das Auftreten eines Beugungsmaximums ist dann nach (3.12), daß der Vektor $\mathfrak{s}/\lambda$ zu einem Gitterpunkt des reziproken Gitters führt, also der resultierende Vektor $\mathfrak{g}$ ein Gittervektor ist. In der Abbildung wurde stellvertretend für das dreidimensionale reziproke Gitter nur eine Gitterebene gezeichnet, in der auch $\mathfrak{s}_0$ und $\mathfrak{s}$ liegen. Alle möglichen Vektoren $\mathfrak{s}$ enden dann auf einem Kreis mit dem Radius $1/\lambda$, und nur in den Richtungen, wo dieser Kreis einen Gitterpunkt trifft, tritt Beugung auf. Denken wir uns im dreidimensionalen Fall das Gitter in parallelen Ebenen über und unter der Zeichenebene fortgesetzt, so braucht $\mathfrak{s}$ nicht mehr in der Zeichenebene zu liegen. Alle Vektoren $\mathfrak{s}$ gehen dann vom Punkt M aus zu einer Kugelschale mit dem Radius $1/\lambda$, die als „Ewaldsche-Ausbreitungskugel" bezeichnet wird.

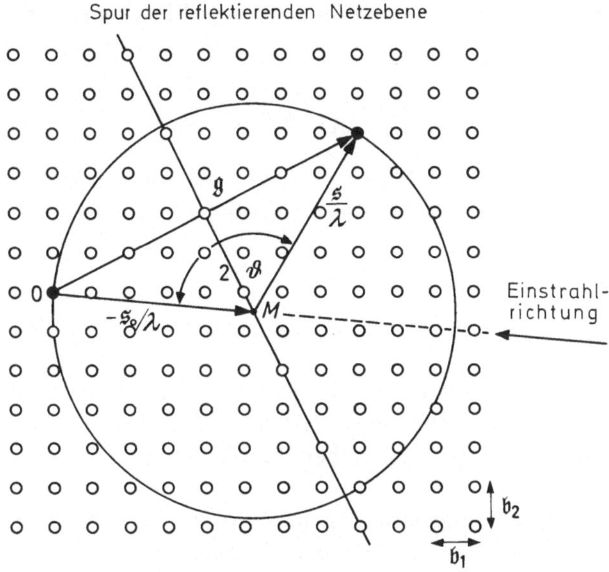

Abb. 9. Ewaldsche Konstruktion im reziproken Gitter ($\lambda \approx \mathfrak{a}_i$) ($\mathfrak{s}_0$= Einstrahlrichtung, $\mathfrak{s}$= Beugungsrichtung, 2ϑ= Beugungswinkel, $\mathfrak{b}_1$, $\mathfrak{b}_2$= reziproke Gittervektoren)

3.1.3. Die Braggsche Gleichung

Gemäß Abb. 9 läßt sich die Beugungsbedingung auch in folgender Form schreiben:

$$\frac{\frac{|\mathfrak{g}|}{2}}{\frac{|\mathfrak{s}|}{\lambda}} = \sin\vartheta \quad \text{oder} \quad \frac{2\sin\vartheta}{|\mathfrak{g}|} = \lambda . \tag{3.13}$$

Diese Gleichung wird als Braggsche Reflexionsgleichung bezeichnet, weil die Beugung formal auch als Reflexion an einer Schar von Netzebenen des Kristallgitters aufgefaßt werden kann, die senkrecht zur Zeichenebene stehen und für die in Abb. 9 eine Spur eingezeichnet worden ist. Für die praktische Anwendung müssen wir in (3.13) $|\mathfrak{g}|$ durch eine Größe des Kristallgitters ersetzen.

Nun gilt ganz allgemein der Satz, daß jede Gittergerade des reziproken Gitters auf einer Netzebenenschar des Raumgitters senkrecht steht. Der Netzebenenabstand d dieser Schar ist gleich dem reziproken Betrag des primitiven Vektors in Richtung der Gittergeraden. (Ein primitiver Vektor verbindet in einer vorgegebenen Richtung zwei benachbarte Gitterpunkte.)

Man ersieht diese Zusammenhänge leicht aus den Definitionsgleichungen (3.11). Für das Volumen einer Zelle

$$V=(\mathfrak{a}_1\,\mathfrak{a}_2\,\mathfrak{a}_3)=\mathfrak{a}_1\cdot[\mathfrak{a}_2\,\mathfrak{a}_3]$$

läßt sich auch schreiben:

$$V=|[\mathfrak{a}_2\,\mathfrak{a}_3]|\,d\,,$$

wo d der Abstand benachbarter, paralleler Flächen der Zelle ist, die durch die Vektoren $\mathfrak{a}_2$ und $\mathfrak{a}_3$ aufgespannt werden. Durch Einsetzen dieses Ausdrucks für Gl. (3.11) erhält man:

$$|\mathfrak{b}_1|=\frac{|[\mathfrak{a}_2\,\mathfrak{a}_3]|}{|[\mathfrak{a}_2\,\mathfrak{a}_3]|\,d}=\frac{1}{d}\,. \tag{3.14}$$

Ist $\mathfrak{g}_1$ der primitive Vektor in Richtung $\mathfrak{g}$, also $\mathfrak{g}=n\mathfrak{g}_1$ mit n=ganze Zahl, so ergibt sich aus (3.13) und (3.14) für die Braggsche Gleichung die bekannte Form:

$$2d\sin\vartheta=n\,\lambda\,. \tag{3.15}$$

Hierin ist d der Netzebenenabstand der auf $\mathfrak{g}$ senkrecht stehenden, reflektierenden Netzebenenschar.

Der oft verwendete Ausdruck: Braggsche Reflexion ist nicht glücklich und sollte nach Möglichkeit vermieden werden. Es handelt sich hier nicht um eine Reflexion im Sinne der geometrischen Optik, sondern um eine Interferenzerscheinung.

Die Braggsche Gleichung läßt sich leicht ohne Zuhilfenahme des reziproken Gitters ableiten. So bedeuten in Abb. 10 die Punkte die Gitterbausteine des Kristallgitters. Die drei eingezeichneten Elektronenstrahlen werden an einer Netzebenenschar mit dem Netzebenenabstand d reflektiert. Zur Ermittlung des Wegunterschiedes benachbarter Strahlen müssen die Strecken AS_2 und S_2B berechnet werden. Es ist

$$AS_2=S_2B=d\sin\vartheta\,.$$

Der gesamte Wegunterschied zwischen den reflektierten Strahlen 1 und 2 oder 2 und 3 beträgt also $2d\sin\vartheta$. Maximale Intensität tritt im reflektierten Strahl dann auf, wenn dieser Wegunterschied gleich einem ganzzahligen Vielfach der Wellenlänge ist. Aus dieser Forderung ergibt sich wieder die Braggsche Gl. (3.15)

$$2d\sin\vartheta=n\,\lambda\,. \tag{3.15}$$

Die Ableitung am reziproken Gitter hat den Vorzug, die Identität der Laue-Gleichungen (3.7) mit der Braggschen-Gleichung (3.15) aufzudecken. Das Gleichungs Tripel (3.7) und die Gl. (3.15) beschreiben den gleichen physikalischen Tatbestand.

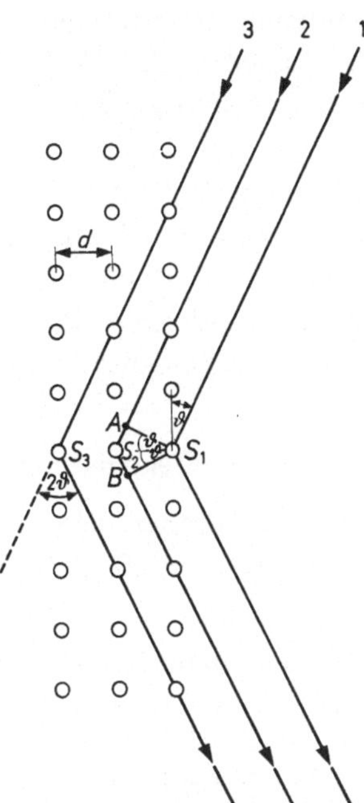

Abb. 10. Schematische Darstellung der Reflexion von Wellenstrahlung an Gitternetzebenen (Braggsche Reflexion) [2ϑ = Beugungswinkel, d = Netzebenenabstand (vgl. Abb. 9)]

3.2. Anwendung der geometrischen Theorie auf Röntgen- und Elektronenstrahlen

3.2.1. Röntgenstrahlen

Die geometrische Theorie gilt für jegliche Beugung von Wellenstrahlung am Raumgitter. Wir wollen nun den speziellen Einfluß der Wellenlänge auf die Beugungserscheinungen betrachten. Die Wellenlänge der charakteristischen Röntgeneigenstrahlung der normalerweise in Feinstrukturröhren verwendeten Anodenmaterialien ist von gleicher Größenordnung wie die Gitterkonstante der meisten Festkörper. Zum Beispiel beträgt die Wellenlänge der Cu-K_α-Strahlung

$$\lambda_{\mathrm{Cu}} = 1{,}54\ \text{Å}\,.$$

Die Gitterkonstante von Gold, das oft als Eichsubstanz verwendet wird, beträgt

$$a_0 = 4{,}1\ \text{Å}\,.$$

Die Größenverhältnisse von den Gittertranslationen im reziproken Gitter und $1/\lambda$ in Abb. 9 entsprechen also etwa den Verhältnissen bei Röntgeninterferenzen.

Aus der Abbildung ist ohne weiteres ersichtlich, daß im allgemeinen Fall kein Gitterpunkt auf der Ausbreitungskugel liegt, d.h. die Gln. (3.9) sind nicht gleichzeitig erfüllt. Aus diesem Grunde sind bei Röntgenfeinstrukturuntersuchungen stets besondere Maßnahmen erforderlich, um Interferenzen zu erhalten:

a) Es wird mit weißem Röntgenlicht gearbeitet, d.h. der Radius der Ausbreitungskugel ($R=1/\lambda$) variiert in einem großen Wellenlängenbereich. Alle Gitterpunkte im Bereich zwischen kleinster und größter Kugel liefern eine Interferenz (Laue-Verfahren).

b) Der Kristall wird gedreht. Dann dreht sich das reziproke Gitter in Abb. 9 um den 0-Punkt, und immer dann, wenn ein Punkt auf die Kugel trifft, ist eine Interferenzstellung erreicht (Drehkristall-Verfahren).

c) Man verwendet Kristallpulver, und einige der vielen Kristallkörnchen erfüllen dann die Laue-Gleichungen, (Debye-Scherrer-Verfahren).

3.2.2. Beugung von Elektronenstrahlen

In kommerziellen Elektronenmikroskopen liegen die Beschleunigungsspannungen für Elektronen im Bereich zwischen 40 und 150 kV.

Das hat zwei wichtige Konsequenzen:

I. Gemäß Abb. 1 liegt für diesen Spannungsbereich die de Broglie-Wellenlänge der Elektronen im Intervall

$$0{,}06\,\text{Å} \geqq \lambda \geqq 0{,}03\,\text{Å}\,.$$

Der Radius der Ausbreitungskugel ist also um etwa zwei Zehnerpotenzen größer als die primitiven Translationen im reziproken Gitter. Die Größenverhältnisse in Abb. 9 entsprechen somit nicht den experimentellen Gegebenheiten.

II. Bei diesen Beschleunigungsspannungen begrenzt die relativ starke Wechselwirkung der Elektronen mit der Materie die Dicke der durchstrahlbaren Präparate auf ca. 1000 Å. In vielen Fällen werden weit dünnere Präparate untersucht.

Hieraus folgen nun wesentliche, charakteristische Merkmale der Elektronenbeugung, die im folgenden diskutiert werden sollen.

Zunächst einmal trägt Abb. 11 den Größenverhältnissen bei der Ewaldschen Konstruktion soweit Rechnung, wie es der zur Verfügung stehende Platz erlaubte. Wieder ist $\mathfrak{s}_0$ ein Einheitsvektor in Richtung des einfallenden Elektronenstrahles und $\mathfrak{s}$ der Einheitsvektor in Richtung des reflektierten Strahles. Die Vektoren $\mathfrak{b}_1$ und $\mathfrak{b}_3$ spannen eine Ebene des reziproken Gitters auf, $\mathfrak{b}_2$ steht senkrecht zur Zeichenebene. (Von der stachelförmigen Verlängerung der Beugungspunkte in Richtung von $\mathfrak{b}_3$ sehen wir zunächst ab.) Der Nullpunkt des reziproken Gitters wird willkürlich in einen Gitterpunkt gelegt, von dem aus der Vektor $-\frac{\mathfrak{s}_0}{\lambda}$ aufgetragen wird, der den Punkt M festlegt. Um diesen Punkt wird die Ewaldsche Ausbreitungskugel mit dem Radius $R=1/\lambda$ gelegt, der groß ist gegen $\mathfrak{b}_1$ und $\mathfrak{b}_3$.

Wie die Abbildung zeigt, schmiegt sich die Netzebene des reziproken Gitters der Ausbreitungskugel in der Umgebung des 0-Punktes recht gut an, wobei R, gemessen an den experimentellen Gegebenheiten, hier noch zu klein angenommen wurde. Nun stellen die Bausteine des Kristallgitters keine mathematischen Punkte dar, sondern besitzen ein endliches Volumen. Entsprechend sind auch die Punkte des reziproken Gitters bei dieser Betrachtung der Beugungserscheinungen keine mathematischen Punkte, sondern besitzen eine endliche Ausdehnung, die als Intensitäts-

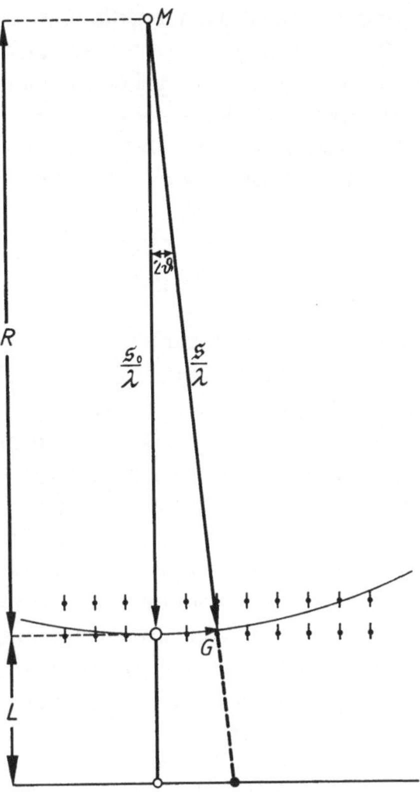

Abb. 11. Ewaldsche Konstruktion für Elektronenstrahlen ($\lambda \ll \mathfrak{a}_i$, vgl. Abb. 9). R = Radius der Ausbreitungskugel, L = Beugungslänge

bereich bezeichnet wird. Die Form und Ausdehnung dieses Bereiches hängt vom Betrag des Amplitudenfaktors in der Umgebung des (idealen) Gitterpunktes ab. Zur Berechnung des Intensitätsbereiches greifen wir daher auf Gl. (3.6) für den Amplitudenfaktor zurück. Hier wurde ein in allen drei Dimensionen etwa gleich ausgedehnter Kristall vorausgesetzt. M_1 M_2 und M_3 waren dementsprechend etwa gleich große Zahlen. Wie oben unter II. festgestellt wurde, ist diese Bedingung für elektronenmikroskopische Präparate und daher auch bei Elektronenbeugungserscheinungen im Durchstrahlungsmikroskop durchaus nicht erfüllt. Wir betrachten deshalb im folgenden vorzugsweise die Beugung an dünnen Kristallen, z.B. blättchenförmigen Einkristallen, oder dünngeätzten Metallfolien.

3.2.3. Beugung an dünnen Kristallen

Auch in diesem Falle behalten die Gln. (3.6) ihre Gültigkeit. Nehmen wir an, daß der Gittervektor $\mathfrak{a}_3$ senkrecht auf der Kristallfolie steht und parallel zum Elektronenstrahl orientiert ist, so sind zwar M_1 und M_2 sehr große Zahlen, nicht jedoch M_3. Während in (3.6) die beiden ersten Faktoren von G^2 nur für ganzzahlige Werte von A merklich von 0 verschieden sind, liefert die Summe über M_3 auch dann noch von 0 verschiedene Werte, wenn A von der Ganzzahligkeit abweicht. Die dann auftretende Beugungsintensität und die daraus resultierenden Beugungskontraste sind für die Durchstrahlungselektronenmikroskopie extrem wichtig und werden auch im 4. Kapitel eingehend behandelt werden.

Zunächst soll die Ausdehnung der Intensitätsbereiche parallel zu $\mathfrak{a}_3$, also senkrecht zur Folie, abgeschätzt werden. Dazu muß der Verlauf von $|G_3|^2$ für kleine Werte von M berechnet werden. Abb. 12a zeigt den Verlauf der Funktion (3.3)

$$f=\frac{\sin^2 \pi M A}{\sin^2 \pi A}$$

für $M=9$. Auf der Abszisse wurde A linear und auf der Ordinate f in quadratischem Maßstab aufgetragen. Der Kurvenverlauf wiederholt sich nach beiden Seiten periodisch. Wie man sieht, ist auch in der Umgebung der Maxima noch Beugungsintensität zu erwarten, die dritte der Laue-Gleichungen in (3.7) und (3.9) braucht nicht mehr streng erfüllt zu sein. In Abb. 11 wurde dem Funktionsverlauf dadurch Rechnung getragen, daß den Gitterpunkten stachelförmige Intensitätsbereiche senkrecht zur Blättchenebene zugeordnet wurden. Allerdings täuschen diese Stacheln eine konstante Intensität vor, wogegen nach Abb. 12a Nullstellen und relative Maxima und Minima miteinander abwechseln. In Abb. 13 wurde versucht, dem wahren Intensitätsverlauf durch Zuordnung der Intensitätskurve Rechnung zu tragen. (Wegen des Vektors $\mathfrak{v}$ s. Kapitel 4.) Dabei wurde, wie allgemein üblich, die Länge T des Stachels bis zu den ersten Nullstellen beiderseits vom Hauptmaximum angenommen. Daraus folgt:

$$\frac{T}{2}=\frac{1}{M_3 \mathfrak{a}_3}=\frac{1}{t},$$

wo t die Dicke des Kristalls ist.

Nach diesen Überlegungen sind bei Kristallen von ca. 100 Å Dicke Kippwinkel von der Größe des Beugungswinkels ohne weiteres zulässig, ohne daß der Beugungspunkt verschwindet. Wie weiter unten anhand der Abb. 25 und 26 gezeigt wird, sind in Sonderfällen bedeutend größere Kippwinkel möglich, ohne daß der Reflex ganz verschwindet. Möglicherweise haben Gitterstörungen eine Verlängerung der Stachel zur Folge.

In der Umgebung eines Hauptmaximums kann im Nenner von (3.3) der Sinus durch den Arcus ersetzt werden, wie im Kapitel 4 näher erörtert wird. Abb. 12b zeigt zum Vergleich mit Abb. 12a den Verlauf der Funktion $\frac{\sin^2 \pi M A}{(\pi A)^2}$.

Das Auftreten eines Beugungsreflexes ist nach diesen Überlegungen nicht mehr streng an die Bedingung gebunden, daß der entsprechende Punkt des reziproken Gitters auf die Ausbreitungskugel fällt, vielmehr ist ausreichend, daß die Ausbreitungskugel den Intensitätsbereich durchsetzt. In Abb. 13 führt der Vektor $\mathfrak{k}(\mathfrak{s}-\mathfrak{s}_0)$ vom Nullpunkt zum Schnittpunkt von Ewald-Kugel und Intensitätsbereich; er ist also *kein* Vektor des reziproken Gitters.

In Abb. 5 wurde der Elektronenstrahl nicht an dünnen Kristallen, sondern an sehr kleinen Rhomboedern gebeugt. Die Vergrößerung der Intensitätsbereiche erfolgte daher nicht nur in Richtung von $\mathfrak{a}_3$, sondern auch in Richtung von $\mathfrak{a}_1$ und

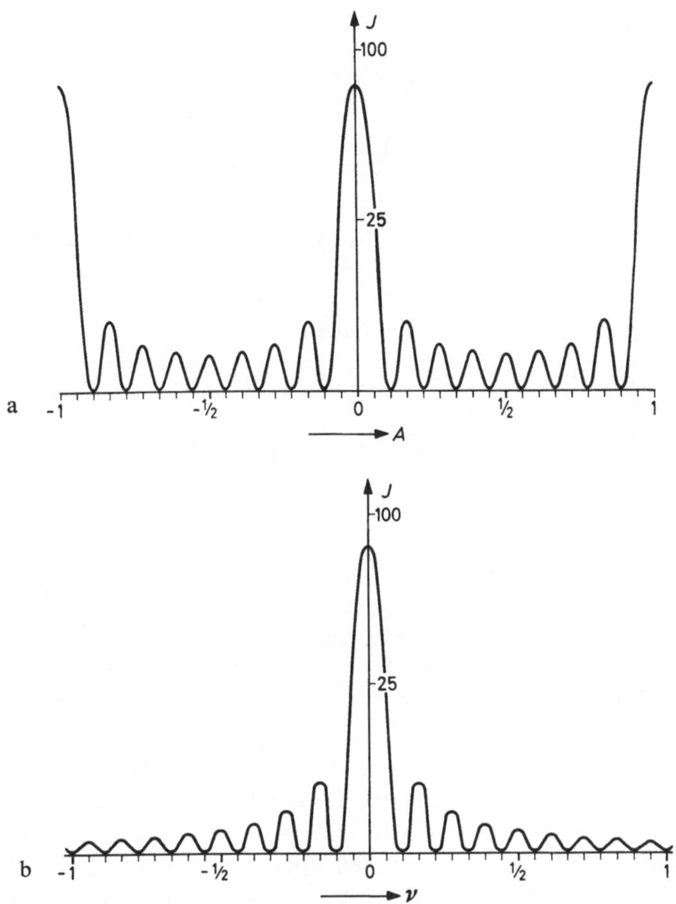

Abb. 12a u. b. a Verlauf der Funktion $f = \frac{\sin^2 \pi M A}{\sin^2 \pi A}$ für $M = 8$. b Verlauf der Funktion $f = \frac{\sin^2 \pi v t}{(\pi v)^2}$ (zur Bezeichnung siehe Gleichungen 4.6 bis 4.8)

$\mathfrak{a}_2$. Je nach zufälliger Orientierung des Einzelkristalles durchsetzten mehrere Intensitätsbereiche die Ausbreitungskugel, und so entstanden die sternförmigen Einzelreflexe in Abb. 5c. In einigen Fällen lassen sich sogar die örtlich periodischen Intensitätsschwankungen im Stachel erkennen.

Die Beobachtung oder Registrierung eines Beugungsbildes erfolgt nun, indem man in einem Abstand L (Abb. 11), der als Beugungslänge bezeichnet wird, einen Leuchtschirm oder eine Photoplatte aufstellt. Abb. 11 zeigt, daß das Beugungsbild eines dünnen Einkristalles als Zentralprojektion der in der Blättchenebene liegenden Ebene des reziproken Gitters aufgefaßt werden darf. (Damit erhält das reziproke Gitter, das zunächst rein formal eingeführt worden ist, eine reelle, physikalische Bedeutung.) Wird der Elektronenstrahl gleichzeitig an vielen, kleinen statistisch orientierten Kristallen gebeugt wie in Abb. 5, so überlagern sich die Beugungsbilder aller Einkristalle. Das Beugungsbild kann also als Überlagerung der Zentralprojektionen aller Netzebenen des reziproken Gitters aufgefaßt

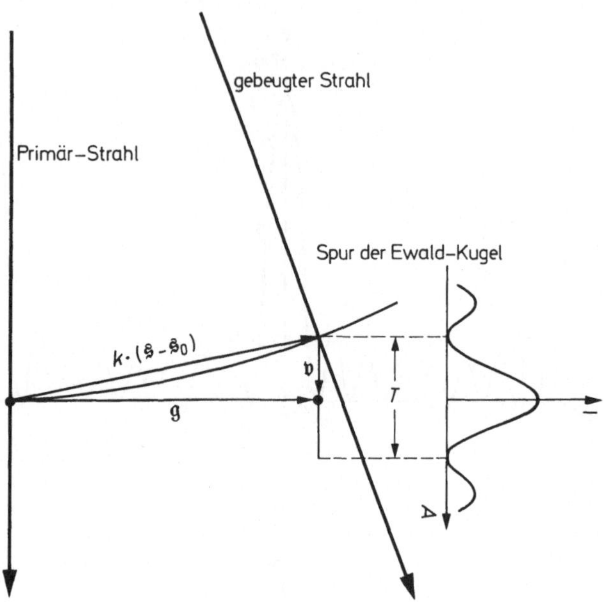

Abb. 13. Ewaldsche Konstruktion analog Abb. 11 für den Fall, daß der reziproke Gitterpunkt nicht auf der Ewald-Kugel liegt. $\mathfrak{g}$ = Vektor im reziproken Gitter, T = Länge des „Intensitätsstachels", $\mathfrak{v}$ = Vektor vom Durchstoßpunkt des Stachels durch die Ewald-Kugel zum reziproken Gitterpunkt. Rechts daneben die „Intensitätsbelegung des Stachels" gemäß Abb. 12a

werden, wobei jede Netzebene noch um den 0-Punkt gedreht werden darf. So entsteht das bekannte System konzentrischer Kreise um den Durchstoßpunkt des direkten Strahles in der Projektionsebene analog Abb. 5a. Streng genommen fallen die 0-Punkte der verschiedenen reziproken Gitter entsprechend den Abständen der Einzelkristalle nicht zusammen, doch ist die hierdurch verursachte Unschärfe der Beugungsringe wegen der geringen Ausdehnung des bestrahlten Bereiches klein.

Schließlich läßt sich, wie unten gezeigt wird, diese Unschärfe weitgehend reduzieren, wenn das Objekt nicht mit parallelen, sondern mit konvergenten Elektronenstrahlen beleuchtet wird, also wenn zwischen Strahlenquelle und Objekt eine oder mehrere Kondensorlinsen eingeschaltet werden. Bei richtiger Fokussierung ist dann jeder Beugungspunkt eine verkleinerte Abbildung des kleinsten Strahlquerschnittes hinter der Kathode.

Die Abb. 11 behält auch dann ihre Berechtigung, wenn das Beugungsbild nicht unmittelbar hinter dem Objekt im Abstand L beobachtet oder registriert wird, sondern wenn die primäre Abbildung analog Abb. 2, also wenn das Beugungsbild in der Brennebene einer Objektivlinse oder schließlich eine weitere Abbildung des Beugungsbildes registriert wird. Auch dann läßt sich eine Beugungslänge L^* definieren, die prinzipiell aus den optischen Daten zu berechnen ist, zweckmäßig jedoch durch Eichaufnahmen von Substanzen mit bekannten Netzebenenabständen ermittelt wird. Immer dann, wenn elektronenoptische Linsen hinter dem Objekt zur Projektion des Beugungsbildes benutzt werden, müssen die Öffnungsfehler beachtet werden: Die Beugungslänge L^* ist nicht mehr über den Durchmesser des Beugungsbildes konstant, worauf in einem der nächsten Abschnitte eingegangen wird.

3.3. Intensität der Beugungsreflexe

Die Intensität der Reflexe bei der Elektronenbeugung soll nur sehr summarisch behandelt werden, da in der Anwendung nur sehr selten quantitative Intensitätsmessungen vorgenommen werden, im Gegensatz zu der Strukturaufklärung mit Röntgenstrahlen. Viele Einflußfaktoren auf die Intensität der Reflexe sind in fast allen praktischen Fällen so schwer zu erfassen, daß man sich mit der Auswertung der Beugungswinkel, ergänzt durch eine grobe Intensitätsschätzung, begnügen muß.

Im folgenden wird jedoch der Unterschied zwischen den Röntgeninterferenzen und der Elektronenbeugung möglichst klar herausgestellt.

Hier scheint eine Bemerkung zur Terminologie angebracht zu sein: Es ist inkorrekt, bei elektromagnetischer Röntgenstrahlung von Interferenz, im Falle der Elektronenstrahlung dagegen von Beugung zu sprechen, obwohl, wenn man von der physikalischen Natur der Strahlung absieht, in beiden Fällen die gleichen physikalischen Grundphänomene vorliegen, die sich im wesentlichen mit dem gleichen mathematischen Apparat beschreiben lassen. Der Begriff „Beugung" sollte der Ablenkung von Wellenstrahlen an einem einzelnen Hindernis (z.B. einem Spalt) vorbehalten bleiben und der Begriff „Interferenz" der Überlagerung vieler gebeugter und kohärenter Wellenzüge. Da sich jedoch die Wörter „Röntgeninterferenz" und „Elektronenbeugung" in der deutschsprachigen Literatur eingebürgert haben, werden sie im folgenden im allgemein üblichen Sinne verwendet, um sprachliche Verwirrungen zu vermeiden. Das Wort „Elektroneninterferenz" oder auch „Elektronenstrahl-Interferenz" bleibt dann Interferenzerscheinungen vorbehalten, bei denen zwei oder mehrere Elektronenstrahlen in bestimmten Bereichen räumlich getrennt verlaufen und danach wieder überlagert werden.

3.3.1. Streuvermögen der Atome

Es ist unmittelbar verständlich, daß die Intensität eines Röntgen- oder Elektronenreflexes dem Streuvermögen der Gitterbausteine proportional sein muß. Röntgenstrahlen werden an den Elektronenhüllen der Atome gebeugt, und die Streuamplitude ist ungefähr der Zahl f_R der zur Schwingung angeregten Elektronen der Atomhülle proportional. Elektronenstrahlen treten dagegen nicht mit den Elektronenschalen, sondern mit dem Potentialfeld der Kerne in Wechselwirkung. Diese ist zwischen geladenen Teilchen (Elektron und Kern) viel größer als zwischen elektromagnetischer Strahlung und Elektronenhülle: Daher ist die Beugungsintensität bei Elektronenstrahlung etwa um den Faktor 10^8 größer als bei Röntgenstrahlung. Während bei Röntgenfeinstrukturaufnahmen oft Belichtungszeiten von einigen Stunden erforderlich sind, genügen bei Elektronenbeugungs-Aufnahmen Belichtungszeiten von einigen Sekunden.

Je stärker die Hüllenelektronen den Kern abschirmen, um so geringer wird die effektiv wirksame Kernladung. Mit guter Näherung kann deshalb das Streuvermögen eines Atoms für Elektronenstrahlen proportional zu $(z-f_R)$ gesetzt werden, wo z die Kernladungszahl bedeutet. Wegen der endlichen Ausdehnung der Gitterbausteine ist das Streuvermögen noch vom Winkel abhängig, denn bei größeren Ablenkungswinkeln beeinflussen die Phasenunterschiede der von verschiedenen Bereichen eines streuenden Atoms ausgehenden Streuwellen die Intensität: mit zunehmendem Beugungswinkel nimmt die Intensität ab. Im Falle der Elektronenbeugung mit schnellen Elektronen kann wegen der Kleinheit der Beugungswinkel dieser Einfluß vernachlässigt werden.

Die genaue Berechnung liefert für den atomaren Streufaktor die Gleichung

$$f(\vartheta)=\frac{m_0 e^2}{2h^2}\left(\frac{\lambda}{\sin\vartheta}\right)^2 (Z-f_R)$$

(Bedeutung der Buchstaben siehe Kapitel 1).
Für relativistische Korrektur ist anstelle von m_0 der Wert m aus (1.2) einzusetzen.

3.3.2. Strukturfaktor

Im Abschnitt 2.1.1 wurde vereinfachend angenommen, daß im Kristallgitter nur eine Atomart vorliegt. Ist das nicht der Fall, so muß bei Intensitätsbetrachtungen das unterschiedliche Streuvermögen der Atome mit verschiedenen Kernladungszahlen z berücksichtigt werden. Zu diesem Zwecke greift man aus dem Gitter eine möglichst einfache Elementarzelle heraus, aus der man das dreifach periodische Raumgitter aufbauen kann und addiert die Amplituden der von den verschiedenen Bausteinen der Zelle gestreuten Wellen. Die resultierende Amplitude wird als „Strukturamplitude" F bezeichnet, das Amplitudenquadrat F^2 als Strukturfaktor. Für ein bestimmtes Kristallgitter ist F eine Funktion von h_1, h_2 und h_3. Die gleichen Überlegungen gelten auch, wenn bei einem nur aus einer Atomart bestehenden Gitter aus Zweckmäßigkeitsgründen (z. B. einfachen Winkelverhältnissen) die Elementarzelle größer gewählt wird als zum Aufbau des Gitters nötig ist.

Wenn F für bestimmte Werte von h_1, h_2 und h_3 zu 0 wird, ergeben sich die Auslöschungsgesetze. Sie sind für Röntgen- und Elektronenstrahlen identisch. Man kann sie für jeden Gittertyp den „International Tables for X-Ray Crystallography" entnehmen. (Herausgegeben von: International Union of Crystallography. Kynoch Press, Birmingham, 1952–1962.)

3.3.3. Flächenzahl

Bei Pulveraufnahmen ist die Intensität eines Beugungsringes von der Zahl der effektiv reflektierenden Netzebenen abhängig (in der Braggschen Betrachtungsweise). Bestimmte „Flächenarten" treten in einem Kristall häufiger auf als andere. Zum Beispiel besitzt ein kubischer Kristall 6 Würfel und 8 Oktaederebenen. Bei statistischer Orientierungsverteilung der beugenden, kleinen Kristalle wird die Intensität der Beugungsringe proportional dieser Flächenzahl ν sein, und dieser Proportionalitätsfaktor ist naturgemäß unabhängig von der speziellen Art der Strahlung.

3.4. Aufnahmeverfahren

3.4.1. Vorbemerkungen

Nachdem im vorigen Abschnitt die Gesetze der Beugung von Elektronenwellen am Raumgitter soweit besprochen wurden, wie es zum ersten Verständnis der Elektronenbeugungserscheinungen im Elektronenmikroskop erforderlich ist,

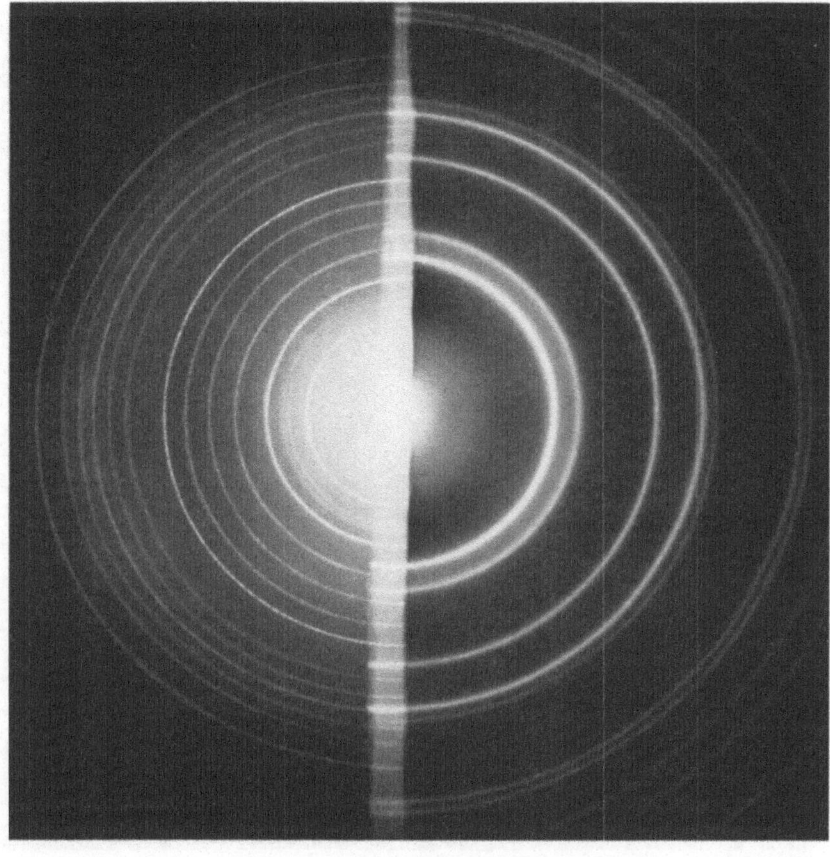

a

Abb. 14a u. b. Simultanbeugung an Gold und Thalliumchlorid. (Aufnahme: G. SCHIMMEL.)
a Mit teilweise überlappenden Beugungsbildern.
(Aufgenommen mit Elmiskop I der Firma Siemens & Halske bei 80 kV, mit Doppelkondensor und Simultan-Beugungspatrone)

sollen jetzt die Strahlengänge, die sich in kommerziellen Geräten verwirklichen lassen, diskutiert werden. Gleichzeitig werden die Zusammenhänge zwischen Strahlengang und Auflösungsvermögen (und damit auch zwischen Strahlengang und Schärfe der Beugungsreflexe) qualitativ beschrieben. Daraus ergeben sich dann wesentliche Hinweise, welcher Strahlengang dem jeweilig vorliegenden Problem angepaßt ist.

Als Demonstrationsobjekt wurde bei den folgenden Beugungsaufnahmen eine Aufdampfschicht von Thalliumchlorid (TlCl) gewählt, das kubische Kristallstruktur hat. Gegenüber Aufdampfschichten von Gold, das ebenfalls oft als Eichsubstanz verwendet wird, zeichnet sich TlCl durch schärfere Reflexe aus. Der Schärfenunterschied zwischen Gold und Thalliumchlorid ist in den Simultanbeugungsaufnahmen (Abb. 14a und b) deutlich zu erkennen (vgl. dazu Abschnitt 3.4.2f). Diese Aufnahmen zeigen auf der linken Seite die Reflexe von Thallium-

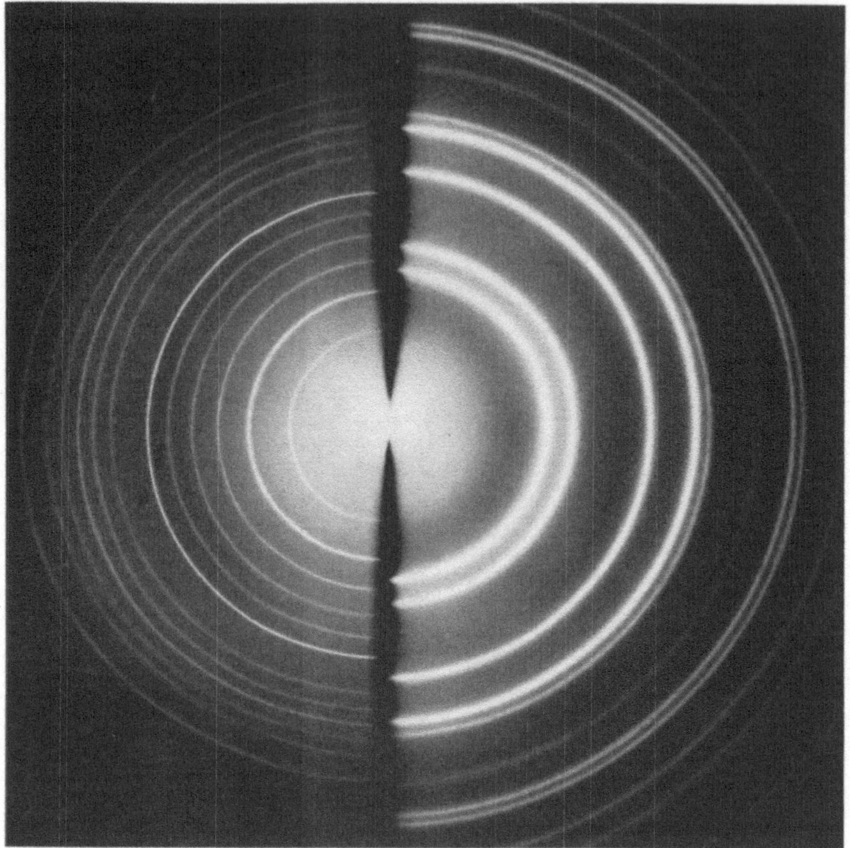

Abb. 14b. Simultanbeugung an Gold und Thalliumchlorid. Mit getrennten Beugungsbildern

chlorid, auf der rechten Seite die Reflexe von Gold, beide Bildhälften wurden jeweils unter genau den gleichen Bedingungen aufgenommen (Indizierung der Reflexe – s. Abschnitt Auswerteverfahren).

Die nachfolgenden Strichzeichnungen erheben keinen Anspruch auf Maßstabstreue. Vielmehr wurden die Größenverhältnisse willkürlich geändert, wenn es zum Verständnis der Zusammenhänge zweckmäßig erschien. Auch verlaufen die Elektronenbahnen durchaus nicht so wie die geduldigen Striche in der Zeichnung; schließlich sind die Elektronenlinsen nicht so ideal dünn, wie es die Zeichnung vortäuscht. Bei magnetischen Linsen findet zudem eine Bilddrehung statt, die Strahlen verlaufen also nicht in einer Ebene. Korrekt ließe sich der Strahlengang nur in dreidimensionaler Darstellung wiedergeben.

Der Begriff „Strahlenquelle" in den Darstellungen bedarf noch einer Definition. Bei lichtoptischen Geräten existieren im allgemeinen keine Zweifel darüber, welche Form und Ausdehnung der Lichtquelle zuzuschreiben ist. Im Elektronenmikroskop gehen die Elektronen von der Glühkathode aus, doch kann diese nur in Ausnahmefällen einer Lichtquelle gleichgesetzt werden. In der Kathodennähe sind im allgemeinen eine oder mehrere Steuerblenden angeordnet und auf ein solches Potential gelegt, daß sich vor der Kathode eine Raumladung, also eine Elektronenwolke bildet, aus der durch das Anodenpotential Elektronen abgesaugt werden. Wie man sich am Elektronenmikroskop leicht überzeugen kann, ist es bei Vorliegen einer Raumladung unmöglich, die Kathode abzubilden. Innerhalb der Raumladungswolke verlieren die Elektronen infolge der Stoßvorgänge ihre Abbildungseigenschaften. Somit ist es physikalisch nicht sinnvoll, die Kathode als Lichtquelle zu bezeichnen. Lichtoptisches Analogon ist eine Glühlampe hinter einer Matt- oder Opalglasscheibe. Unmittelbar hinter der Raumladung werden die abgesaugten Elektronen durch die elektrischen Felder zu einem engen Strahl gebündelt und im folgenden wird der engste Strahlquerschnitt hinter dem Kathodensystem als Strahlquelle angesprochen.

3.4.2. Die verschiedenen Strahlengänge

a) Strahlengang ohne Linsen

Im einfachsten Falle wird bei der Aufnahme von Beugungsbildern überhaupt keine Linse benutzt. Das Objekt wird zwischen Empfänger und Strahlenquelle gebracht und die Apertur des Elektronenstrahls durch eine Aperturblende begrenzt (Abb. 15). Infolge der Divergenz des Elektronenstrahles entstehen Beugungsbilder mit breiten Ringen und entsprechend schlechtem Auflösungsvermögen, d. h. eng benachbarte Beugungsringe überdecken einander.

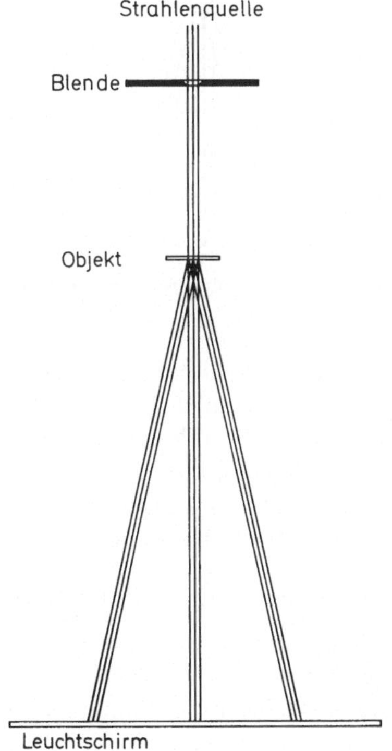

Abb. 15. Elektronenbeugung ohne Linsen

Um die durch den Strahlengang und nicht durch das Objekt bedingten Unterschiede im Beugungsbild zu demonstrieren, wurde in Abb. 19 ein Beugungsbild von der Thalliumchloridaufdampfschicht (vgl. Abb. 14a und b) aus 5 verschiedenen Segmenten zusammengesetzt, wobei jedem Segment ein anderer Strahlengang entspricht. Dem Strahlengang aus Abb. 15 entspricht Segment a) mit breiten Beugungsringen.

b) Strahlengang mit einer Kondensorlinse

Günstiger als bei Strahlengang a) liegen die Verhältnisse, wenn der divergente Elektronenstrahl durch eine Beleuchtungslinse (Kondensor) konvergent gemacht wird (Abb. 16). Die Brennweite des Kondensors wird so eingestellt, daß auf dem

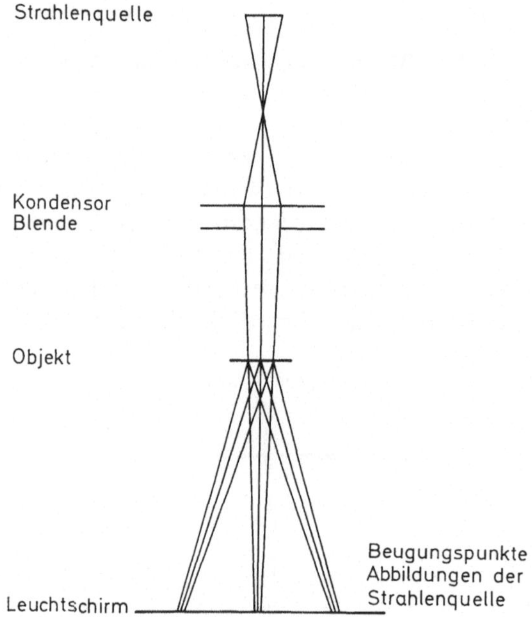

Abb. 16. Elektronenbeugung mit einer Kondensorlinse

Leuchtschirm die Strahlquelle (also gemäß dem Abschnitt 2.4.1 der engste Strahlquerschnitt hinter der Kathode) abgebildet wird. Jeder Punkt des Beugungsbildes stellt dann eine Abbildung dieses Strahlquerschnittes dar. Im Falle der Aufdampfschicht, wo sich die Beugungspunkte zu konzentrischen Ringen vereinigen, beeinflußt also die Ausdehnung der Strahlquelle die Breite der Beugungsringe. Dem Strahlengang mit einer Kondensorlinse entspricht das Segment b in Abb. 19.

c) Strahlengang mit Doppelkondensor (Fokus in Plattenebene)

Bei Geräten, die mit Doppelkondensoren ausgestattet sind, besteht weiterhin die Möglichkeit, mit der ersten Linse den kleinsten Strahlquerschnitt zunächst verkleinert abzubilden. Die verkleinerte Abbildung kann dann als neue Strahlquelle betrachtet werden, die mit der zweiten Kondensorlinse auf den Leuchtschirm (oder einen anderen Empfänger) abgebildet wird. Zwischen zweiter Kon-

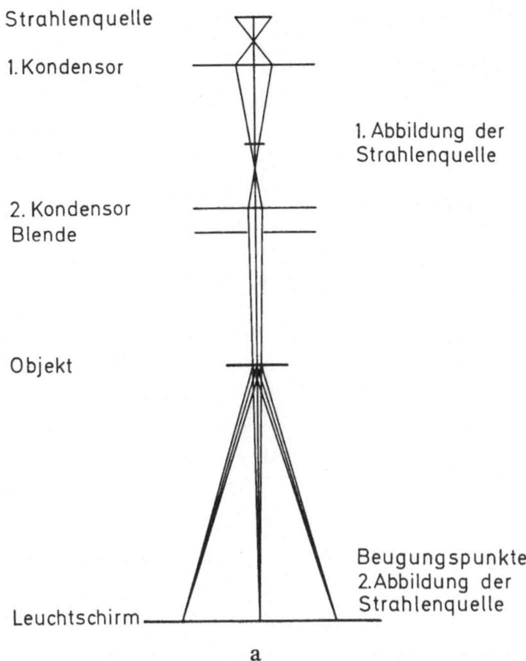

Abb. 17a u. b. Elektronenbeugung mit Doppelkondensor. a Fokus in der Bildebene

densorlinse und Leuchtschirm liegt das Objekt (Abb. 17a). Jeder einzelne Beugungspunkt stellt nunmehr ein zweifach verkleinertes Bild des engsten Strahlquerschnittes dar und die Beugungsringe sind entsprechend schärfer (Segment c in Abb. 19, s. auch linke Seite von Abb. 14a und b). Die Steigerung des Auflösungsvermögens ergibt sich im wesentlichen aus dem Abbildungsmaßstab des ersten Kondensors und liegt beim Faktor 200.

d) Strahlengang mit Doppelkondensor (Fokus in Objektivebene)

Bei strahlempfindlichen Objekten (z. B. organischen Kristallen) ist es oft vorteilhaft, jeweils nur einen möglichst kleinen Objektbereich mit geringer Intensität auszuleuchten, damit die benachbarten Objektbereiche keine Strahlenschäden erleiden und durch bloße Objektbewegung unbestrahlte und daher mit Sicherheit ungeschädigte Bereiche in den Elektronenstrahl gebracht werden können. Zu diesem Zweck wird der Strahlengang c) folgendermaßen modifiziert. Der Elektronenstrahl wird mit der zweiten Kondensorlinse nicht in die Beobachtungsebene, sondern in die Objektebene fokussiert (Abb. 17b). Die dadurch bewirkte Verbreiterung der Beugungsringe kann durch Wahl einer hinreichend kleinen Kondensorblende in erträglichen Grenzen gehalten werden, wie der Sektor d in Abb. 18 beweist. Der bestrahlte Objektbereich hat bei dieser Justierung einen Durchmesser bis herab zu ca. 1 Mikron. Die geringe Zahl der in so kleinen Bereichen erfaßten Kristalle läßt keine durchlaufenden Beugungsringe entstehen. Im Gegensatz zum Sektor Abb. 19c, bei dem die ganze Objektblende ausgeleuchtet

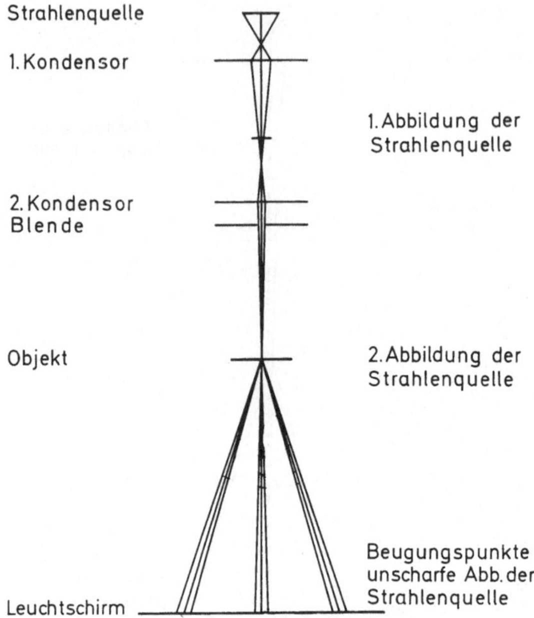

Abb. 17b. Elektronenbeugung mit Doppelkondensor. Fokus in der Objektebene

war, sind im Sektor d von Abb. 19 deutlich die einzelnen Beugungspunkte innerhalb der Ringe zu erkennen. Jeder einzelne Punkt stellt ein unscharfes Bild der Strahlquelle dar.

e) Feinbereichsbeugung

Bei den bisher beschriebenen Strahlengängen wurde zwischen Objekt und Empfänger keine Elektronenlinse benutzt. Wie jedoch bereits im Kapitel „Beugung und Abbildung" besprochen wurde, entsteht in der Brennebene der Objektivlinse ein Beugungsbild des Objektes, denn in dieser Ebene werden alle parallel in das Objektiv eintretenden Strahlen in einem Punkt vereinigt. Der Zentralpunkt (Beugungsreflex nullter Ordnung) kann also als das Bild einer unendlich fernen Lichtquelle aufgefaßt werden. Für die übrigen Beugungspunkte gilt das gleiche, nur daß bei ihnen die von der Lichtquelle kommenden Strahlen vor Eintritt in das Objektiv an den verschiedenen Netzebenen reflektiert wurden. Die Beugungspunkte in der Brennebene werden um so schärfer, je besser die Forderung nach Parallelität der das Objekt beleuchtenden Strahlen erfüllt ist, je kleiner also die Beleuchtungsapertur ist. Diese läßt sich im allgemeinen bei den verschiedenen Elektronenmikroskopen durch Einbringen von Aperturblenden und durch Variation der Kondensor-Brennweite in weiten Grenzen einstellen. Die günstigsten Betriebsdaten sind den Benutzungsanweisungen für die Geräte zu entnehmen.

Das in der Objektivbrennebene entstehende Beugungsbild muß durch weitere elektronenoptische Linsen vergrößert in die Plattenebene abgebildet werden. In der Abb. 18 werden die Verhältnisse für eine einstufige Nachvergrößerung (mit Objektiv und Zwischenlinse) dargestellt. In der Praxis wird meistens mit zwei-

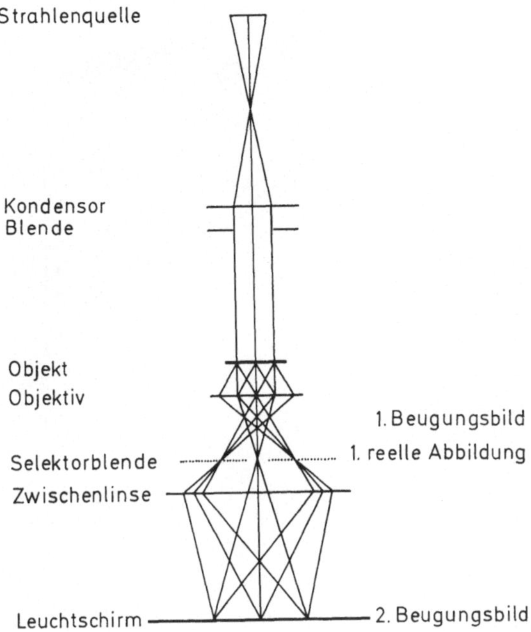

Abb. 18. Strahlengang bei der Feinbereichsbeugung

stufiger Nachvergrößerung gearbeitet. Auf diesen Strahlengang wird im Kapitel: Kombination von Beugung und Abbildung noch besonders eingegangen. Durch Wahl des freien Durchmessers einer Selektorblende in der Ebene des ersten reellen Objektbildes kann der zur Beugung beitragende Objektbereich in weiten Grenzen variiert werden. Da die Ausblendung des untersuchten Objektbereiches in einem vergrößerten Bild des Objektes erfolgt, lassen sich mit diesem Strahlengang Objektbereiche von ca. 0,1 Mikron noch gezielt durch Elektronenbeugung untersuchen. Dementsprechend sind auch in Sektor c von Abb. 19 die von den verschiedenen Kristallen der Aufdampfschicht herrührenden Beugungspunkte deutlich zu erkennen. Da zwischen Objekt und Empfänger (Leuchtschirm, Photoplatte) bei diesem Strahlengang Linsen zur Abbildung benutzt werden, beeinflussen die Linsenfehler das Beugungsbild und müssen über Eichaufnahmen von bekannten Substanzen eliminiert werden.

f) Simultanbeugungsaufnahmen

Bei Simultanbeugungsaufnahmen nach Riedmüller werden im Elmiskop I der Firma Siemens zwei Präparate gleichzeitig in den Strahlengang gebracht. Die Kondensorblende muß entfernt werden, damit ein genügend großer Objektbereich ausgeleuchtet wird; als Aperturblenden wirken dann die Objektträgerblenden selbst. Jeweils eine Hälfte der beiden Beugungsbilder wird durch einen Steg unter den Objekten abgedeckt. So entstehen Beugungsdoppelbilder analog Abb. 13a und b). Allerdings muß für Simultanbeugungsaufnahmen der Objektivpolschuh gegen

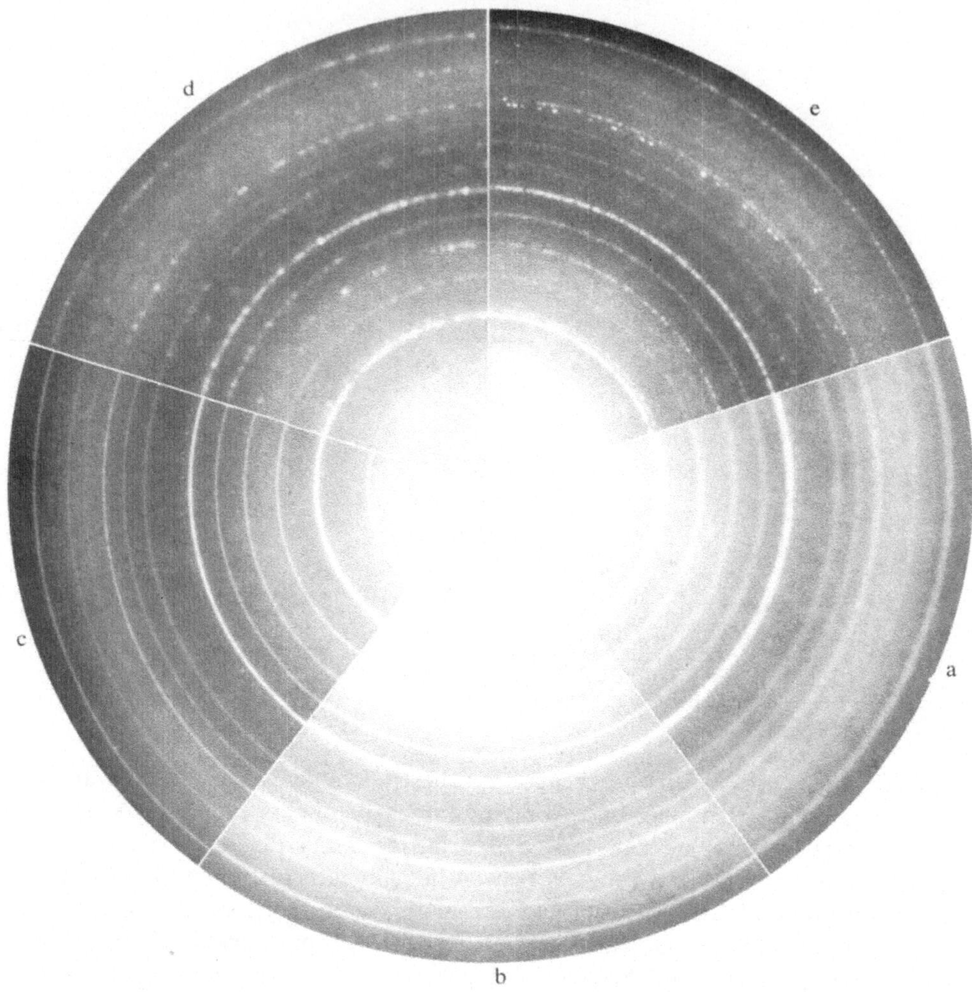

Abb. 19a—e. Beugungsbilder von Thalliumchlorid, aufgenommen mit verschiedenen Strahlengängen. (Aufnahme: G. SCHIMMEL.)

a Entsprechend Abb. 15. d Entsprechend Abb. 17b.
b Entsprechend Abb. 16. e Entsprechend Abb. 18.
c Entsprechend Abb. 17a.

einen Spezialeinsatz ausgewechselt werden und eine mikroskopische Abbildung der Objekte ist dann also ohne Zwischenbelüftung der Mikroskopsäule nicht mehr möglich. Aus diesem Grunde wird von der Möglichkeit, Simultanbeugungsaufnahmen anzufertigen, nur wenig Gebrauch gemacht. Stattdessen wird im allgemeinen eine Eichsubstanz direkt auf das zu untersuchende Präparat aufgedampft. Es muß dann allerdings geprüft werden, ob Reflexe des Präparates mit solchen der Eichsubstanz zusammenfallen.

3.5. Auswertung von Beugungsaufnahmen

3.5.1. Polykristalline Substanzen (Pulveraufnahmen)

Besonders übersichtlich liegen die Verhältnisse bei Beugungsaufnahmen von polykristallinem Material (in Analogie zu Röntgentechnik oft kurz als Pulveraufnahmen oder Pulverdiagramme bezeichnet), wenn zwischen Objekt und Empfänger keine Linsen eingeschaltet werden (also gemäß den Strahlengängen in den Abb. 15–17). Aus den entsprechenden Ringdurchmessern D in Abb. 19 müssen dann die zugehörigen Winkel 2ϑ ermittelt werden. Ist L der Abstand zwischen Objekt und Photoplatte, so gilt

$$\frac{D}{2L}=\operatorname{tg}(2\vartheta)\sim 2\vartheta\,.$$

und in Verbindung mit der Braggschen Gleichung (3.15)

$$n\lambda=2d\sin\vartheta\sim 2d\vartheta$$

läßt sich dann d ermitteln:

$$d=\frac{2nL}{\lambda D} \tag{3.16}$$

Sofern λ, die de Broglie-Wellenlänge der Elektronen und die Beugungslänge L bekannt sind, kann die Auswertung von Pulveraufnahmen prinzipiell nach Gl. (3.16) erfolgen. Wird das Beugungsbild nicht direkt, sondern gemäß Abb. 18 über Zwischenabbildungen aufgenommen, so muß L durch die optische Beugungs-Länge L^* ersetzt werden. Die Auswertung von Beugungsaufnahmen nach (3.16) ist jedoch unüblich.

Der sicherste Weg zur Auswertung der Beugungsaufnahmen führt über Eichaufnahmen von Substanzen mit bekannter Struktur. Wie bereits in Abschnitt 3.4.1 erwähnt wurde, eignen sich unter anderem Gold und Thalliumchlorid als Eichsubstanzen. Aus Abb. 20a und b kann die Indizierung der Reflexe für beide Substanzen entnommen werden und die Tabellen enthalten die zugehörigen Netzebenenabstände.

Bei Beugungsaufnahmen ohne Zwischenabbildung kann an Hand der Eichaufnahme die Größe $\frac{2L}{\lambda}=B$ ermittelt werden, womit sich dann gemäß Gl. (3.16) $\frac{d}{n}=\frac{B}{D}$ berechnen läßt.

Bei der Auswertung von Beugungsbildern, die über Zwischenabbildungen aufgezeichnet wurden, d.h. bei allen Feinbereichsbeugungsaufnahmen gemäß Abb. 18 muß der Öffnungsfehler der Objektivlinse berücksichtigt werden, durch den sich für die inneren Beugungsringe ein anderer Abbildungsmaßstab als für die äußeren Ringe ergibt. Hier empfiehlt sich folgendes Vorgehen:

Zur Auswertung der Beugungsdiagramme wird zunächst die Eichaufnahme ausgemessen. Zweckmäßigerweise trägt man die Ringdurchmesser über den reziproken Werten der Netzebenenabstände auf. Bei den Beugungsaufnahmen ohne

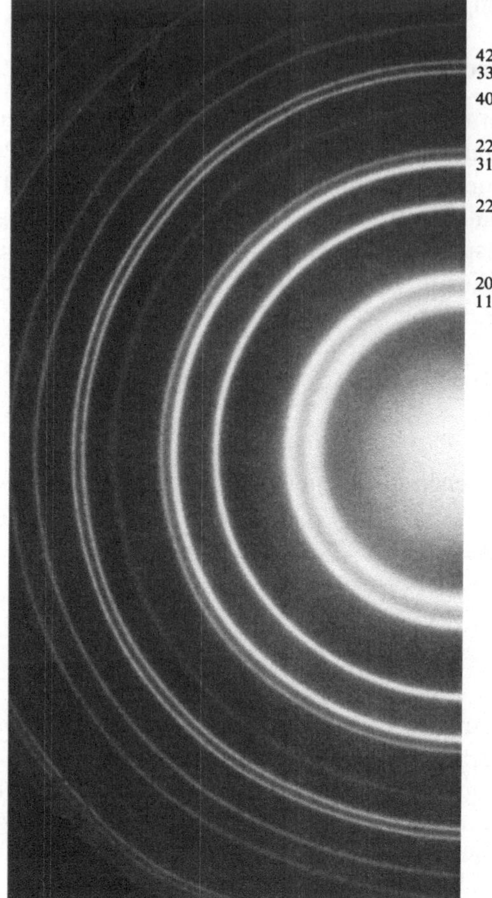

h k l	*d* Å
1 1 1	2,355
2 0 0	2,039
2 2 0	1,442
3 1 1	1,230
2 2 2	1,1774
4 0 0	1,0196
3 3 1	0,9358
4 2 0	0,9120

Abb. 20a

Abb. 20a u. b. Beugungsaufnahmen der meist benutzten Eichsubstanzen Gold und Thalliumchlorid. (Aufnahme: H. GROTHE). a Gold. b Thalliumchlorid. (80 kV, Strahlengang gemäß Abb. 18)

Linsen zwischen Objekt und Photoplatte liegen bei dieser Auftragung die Meßpunkte auf einer Geraden, nicht dagegen bei Feinbereichsdiagrammen. Wegen des Öffnungsfehlers der Objektivlinse ergibt sich bei der Auftragung von $1/d$ über D im Bereich größerer Beugungswinkel eine schwach gekrümmte Kurve. Mit Hilfe dieser Kurve werden dann für die unbekannte Substanz aus den Ringdurchmessern die Netzebenenabstände d ermittelt.

Bei der Feinbereichsbeugung ist die Gefahr, daß sich die experimentellen Bedingungen zwischen zwei aufeinanderfolgenden Aufnahmen an zwei verschiedenen Präparaten ändern, bedeutend größer als bei der einfachen Durchstrahlungsbeugung. Vor allem auf folgende Fehlerquelle sei hingewiesen:

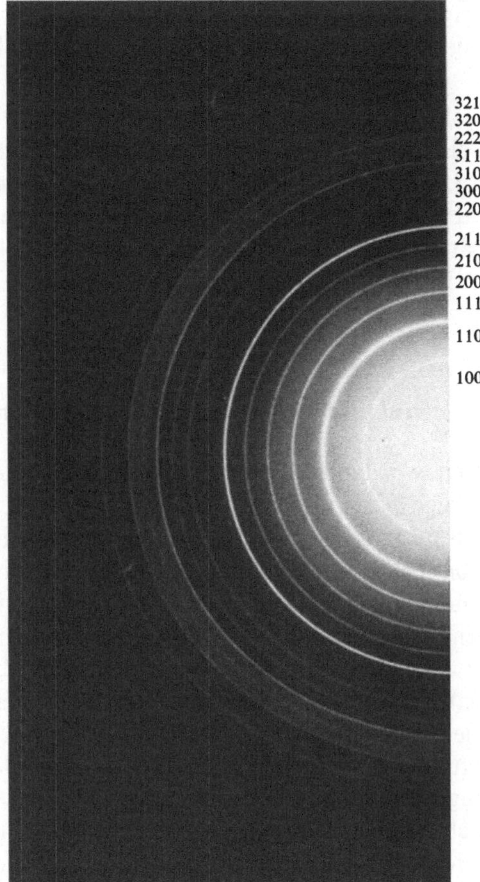

$h\,k\,l$	d Å
1 0 0	3,84
1 1 0	2,717
1 1 1	2,218
2 0 0	1,921
2 1 0	1,718
2 1 1	1,568
2 2 0	1,358
3 0 0	1,281
3 1 0	1,215
3 1 1	1,1583
2 2 2	1,1091
3 2 0	1,0656
3 2 1	1,0268
4 0 0	0,9606

Abb. 20b

Liegt bei Aufnahmen verschiedener Präparate das Objekt nicht in genau der gleichen Ebene, so wird bei dem üblichen Einstellverfahren ein anderer Objektivstrom und damit eine andere Brennweite eingestellt. Dann ergibt sich aber ein anderer Abbildungsmaßstab für das Beugungsbild. Wegen der kurzen Objektivbrennweite verursachen bereits relativ kleine Unterschiede in der Objektlage merkliche Unterschiede im Beugungsbild. Daher ist bei Feinbereichsbeugung für genaue Messungen die gleichzeitige Registrierung von Beugungsbild des Objektes und der Eichsubstanz sehr zu empfehlen. Die sicherste Methode ist somit die Aufdampfung der Eichsubstanz auf die zu untersuchende Präparatblende.

Die Intensität der Beugungsringe wird im allgemeinen visuell abgeschätzt. Eine Einteilung in die Rubriken: sehr stark, stark, mittel, schwach und sehr schwach reicht meistens aus. Durch Photometrierung der Platten oder direkte Messung der Stromdichte im Elektronenmikroskop kann die relative Intensität zwar genauer erfaßt werden, doch bringt diese Genauigkeit bei den meisten Untersuchungen keinen Vorteil. Zwar kann die Ermittlung der Ringdurchmesser in einem Mikrophotometer einen Gewinn an Genauigkeit für die Netzebenenabstände bringen, doch reicht auch hier eine Messung mit einem guten Maßstab in der Mehrzahl der Fälle aus.

Die Identifizierung der untersuchten Substanz aufgrund des Beugungsbildes erfolgt in gleicher Weise wie bei röntgenographischen Debye-Scherrer-Aufnahmen. Sofern die ASTM-Kartei (*A*merican *S*ociety for *T*esting and *M*aterials, Powder Diffraction File, ASTM-Publication PD 1S,) verfügbar ist, versucht man zunächst, mit den Netzebenenabständen der stärksten Reflexe eine Anzahl möglicher Verbindungen zu erfassen und unter diesen dann mit den übrigen Reflexen die endgültige Auswahl zu treffen.

3.5.2. Unterschiede zu Röntgenfeinstrukturaufnahmen bei Pulveraufnahmen

Es ist bereits darauf hingewiesen worden, daß die relativen Intensitäten bei Elektronenbeugungsaufnahmen infolge der anderen Absorptionskoeffizienten mit denen der Röntgenfeinstrukturaufnahmen nicht genau übereinzustimmen brauchen. Größere Unterschiede können zusätzlich dann auftreten, wenn infolge besonderer Teilchenformen bestimmte Gitternetzebenen bevorzugt in bestimmte Richtungen relativ zum Elektronenstrahl gelangen. Zum Beispiel werden sich, um einen besonders häufigen Fall anzunehmen, blättchenförmige Teilchen bei der Präparation mit der Blättchenseite parallel zur Trägerfolie legen. Die Flächennormale liegt dann parallel zum Elektronenstrahl. Das hat zur Folge, daß Netzebenenscharen, die parallel zur Blättchenebene liegen, nicht in Reflexionsstellung gelangen und somit nicht zum Beugungsbild beitragen. Bei Blättchen mit hexagonaler Struktur, bei denen die a-Achse und b-Achse in der Blättchenebene liegen, fehlen dann in der Beugungsaufnahme die Basisreflexe. Andererseits treten die Prismenreflexe besonders stark auf. Im Gegensatz dazu werden bei Röntgenfeinstrukturaufnahmen desselben Materials sowohl bei Messungen mit einem Zählrohrgonimeter als auch bei Filmaufnahmen in der Debye-Scherrer-Kamera die Basisreflexe infolge einer Ausrichtung der Teilchen bei der Präparation gegenüber den Prismenreflexen oft bevorzugt. Diese Erscheinung kann z. B. an blättchenförmig kristallisierten Tonmineralien (wie Kaolinit, Abb. 4b) gut beobachtet werden. Im Bild 21 fehlen im Elektronenbeugungsbild die Basisreflexe (001) und (002) die in der Debye-Scherrer-Aufnahme (aufgenommen mit Co-K_α-Strahlung) besonders stark auftreten. Bei derartigem Material kann eine Kombination von Röntgenfeinstrukturaufnahmen und Elektronenbeugungsaufnahmen die Interpretation erleichtern.

3.5.3. Der Korngrößeneinfluß

Die Schärfe der Beugungsreflexe hängt nicht nur von den im Abschnitt 3.4.2 diskutierten apparativen Faktoren, sondern, wie bereits Abb. 14a und b gezeigt hat, auch wesentlich vom Objekt ab. Neben Gitterverzerrungen (hervorgerufen durch innere oder äußere Spannungen oder eingebaute Gitterstörungen) beeinflußt die Kristallgröße wesentlich die Halbwertsbreite der Reflexe. Für Röntgenstrahlen wurde von SCHERRER für den Zusammenhang zwischen Halbwertsbreite β eines

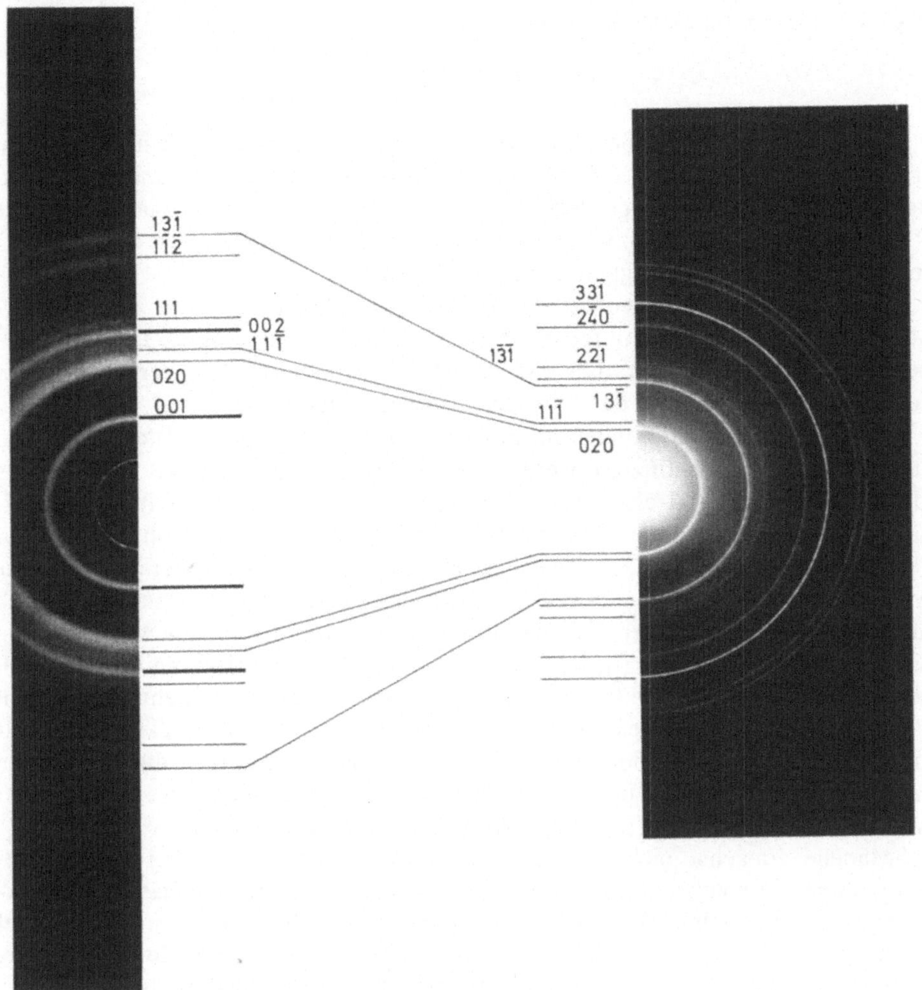

Abb. 21. Röntgenbeugung und Elektronenbeugung von Kaolinit. Röntgenbeugung: Fe-gefilterte Co-Strahlung, 30 kV; 16 mA. Elektronenbeugung: Strahlspannung 80 kV, Doppelkondensor. (Aufnahme: G. Schimmel)

Röntgenreflexes und dem Teilchendurchmesser B aus der Braggschen Gleichung folgende Formel abgeleitet:

$$\beta = \frac{k\lambda}{B\cos\vartheta} \tag{3.17}$$

(k eine Konstante mit dem Zahlenwert 0,89 ~ 1).

Aus Gl. (3.17) folgt, daß das Verhältnis von λ/B ausschlaggebend für die Verbreiterung ist. Erst wenn B so klein wird, daß dieses Verhältnis von gleicher Größenordnung wie die unter normalen Bedingungen auftretenden Halbwertsbreiten ist, kann der Korngrößeneinfluß beobachtet werden. Bei Röntgenstrahlung ($\lambda \approx 1$ Å) liegt der obere Grenzwert etwa bei

$$B = 1000\,\text{Å}\,,$$

wobei noch bei relativ großem ϑ gemesssen werden muß. Bei sehr feinteiligen Substanzen (Korngröße unter 500 Å) werden die Reflexe unter Umständen so breit, daß sie sich gegenseitig überdecken; die Identifizierung von Substanzen mittels Röntgeninterferenzen (z.B. verschiedene Al_2O_3-Phasen) kann durch diesen Effekt sehr erschwert oder unmöglich gemacht werden.

Im Falle der Elektronenbeugung ist die Wellenlänge um rund zwei Zehnerpotenzen kleiner als bei Röntgenstrahlung, außerdem kann $\cos\vartheta \approx 1$ gesetzt werden. Somit ist zu erwarten, daß erst bei extrem kleinen Teilchen Verbreiterungen auftreten, was auch durch das Experiment bestätigt wird.

Aus diesem Grunde können mittels Elektronenbeugung feinkristalline Phasen auch dann noch identifiziert werden, wenn die Röntgenmethode versagt, das Untersuchungsmaterial also „röntgenamorph" ist. Die Elektronenbeugungsaufnahmen beweisen in diesen Fällen, daß in Wirklichkeit feinkristallines Material vorliegt, und es zeigt sich, daß die Bezeichnung „amorph" nur bei gleichzeitiger Angabe des Meßverfahrens sinnvoll ist. Während sich das Wort „röntgenamorph" für Substanzen eingebürgert hat, bei denen mittels Röntgenuntersuchungen keine Kristallinität nachweisbar ist, fehlt eine entsprechende Wortbildung für Material, bei dem sich mittels Elektronenbeugung keine Kristallinität mehr nachweisen läßt. Bei kontrastverstärkenden Aufdampfschichten in der Abdrucktechnik stellt die Beobachtung der Reflexbreite ein bequemes Hilfsmittel dar, die Korngröße in der Aufdampfschicht und damit das Auflösungsvermögen des bedampften Abdruckes abzuschätzen (s. Kapitel Abdruckverfahren, Abb. 60).

Manche zunächst nicht kristallinen Objekte kristallisieren bei Elektronenbestrahlung. In solchen Fällen kann die fortschreitende Kristallisation im elektronenmikroskopischen Bild und im Beugungsbild verfolgt werden. Ein Beispiel für solch einen Vorgang stellen die Abb. 22a und b und Abb. 23a und b dar. Abb. 22a zeigt den Rückstand von an Luft eingetrocknetem Kalkwasser, also einer wäßrigen Lösung von $Ca(OH)_2$. Gemäß dem dazugehörigen Beugungsbild in Abb. 23a läßt sich in diesem Rückstand auch mittels Elektronenbeugung keine geordnete Struktur nachweisen. Bei Erhöhung der Stromdichte tritt spontane Kristallisation ein, die sich in der elektronenmikroskopischen Abb. 22a durch eine Körnung der dunklen Bereiche ausdrückt. Das Beugungsbild in Abb. 23b zeigt nunmehr scharfe Reflexe, die sich jedoch nicht dem $Ca(OH)_2$ (Portlantit), sondern dem $CaCO_3$ (Calcit) zuordnen lassen (vgl. Abb. 5a). Während des Eintrocknens hat demnach auf der Präparatblende eine Karbonatisierung stattgefunden.

3.5.4. Einkristalluntersuchung

Prinzipielles

Der Feinbereichsbeugungs-Strahlengang ermöglicht Einkristall-Beugungsaufnahmen von kleinen Kristallen, die wegen ihrer geringen Größe röntgenographisch nicht mehr untersucht werden können. Hierdurch haben die experi-

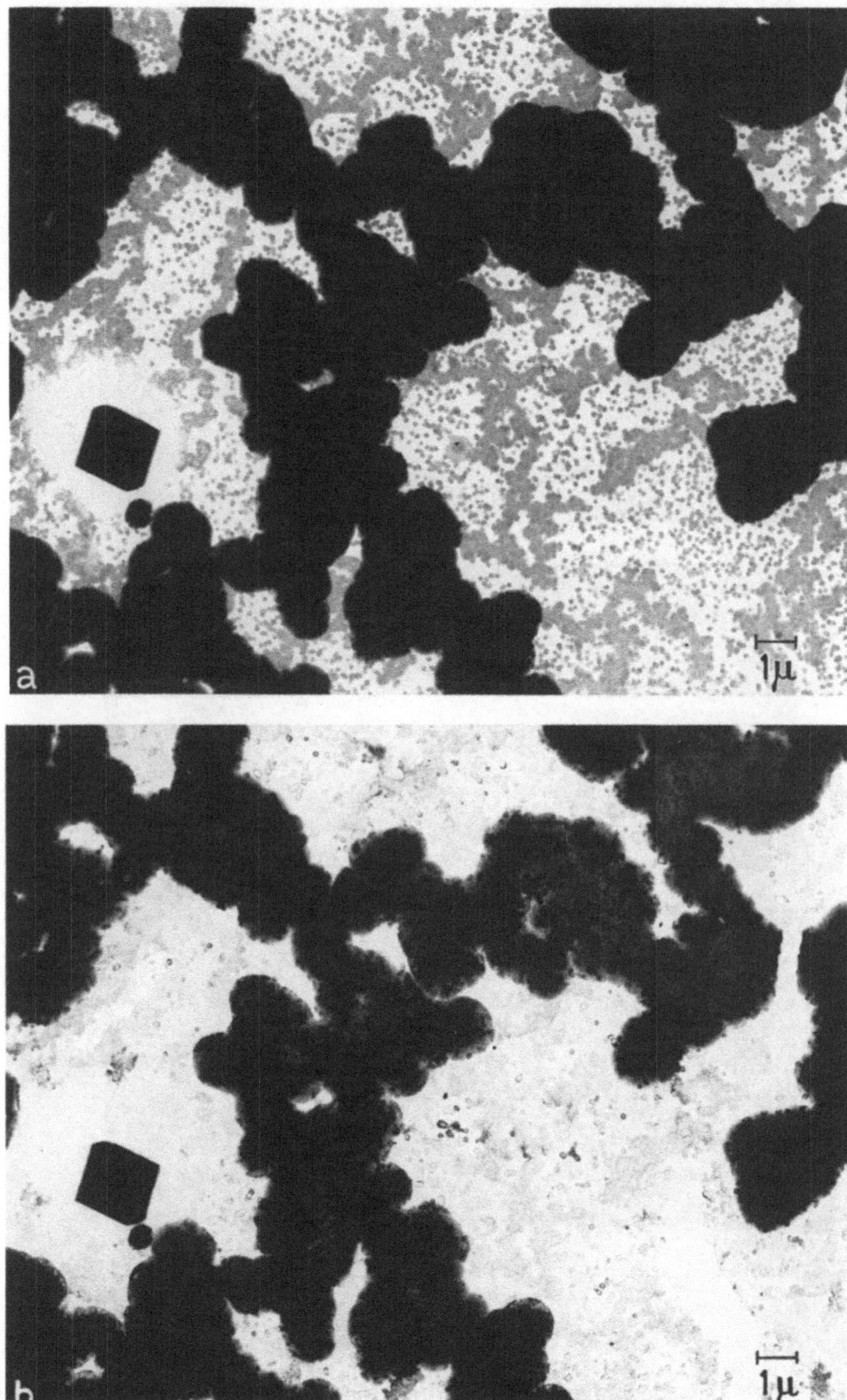

Abb. 22a u. b. Kalkwasserrückstand. (Aufnahme: G. SCHIMMEL).
a Im amorphen Ausgangszustand. b Durch Elektronenbestrahlung kristallisiert

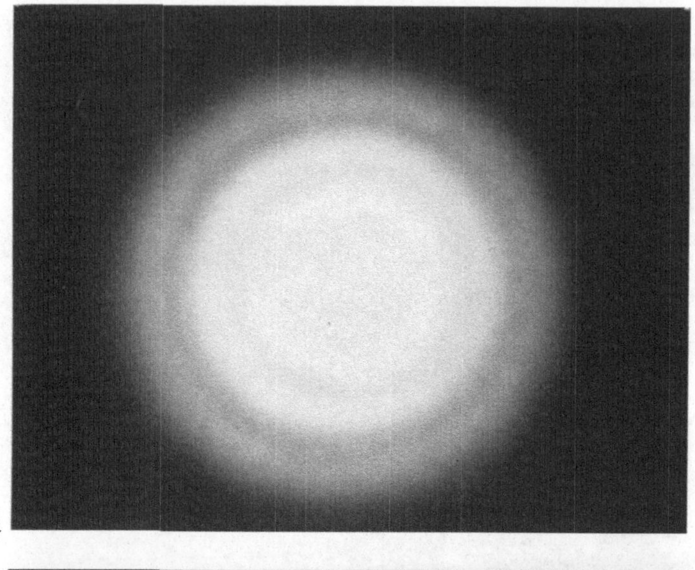

a

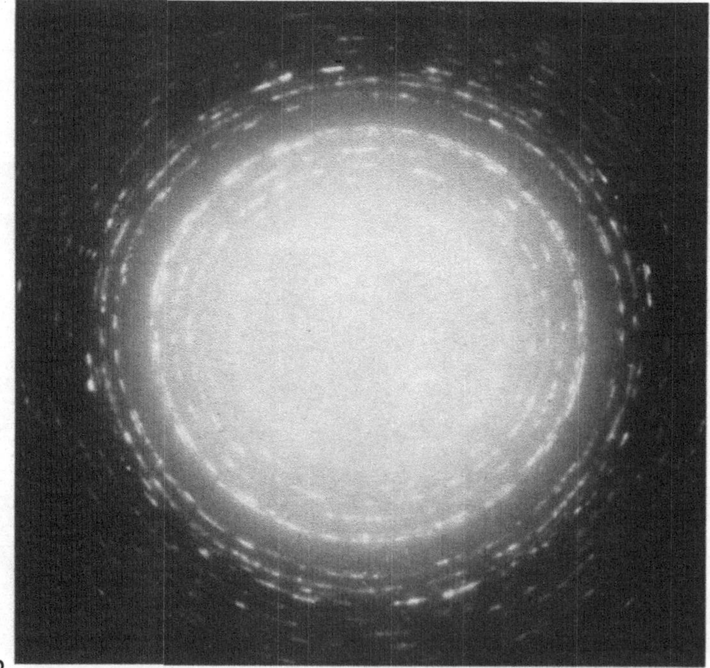

b

Abb. 23a u. b. a Beugungsbild zu Abb. 22a. b Beugungsbild zu Abb. 22b. (Aufnahme: G. SCHIMMEL)

mentellen Methoden der Strukturaufklärung eine bedeutende Erweiterung erfahren. Mittels Elektronenbeugung können auch von solchen Materialien, die nur als sehr feinteiliges Pulver vorliegen, Einkristalldiagramme erhalten werden (z.B. Tone und Calciumsilikathydrate). Während nun bei Röntgeneinkristallaufnahmen die Beugungswinkel über teilweise recht unhandliche Formeln mit Winkelfunktionen aus den Punktdiagrammen berechnet werden müssen, kann gemäß Abb. 11 die Elektronenbeugungsaufnahme als Zentralprojektion einer Ebene des reziproken Gitters aufgefaßt werden. Weiterhin kann mit linearem Zusammenhang zwischen Abstand eines Beugungspunktes vom Zentralstrahl und Beugungswinkel 2ϑ gerechnet werden (der Einfluß des Öffnungsfehlers der Objektivlinse muß natürlich berücksichtigt werden). Wird also der Abbildungsmaßstab mit einer Eichaufnahme ermittelt, so kennt man bereits die Abstände der Gitterpunkte der projizierten Ebene des reziproken Gitters. Die Aufgabe bei der Auswertung einer Aufnahme besteht nun darin:

1. einen Kristall zu finden, bei dem eine entsprechende Gitterebene auftritt,
2. die Orientierung der projizierten Ebene des reziproken Gitters relativ zum Achsensystem des Kristalls zu ermitteln.

Sofern keine weiteren Anhaltspunkte über die chemische Zusammensetzung der Probe, die Kristallstruktur oder die Kristallorientierung vorliegen, ist diese Aufgabe kaum lösbar; d.h., die Einkristallbeugungsaufnahme kann nicht indiziert und einem bestimmten Kristallsystem zugeordnet werden. Aussichten für eine Interpretation bestehen jedoch dann, wenn das Kristallgitter bekannt ist und die Orientierung gesucht wird oder aber die Orientierung des Kristalls annähernd bekannt ist und Gitterparameter gesucht werden.

Folgende Fälle können also in der Praxis auftreten:

1. Die Kristallstruktur ist bekannt. Die Indizes der abgebildeten reziproken Gitterebene sollen bestimmt werden, d.h. die Orientierung des Kristalls relativ zum Elektronenstrahl wird gesucht.
2. Die Kristallstruktur ist nicht oder nur unvollkommen bekannt. Dagegen kann aus elektronenmikroskopischen Abbildungen oder aus den Präparationsbedingungen auf die Orientierung mindestens einer reziproken Gitterkonstanten relativ zum Elektronenstrahl geschlossen werden. Aus dem Beugungsbild lassen sich dann im allgemeinen die zwei anderen Gitterkonstanten nebst eingeschlossenem Winkel bestimmen.
3. Weder die Orientierung des beugenden Kristalls noch seine Struktur ist bekannt. Dieser Fall wird sich fast nie mit Erfolg behandeln lassen.

Im folgenden sollen brauchbare Wege zur Auswertung von Einkristallbeugungsaufnahmen beschrieben und anhand von Beispielen erläutert werden.

Wesentliche Unterschiede zu Röntgeneinkristallaufnahmen

Aus Abb. 11 ging hervor, daß eine Elektronenbeugungsaufnahme als Zentralprojektion des reziproken Gitters aufgefaßt werden kann. Aus der daraus folgenden, gegenüber Röntgeneinkristallaufnahmen so einfachen Bestimmung von Vektoren im reziproken Gitter könnte geschlossen werden, daß die Strukturaufklärung mit Elektronenstrahlen prinzipiell einfacher ist als mit Röntgenstrahlen. Das ist aber nicht der Fall, wie die nachfolgenden Ausführungen zeigen sollen.

Bei der Durchstrahlung eines Einkristalles mit monochromatischem Röntgenlicht tritt im allgemeinen Fall kein Reflex auf. Vielmehr muß der Kristall im Strahl gedreht werden. Gemäß Abb. 9 kann die Relativbewegung von Kristall zu Röntgenstrahl als Drehung des reziproken Gitters relativ zur Ausbreitungskugel interpretiert werden. Immer dann, wenn ein Gitterpunkt die Ausbreitungskugel durchsetzt, sind die Reflexionsbedingungen erfüllt. Sorgt man durch eine spezielle Aufnahmetechnik (z.B. bei Weissenbergaufnahmen) dafür, daß der Drehwinkel des Kristalls zwischen zwei Reflexionsstellungen registriert wird, so hat man in diesem Drehwinkel eine zusätzliche, für die Strukturaufklärung verwendbare Größe.

Bei der Elektronenbeugung treten bei hinreichend dünnen Kristallen die Beugungspunkte gleichzeitig ohne Drehung oder Verkippung des Kristalles auf (s. Abb. 11). Eine dem Drehwinkel bei Röntgenaufnahmen analoge Größe ist im allgemeinen nicht meßbar. Damit entfällt diese Meßgröße für die Strukturaufklärung. Wie unempfindlich Elektronenbeugungsbilder gegenüber Verkippung des Objektes sind, soll an einigen Beispielen gezeigt werden.

Zunächst veranschaulicht Abb. 24 in Analogie zu Abb. 11 die Verhältnisse am reziproken Gitter. Der Kristall wurde der Einfachheit halber durch eine Gitternetzebene ersetzt, die Gitterpunkte sind wie in Abb. 11 zu Stacheln entartet. Zwei um den Winkel $\varphi = 20°$ verdrehte Kristallstellungen wurden eingezeichnet. Die von M ausgehenden ausgezogenen Linsen markieren die gebeugten Strahlen für einen Kristall, dessen Flächennormale mit dem Elektronenstrahl zusammenfällt.

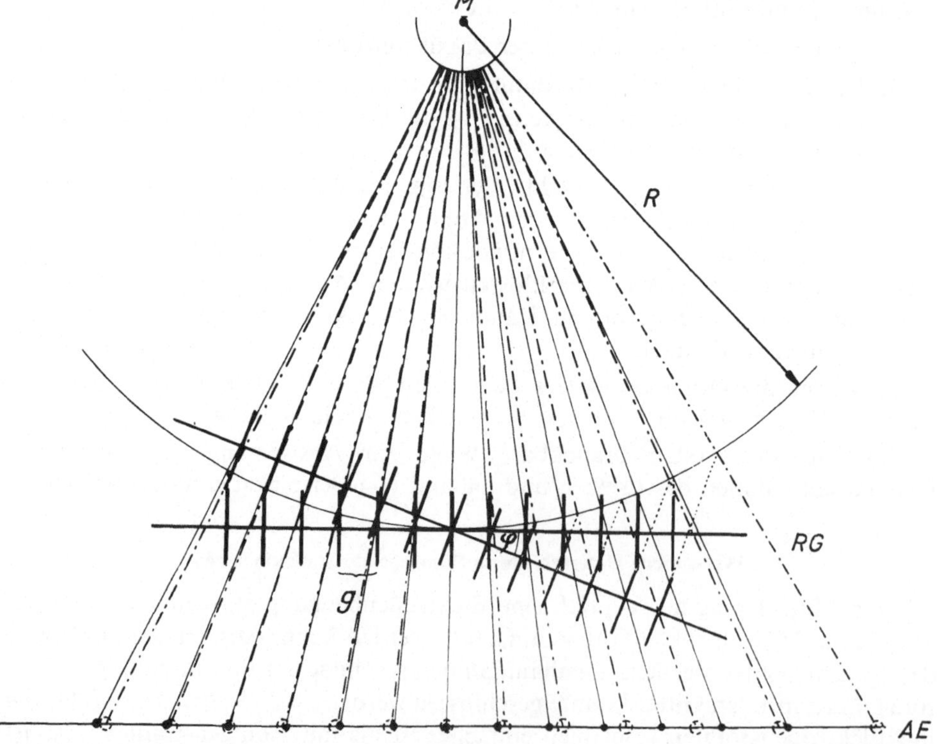

Abb. 24. Ewaldsche Konstruktion für senkrechten und schrägen Einfall des Elektronenstrahls relativ zu einem Einkristall-Blättchen. φ = Winkel zwischen dem Elektronenstrahl und der Flächennormalen auf dem Kristallblättchen (RG = Ebene des reziproken Gitters mit Identitätsabstand g, AE = Auffangebene) schwarze Punkte in AE = Beugungspunkte für $\varphi = 0°$, gestrichelte Kreise in AE = Beugungspunkte für $\varphi = 20°$

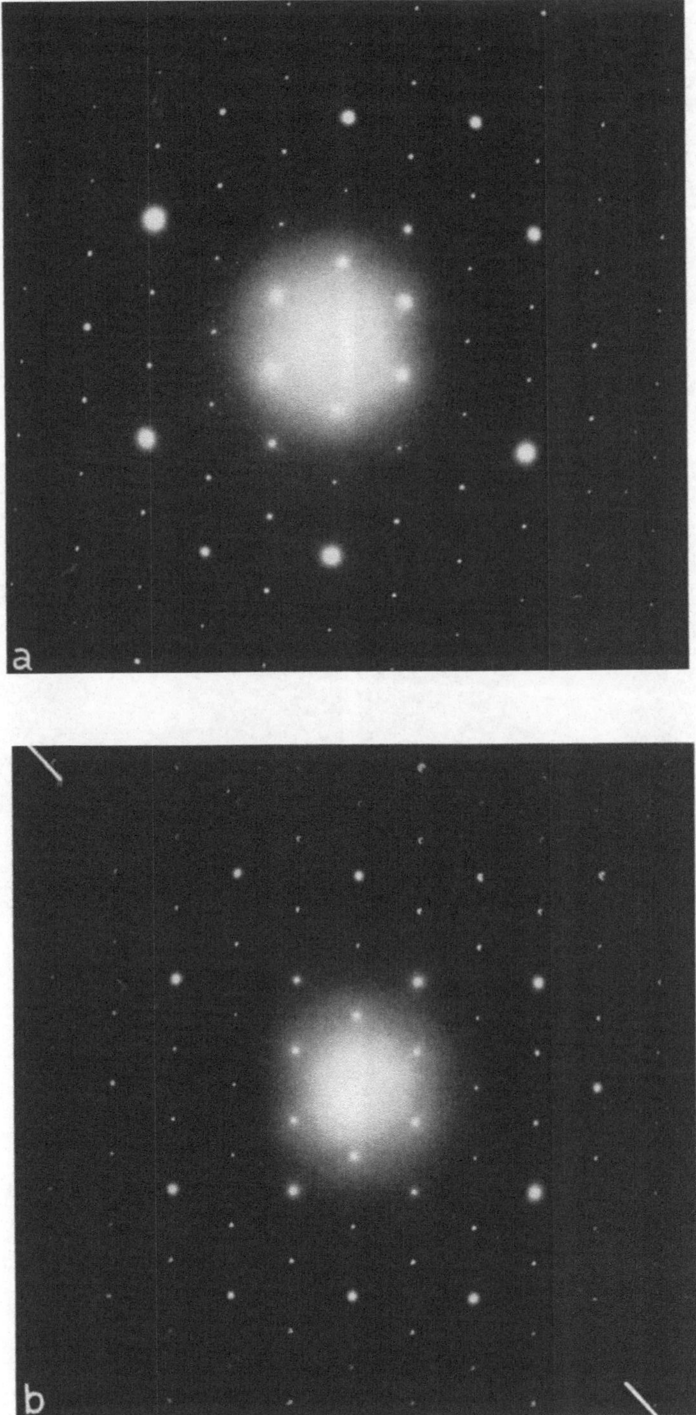

Abb. 25a u. b. Elektronenbeugungsaufnahme eines Glimmerkristalles. (Aufnahme: H. GROTHE).
a ∢ Elektronenstrahl-Flächennormale 0°. b ∢ Elektronenstrahl-Flächennormale 20°

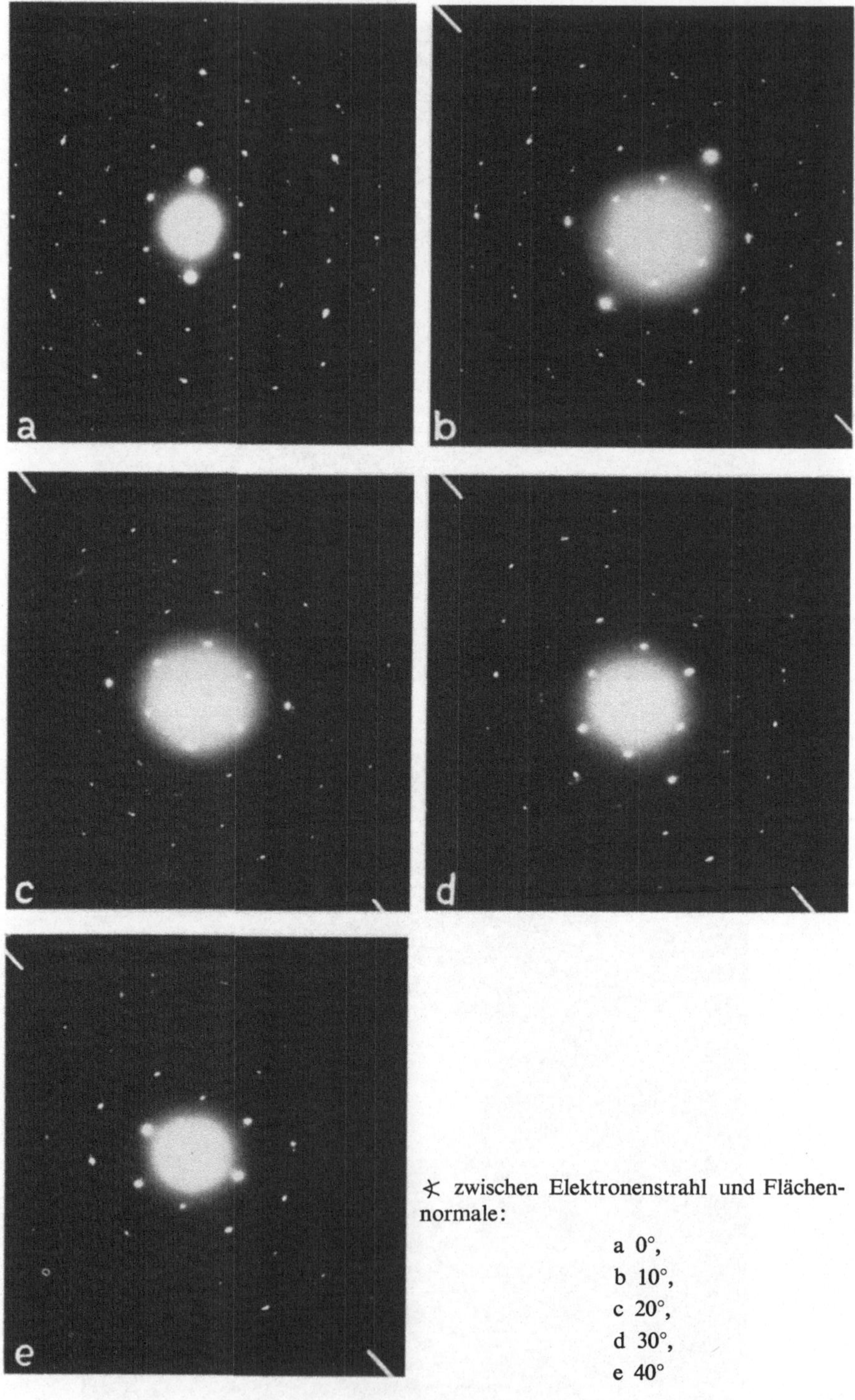

Abb. 26a—e. Beugungsbild eines Kaolinit-Kristalles (vgl. Abb. 4). (Aufnahme: G. SCHIMMEL).

Die entsprechenden punktierten Linsen markieren die gebeugten Strahlen für einen um den Winkel φ gedrehten Kristall. Die Abbildung zeigt, daß im Zentrum die durch die Kippung des Kristalls verursachten Verschiebungen der Beugungsreflexe klein sind. Veranschaulicht man sich noch, daß in Abb. 24 die Beugungswinkel übertrieben groß gezeichnet wurden, während sie in der Praxis maximal bei etwa 4° liegen, so ist bei der Kippung eines Kristalles hinsichtlich der geometrischen Anordnung der Beugungspunkte kein allzugroßer Effekt zu erwarten. Diese Überlegungen werden durch die folgenden experimentellen Ergebnisse bestätigt.

Abb. 25a zeigt das Beugungsbild eines Glimmerkristalles, dessen Spaltfläche annähernd senkrecht zum Elektronenstrahl orientiert war.

Abb. 25b zeigt das Beugungsbild des gleichen Kristalles nach einer Kippung um $\varphi = 20°$ um die eingezeichnete Kippachse. Man sieht, daß sich die Geometrie der Beugungspunkte nur unwesentlich verändert hat. Stärkere Änderungen sind dagegen in den relativen Intensitäten zu beobachten, doch dürfte es schwer sein, diese zur Bestimmung des Kippwinkels auszunutzen. Es läßt sich lediglich sagen, daß bei etwa symmetrischer Intensitätsverteilung um das Zentrum $\varphi = 0$ ist.

Die Bildreihe von Abb. 26 zeigt Beugungsaufnahmen eines Kaolinitkristalles (vgl. Abb. 4) für $\varphi = 0°$, 10°, 20°, 30° und 40°. Es ist verständlich, daß bei solchen extremen Winkeln stärkere Verzerrungen und Intensitätsveränderungen auftreten, doch bestätigt auch diese Bildreihe die obigen Überlegungen.

Es könnte nun der Einwand erhoben werden, daß derartige Kippwinkel bei den üblichen Untersuchungen kaum auftreten und auch in den handelsüblichen Instrumenten nicht verifizierbar sind. Das stimmt aber nur bedingt, wie folgendes Beispiel zeigt: Muß aus besonderen Gründen das Untersuchungsmaterial mit einem Ultramikrotom dünn geschnitten werden, so kann es durchaus vorkommen, daß im Dünnschnitt blättchenförmige Kristalle unter den genannten Winkeln zum Elektronenstrahl orientiert sind, ohne daß die Schräglage in der elektronenmikroskopischen Abbildung erkannt wird. Es ist dann sehr schwierig, Beugungsaufnahmen dieser Kristalle zu deuten. Ein solcher Fall trat zum Beispiel bei Dünnschnitten von erhärtetem Portlandzement wiederholt auf. Es hat den Anschein, als ob die „Länge“ T der Intensitätsstacheln bei den Abb. 25 und 26 größer ist, als sich aus der Dicke t der Kristalle nach der Gleichung

$$\frac{T}{2} = \frac{1}{t} \tag{3.18}$$

ergibt (vgl. Abschnitt 3.2.3). Möglicherweise vergrößern bei den hier vorliegenden Schichtkristallen Gitterfehler die Stachellänge. Für t wäre dann nicht die Kristalldicke, sondern nur die Dicke der kohärent streuenden Bereiche einzusetzen. Anders liegen in den meisten Fällen die Verhältnisse bei dünngeätzen Metallfolien, wo offensichtlich die Foliendicke die Stachellänge bestimmt.

3.5.5. Indizierung von Einkristall-Beugungsaufnahmen

Für die Indizierung von Einkristalldiagrammen gibt es kein allgemein gültiges Rezept, das mit Sicherheit zum Erfolg führt. Erfahrung spielt eine wesentliche Rolle. Die Benutzung von Daten aus anderen Meßverfahren kann die Lösung der jeweiligen Aufgabe wesentlich erleichtern.

Beispiel 1

Das erste Beispiel für die Indizierung eines Beugungsdiagramms stammt aus der Zementforschung. Aus hydratisiertem Zement wurde der hexagonale Einkristall aus der Mitte von Abb. 27b isoliert, der im Feinbereichs-Strahlengang das Beugungsbild Abb. 27a lieferte.

Für die Auswertung wurden die in Abb. 27a eingezeichneten Vektoren $\mathfrak{v}_1$ und $\mathfrak{v}_2$ ausgewählt, die miteinander einen Winkel von 60° einschließen. Aus diesen beiden Vektoren läßt sich das Punktdiagramm von Abb. 27a durch vektorielle Addition und Subtraktion aufbauen. Gemäß den obigen Ausführungen kann dieses Diagramm als vergrößerte Abbildung der parallel zur Oberfläche des hexagonalen Kristalls orientierten Ebene des reziproken Gitters aufgefaßt und dementsprechend die Länge der Vektoren $\mathfrak{v}_1$ und $\mathfrak{v}_2$ in der Dimension $Å^{-1}$ ausgedrückt werden. Durch Vergleich mit einer Gold-Eichaufnahme erhält man für die Länge der Vektoren die Werte:

$$|\mathfrak{v}_1| = |\mathfrak{v}_2| = 0{,}192\,Å^{-1}.$$

Auf Grund der Präparationsbedingungen bestand unter anderem die Möglichkeit, daß es sich bei dem Kristall um hydratisiertes Tricalciumaluminat der Formel $(CaO)_3 \cdot Al_2O_3 \cdot 6H_2O$ handelte. Diese Verbindung kristallisiert mit kubischer Elementarzelle und einer Gitterkonstanten $a = 12{,}5$ Å. Also ist die Konstante b im reziproken Gitter gemäß

$$b = \frac{1}{a_1} = 0{,}0790\,Å^{-1}.$$

Um die Vermutung, es handelte sich in Abb. 27 um die genannte Verbindung, zu bestätigen, muß nun geprüft werden, ob sich aus den drei Vektoren des reziproken Gitters $\mathfrak{b}_1$, $\mathfrak{b}_2$ und $\mathfrak{b}_3$ die in Abb. 27b gefundene Gitternetzebene aufbauen läßt. Dazu müssen sich die Vektoren $\mathfrak{v}_1$ und $\mathfrak{v}_2$ aus den $\mathfrak{b}_i$ durch einfache Vektoroperationen berechnen lassen. Durch systematisches Probieren, geleitet von einiger Erfahrung, wurde gefunden, daß sich diese Forderung für $\mathfrak{v}_1$ folgendermaßen mit hinreichender Genauigkeit erfüllen läßt.

$$\mathfrak{v}_1 = 2\mathfrak{b}_1 + \mathfrak{b}_2 + \mathfrak{b}_3$$

$$|\mathfrak{v}_1| = b\sqrt{6} = 0{,}195\,Å^{-1}.$$

Für $\mathfrak{v}_2$ ist nun noch die zusätzliche Forderung zu stellen, daß der Winkel zu $\mathfrak{v}_1$ 60° betragen muß. Diese Bedingung ist erfüllt, wenn $\mathfrak{v}_2$ folgender Gleichung genügt:

$$\mathfrak{v}_2 = \mathfrak{b}_1 - \mathfrak{b}_2 + 2\mathfrak{b}_3$$

$$|\mathfrak{v}_2| = 0{,}195\,Å^{-1}.$$

Wie sich leicht über das skalare Vektorprodukt ermitteln läßt, beträgt der Winkel zwischen $\mathfrak{v}_1$ und $\mathfrak{v}_2$ wie gefordert 60°:

$$\cos\rho = \frac{\mathfrak{v}_1 \cdot \mathfrak{v}_2}{|\mathfrak{v}_1| \cdot |\mathfrak{v}_2|} = \frac{(2\mathfrak{b}_1, \mathfrak{b}_2, \mathfrak{b}_3)(\mathfrak{b}_1 - \mathfrak{b}_2, 2\mathfrak{b}_3)}{6b^2} = 0{,}5 \qquad \rho = 60°.$$

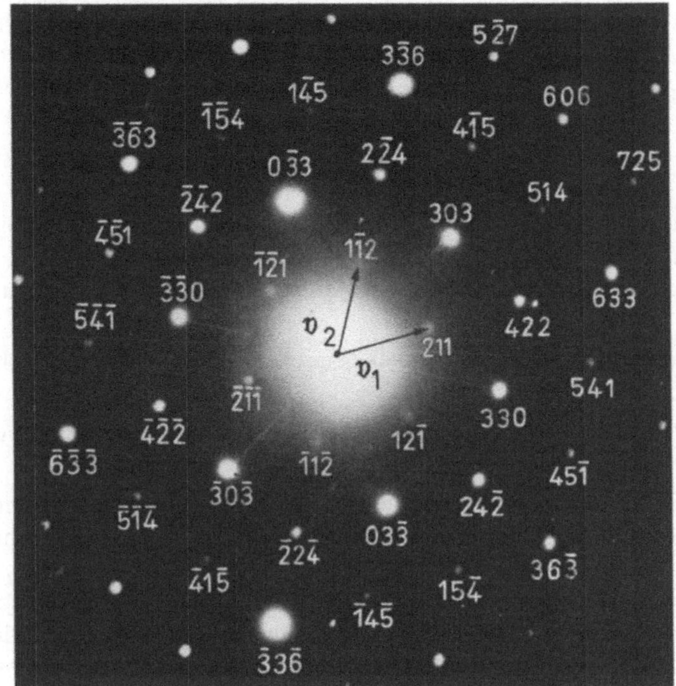

a

b

1μ

Abb. 27a u. b. Beugungsbild und Abbildung eines Einkristalles von hydratisiertem Tricalciumaluminat. (Aufnahme: G. Schimmel)

Damit erhält der Gitterpunkt, zu dem der Vektor $\mathfrak{v}_1$ führt, die Indizes (221) und entsprechend der zu $\mathfrak{v}_2$ gehörende Gitterpunkt die Indizes $(1\bar{1}2)$. Nun muß noch ermittelt werden, in welcher Gitternetzebene des reziproken Gitters die Vektoren $\mathfrak{v}_1$ und $\mathfrak{v}_2$ liegen. Der Stellungsvektor dieser Ebene ist durch das vektorielle Produkt von $\mathfrak{v}_1$ und $\mathfrak{v}_2$ gegeben

$$[\mathfrak{v}_1\,\mathfrak{v}_2]=(33\bar{3})=3(11\bar{1}).$$

In Abb. 27b wurde demnach die $\{111\}$-Ebene des reziproken Gitters abgebildet. Der Elektronenstrahl verlief antiparallel zu $(11\bar{1})$, also parallel zu $(\bar{1}\bar{1}1)$.

Bei der Indizierung der übrigen Beugungspunkte ist nun nur darauf zu achten, daß

a) bei spiegelbildlich zum Zentrum liegenden Punkten die Indizes entgegengesetzte Vorzeichen haben,

b) sich bei Addition zweier beliebiger Vektoren stets die richtigen Komponenten für den Summenvektor ergeben.

An dieser Stelle sei noch auf folgende Schwierigkeit hingewiesen: Die $\{111\}$-Ebene besitzt dreizählige Symmetrie, das Beugungsbild 27b dagegen sechszählige Symmetrie. Das hat zur Folge, daß man in 27b die Vektoren $\mathfrak{v}_1$ und $\mathfrak{v}_2$ um 60° drehen kann; man erhält dadurch für jeden Beugungspunkt zwei verschiedene mögliche Indizierungen. In bezug auf das Kristallgitter kann nur eine Indizierung richtig sein. Anhand der Beugungsaufnahme kann zwischen den beiden Fällen nicht unterschieden werden. Vielmehr muß noch ein unsymmetrisch liegender Beugungspunkt zu Hilfe genommen werden, der gegebenenfalls bei Objektkippung erscheint. Dieser Umstand kann von Bedeutung sein bei der Bestimmung von Burgers-Vektoren von Gitterfehlern in Metallfolien. Hinsichtlich weiterer Einzelheiten sei auf die Fachliteratur hinsichtlich Orientierungsbestimmungen verwiesen.

Beispiel 2

Das zweite Beispiel entstammt der Metallphysik:

Beim Bestrahlen einer dünngeätzten Folie aus rekristallisiertem rostfreiem Stahl (18/8 Cr-Ni-Stahl) (Abb. 28a) mit α-Teilchen direkt im Elektronenmikroskop hatten sich die in Abb. 28b als dunkle Punkte erkennbaren Ausscheidungen gebildet, die im Beugungsbild zusätzlich zum Punktdiagramm des ausgeblendeten, einkristallinen Bereiches der Matrix das Ringsystem von Abb. 28c lieferten. (Das Original-Beugungsbild eignete sich nicht zur Reproduktion und wurde deshalb durch die Zeichnung ersetzt). In diesem Falle gehört also das Punktdiagramm zu einer bekannten Substanz, nämlich zum austenitischen Stahl. Unbekannt ist die Orientierung des Kristallgitters relativ zum Elektronenstrahl. Sofern die Orientierung ermittelt und das Punktdiagramm indiziert wurde, können die zum Ringsystem gehörenden Netzebenenabstände ermittelt werden. In diesem Falle ist also keine Eichaufnahme erforderlich.

Die Tabelle zu Abb. 28c enthält die röntgenographisch durch eine Debye-Scherrer-Aufnahme ermittelten Netzebenenabstände und relative Intensitäten für den genannten Chrom-Nickel-Stahl. Die Indizierung des Punktdiagramms läßt sich nun am einfachsten durchführen, wenn man für die beiden Vektoren $\mathfrak{v}_1$ und $\mathfrak{v}_2$ das Längenverhältnis bildet und mit dem Verhältnis für verschiedene

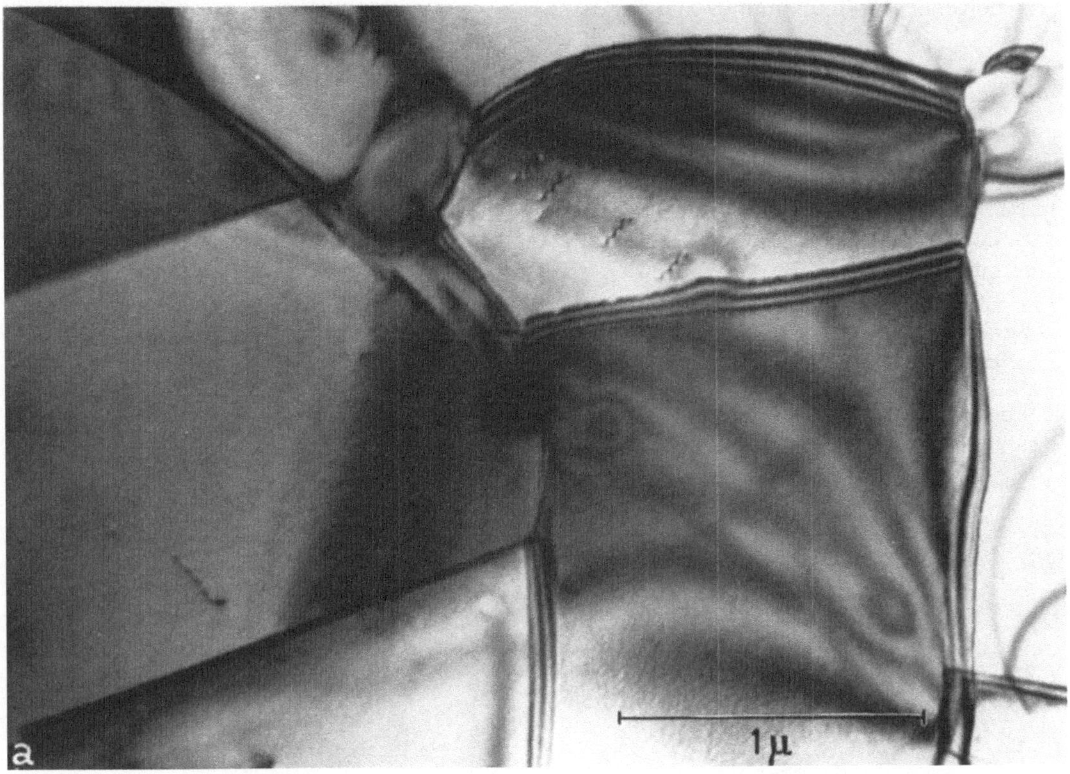

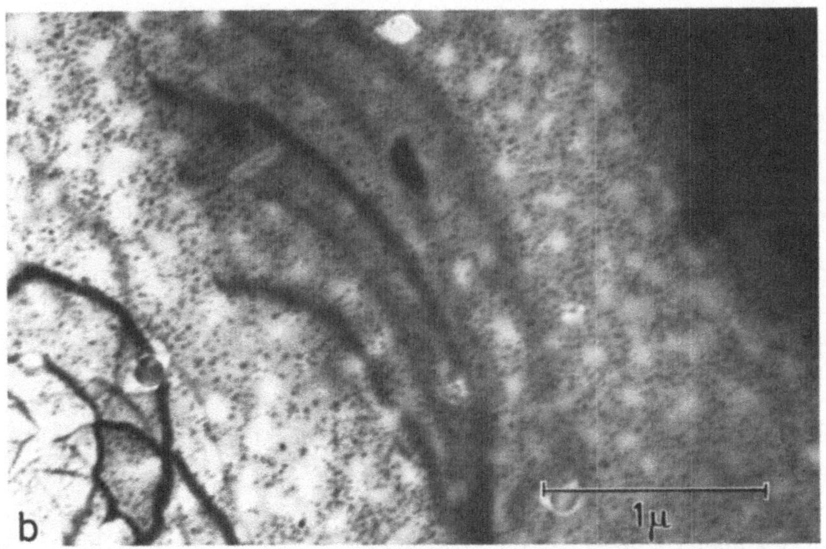

Abb. 28a u. b. Durchstrahlungsaufnahme von rostfreiem Stahl. (Aufnahme: I. MARTIN).
a Vor und b nach Bestrahlung mit α-Teilchen

d-Werte aus der Tabelle vergleicht. Man findet innerhalb der Meßgenauigkeit folgende Übereinstimmung:

$$\frac{\mathfrak{v}_1}{\mathfrak{v}_2}=\frac{d_{200}}{d_{111}}=\frac{d_{222}}{d_{311}} \tag{3.19}$$

Da sich die Ringdurchmesser umgekehrt wie die Netzebenenabstände verhalten, könnte danach der Vektor $\mathfrak{v}_1$ zum Beugungspunkt (111) oder (311) führen. *Eine* Indizierung kann jedoch nur richtig sein. Die Entscheidung zwischen beiden Möglichkeiten liefert folgende Überlegung: Angenommen, der zu $\mathfrak{v}_1$ gehörende Beugungspunkt hat die Indizes (311), dann muß $\mathfrak{v}_2$ nach (3.19) zum Beugungspunkt (222) führen. Da jedoch der Reflex (111) nach der Tabelle sehr intensiv sein soll, müßte dann der Vektor $\mathfrak{v}_2/2$ zum Beugungspunkt (111) führen. Da das nicht der Fall ist, muß zu $\mathfrak{v}_1$ der Index (111) und zu $\mathfrak{v}_2$ der Index (200) gehören.

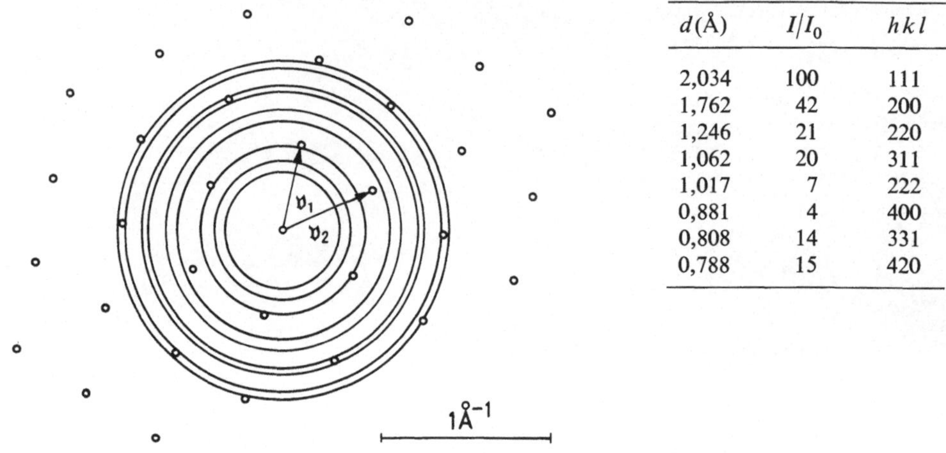

d(Å)	I/I_0	hkl
2,034	100	111
1,762	42	200
1,246	21	220
1,062	20	311
1,017	7	222
0,881	4	400
0,808	14	331
0,788	15	420

Abb. 28c. Beugungsaufnahme zu Abb. 28b. Tabelle zu Abb. 28c

Das Vektorprodukt

$$[\mathfrak{v}_1\,\mathfrak{v}_2]=(0{,}2,\,-2)$$

zeigt, daß die $\{110\}$-Ebene des reziproken Gitters abgebildet wurde, diese Ebene des Kristallgitters also parallel zur Folienebene liegt. Sofern man die Abbildungsfehler der Objektivlinse außer Acht läßt (was bei Beschränkung auf etwa den halben Durchmesser des Beugungsbildes noch zulässig ist), kann man auch hier für das Beugungsbild, aufgefaßt als Abbildung des reziproken Gitters, einen Abbildungsmaßstab angeben, der die Dimension einer reziproken Länge besitzt (Abb. 28c). Die Ermittlung der Netzebenenabstände für die feinkristallinen Ausscheidungen mit Hilfe dieses Maßstabes ist nun leicht und soll hier nicht weiter diskutiert werden.

Beispiel 3

Ein besonderer Vorteil der Elektronenbeugung liegt darin, daß durch Kombination von Abbildung und Beugung im Feinbereichs-Strahlengang Einkristalldiagramme auch von solchen Kristallen aufgenommen werden können, deren

Größe unterhalb des lichtmikroskopischen Auflösungsvermögens liegt und die sich deshalb der röntgenographischen Einkristalluntersuchung entziehen.

So zeigt Abb. 29a einen Dünnschnitt durch Fasern von Krokydolith-Asbest, die in Methacrylat eingebettet waren. Da die Schnittrichtung normal zu den Faserachsen erfolgte, war es möglich, aus Einkristallbeugungsaufnahmen (Abb. 29b) die in der Querschnittsebene liegenden Gittervektoren zu ermitteln. An Hand des

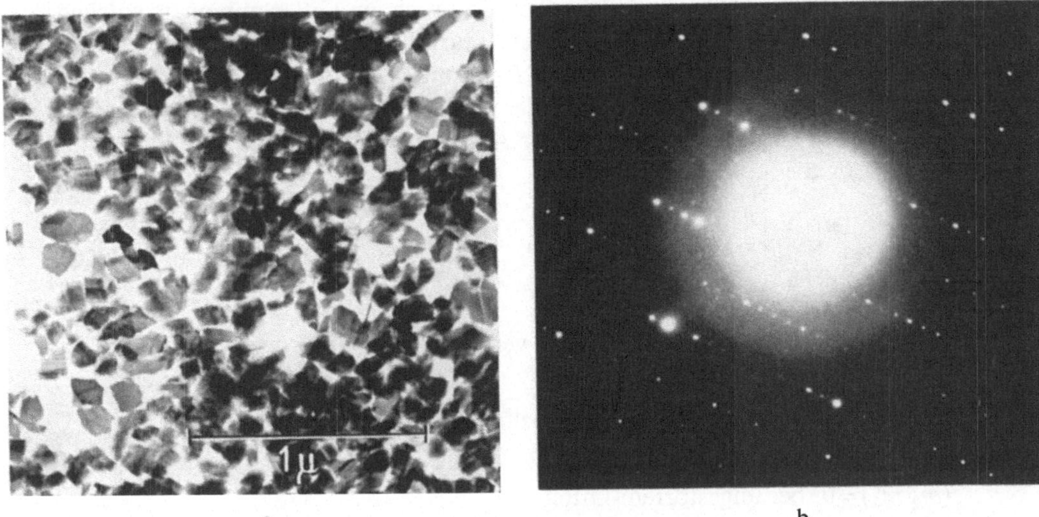

a b

Abb. 29a u. b.
a Dünnschnitt von eingebetteten Krokydolith-Fasern. b Beugungsbild eines ausgeblendeten Faserquerschnittes (O.E. Radczewski u. E. Wanderer: Third European Regional Conference, Prague, August 26 — September 3, 1964)

eingezeichneten Maßstabes findet man für die dichten Punktfolgen den Wert 17,5 Å, in dazu senkrechter Richtung den Wert 5,1 Å. Eine weitere Auswertung der Aufnahme ist nur unter Benutzung röntgenographisch ermittelter Daten möglich.

Beispiel 4

Das letzte Beispiel soll die Grenzen der „anschaulichen“ Interpretation von Beugungsaufnahmen als Projektionen von Ebenen des reziproken Gitters aufdecken. In der Bauwirtschaft werden in zunehmendem Maße Kalksandsteine verwendet, die aus Quarzsand und gelöschtem Kalk $Ca(OH)_2$ hergestellt und durch Behandlung mit Wasserdampf bei Temperaturen von etwa 170 °C im Autoklaven gehärtet werden (hydrothermale Härtung). Abb. 30a zeigt einen unbedampften Lackabdruck eines Quarzkornes aus einem gehärteten Stein. Die Oberfläche wurde durch die Behandlung angeätzt, gleichzeitig erkennt man im oberen Bildteil zahlreiche feine Nadeln, die aus der Oberfläche herauszuwachsen scheinen und die das Reaktionsprodukt zwischen dem SiO_2 und dem $Ca(OH)_2$ darstellen. Einzelne Nadeln liefern je nach Orientierung Beugungsbilder gemäß Abb. 30b oder c. Es ist nun nicht mehr möglich, diese Beugungsbilder als Projektionen reziproker Gitternetzebenen aufzufassen. Damit können zwar die Punktreihen, nicht jedoch die annähernd kontinuierlich durchlaufenden Beugungslinien erklärt werden. Um diese Erscheinung, die unter anderem bei Calciumsilikat-Hydraten öfter auftritt, zu verstehen, nehmen wir an, daß in das Kristallgitter viele spezielle Baufehler, sogenannte Stapelfehler, eingebaut sind. Es soll sich nicht nur dann eine gute „Passung" ergeben, wenn die Elementarzellen streng periodisch aneinandergesetzt werden, sondern es soll möglich sein, daß bestimmte Ebenen (oder Elementarzellen) in einer Richtung um eine halbe Einheit verschoben werden können. Abb. 30 zeigt einen zweidimensionalen Schnitt durch ein Gitter mit einem solchen Fehler, wobei zur Vereinfachung pro Elementarzelle nur ein Atom angenommen wurde. Hier ist also die [010]-Ebene in Richtung $\mathfrak{a}_3$ um eine halbe Einheit verschoben. Liegen zahlreiche derartige Fehler vor, müssen wir sie bei der Summation über M_2 in (3.6) berücksichtigen und der Amplitudenfaktor nimmt an Stelle von (3.6) die Form an:

$$G=\sum_{m_1=0}^{M_1-1} e^{2\pi i m_1 A_1} \sum_{m_3=0}^{N_3-1} e^{2\pi i m_3 A_3} \cdot \sum_{m_2=0}^{N_2-1} e^{2\pi i m_2 A_2+\pi i A_3 \delta(m_2 m_2')} \tag{3.20}$$

Hierin kennzeichnet der Index m_2' die verschobenen Gitternetzebenen. Es soll sein:

$(m_2\, m_2')=1$, wenn der spezielle Stapelfehler vorliegt,

und

$(m_2\, m_2')=0$, bei ungestörtem Gitter.

Die Summe über m_2 in (3.20) läßt sich dann in folgender Form schreiben

$$G_2=\sum_{m_2=0} e^{2\pi m_2 A_2}+(e^{\pi i A_3}-1)\sum_{m_2'=0} e^{2\pi i m_2' A_2}. \tag{3.21}$$

Der erste Summand der rechten Seite entspricht genau dem ungestörten Fall. Der zweite Summand, der die Störungen berücksichtigt, wird 0, wenn A_3 eine gerade, ganze Zahl ist. In diesem Falle liefert die Summe über m_2 also die alten Maxima. Es brauchen jetzt nur noch die Fälle betrachtet zu werden, in denen A_3 eine ungerade ganze Zahl ist. Um diesen Fall berechnen zu können, muß für $\delta(m_2\, m_2')$ eine bestimmte Verteilung eingesetzt werden. Nehmen wir an, daß jede ν-te Ebene um eine halbe Einheit verschoben ist, so liefert (3.21) einen Faktor von der Form

$$\begin{aligned}|G_2|^2&=\frac{2\sin^2\pi(\nu-1)A_2+2\sin^2\pi A_2-\sin^2\pi\nu A_2}{\sin^2\pi A^2}\cdot\frac{\sin^2\pi M_2 A_2}{\sin^2\pi\nu A_2}\\&=|F|^2\,\frac{\sin^2\pi M_2 A_2}{\sin^2\pi\nu A_2}.\end{aligned} \tag{3.22}$$

Hierin können wir den ersten Faktor F^2 als speziellen Strukturfaktor auffassen, den zweiten Term dagegen als neues Amplitudenquadrat. Im Gegensatz zur ungestörten Lösung tritt hier im Nenner als Argument des Sinus das Produkt νA_2 auf. Man kann daher dieses Glied in (3.22) so deuten, als sei hier nicht über eine Elementarzelle mit Gitterkonstante $\mathfrak{a}_2$, sondern mit Gitterkonstante $\nu\mathfrak{a}_2$ summiert worden. Dementsprechend rücken im reziproken Gitter die Gitterpunkte um den Faktor $1/\nu$ aneinander und ihre Zahl vervielfacht sich um den Faktor ν.

a c

Abb. 30a—c.
a Quarzoberfläche mit Tobermorit-Nadeln. b Beugungsaufnahme einer Tobermorit-Nadel aus Abb. 30a, Elektronenstrahl ∥ *a*-Achse. c Beugungsaufnahme einer Tobermorit-Nadel aus Abb. 30a, Elektronenstrahl ∥ *c*-Achse. (Aufnahme [Abb. 30a]: G. Schimmel; [Abb. 30b u. c]: H. Grothe)

Kann ν schließlich verschiedene Werte annehmen (statistische Verteilung der Packungsfehler), so vereinigen sich die Beugungspunkte für ungerade A_3 zu den in Abb. 30b und c beobachteten Linien.

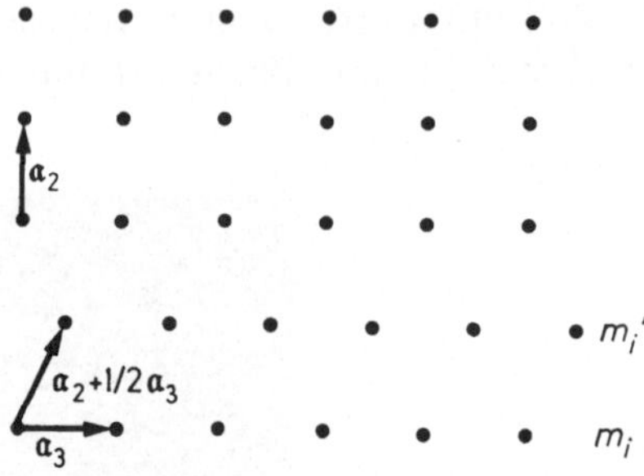

Abb. 31. Gitter mit einer verschobenen Gitterebene. (Modell zur Berechnung der Beugungsbilder Abb. 30b u. c)

3.6. Oberflächenbeugung

Verschiedene Elektronenmikroskope sowie alle Elektronendiffraktographen sind darauf eingerichtet, Oberflächen kompakter Proben durch Elektronenbeugung mit streifendem Einfall zu untersuchen. Ferner hat in letzter Zeit die Beugung langsamer Elektronen als Hilfsmittel zur Untersuchung von Oberflächen-Realstrukturen an Bedeutung gewonnen, nachdem durch die Entwicklung der Ultrahochvakuumtechnik die apparativen Voraussetzungen zu erfüllen waren. Diese Methoden sollen hier kurz mit der Durchstrahlungsbeugung verglichen werden.

In dem doppelt-logarithmischen Diagramm, Abb. 32, wurde auf der Abszisse die Beschleunigungsspannung der Elektronen aufgetragen, auf der Ordinate (linke Bildseite) die Elektronen-Wellenlänge gemäß Gl. (1.11) und die relativistische Geschwindigkeit. Diesen beiden Skalen entsprechen die Kurven für λ und v. Ferner wurden durch gestrichelte senkrechte, zur Ordinate parallele Linien die Arbeitsbereiche für die Beugung langsamer Elektronen (LEED = low energy electron diffraction) und Durchstrahlungselektronenmikroskopie (EM) abgetrennt. Die LEED-Methode nutzt den Spannungsbereich von etwa 8 – 600 V aus, also nahezu 2 Zehnerpotenzen. Die Wellenlänge liegt im Bereich der normalerweise für Feinstrukturuntersuchungen benutzten Röntgenstrahlung. Die Elektronenmikroskopie arbeitet im vergleichsweise schmalen Spannungsbereich von 40 – 100 kV. Die Wellenlänge liegt unter 0,1 Å.

Auf der rechten Seite von Abb. 31 wurde nun eine zusätzliche Skala für die Eindringtiefe der Elektronenstrahlen, gemessen in Zahl der zur Oberfläche parallelen Gitterlagen, gezeichnet, zu der die verschiedenen dicken, senkrechten Markierungen über den verschiedenen Spannungen gehören. Mit dem LEED-Verfahren werden je nach Spannung 1 bis maximal 10 Gitterlagen erfaßt; bei den niedrigen Spannungen tritt dementsprechend Beugung am Flächengitter auf, die 3. Laue-Gleichung darf vernachlässigt werden ($M_3 = 1$). Mit zunehmender Spannung muß der Einfluß der tieferliegenden Netzebenen berücksichtigt werden.

Bei der Beugung mit streifendem Einfall werden, je nach Einfallwinkel, maximal etwa 10 Gitterlagen erfaßt (sehr glatte Oberfläche vorausgesetzt); wegen des flachen Einstrahlwinkels beträgt die Bahn der Elektronen in der Probe jedoch einige 100 Å. In Abb. 11 muß man sich in diesem Falle das reziproke Gitter um nahezu 90° gedreht denken. Wegen der geringen Durchstrahlungsdicke sind die

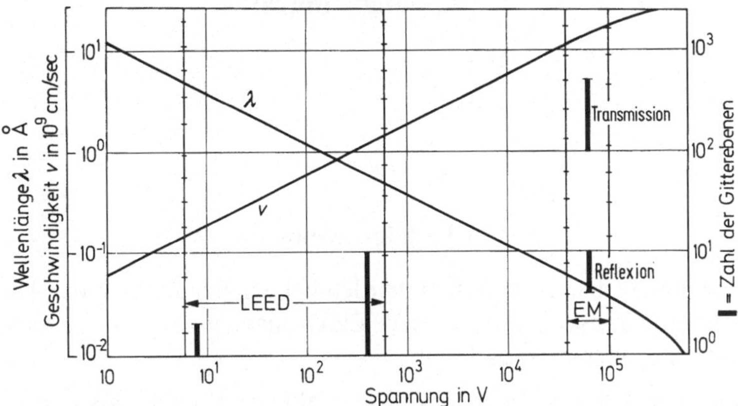

Abb. 32. Arbeitsbereiche der Elektronenbeugung als Funktion von Wellenlänge, Elektronengeschwindigkeit und Beschleunigungsspannung. Gleichzeitig können an der rechten Ordinate Richtwerte für die Zahl der durchstrahlten Gitterebenen abgelesen werden. (*LEED* = *L*ow *E*nergie *E*lectron *D*iffraction)

Stacheln sehr lang und verlaufen *tangential* zur Ausbreitungskugel. Bei idealen, glatten Oberflächen treten somit an Stelle scharfer Punkte stark verlängerte Reflexe auf (im Gegensatz zu LEED-Aufnahmen, wo die Stacheln wegen der großen Beugungswinkel im Rückstrahlbereich annähernd senkrecht die Ausbreitungskugel durchdringen). Im allgemeinen ist bei der Oberflächenbeugung mit schnellen Elektronen die Verbreiterung nicht zu beobachten, weil in Wahrheit Durchstrahlung von Oberflächenrauhigkeiten stattfindet. Dann gilt wieder die Darstellung von Abb. 11.

In der Durchstrahlungsmikroskopie und Durchstrahlungsbeugung werden im Normalfall etwa hundert Netzebenen durchstrahlt, doch können auch extrem dünne Kristalle durch Beugung untersucht werden, etwa herab bis zu 20 Gitterlagen.

Schließlich sei noch erwähnt, daß bei Röntgenfeinstrukturaufnahmen etwa 10^4 Netzebenen zur Intensität der gebeugten Strahlen beitragen.

4. Beugungskontraste

4.1. Allgemeines

In den vorangegangenen Kapiteln wurden bei der Behandlung der Theorie des Durchstrahlungsmikroskopes und der Elektronenbeugungserscheinungen folgende Punkte besonders herausgestellt:

1. In der Brennebene des Mikroskopobjektives entsteht als „primäre Abbildung" ein Beugungsbild des Objektes.

2. In der Bildebene des Objektives entsteht durch Interferenz der von verschiedenen Bereichen (Beugungspunkten) der primären Abbildungen herrührenden Strahlen die sekundäre Abbildung, in der geometrischen Optik als reelles Bild bezeichnet.

3. Die im allgemeinen als „Elektronenbeugungsbild" bezeichnete Energieverteilung in einer Ebene hinter einem Durchstrahlungsobjekt oder in der Brennebene des Objektives stellt im allgemeinen *nicht* die der reellen (sekundären) Abbildung zuzuordnende primäre Abbildung im Sinne der Abbeschen Theorie dar. Die den abgebildeten Objektstrukturen zugeordnete Beugungserscheinung liegt vielmehr so dicht am Primärstrahl, daß sie im allgemeinen nicht beobachtet werden kann. Aus diesem Grunde ist die Objektabbildung allein mit dem „Primärstrahl" die Regel. Die Beugungsmaxima 1. und höherer Ordnung vom Elektronenbeugungsbild des Kristallgitters werden dagegen von einer Blende (Objektivblende, Kontrastblende) abgefangen und tragen *im Sinne der Abbeschen Theorie* nicht zur Bildentstehung bei.

4. Das Elektronenbeugungsbild eines kristallinen Objektes entsteht durch Wechselwirkung der Elektronen mit den dreifach periodisch angeordneten Gitterbausteinen. Die Intensitätsverhältnisse im Elektronenbeugungsbild werden in erster Näherung durch die geometrische Theorie beschrieben, mit deren Hilfe Parameter des Kristallgitters (wie Gitterkonstanten, Netzebenenabstände, Gitter-Orientierungen usw.) ermittelt werden können.

Die oben angeführten Punkte 3 und 4 könnten nun zu dem Fehlschluß verleiten, daß der Elektronenbeugung am Kristallgitter keine wesentliche Bedeutung für die elektronenmikroskopische Abbildung zukomme. Das trifft aber nicht zu. Die Abbesche Theorie des Mikroskopes behandelt in dem hier beschriebenen Umfang die Auflösungsgrenze der Abbildung, nicht jedoch den Kontrast in Bereichen, die groß gegen diese Auflösungsgrenze sind. Die Interpretation elektronenmikroskopischer Aufnahmen erfolgt jedoch weitestgehend anhand der Kontrastverhältnisse. Da es nicht Ziel einer elektronenmikroskopischen Arbeit sein kann, ästhetisch befriedigende Bilder herzustellen, sondern da letztes Ziel immer die möglichst vollkommene Ausschöpfung des Informationsinhaltes der „Bilder" sein muß, ist eine Kenntnis der Kontrastentstehung eine wesentliche Voraussetzung für die sinnvolle Anwendung des Elektronenmikroskopes. Nur durch diese Kenntnis ist eine Rückführung der Kontrasterscheinungen auf Objekteigenschaften möglich.

Über das Zustandekommen der Beugungskontraste läßt sich generell folgendes aussagen (vgl. Abb. 33). Wir setzen ein kristallines Objekt voraus, zum Beispiel einen kleinen Einkristall. Polykristalline Schichten (Aufdampfschichten, Pulverpräparate, dünne Metallfolien) können wir aus mehreren Einkristallen verschiedener Orientierung zusammengesetzt denken; deshalb dürfen die folgenden Überlegungen auf den Einkristall beschränkt bleiben.

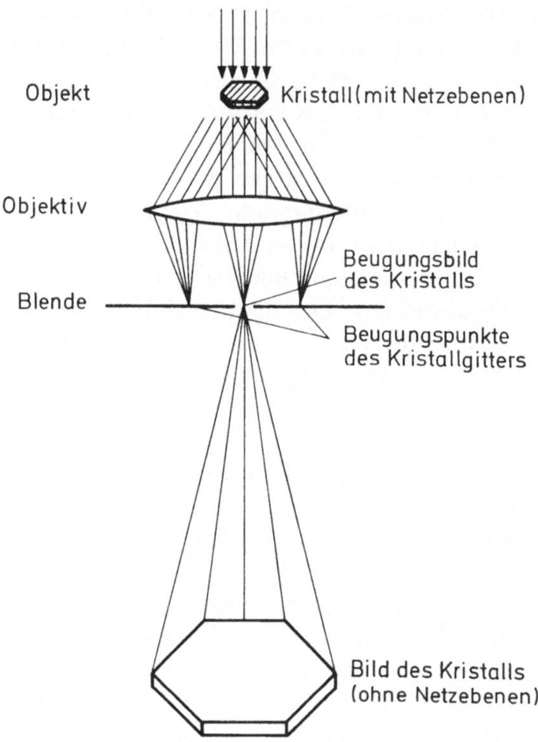

Abb. 33. Abbildung eines dünnen Kristalles mit dem Zentralstrahl (Beugungsmaximum nullter Ordnung)

Die Beugung der Elektronen an einem kleinen Einkristall wird im wesentlichen von 2 Faktoren beeinflußt:

a) von der geometrischen Form des Kristalls,

b) von dem strukturellen Aufbau des Kristalles aus periodisch angeordneten Gitterbausteinen.

Die durch a) verursachte Beugungserscheinung kann wegen der extrem kleinen Beugungswinkel im allgemeinen nicht beobachtet werden; sie erstreckt sich auf die unmittelbare Umgebung des Primärstrahles und ermöglicht die normale Abbildung des Objektes (Abb. 33).

Die unter b) aufgeführte Beugung, gemeinhin mit Elektronenbeugung bezeichnet, ist gegenüber a) durch größere Beugungswinkel ausgezeichnet. Die gebeugten Strahlen können wegen der kleinen Apertur der Elektronenlinsen, bedingt durch die Linsenfehler, nur in Ausnahmefällen (große Gitterkonstanten) zur Bildentstehung genutzt werden. Sie entziehen jedoch dem Primärstrahl Energie, setzen also die Energiedichte im Bild (sekundäre Abbildung, Abb. 2) herab. Sind nun die Laue-Gleichungen (3.7 und 3.9) über den Kristall hinweg nicht gleichmäßig erfüllt (etwa infolge von Verbiegungen, Kristallbaufehlern), so wird der durch Beugung am Kristallgitter verursachte Energieverlust örtliche Schwankungen zeigen. Dadurch treten entsprechende Schwankungen der Energiedichte im Bild auf, die als Beugungskontrast bezeichnet werden.

Bei amorphen Objekten findet keine Beugung im Sinne der geometrischen Theorie der Elektronenbeugung statt. Doch werden auch in diesem Falle die Elektronenstrahlen durch Streuung an den Atomkernen aus ihrer ursprünglichen Richtung abgelenkt. Da jedoch bei amorphen Stoffen die Atome oder Moleküle im Gegensatz zu Kristallen nicht in streng periodischen Abständen angeordnet sind, fehlt die den Raumgitterinterferenzen eigentümliche Beugung in diskrete Richtungen. Man bezeichnet diese Art der Ablenkung als Streuung. Auch in diesem Falle wird, genau wie bei kristallinen Objekten, ein Teil der gestreuten Strahlung an der Objektivblende absorbiert. Der dadurch im Bild erzeugte Kontrast wird als Streuabsorptionskontrast bezeichnet. Das Grundphänomen, nämlich die Streuung der Elektronen am Atomkern, ist in beiden Fällen gleich. Ein prinzipieller physikalischer Unterschied besteht zwischen Beugungskontrasten und Streuabsorptionskontrasten nicht.

Infolge der durch die Beugungstheorie beschriebenen Zusammenhänge zwischen Kristallgittereigenschaften und Beugungsrichtungen führen die Beugungskontraste zu vielfältigen Kontrasterscheinungen. Sie stellen eine wesentliche Informationsquelle bei der Untersuchung kristalliner Objekte dar.

In den folgenden Abschnitten wird nun untersucht, wie die Beugungskontraste im einzelnen entstehen und wie sie methodisch bei der Interpretation elektronenmikroskopischer Aufnahmen genutzt werden können.

4.2. Interferenzschlieren oder Extinktionslinien

Im elektronenmikroskopischen Bild von Einkristallfolien (z.B. dünne, einkristalline Blättchen oder dünngeätzte Metallfolien) werden oft dunkle Streifensysteme beobachtet, die ihren Verlauf und ihre Lage beim Kippen des Beleuchtungssystems oder bei Variation des Strahlstroms verändern (Abb. 34). Diese Streifen sind darauf zurückzuführen, daß die Laue-Gleichungen (und dementsprechend die Bragg-Bedingung) nur in diskreten Bereichen des Objektes für jeweils einen bestimmten Reflex erfüllt sind. Wir haben im vorigen Kapitel gesehen, daß bei sehr dünnen Objekten auch dann ein Beugungsreflex auftritt, wenn die 3. Laue-Gleichung nicht streng erfüllt ist, und wir haben in Abb. 11 dieser Erscheinung dadurch Rechnung getragen, daß im reziproken Gitter den Gitterpunkten stachelförmige Intensitätsbereiche zugeschrieben wurden. Bei dem sehr dünnen Kristall in Abb. 4a waren die Stacheln offenbar so lang, daß der ganze Kristall gleichmäßig zum Beugungsbild beigetragen hat. Mit zunehmender Kristalldicke nimmt

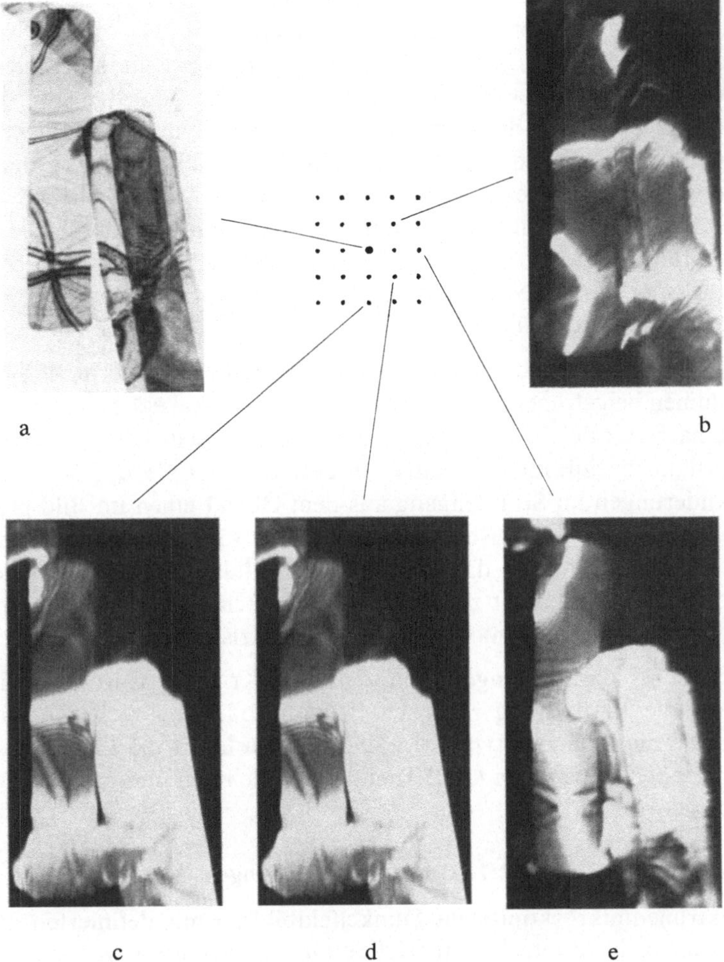

Abb. 34a—e. Hellfeldbild von Molybdentrioxid-Kristallen mit sogenannten Interferenzschlieren und Dunkelfeldaufnahmen, erzeugt durch definierte Gitter-Reflexe. (Aufnahmen: G. SCHIMMEL)

die Länge der Stacheln ab, und wenn schließlich die Ausbreitungskugel bestimmte Stacheln nicht mehr schneidet, tritt keine den entsprechenden reziproken Gitterpunkten zuzuordnende Interferenz auf. Nun sind Kristalle, die im Elektronenmikroskop durchstrahlt werden können, im allgemeinen nie völlig eben, sondern gebogen, was auf Wachstumsfehler oder auf thermische Spannungen als Folge der Elektronenbestrahlung zurückzuführen ist. Diese Verwerfungen bewirken, daß die Laue-Bedingungen auch bei dickeren Kristallen im allgemeinen zumindest an diskreten Bereichen erfüllt sind, so daß auch in solchem Falle ohne zusätzliche Drehung des Kristalls ein komplettes Beugungsdiagramm entsteht, das als Zentralprojektion der zur Kristalloberfläche parallel liegenden Ebene des reziproken Gitters aufgefaßt werden kann.

Ein solcher Fall liegt bei den Molybdentrioxid-Kristallen in Abb. 34 vor. Das Zentrum der Abbildung zeigt eine schematische Darstellung des Beugungsbildes des linken Kristalles, wobei allerdings nur die inneren, niedrig indizierten Reflexe berücksichtigt werden. Die Hellfeldaufnahme 34a der Kristalle, aufgenommen mit dem nicht gebeugten Zentralstrahl, weist dunkle Linien auf, die als Extinktionslinien oder auch als Interferenzschlieren bezeichnet werden. Überall dort, wo im Bild diese dunklen Streifen auftreten, wurde im Objekt für einen bestimmten Bragg-Reflex die Reflexionsbedingung erfüllt und aus dem Primärstrahl Energie für einen Beugungspunkt entnommen. Da die gebeugten Strahlen im Hellfeldbild nicht zur Bildentstehung beitragen, sondern durch die Objektivblende absorbiert werden, ist im Bild die Energiedichte an diesen Stellen entsprechend kleiner als in Nachbarbereichen, in denen die Bragg-Bedingung für keinen Beugungsreflex erfüllt ist.

Zu dem Beugungsbild des Kristalles aus Abb. 34a hat also nicht das gesamte Kristallvolumen beigetragen, sondern eben nur die dunkel erscheinenden Bereiche, die nun, je nach Art der Verbiegung des Kristalles, verschieden groß sein können. Dieser Umstand beeinflußt die relative Intensität der Reflexe; könnte man ohne sonstige Änderungen im Strahlengang aus dem Objekt einen im Bild gleichmäßig hell erscheinenden Bereich ausblenden, so würden sämtliche Beugungspunkte im Bild verschwinden. Somit ist das Wort „Einkristalldiagramm“ in solchen Fällen nur mit folgendem Vorbehalt zu benutzen: Alle Beugungspunkte stammen zwar vom gleichen Kristall, aber nicht vom gleichen Kristallvolumen.

Schließlich sei darauf hingewiesen, daß sich Kristalle von Molybdentrioxid dazu eignen, die Verdrehung zwischen Beugungsbild und reeller Abbildung zu bestimmen, da man aus der typischen Kristallform leicht die Lage der senkrecht auf der langen Seite stehenden $\{100\}$-Richtung entnehmen und mit dem Beugungsbild vergleichen kann.

4.2.1. Dunkelfeldabbildungen

Bei elektronenmikroskopischen Dunkelfeldbildern mit definierten Bragg-Reflexen wird nicht der Zentralstrahl (Reflex nullter Ordnung), sondern irgend ein Bragg-Reflex erster oder höherer Ordnung zur Abbildung des Kristalls benutzt. Zur lichtmikroskopischen Dunkelfeldabbildung besteht einerseits insofern Analogie, als in beiden Fällen der nicht gebeugte Teil der Strahlen (Zentralstrahl) nicht zum reellen Bild beiträgt. Andererseits bestehen jedoch grundsätzliche Unterschiede: Bei lichtmikroskopischer Dunkelfeldabbildung tragen bei Hell- und Dunkelfeld-Abbildung im Normalfall die unter gleichem Winkel gebeugten Strahlen zum Bild bei. Lediglich der Zentralstrahl wird im Dunkelfeld ausgeblendet. Bei elektronenmikroskopischer Dunkelfeldabbildung werden solche abgebeugten Strahlen (Bragg-Reflexe) ausgenutzt, die bei der Hellfeldabbildung wegen des großen Beugungswinkels und des Öffnungsfehlers der Elektronenlinsen ausgeblendet werden müssen. Da jedoch in jedem einzelnen Beugungsreflex das primäre (Beugungs-)Bild im Abbeschen Sinn enthalten ist, kann die Dunkelfeldabbildung mit einem einzigen Braggreflex durchgeführt werden. So entstanden die Dunkelfeldbilder in Abb. 34b – e des Molybdentrioxidkristalles, die jeweils mit den angegebenen Bragg-Reflexen erhalten wurden. Jeder hellen Linie in einem der Dunkelfeldbilder entspricht eine gleichlaufende dunkle Linie im Hellfeldbild von Abb. 34a.

Die Aufnahmetechnik der Dunkelfeldaufnahmen wird in ihren verschiedenen Varianten in Abb. 35 (nach RANG und SCHLUGE) dargestellt. Die bequemste und wohl auch am häufigsten benutzte Methode veranschaulicht C: Die Objektivblende (bei RANG als Kontrastblende bezeichnet) wird so verschoben, daß sie den Primärstrahl abfängt und dafür einen definierten Bragg-Reflex durchläßt. Da der

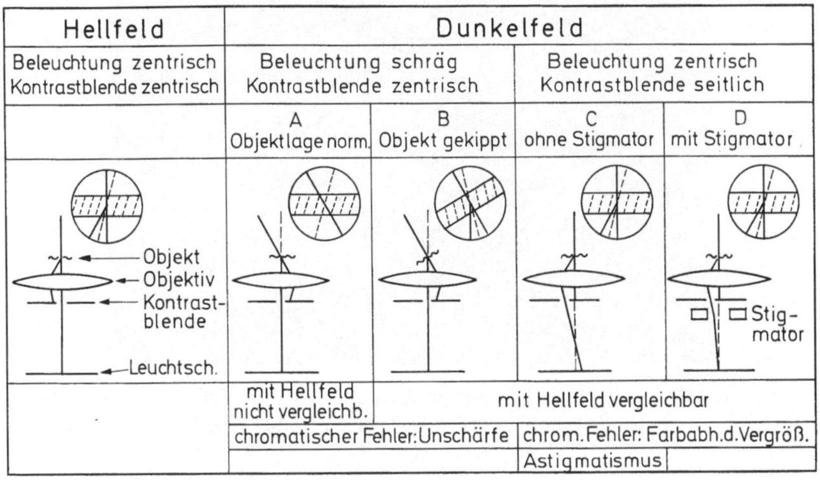

Hellfeld	Dunkelfeld			
Beleuchtung zentrisch Kontrastblende zentrisch	Beleuchtung schräg Kontrastblende zentrisch		Beleuchtung zentrisch Kontrastblende seitlich	
	A Objektlage norm.	B Objekt gekippt	C ohne Stigmator	D mit Stigmator
Objekt Objektiv Kontrastblende Leuchtsch.				Stigmator
	mit Hellfeld nicht vergleichb.	mit Hellfeld vergleichbar		
	chromatischer Fehler: Unschärfe		chrom. Fehler: Farbabh. d. Vergröß.	
			Astigmatismus	

Abb. 35. Erzeugung von Dunkelfeldbildern im Elektronenmikroskop
(Nach O. RANG u. H. SCHLUGE: Optik **9**, 464 [1952])

abbildende Strahl das Objektiv nicht zentrisch beaufschlagt, sinkt die Bildgüte gegenüber dem Hellfeld. Leider ist der Strahlengang B, bei dem Objekt und Beleuchtungssystem um den gleichen Winkel so gekippt werden, daß der gebeugte Strahl parallel zur optischen Achse des Objektivs verläuft, bei den meisten Geräten nicht zu verifizieren. Deshalb wird in den Fällen, wo die nach C auftretenden Bildfehler vermieden werden sollen, vorwiegend gemäß Strahlengang A gearbeitet. Da in diesem Falle der Winkel zwischen einfallendem Elektronenstrahl und Objekt beim Übergang vom Hellfeld zu Dunkelfeld um den Kippwinkel des Beleuchtungssystems verändert wird, verlaufen die Interferenzschlieren im Dunkelfeldbild anders als im Hellfeldbild.

Elektronenmikroskopische Dunkelfeldbilder weisen gegenüber Hellfeldbildern ein Merkmal auf, das bei der Untersuchung von Präparaten, die verschiedene kristalline Phasen enthalten, gut genutzt werden kann. Im Beugungsbild findet ja eine örtliche Aufteilung der gebeugten Strahlen nach Gitterparametern statt. In Dunkelfeldbildern eines bestimmten Bragg-Reflexes (oder Bereichen eines Debye-Scherrer-Kreises bei Pulverpräparaten) können deshalb nur solche Kristalle oder Kristallbereiche aufleuchten, welche den gleichen dem Bragg-Reflex entsprechenden Netzebenenabstand und gleiche Orientierung aufweisen. Somit ist es möglich, im Dunkelfeldbild Kristalle verschiedener Kristallstruktur zu unterscheiden: Im Dunkelfelbdild eines Bragg-Reflexes gleichzeitig hell erscheinende Kristalle gehören zum gleichen Kristalltyp. Wegen der Orientierungsabhängigkeit erscheinen jedoch *nicht* alle Kristalle des gleichen Gittertyps gleichzeitig hell.

Abb. 36 veranschaulicht die Verhältnisse für zwei Kristalle verschiedener Struktur schematisch. Im Hellfeldbild Abb. 36a erscheinen die beiden Kristalle verschiedener Struktur gleichzeitig dunkler als die Umgebung, in den Dunkelfeldbildern Abb. 36b und c kann man je nach Wahl des Braggreflexes den einen oder den anderen Kristall aufleuchten lassen.

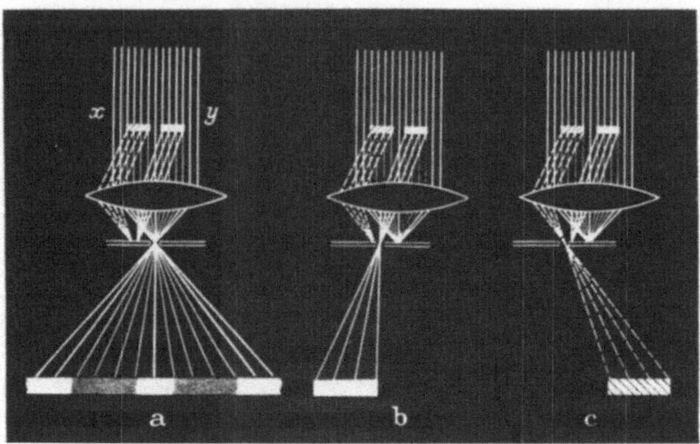

Abb. 36a—c. Einzeldarstellung verschiedener Kristallarten im Dunkelfeld (nach O. RANG u. F. SCHLEICH: Ztschr. f. Physik **136**, 549 (1957)

4.3. Streifen gleicher Neigung und Dicke

Streifen gleiche Dicke treten bei keilförmigen Präparaten auf, bei denen also die Dicke im Gesichtsfeld variiert. Zu ihrem Verständnis greifen wir zurück auf die Berechnung des Amplitudenfaktors, der nach Kapitel 3 den Zusammenhang zwischen Beugungsrichtung und Amplitudenbetrag beschreibt. Wir verkürzen dabei Gl. (3.6) zu der Form:

$$G = g(A_1 A_2) \sum_{m_3=0}^{M_3-1} e^{2\pi i m_3 A_3}. \tag{4.1}$$

Hierin steht $g(A_1 A_2)$ stellvertretend für die beiden ersten Summen über m_1 und m_2 in (3.6). Es ist nun zweckmäßig, von der für analytische Rechnungen unhandlichen Summe in (4.1) zu einem Integral überzugehen. Dazu setzen wir zunächst den Wert für A_3 gemäß (3.5a) ein:

$$G = g(A_1 A_2) \sum_{m_3} e^{2\pi i m_3 k \mathfrak{a}_3 (\mathfrak{s}-\mathfrak{s}_0)}. \tag{4.2}$$

Im allgemeinen Fall ist die 3. Laue-Bedingung aus Gl. (3.9) nicht erfüllt, das heißt: der resultierende Vektor $k \cdot \mathfrak{a}_3(\mathfrak{s}-\mathfrak{s}_0)$ führt nicht zu einem reziproken Gitterpunkt. Für die folgenden Betrachtungen setzen wir vereinfachend eine bestimmte Kristallstruktur und Orientierung voraus: Wir betrachten einen dünnen blättchenförmigen Einkristall oder eine einkristalline Folie, die senkrecht vom Elektronenstrahl getroffen wird. Die Gittervektoren $\mathfrak{a}_1$ und $\mathfrak{a}_2$ sollen in der Folienebene liegen, der Vektor $\mathfrak{a}_3$ soll senkrecht zur Folie orientiert sein. (Bei anderen Orientierungen des Kristallgitters relativ zur Folie tritt an Stelle von $\mathfrak{a}_3$ die zur Folienebene senkrecht stehende Linearkombination der $\mathfrak{a}_i$. An der Rechnung ändert sich im Prinzip nichts.)

Der Vektor $\mathfrak{a}_3$ liegt also parallel zum Elektronenstrahl. Wir führen nun einen zu $\mathfrak{a}_3$ parallelen Vektor $\mathfrak{v}$ ein (vgl. Abb. 13), den man zu $k(\mathfrak{s}-\mathfrak{s}_0)$ addieren muß, um zum nächstliegenden Gitterpunkt zu gelangen.

Dann ist

$$k(\mathfrak{s}-\mathfrak{s}_0)=h_1\mathfrak{b}_1+h_2\mathfrak{b}_2+h_3\mathfrak{b}_3-\mathfrak{v}=\mathfrak{g}-\mathfrak{v}, \tag{4.3}$$

wo $\mathfrak{g}$ einen Vektor des reziproken Gitters darstellt.

Wir setzen den Ausdruck (4.3) in Gl. (4.2) ein und erhalten

$$\begin{aligned} G &= g(A_1 A_2)\sum_{m_3} e^{2\pi i m_3 \mathfrak{a}_3(\mathfrak{g}-\mathfrak{v})} \\ &= g(A_1 A_2)\sum_{m_3} e^{2\pi i m_3(\mathfrak{a}_3\mathfrak{g})}\sum_{m_3} e^{-2\pi i m_3\mathfrak{a}_3\mathfrak{v}}. \end{aligned} \tag{4.4}$$

Der Faktor $\mathfrak{a}_3\cdot\mathfrak{g}_3$ stellt das skalare Produkt eines Vektors im Kristallgitter mit einem Vektor des reziproken Gitters dar. Ein solches Produkt ist aufgrund der Definitionsgleichungen immer eine ganze Zahl und somit gilt:

$$e^{2\pi i m_3(\mathfrak{a}_3\mathfrak{g}_3)}=1\,.$$

Ferner darf wegen der Parallelität von $\mathfrak{a}_3$ und $\mathfrak{v}$ gesetzt werden:

$$\mathfrak{a}_3\mathfrak{v}=a\,v\,.$$

So wird schließlich aus (4.4)

$$G=g(A_1 A_2)\sum_{m_3} e^{2\pi i m_3 a_3 v}. \tag{4.5}$$

Nun ist $M_3\cdot a_3$ gleich der Kristalldicke t. Sofern a_3 klein gegen t ist, darf die Summe (4.5) durch ein Integral ersetzt werden, das heißt, man ersetzt die stufenweise anwachsende Größe $m_3 a_3$ durch eine kontinuierlich variable Größe z, über die integriert wird.

Wir erhalten so als Näherung für G anstelle der Summenform (4.1) die Integralform

$$G=g(A_1 A_2)\frac{1}{a_3}\int_0^t e^{-2\pi i v z}\,dz\,. \tag{4.6}$$

Der Faktor $1/a_3$ sorgt dafür, daß im Grenzfall $v=0$ das Integral den gleichen Wert wie die Summe liefert.

Wir betrachten nun den Fall, in dem die ersten beiden Laue-Gleichungen erfüllt sind, setzen also

$$\frac{g}{a_3}=\text{konst}\,.$$

Die Integration in (4.6) läßt sich leicht ausführen und liefert:

$$G=\text{konst.}\,\frac{1-e^{-2\pi i v t}}{2\pi i v}\,. \tag{4.7}$$

Man erhält somit für die Intensität anstelle von (3.6) den Ausdruck:

$$I \sim |G|^2 \sim \frac{\sin^2 \pi v t}{(\pi v)^2}. \tag{4.8a}$$

Den Verlauf der Funktion $\frac{\sin^2 \pi v t}{(\pi v)^2}$ zeigte bereits Abb. 12b. Man erkennt, daß (4.8a) in der Nähe des Beugungsmaximums den Intensitätsverlauf in guter Annäherung zu dem aus der Summenformel folgenden Verlauf wiedergibt. Gl. (4.8a) beschreibt den Intensitätsverlauf für die gebeugte Strahlung in Abhängigkeit von v und t in der Umgebung eines Braggreflexes. Durch die spezielle Anordnung der Blenden wird die Energie der gebeugten Strahlung dem reellen Bild (sekundäre Abbildung nach ABBE) entzogen. Setzen wir das Amplitudenquadrat der Elektronenwelle vor dem Objekt$=1$, so wird der Intensitätsverlauf in der reellen Abbildung durch die Gleichung

$$1-I=1-K\frac{\sin^2 \pi v t}{(\pi v)^2} \tag{4.8b}$$

beschrieben. (K ist hierin eine Konstante, welche die relative Intensität des gebeugten Strahles bestimmt. Vgl. hierzu Abschnitt 4.6.) Aus Gl. (4.8a) folgt, daß sich die Intensität eines Beugungsreflexes halbperiodisch mit v und t ändert. Nach 4.8a oszilliert die Intensität des gebeugten Strahles (und damit auch die des nicht gebeugten, durchgelassenen Strahles) mit t, der Foliendicke und v, der Abweichung von der exakten Reflexionsstellung. (Hier ist zu beachten, daß 4.8a unter der Voraussetzung $v \neq 0$ abgeleitet wurde. Bei exakter Reflexionsstellung also $v=0$, ist 4.8a nicht anwendbar.)

Die Gleichung 4.8a läßt sich anhand der Abb. 11 und 13 leicht interpretieren. Die Variation von v kann man sich durch Drehungen des reziproken Gitters um den 0-Punkt hervorgerufen denken. Dabei wird der Intensitätsstachel T gleichsam durch die Ewald-Kugel hindurchgeschoben, wobei die verschiedenen relativen Maxima (die in Abb. 13 schematisch eingezeichnet wurden) mitwandern und die Beugungsintensität entsprechend dem Kurvenverlauf in Abb. 12 oszillieren lassen. Derartige Intensitätsschwankungen lassen sich an nicht zu dünnen gekrümmten Kristallen beobachten, bei denen sich infolge der Krümmung die Orientierung (und damit v) kontinuierlich ändert: Benachbart zu den in Kap. 4.2. beschriebenen Extinktionslinien, bei denen die Bragg-Bedingung exakt erfüllt ist, treten weitere abwechselnd helle und dunkle Linien auf, deren Verlauf durch die Folienkrümmung bestimmt ist und die deshalb bisweilen auch in Anlehnung an die Lichtoptik als „Streifen gleicher Neigung" bezeichnet werden. Besonders gut lassen sich die Streifen (auch Extinktionsbanden genannt) im Dunkelfeldbild beobachten, wie z. B. in 34d und e. Auch in Abb. 40 läßt sich der Einfluß des Vektors $\mathfrak{v}$ erkennen. Allerdings ändert sich $\mathfrak{v}$ hier nicht kontinuierlich, sondern sprungweise an den Subkorngrenzen, die durch die Versetzungsnetzwerke gebildet werden (siehe Abschn. „Versetzungen", S. 78).

Bei sehr kleinen Kristallen, wie in Bild 5b, läßt sich die Intensitätsbelegung der Stacheln auch an den Beugungsreflexen beobachten, da hier die Stacheln nicht nur senkrecht zur Ausbreitungskugel, sondern auch annähernd tangential

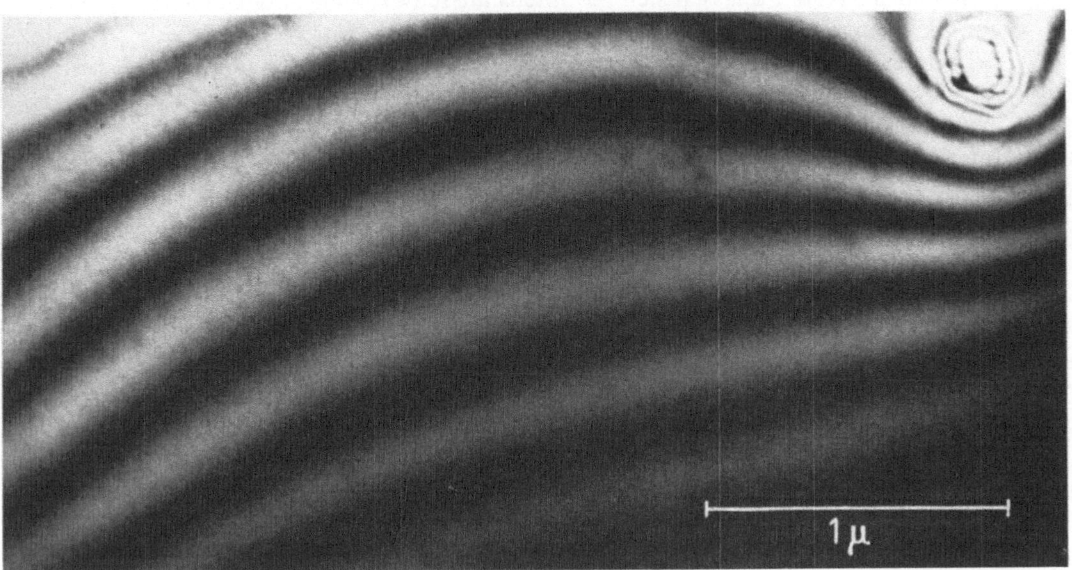

a

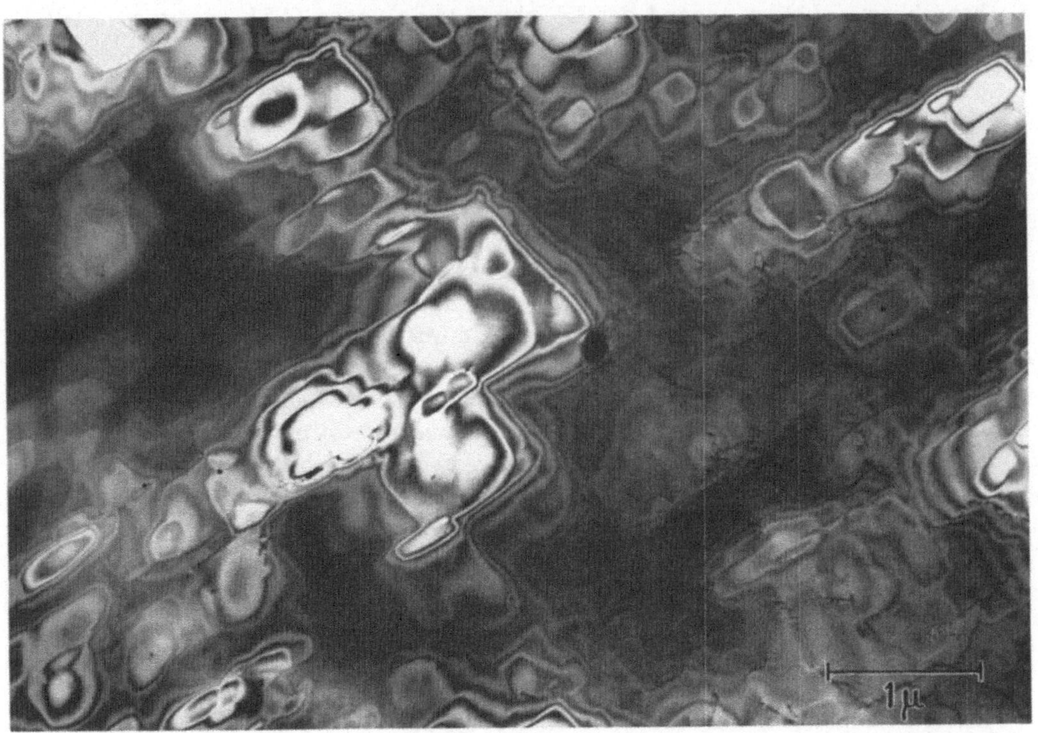

b

Abb. 37a u. b. Streifen gleicher Dicke a) in einer dünngeätzten Metallfolie b) in einer ungleichmäßig elektrolytisch abgedünnten Al-Folie (Aufnahmen: a) R. SCHARWÄCHTER, b) K.-J. SCHULZE) verlaufen. In Abb. 5b lassen sich die Intensitätsschwankungen der Stacheln recht gut erkennen.

Bei der Variation der Kristalldicke, also der Variation von t in (4.8a) bleiben reziprokes Gitter und Ewald-Kugel fest. Statt dessen wird der Stachel mit abnehmender Dicke gedehnt, da ja $T/2=1/t$ ist (vgl. Abschnitt 3.2.3). Dabei wird die Intensitätsfunktion in Abb. 12 ebenfalls parallel zur Abszisse gedehnt und die relativen Maxima laufen durch die Ewald-Kugel hindurch. Entsprechend schwankt die Intensität des gebeugten und nach 4.8b auch des ungebeugten Strahles. Die dadurch in elektronenmikroskopischen Bildern hervorgerufenen Streifensysteme werden als Streifen gleicher Dicke bezeichnet. Abb. 37a zeigt einen keilförmig zulaufenden Teil einer elektrolytisch abgedünnten Folie mit Streifen gleicher Dicke. In diesem Falle läßt sich die physikalische Natur der Streifen relativ leicht erkennen. Die nächste Abb. 37b zeigt einen komplizierteren Fall. Es handelt sich um eine Aluminiumfolie, die ungleichmäßig elektrolytisch abgedünnt wurde. Die Streifen gleicher Dicke verlaufen hier annähernd parallel zu den Gittervektoren und zeichnen daher ein Rechteckmuster.

Bei keilförmig zulaufenden Präparaten erlauben diese Streifensysteme die Aussage, welche Objektbereiche gleiche Dicke aufweisen, da sie wie „Höhenlinien" (z. B. um ein Loch in einer dünngeätzten Folie) verlaufen. Da jedoch im allgemeinen $|\mathfrak{v}|=v$ unbekannt ist, können die Dickenunterschiede zwischen zwei benachbarten Linien anhand der Gleichung (4.8a) oder (4.8b) nicht ermittelt werden. Hierauf wird in Abschnitt 4.6 näher eingegangen.

4.4. Gitterfehler

Gitterfehler sind Störungen im periodischen Aufbau der Kristalle, durch die die strenge Periodizität an diskreten Stellen unterbrochen wird. In diesem Abschnitt werden die wichtigsten Grundlagen aus der Theorie der Gitterfehler als bekannt vorausgesetzt. Sehen wir ab von der direkten Abbildung von Netzebenenscharen, (die wegen der erforderlichen hohen Vergrößerung und dem dadurch bedingten kleinen Gesichtsfeld sowie der geringen Information durch Beschränkung auf eine einzige Ebenenschar bei den weitaus meisten Untersuchungen gar nicht angestrebt wird), so erscheinen Gitterfehler im elektronenmikroskopischen Bild als reine Beugungskontraste. Die Störungen in der Periodizität und die Gitterverzerrungen in der Umgebung von Versetzungen verändern die Beugungsbedingungen für den Elektronenstrahl. An den betreffenden Stellen schwankt daher die Beugungsintensität gegenüber benachbarten, ungestörten Bereichen, so daß die gestörte Zone im elektronenmikroskopischen Bild gegenüber der Nachbarschaft Kontraste aufweist.

Der spezielle Verlauf des Kontrastes hängt außer von der Art des Gitterfehlers noch von der Dicke und Orientierung der Folie, von der Lage des Gitterfehlers relativ zur Folienfläche und vom Grad der Genauigkeit ab, mit der die Bragg-Bedingung in unmittelbarer Umgebung des Fehlers erfüllt ist. So ergibt sich eine große Variationsbreite der Kontrasterscheinungen, und das Erkennen eines speziellen Gitterfehlers ist letztlich zum großen Teil ein Akt der Erfahrung.

Eine in vielen Fällen brauchbare Näherung zur Berechnung der Kontraste läßt sich auch in diesem Fall aus der Gl. (4.4) herleiten, wobei wir jetzt noch Abweichungen von der Periodizität des Gitters zulassen. Wir beschränken uns dabei auf ein kleines Gebiet in unmittelbarer Umgebung des Gitterfehlers und denken uns zu diesem Zwecke eine kleine Säule in Richtung eines gebeugten Strahles aus der Folie herausgeschnitten. Für diese Säule schreiben wir Gl. (4.4) in der Form:

$$G=g(A_1 A_2) \sum_{m_3=0}^{M_3-1} e^{2\pi i m_3 (\mathfrak{a}_3+\mathfrak{R}_i)(\mathfrak{g}-\mathfrak{v})}. \tag{4.9}$$

Darin kennzeichnet $\mathfrak{R}_i$ die Verrückung der Gitterbausteine $m_{3\,i}$ aus ihrer Position gegenüber einem perfekten Gitter. Die Betrachtung einer einzelnen „Säule" vom Durchmesser einiger Gitterkonstanten ist eine Näherung, deren Berechtigung von der Praxis weitgehend bestätigt wird. Doch sei darauf hingewiesen, daß eine einzelne, physikalisch isolierte Säule nie die berechneten Kontraste liefern würde. Für den Fall des Raumgitters liefert die Säulen-Approximation eine vielfach brauchbare Abschätzung der Kontraste, ohne daß die Bedeutung der Summen über M_1 und M_2 vernachlässigt werden darf. Der Zusammenhang stellt sich also folgendermaßen dar:

Für das in der durchstrahlten Folie vorliegende Raumgitter werden die Beugungserscheinungen nach der geometrischen Theorie durch Summation der Streuanteile aller Gitterbausteine gemäß (3.5) berechnet. Man erhält für $|G|^2$ die Gl. (3.6), woraus sich die Laue-Gleichungen (3.7) herleiten, welche die Beugungsrichtungen bestimmen. Durch die Absorption der gebeugten Strahlen an den Blenden des Abbildungssystems entstehen im Bild Beugungskontraste, die in der Umgebung von Gitterfehlern charakteristische Schwankungen zeigen. Diese Schwankungen lassen sich näherungsweise durch Beschränkung auf einen kleinen Bereich der Folie, die den Fehler enthaltende „Säule", berechnen, wobei gegenüber dem perfekten Gitter nur die Summation über M_3 variiert wird.

Bei der weiteren Umformung der Gl. (4.9) vernachlässigen wir das Produkt der beiden kleinen Vektoren $\mathfrak{R}_i$ und $\mathfrak{v}$ und berücksichtigen ferner, daß $\mathfrak{a}_3 \mathfrak{g}_3$ eine ganze Zahl ist. Somit können wir für (4.9) schreiben:

$$G=g \sum e^{2\pi i \mathfrak{R}_i \mathfrak{g}} e^{-2\pi i m_3 \mathfrak{a}_3 \mathfrak{v}}. \tag{4.10}$$

Wir wandeln die Summe (4.10) wiederum wie beim Übergang von (4.4) zu (4.6) in ein Integral um und erhalten:

$$G \sim \int_0^t e^{2\pi i \mathfrak{R}_i \mathfrak{g}} e^{-2\pi i v z} dz. \tag{4.11}$$

Die Gitterstörung verursacht einen zusätzlichen Faktor $e^{-2\pi i \mathfrak{R}_i \mathfrak{g}}$, in dem das Produkt $2\pi \mathfrak{R}_i \mathfrak{g}=\alpha$ als Phasenwinkel aufgefaßt werden kann, der seinerseits eine Funktion von z, also dem Abstand von der Folienoberfläche ist. (4.11) kann mit dieser Zusammenfassung in der Form geschrieben werden:

$$G \sim \int_0^t e^{i\alpha(z)} e^{-2\pi i v z} dz. \tag{4.12}$$

Der spezielle Verlauf von $\alpha(z)$ hängt von der Art des Gitterfehlers, von der Kristallstruktur und der Orientierung relativ zum Elektronenstrahl ab. Zahlreiche Spezialfälle sind bereits theoretisch durchgerechnet und in der Literatur mit experimentellen Ergebnissen verglichen worden. Leider ist der umgekehrte Weg nicht gangbar: Aus einem im EM-Bild gefundenen Kontrastverlauf kann im allgemeinen die spezielle Gitterstörung nicht berechnet werden.

Die wichtige Gl. (4.12) bildet die Grundlage der sogenannten kinematischen Theorie der Beugungskontraste, und wir haben aus der Herleitung ersehen, daß es sich dabei um eine Umformung (mit einigen Näherungen) der Summe über M_3 in Gl. (3.5) handelt, wobei Abweichungen von der exakten Beugungsrichtung durch v und Gitterfehler durch $\alpha(z)$ berücksichtigt werden. Die Schwierigkeit liegt nun in der Berechnung von $\alpha(z)$ und der mathematischen Auswertung des Integrals. Das ist eine Aufgabe für Mathematiker und theoretische Physiker, die sich mit Gitterphysik befassen. Hierzu soll auf die umfangreiche Spezialliteratur verwiesen werden. Lediglich zwei wichtige Sonderfälle seien kurz diskutiert:

Stapelfehler

Bei Stapelfehlern in kubisch flächenzentrierten Gittern kann $\mathfrak{R}$ die Werte $\pm\frac{1}{3}$ [111] annehmen, je nachdem ob eine Atomlage eingeschoben oder herausgenommen wurde. Für einen Vektor im reziproken Gitter $\mathfrak{g}=(h, k, l)$ (wo also h, k, l die Indices des Beugungsreflexes angeben) wird

$$\alpha=\pm\frac{2\pi}{3}(1\,1\,1)(h\,k\,l)=\frac{2\pi}{3}(h+k+l)=\frac{2n\pi}{3}$$

mit $n=h+k+l$.

Abb. 38. Stapelfehler in einer dünngeätzten Folie einer Nickel-Cer-Legierung. (Aufnahme: R. Scharwächter)

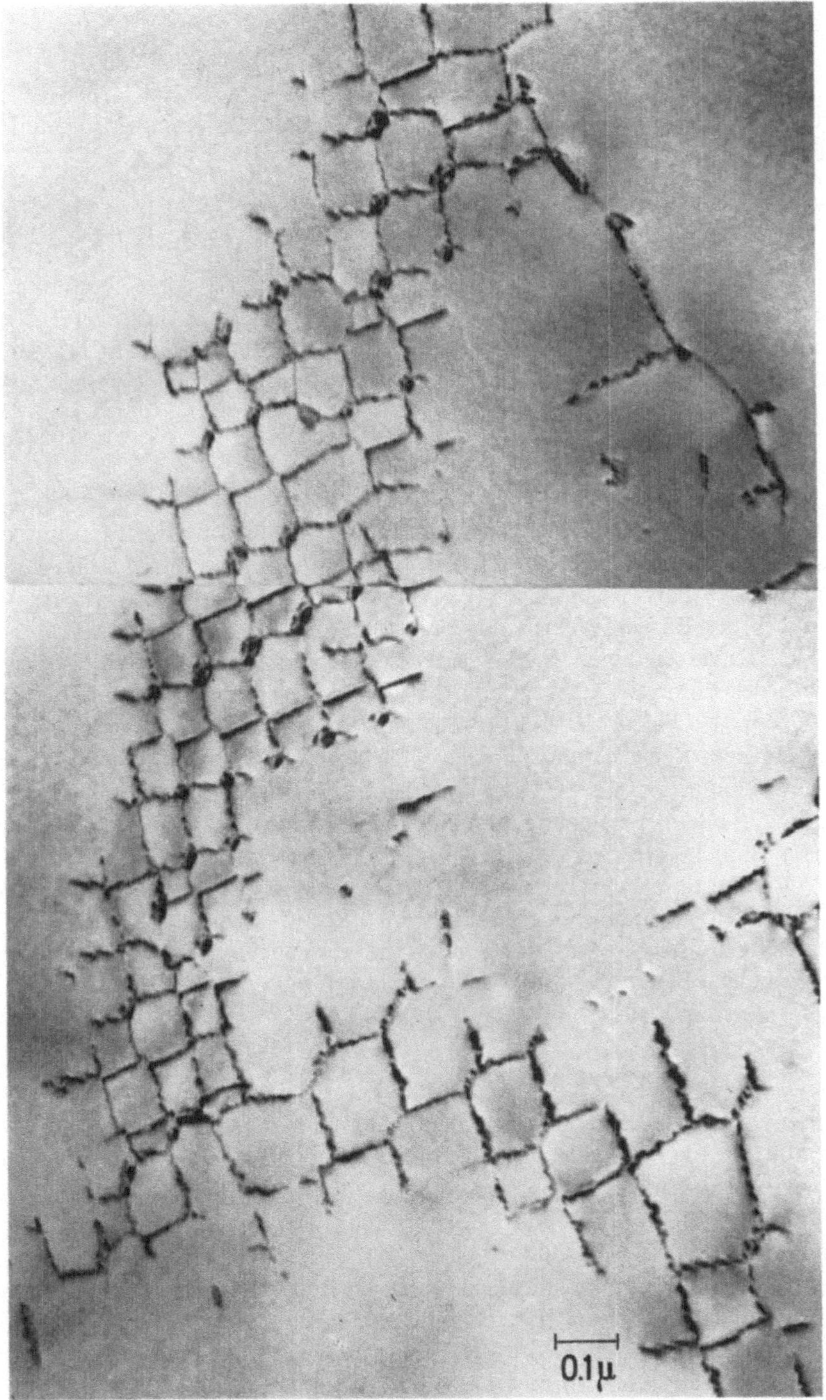

Abb. 39. Versetzungsnetzwerk in einer Cr-Fe-Legierung. (Aufnahme: R. SCHARWÄCHTER)

Wenn der Fehler in der Tiefe t_1 liegt, nimmt (4.12) die Form an

$$G \sim \int_0^{t_1} e^{-2\pi i v z} dz + \int_0^{t_1} e^{i\alpha} e^{2\pi i v z} dz .$$

Wir übergehen die Zwischenrechnungen und schreiben das Resultat für die Intensität $|G|^2$.

$$I = |G|^2 \sim \left[\sin^2 \left(\pi t v + \frac{\alpha}{2} \right) + \sin^2 \frac{\alpha}{2} - 2 \sin \frac{\alpha}{2} \sin \left(\pi t v + \frac{\alpha}{2} \right) \right] \cos 2\pi v x \quad (4.13)$$

mit $x = \frac{1}{2} t - t_1$, also gleich dem Abstand des Fehlers von der Folienmitte. Die Intensität variiert somit nach einer cos-Funktion. Ein Beispiel dafür zeigt Abb. 38 mit Stapelfehlern in einer Nickellegierung. Der Stapelfehler wird in Dunkelfeldbildern dann unsichtbar, wenn $\alpha = m^2 \pi$ ist, also wenn $n/3 = m$ eine ganze Zahl ist. Hieraus ergeben sich Bedingungen für die (h, k, l).

Versetzungen

Für Versetzungen soll die Rechnung, unter Hinweis auf die Literatur, nicht wiedergegeben werden. Es seien nur die Bedingungen genannt, für die die Versetzungen unsichtbar werden. Im Falle von Schraubenversetzungen wird $\alpha = 0$ für $\mathfrak{g}\mathfrak{b} = 0$, wo $\mathfrak{b}$ der Burgers-Vektor der Versetzung ist.

Bei Kantenversetzungen muß zusätzlich auch das Vektorprodukt $\mathfrak{g}[\mathfrak{b}\mathfrak{u}] = 0$ sein, wo u der Einheitsvektor entlang der Versetzungslinie ist. Durch Aufsuchen der Reflexe $\mathfrak{g} = (hkl)$, für die die Versetzungslinien verschwinden, lassen sich also die Burgers-Vektoren bestimmen. Allerdings muß zur Erfüllung der hierfür notwendigen Bedingungen das Präparat unter Umständen gekippt werden.

In Abb. 39 bilden Versetzungen in einer Legierung von Cr-Fe ein Versetzungsnetzwerk. Ähnliche Netzwerke stellen in Abb. 40 Subkorngrenzen dar, die einen kleinen Orientierungsunterschied des Kristallgitters zu beiden Seiten des Netzwerkes bewirken. Dadurch ändert sich die Größe v in (4.8 b), die die Abweichung von der Reflexionsstellung angibt. Diese Änderung bewirkt die Intensitätunterschiede zu beiden Seiten der Subkorngrenzen (vgl. Abb. 13).

4.5 Moiré-Muster

Werden zwei übereinanderliegende Einkristalle im Elektronenmikroskop durchstrahlt, die sich entweder in den Gitterkonstanten oder in der Orientierung unterscheiden, so können die im ersten Kristall gebeugten Kristalle im zweiten Kristall als zusätzlich auftretende Primärstrahlen wirken. Dadurch treten gegenüber den normalen Beugungsbildern beider Kristalle zusätzliche Beugungspunkte auf. Die so doppelt gebeugten Strahlen können gegenüber dem Primärstrahl kleinere Ablenkungswinkel aufweisen als die nur einfach gebeugten Strahlen, wie es die Abb. 41 veranschaulicht. Hier wird die Elektronenwelle am ersten Kristall normal gebeugt (gestrichelte Linien) und aus dem gebeugten Strahl wird im zweiten Kristall wieder ein Reflex zum Primärstrahl hin gebeugt. Entscheidend ist nun, wie die Abbildung zeigt, daß jetzt ein (doppelt) gebeugter Strahl von der Objektivblende durchgelassen wird und im Gegensatz zum Normalfall zur Abbildung bei-

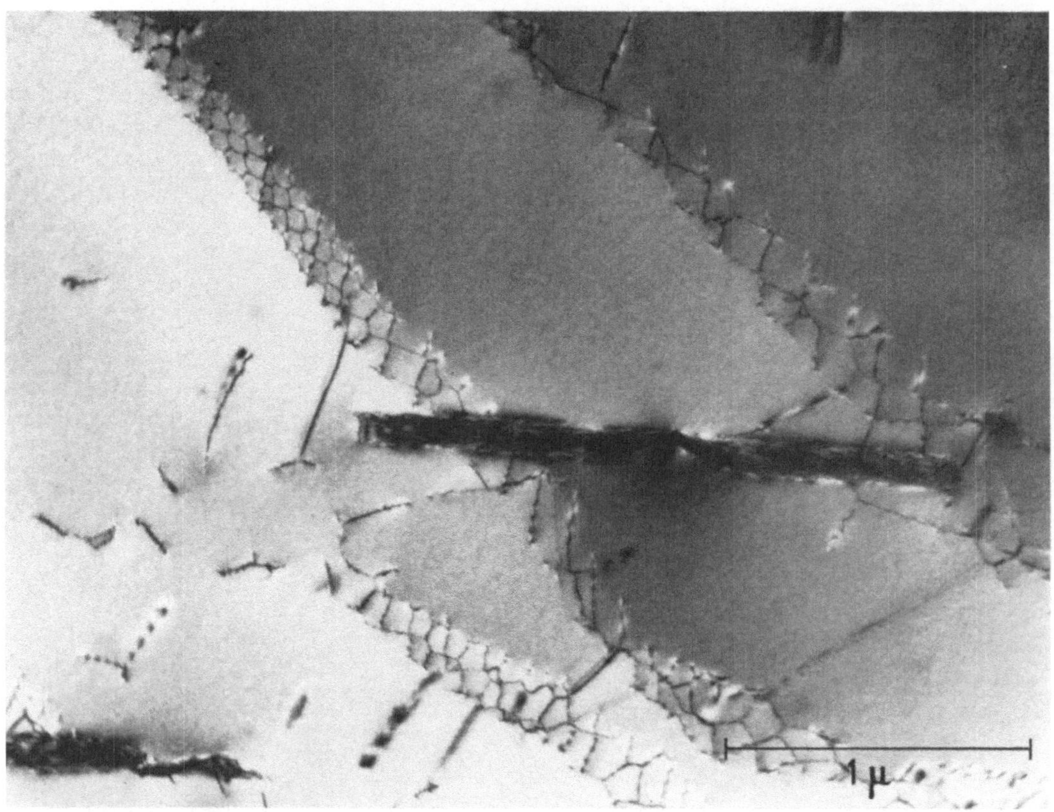

Abb. 40. Subkorngrenzen in einer Cr-Fe-Legierung. Die Abkippung der Subkörner verursacht die Kontrastunterschiede (Aufnahme: R. SCHARWÄCHTER)

trägt. Da nun anlog zu Abb. 2 nicht nur der Zentralstrahl, sondern auch (am Kristallgitter) gebeugte Strahlen zum Bild beitragen, sind im Bild dem Kristallgitter zuzuordnende Kontrastmuster zu erwarten. Da aber der effektive Beugungswinkel des doppelgebeugten Strahles kleiner ist als dem Netzebenenabstand entspricht, treten Streifenmuster mit entsprechend größeren Abständen auf, *die als echtes sekundäres Bild nach* ABBE aufgefaßt werden dürfen.

In Abb. 42 ist a das Hellfeldbild übereinanderliegender Goldkristalle, b die Umgebung des Primärflecks mit den zusätzlichen Beugungspunkten in richtiger Orientierung zu a und c schließlich eine vereinfachte Skizze zu b. Die von den verschiedenen Punktpaaren herrührenden Streifensysteme sind in Abb. 42a, b und c durch die mit den Zahlen 1 bis 3 gekennzeichneten strichpunktierten Linien einander zugeordnet. Es taucht nun die Frage auf, was eigentlich in diesem Falle als Objekt im Abbeschen Sinne anzusprechen ist. Zur Beantwortung dieser Frage kann man sich vorstellen, daß die beiden Kristalle nicht hintereinanderliegen, sondern sich gegenseitig durchdringen. Dann bilden die Gitterbausteine wieder ein Raumgitter, jedoch mit wesentlich größerer Elementarzelle. Die zusätzlich auftretenden Beugungspunkte sind dann den Gittertranslationen dieses „virtuellen“ Kristallgitters zuzuordnen, und die Moiré-Streifen dürfen als Abbildung von

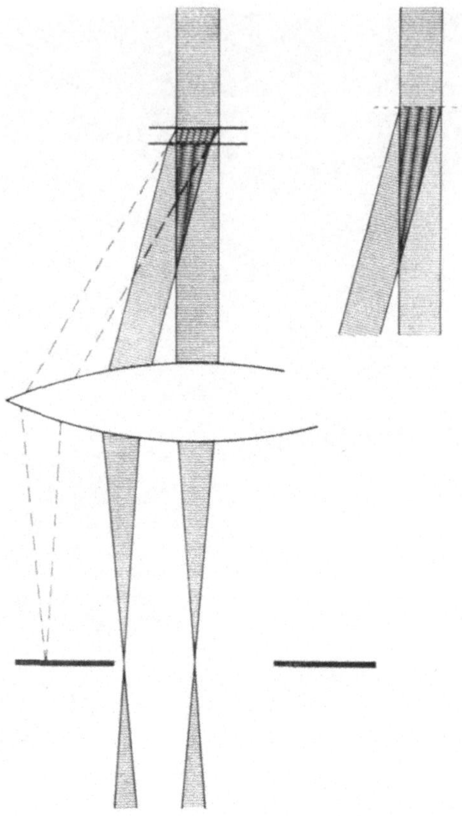

Abb. 41. Schematischer Strahlengang bei der Abbildung von Moiré-Mustern. Die Wellenfronten sind schematisch skizziert. Das rechte Bild zeigt die Konstruktion der als „Objekt" anzusprechenden virtuellen Interferenzfigur (O. RANG u. H. POPPA: Zeitschrift für Physik **153**, 643–652 (1959))

Netzebenenscharen dieses virtuellen Gitters aufgefaßt werden. Irgendein Gitterfehler in einem der realen Kristalle muß einen Gitterfehler im „virtuellen" Gitter zur Folge haben, und so wird durch diese Interpretation verständlich, daß im Moiré-Muster Gitterfehler (z.B. Kantenversetzungen) nachgewiesen werden können (Abb. 43).

Zur Berechnung des Streifenmusters greifen wir auf Gl. (4.12) zurück und berechnen den Phasen-Winkel α, der durch die Überlappung der verschieden orientierten Kristalle entsteht. Bisher haben wir die Abweichungen der Gitterbausteine von der idealen Lage durch den Vektor $\mathfrak{R}$ ausgedrückt und die Vektoren im reziproken Gitter unverändert gelassen, da das reziproke Gitter nur für ideale, fehlerfreie Kristalle definiert ist. Im Falle der Moirés dürfen wir nun zwei ungestörte Kristallgitter voraussetzen, und wir berechnen in diesem Fall die Verrückung der reziproken Gittervektoren des zweiten Kristalls relativ zu denen des ersten Kristalles. Den Übergang von der einen zur anderen Betrach-

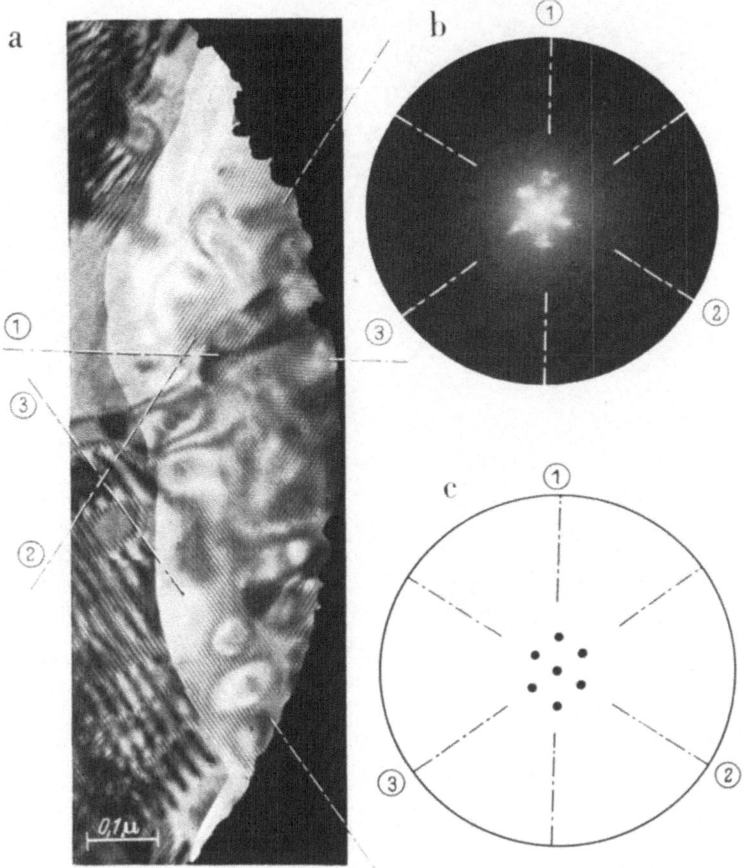

Abb. 42a—c. Azimutale Zuordnung von Interferenzstreifen im Hellfeld-Bild und Überstruktur des Primärflecks im Beugungsdiagramm. a Hellfeld-Bild, b Primärfleck des Beugungsdiagramms, c vereinfachte Skizze des Primärflecks [O. Rang u. H. Poppa: Z. Physik **153**, 643—652 (1959)]

tungsweise finden wir durch das Gleichsetzen der beiden Vektorprodukte

$$(\mathfrak{g}+\Delta\,\mathfrak{g})(\mathfrak{r}_n+\mathfrak{R}_n)=\mathfrak{g}\,\mathfrak{r}_n\,. \tag{4.14}$$

Diese Gleichung drückt aus, daß die Verrückung der Gitterpunkte um $\mathfrak{R}_n$ durch Einführung eines neuen reziproken Gittervektors $\mathfrak{g}^*=\mathfrak{g}+\Delta\,\mathfrak{g}$ rückgängig gemacht werden kann. Hier gibt $\Delta\,\mathfrak{g}$ die Änderung von $\mathfrak{g}$ im verschobenen Gitter an und $\mathfrak{r}_n$ ist ein Vektor in Richtung des gebeugten Strahles von der Oberfläche zum n-ten Atom oder zur n-ten Elementarzelle. Vernachlässigen wir $\Delta\,\mathfrak{g}\,\mathfrak{R}$, so folgt aus (4.14)

$$\mathfrak{g}\,\mathfrak{R}_n+\Delta\,\mathfrak{g}\,\mathfrak{r}_n=0$$

und wir können für α schreiben:

$$\alpha=-2\pi\,\Delta\,\mathfrak{g}\,\mathfrak{r}_n\,.$$

$\Delta\,\mathfrak{g}$ muß aus dem Orientierungsunterschied der beiden Kristalle ermittelt werden. Liegen beide Kristalle parallel und mit der Oberfläche senkrecht zum Elektronen-

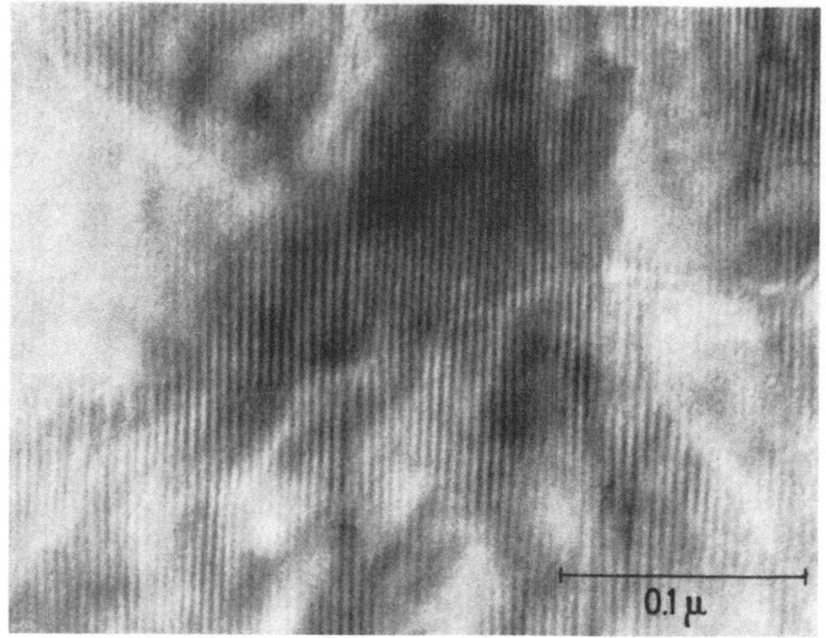

Abb. 43. Moirés in einem Calcit-Dünnschnitt mit Versetzungen (Aufnahme: H. GROTHE)

strahl, so zerlegt man $\Delta\mathfrak{g}$ in zwei Komponenten, von denen eine in Richtung $\mathfrak{g}$ und die andere senkrecht dazu orientiert ist:

$$\alpha = -2\pi(\Delta g_g x_g + \Delta g_s x_s).$$

Dieser Ausdruck kann in Gl. (4.12) eingesetzt werden. Hier sei nur das Ergebnis der Rechnung ohne die Einzelschritte angeführt:

Bei Unterschied in den Netzebenenabständen d erscheinen Beugungsstreifen senkrecht zu $\mathfrak{g}$ mit einem Abstand

$$D = \frac{1}{\Delta g_g} = \frac{1}{\frac{1}{d_1} - \frac{1}{d_2}}.$$

Bei Verdrehungsmoirés, wo Kristalle gleicher Orientierung mit einem Winkel η um den Elektronenstrahl verdreht sind, liegen die Streifen parallel zu $\mathfrak{g}$ mit dem Abstand

$$D = \frac{1}{\Delta g_s} = \frac{d}{\eta}.$$

4.6 Ausblick auf die dynamische Theorie

Bei der bisherigen Betrachtungsweise wurde die Möglichkeit, daß die gebeugten Strahlen wiederum als Primärstrahl wirken und Raumgitterinterferenzen hervorrufen können, bewußt vernachlässigt. Wenn die gebeugten Strahlen intensitätsmäßig mit dem durch Beugungserscheinungen geschwächten Primärstrahl vergleichbar werden, ist diese Vernachlässigung nicht mehr zulässig. Bereits im Abschnitt 3.1.1 war darauf hingewiesen worden, daß die Beugungsintensität bei Elektronenstrahlen um den Faktor 10^8 größer ist als bei Röntgenstrahlung. Aus dem atomaren Streufaktor (siehe Abschnitt 3.3.1) läßt sich abschätzen, daß bei idealen Kristallen in exakter Reflexionsstellung und bei niedrig indizierten Reflexen bereits 25 Netzebenen ausreichen, um alle Energie aus dem Primärstrahl in den gebeugten Strahl umzulenken. Liegen diese Bedingungen vor, so sind also Abweichungen von den in den vorangegangenen Abschnitten beschriebenen Erscheinungen zu erwarten. Der gebeugte Strahl kann seinerseits wieder als „Primärstrahl" aufgefaßt werden, der an Netzebenen gebeugt wird.

Es gibt nun verschiedene Wege, diesen Erscheinungen im Rahmen der sogenannten „Dynamischen Theorie" Rechnung zu tragen. Zunächst ist aus Abb. 10 unmittelbar ersichtlich, daß der durch Beugung „reflektierte" Strahl an der gleichen Netzebenenschar in die ursprüngliche Richtung des Primärstrahls zurückgelenkt werden kann. Primärstrahl und zweifach gebeugter Strahl können dann Interferenzerscheinungen hervorrufen. Zu einer angenäherten Berechnung dieser Erscheinungen gelangt man unter der Voraussetzung, daß neben dem Primärstrahl nur ein Beugungsreflex auftritt. Die Berücksichtigung der Wechselwirkung beider Strahlen führt zu 2 simultanen Differentialgleichungen, deren Lösung als „Zweistrahl-Näherung" bezeichnet wird. Entsprechend erhält man unter Berücksichtigung weiterer Beugungsreflexe Mehrstrahl-Näherungen, deren explizite Ausrechnung den Einsatz elektronischer Rechenmaschinen verlangt.

Hier sei nur ein für die Praxis wichtiges Ergebnis behandelt: Die „Zweistrahl-Näherung" liefert anstelle der Gleichung (4.8a) für die Intensität des nicht gebeugten Strahles die Gleichung (4.15), wenn die Intensität der einfallenden Welle wieder gleich gesetzt wird:

$$1-J_0=J_g=\left(\frac{\pi}{\xi_g}\right)^2\frac{\sin^2\pi t V_{\text{eff}}}{(\pi V_{\text{eff}})^2} \tag{4.15}$$

Hierin bedeuten

J_0 = Intensität des ungebeugten Strahles unmittelbar hinter dem Objekt.

J_g = Intensität des gebeugten Strahles unmittelbar hinter dem Objekt.

t = Kristall- oder Foliendicke.

Ferner ist $V_{\text{eff}}=\sqrt{v^2+\frac{1}{\xi_g^2}}$, wobei $v=|\mathfrak{v}|$ wieder gemäß Abb. 13 die Abweichung von der korrekten Reflexionsstellung angibt, also die gleiche Bedeutung hat wie in (4.8a).

ξ_g wird als Extinktionskonstante bezeichnet, deren Wert vom Material und vom speziellen Beugungsreflex abhängt:

$$\xi_g=\frac{\pi V\cos\vartheta}{\lambda f(\vartheta)F_g} \tag{4.16}$$

($f(\vartheta)$ = atomarer Struenfaktor (vgl. Abschnitt 3.3.1).

F_g = Strukturfaktor für den betreffenden Reflex.

V = Volumen der Elementarzelle.)

($\cos\vartheta\approx 1$)

Im Gegensatz zu (4.8a) liefert Gleichung 4.15 auch für exakte Reflexionsstellung des Kristalles, also für $v=0$, eine halbperiodische Intensitätsschwankung für gebeugten und ungebeugten Strahl in Abhängigkeit von der Filmdicke t:

$$J_{g\,0} = \frac{\pi^2}{\xi_g^2} \frac{\sin^2 \pi \frac{t}{\xi_g}}{\pi^2 \frac{1}{\xi_g}} = \frac{\sin \pi \frac{t}{\xi_g}}{\xi_g} \tag{4.17}$$

Damit erhält die Extinktionskonstante ξ_g eine sehr anschauliche Bedeutung:

In einem keilförmigen, in exakter Reflexionsstellung orientiertem Kristall treten bei Schichtdicken $t=\xi_g$ und ganzzahligen Vielfachen davon Auslöschungen des Beugungsreflexes auf. Für endliche Werte von v treten diese Auslöschungen bereits bei niedrigeren Werten von t auf, d.h. in einer gekrümmten Folie rücken die Streifen mit wachsendem v zusammen, wie auch aus Gleichung (4.8a) hervorging.

Da aus dem maximalen Streifenabstand bei einer gekrümmten Folie in günstigen Fällen auf die Gebiete mit $v=0$ geschlossen werden kann, ist es möglich, mittels 4.17 die Objektdicke t zu bestimmen, sofern ξ_g bekannt ist. Für wichtige Materialien und Reflexe ist ξ_g bereits tabelliert (z. B. in dem Buch: „Electron Microscopy of Thin Cristals" von HIRSCH u. Mitarb.). Nach (4.15) ergänzen sich die Intensitäten von gebeugtem und ungebeugtem Strahl stets zu 1, und in einem keilförmigen idealen Kristall in exakter Reflexionsstellung erscheint die Energie des einfallenden Elektronenstrahls in Abhängigkeit von der Kristalldicke abwechselnd im gebeugten und ungebeugten Strahl, immer vorausgesetzt, daß nur ein Beugungsreflex auftritt.

Man kann nun schrittweise weitere Beugungsreflexe berücksichtigen, wobei das System der simultanen Differentialgleichungen entsprechend erweitert wird.

Physikalisch befriedigender, aber mathematisch schwieriger als der oben beschriebene Weg zur Erfassung der Wechselwirkung von gebeugten und ungebeugten Strahlen ist folgendes Verfahren: In der Schrödinger-Gleichung (1.5) wird die Beschränkung auf Lösungen mit $V=0$ fallengelassen. Vielmehr wird V für das dreifach periodische Potential des Kristallgitters, z.B. in der Form

$$V(\mathfrak{r}) = \frac{h^2}{2m} \sum U_g \, e^{2\pi i (\mathfrak{g}\,\mathfrak{r})}$$

angesetzt. Die Lösung der so erhaltenen Differentialgleichung für die in der Praxis interessierenden Potentialverteilungen $V(\mathfrak{r})$ ist eine Aufgabe der mathematischen Physik, die hier nicht behandelt werden soll.

Für $v \gg 1/\xi_g$ geht (4.15) in 4.8a über, so daß also die Betrachtungen der vorangegangenen Abschnitte für den Fall großer Abweichung von der Reflexionsstellung eine brauchbare Näherung darstellen. Bei der Sichtbarmachung von Gitterstörungen (z.B. Versetzungen) durch Beugungskontraste treten vielfach Erscheinungen (wie Zickzacklinien, punktierte Linien usw.) auf, die nur durch die dynamische Theorie erklärt werden können. Einige typische Fälle zeigen die Abb. 39 und 40. Ob nun die schrittweise Berechnung der Mehrfachbeugung oder aber die Integration der Schrödingergleichung versucht wird, ist eine Frage der Zweckmäßigkeit, aber nicht der Physik. In letzter Konsequenz müssen beide Wege zu den gleichen Ergebnissen führen. Wichtig für den „praktischen“ Elektronenmikroskopiker ist das Wissen um den physikalischen Ursprung der von ihm zu interpretierenden Kontrasterscheinungen und die bei der Interpretation gemachten Vereinfachungen.

Tabelle 1. *Übersicht über wichtige Beugungskontraste*

	Ursache	Wesentliche Eigenschaften	Anwendung
Interferenzschlieren Extinktionslinien	Örtlich verschiedene Orientierung zum Elektronenstrahl (Verbiegungen, Faltungen des Objektes)	Streifen sind nicht ortsfest, sondern von Einstrahlrichtung abhängig; Markieren Bereiche gleicher Orientierung einer Netzebenenschar relativ zum Elektronenstrahl, enden daher an Korngrenzen; liefern keine Information über Materialeigenschaften.	Formbestimmung dünner Einkristall-Lamellen.
Streifen gleicher Neigung (Extinktionsbanden)	In gebogenen Kristallen ändert sich die Abweichung von der exakten Reflexionsstellung kontinuierlich	Streifen sind von der Einstrahlrichtung abhängig. Streifenabstand hängt außer von der Kristallkrümmung auch von der Kristalldicke ab.	Maximale Streifenabstände kennzeichnen Gebiete, in denen Braggbedingung exakt erfüllt ist. Aus Streifabstand ist dann Bestimmung der Kristalldicke möglich.
Streifen gleicher Dicke	Keilförmig veränderliche Objektdicke	Streifen sind annähernd ortsfest, liefern keine Information über Materialeigenschaften, sind präparationsbedingt. Kontrast und Streifenabstand sind orientierungsabhängig.	Grobe Abschätzung der Präparatdicke und Dickenänderung.
Moiré-Muster	Orientierungs- oder Strukturunterschiede übereinanderliegender Kristalle	Streifenabstand vom Orientierungsunterschied oder Differenz der Netzebenenabstände abhängig, also präparationsbedingt, ermöglicht im allgemeinen keine Information über Materialeigenschaften. Kristallgitterstörungen werden unter Umständen sichtbar.	sehr beschränkt. In Sonderfällen Nachweis von Versetzungen
Gitterfehler	Veränderung der Beugungsbedingungen durch Störung in der Periodizität des Gitters	Breites Spektrum der Kontrasterscheinungungen je nach Art des Gitterfehlers. Kontrast weiterhin von Orientierung des Kristallgitters relativ zur Folie und zur Einstrahlrichtung und von Kristalldicke abhängig.	Wichtiges Hilfsmittel zur Erforschung der Realstruktur von Festkörpern. Ermittlung von Versetzungsdichten, Verformungsmechanismen, Strukturänderung durch Strahlschäden.

5. Auflösungsgrenze, Gesichtsfeld und Schärfentiefe

Wenn es auch nahezu unmöglich ist, eine elektronenmikroskopische Aufnahme mit einfachen Zahlenangaben zu beschreiben, so lassen sich doch verschiedene Parameter angeben, die sie in technischer Hinsicht charakterisieren und die bei der kritischen Bewertung und Interpretation beachtet werden sollen. Am häufigsten wird die Auflösungsgrenze zur Charakterisierung von Mikroskopen und mikroskopischen Bildern benutzt. Diese Angabe ist jedoch bei weitem nicht ausreichend, um den Wert eines elektronenmikroskopischen Bildes im Rahmen einer bestimmten Untersuchungsaufgabe zu bemessen. In vielen Fällen spielt z. B. die in einer speziellen Aufnahme erreichte Auflösungsgrenze eine weit unbedeutendere Rolle als das erfaßte Gesichtsfeld. Bei sehr rauhen Objekten kann wiederum die Schärfentiefe ausschlaggebendes Kriterium sein. Schließlich können alle sonstigen Eigenschaften eines Mikroskopes nur dann hinreichend ausgenutzt werden, wenn im Bild ein hinreichender Kontrast erhalten wird. Somit lassen sich die folgenden Eigenschaften als wesentliche Merkmale für eine mikroskopische und im speziellen auch elektronenmikroskopische Abbildung herausstellen:

1. Kontrast
2. Auflösungsgrenze
3. Gesichtsfeld
4. Schärfentiefe.

Wesentliche mit der Beugung verknüpfte Kontrasterscheinungen wurden bereits im vorangegangenen Kapitel eingehend beschrieben. Deshalb soll hier der Beugungskontrast nicht weiter behandelt werden. Wir setzen also zunächst voraus, daß die elektronenoptisch aufgelösten Bildelemente einen hinreichenden Kontrast gegeneinander aufweisen.

5.1. Die Auflösungsgrenze

Die Leistungsfähigkeit optischer Geräte wird im allgemeinen durch das Auflösungsvermögen oder die Auflösungsgrenze charakterisiert. Im Falle des Mikroskopes werden diese beiden Begriffe hier in folgendem Sinne gebraucht:

Die Auflösungsgrenze ist die minimale kritische Entfernung zweier Objektpunkte, die im Mikroskop noch getrennt abgebildet werden. Die Auflösungsgrenze hat somit die Dimension einer Länge. Beim Lichtmikroskop gibt man die Auflösungsgrenze im allgemeinen in der Einheit Mikrometer an, beim Elektronenmikroskop in der Einheit Ångström, entsprechend 0,1 nm. Der Begriff „Auflösungsvermögen" soll hier wie in der Photographie auf die Abbildung periodischer Objekte z. B. Rechteck- oder Sinusgitter beschränkt bleiben. Dabei versteht man unter Auflösungsvermögen die Anzahl der periodischen Elementareinheiten (z. B. Gitterbalken), die auf einer vorgegebenen Strecke noch getrennt abgebildet werden können. Das Auflösungsvermögen hat nach dieser Definition also die

Dimension einer reziproken Länge. Wie die nachfolgenden Ausführungen zeigen, ist beim Elektronenmikroskop die Auflösungsgrenze für benachbarte Punkte, oft kurz als *Punktauflösung* bezeichnet, ein strengeres Kriterium als das Auflösungsvermögen für periodische Strukturen.

Unter Auflösungsgrenze eines Elektronenmikroskopes soll im folgenden der unter optimalen Betriebsbedingungen bei dem betreffenden Gerät erreichbare Wert verstanden werden. Bei der Bearbeitung praktischer Probleme wird sich vielfach dieser Wert nicht erreichen lassen und unter der Auflösung eines Präparates oder einer elektronenmikroskopischen Aufnahme soll dementsprechend die im Präparat (z. B. bei Oberflächenabdrücken) oder in der betreffenden Aufnahme erreichte Auflösungsgrenze verstanden werden, die also in den meisten Fällen größer ist als die Auflösungsgrenze des benutzten Gerätes.

Theoretische Betrachtungen

Zum Verständnis der mit dem Auflösungsvermögen zusammenhängenden Phänomene greifen wir auf Abb. 2 zurück. In dieser Schemazeichnung war gezeigt worden, daß die reelle Abbildung (sekundäre Abbildung nach ABBE) als Interferenzerscheinung des primären Bildes verstanden werden kann. Dabei können die einzelnen Beugungsmaxima im primären Bild eines Gitters als kohärente, d.h. interferenzfähige Strahlquellen, aufgefaßt werden. Voraussetzung für die Entstehung des sekundären Bildes, also der reellen Abbildung, ist danach die Existenz mehrerer Beugungsmaxima im primären Bild. Das heißt aber, daß der Öffnungswinkel des Objektives so groß sein muß, daß zumindest die Beugungsmaxima erster Ordnung des vom Objekt gebeugten Lichtes in das Objektiv eintreten können. Aus diesem Grunde bestimmt der maximale Öffnungswinkel der in das Objektiv eintretenden Strahlen das Auflösungsvermögen. Bei Mikroskopobjektiven wird nicht dieser Winkel, sondern der Sinus des halben Winkels angegeben und mit Apertur bezeichnet. Nun ist der Winkel, den die gebeugten Strahlen des ersten Hauptmaximums mit dem Primärstrahl einschließen, durch die Bedingung gegeben

$$\sin\varphi = \frac{\lambda}{g} \tag{5.1}$$

wo g die Gitterkonstante und λ die Wellenlänge ist. (Diese Gleichung folgt z.B. aus (3.4) für $h=1$ und $a=g$, wenn $\alpha_0=90°$ gesetzt wird. Dann ist nach Abb. 6 bei Vorwärtsstreuung $\varphi=2\vartheta$ und $\alpha=90-2\vartheta$). Hieraus ergibt sich für die Gitterkonstante g die Gleichung

$$g = \frac{\lambda}{\sin\varphi}. \tag{5.2}$$

Im Grenzfall des maximalen Auflösungsvermögens (und der minimalsten Auflösungsgrenze) wird der Beugunswinkel φ gleich dem Öffnungswinkel des Objektives und wir können sin φ durch die Objektivapertur A_{Obj} ersetzen. Wir erhalten somit für die gerade noch auflösbare Gitterkonstante den Wert

$$g^* = \frac{\lambda}{A_{\mathrm{Obj}}}. \tag{5.3}$$

Diese Formel gilt für die Lichtmikroskopie gleichermaßen wie für die Elektronenmikroskopie. In der Lichtmikroskopie besteht noch die Möglichkeit, die Wellenlänge zwischen Objekt und Objektiv dadurch zu verkleinern, daß man diesen Zwischenraum mit einem Stoff mit hohem Brechungsindex n ausfüllt (Immersion). Die Gleichung (5.3) nimmt dann die Form an

$$g^* = \frac{\lambda/n}{A_{\text{Obj}}} = \frac{\lambda}{n\,A_{\text{Obj}}},$$

wobei das Produkt $n \cdot A$ als numerische Apertur bezeichnet wird. Bei lichtmikroskopischen Objektiven werden Werte bis etwa 1,25 für die numerische Apertur erreicht. Im Gegensatz dazu kann bei Elektronenlinsen nur mit sehr kleinen Aperturen gearbeitet werden, da anderenfalls die Linsenfehler zu groß werden. Physikalischer Grund: Bei Glaslinsen hat man durch Variation der Brechungsindices (verschiedene Glassorten), freie Wahl der Krümmungsradien und freie Wahl in den Abständen der Grenzflächen Glas-Luft viele Korrekturmöglichkeiten. In der Elektronenmikroskopie gehorchen die als Linsen wirkenden elektrischen oder magnetischen Felder den Maxwellschen Gleichungen, und es lassen sich nicht beliebig gekrümmte Feldlinien oder Äquipotentialflächen erzwingen.

Anstelle der Gl. (5.3) findet man in der Literatur oft folgenden Ausdruck für g^*

$$g^* = 0{,}61\,\frac{\lambda}{A_{\text{Obj}}}.$$

Der Faktor 0,61 tritt jedoch nur im Falle der Abbildung von selbstleuchtenden Objekten auf. In Durchstrahlungsmikroskopen mit fremdbeleuchteten Objekten ist im Hellfeld mit gerader Beleuchtung diese Auflösungsgrenze nicht zu erreichen.

Wie bereits im Kapitel 2 sei auch hier noch einmal darauf hingewiesen, daß der Grad der Ähnlichkeit zwischen Objekt und mikroskopischem Bild von der Zahl der Beugungsmaxima abhängt, die zur Entstehung des sekundären Bildes beitragen können. Werden wie im Falle der Abb. 2 nur die Beugungsmaxima erster Ordnung für die Bildentstehung ausgenutzt, so hat der Wegfall aller Beugungsmaxima höherer Ordnung einen Informationsverlust zur Folge.

Der hier betrachtete Fall der Abbildung eines Gitters ist im Grunde genommen bei der Elektronenmikroskopie nur von geringem Interesse. Als abzubildende Gitter kommen praktisch nur Kristallgitter in Betracht, und wie im Kapitel 3 gezeigt wurde, können die Informationen über das Kristallgitter besser durch mathematische Analyse des Elektronenbeugungsbildes gewonnen werden, wobei sehr viele Beugungspunkte zur Analyse herangezogen werden können. Dagegen ist es durch die bei der Abbildung erforderliche Begrenzung der Apertur in Sonderfällen allenfalls möglich, die Beugungsmaxima erster Ordnung für die sekundäre Abbildung auszunutzen. Diese sekundäre Abbildung kann somit nur die Anzahl der Gitterelemente innerhalb des Gesichtsfeldes und ihren gegenseitigen Abstand wiedergeben, also eine Information, die man aus dem Beugungsbild mit höherer Genauigkeit leicht entnehmen kann. Die Abbildung von Gitterfehlern (z.B. Versetzungen) stellt zwar eine schöne Bestätigung der theoretisch gewonnenen Vorstellung über derartige Gitterfehler dar, ist aber für praktische Untersuchungen nahezu ohne Bedeutung.

Dagegen kommt der Auflösungsgrenze für punktförmige Objektdetails (Punktauflösung) größere Bedeutung zu. Die Punktauflösung ist ein viel schärferes Kriterium für die Leistungsfähigkeit eines Elektronenmikroskopes als die Gitterauflösung. Um das zu verstehen, betrachten wir die Abb. 44a und b, welche die Verhältnisse im Falle der Punkt- und Gitterauflösung schematisch darstellen. Zum Verständnis der Erscheinungen müssen wir allerdings einen kurzen Blick auf die Theorie der Abbildungsfehler werfen. Wie schon erwähnt, begrenzen diese Fehler den Wert der maximal zulässigen Objektivapertur. Wir können uns hier auf den

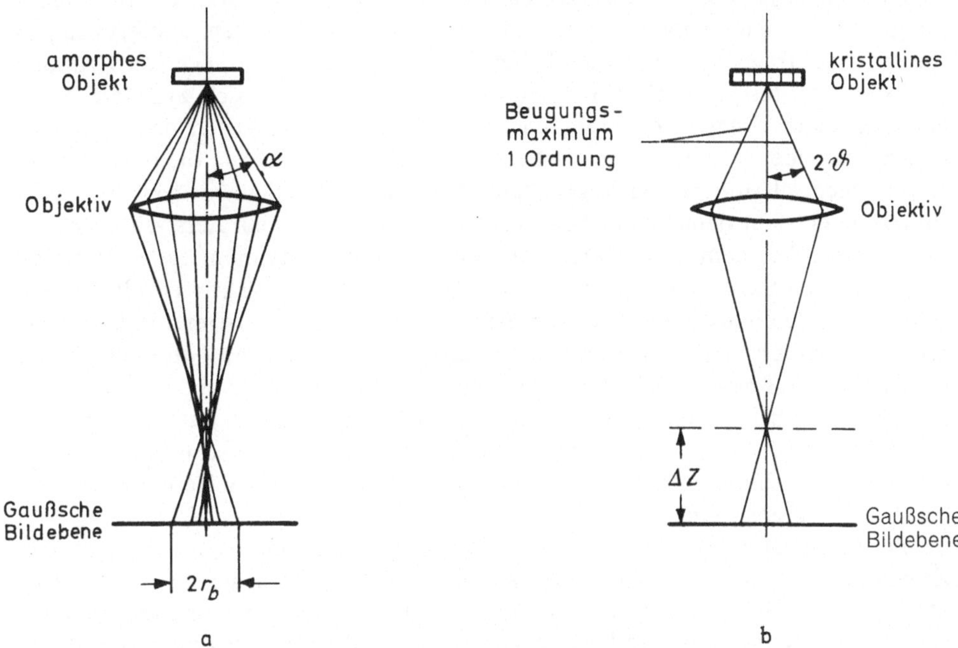

Abb. 44a u. b. Wirkung des Öffnungsfehlers der Objektivlinse auf die Abbildung a eines amorphen, b eines kristallinen Objektes

wichtigsten Fehler, nämlich den Öffnungsfehler (sphärische Aberration) beschränken und betrachten die von einem Objektpunkt ausgehenden Strahlen. Unter *Öffnungsfehler* versteht man die Erscheinung, daß sich achsennahe Strahlen hinter der Linse in einer anderen Ebene schneiden (also zu einem Bildpunkt vereinigen), als solche Strahlen, die unter großem Winkel in das Objektiv eintreten. Bei magnetischen Objekten werden die Strahlen mit großen Werten von α in kürzeren Distanzen hinter der Linse zu Bildpunkten vereinigt, als die achsennahen Strahlen (Abb. 44a). Legt man die Bildebene dorthin, wo sich die achsennahen Strahlen schneiden (Gaußsche Bildebene), so bilden die Strahlen mit großen Werten von α in dieser Ebene einen Zerstreuungskreis mit dem Radius r_b, der sich aus der Öffnungsfehlerkonstante $c_ö$ berechnen läßt. Im allgemeinen wird jedoch nicht der Radius r_b betrachtet, sondern ein dem Radius r_b entsprechender Wert in der Objektebene, für den die Gleichung gilt:

$$r_0 = c_ö \cdot \alpha^3.$$

Die instrumentell erreichbare Auflösungsgrenze wird nun durch die Größe von $c_ö$ einerseits und die Beugungserscheinungen andererseits bestimmt. Wird die Apertur des Objektes extrem klein gewählt, so kann zwar der Öffnungsfehler vernachlässigt werden, aber die Auflösung ist nach Gleichung (5.3) schlecht. Mit wachsender Objektivapertur wirkt sich wiederum der Öffnungsfehler des Objektivs zunehmend stärker aus und bestimmt schließlich allein die erreichbare Auflösung. Zwischen beiden Extremen liegt die optimale Apertur, für die die beste Auflösungsgrenze erhalten wird.

Anders liegen die Verhältnisse bei einem periodischen Objekt (Gitterabbildung). Diesen Fall veranschaulicht die Abb. 44b. Neben dem nichtgebeugten Zentralstrahl tragen hier im wesentlichen nur die Beugungsmaxima erster Ordnung zur Bildentstehung bei. Der Beugungswinkel 2ϑ berechnet sich aus dem Netzebenenabstand d nach der Braggschen Gleichung (3.15). Wegen des Öffnungsfehlers schneiden sich auch diese gebeugten Strahlen in Punkten, die näher an der Linse liegen, als nur gering abgebeugte achsennahe Strahlen. In der Gaußschen Bildebene entsteht dementsprechend genau wie im Falle a) ein Zerstreuungskreis. Da jedoch außer dem Zentralstrahl und dem Beugungsmaximum erster Ordnung keine weiteren Strahlen mit nennenswerter Intensität vom Objektiv erfaßt werden, genügt eine Defokussierung um die Strecke Δz, um den Zerstreuungskreis verschwinden zu lassen. Aus diesem Grunde sagen Aufnahmen von Gitternetzebenen nichts über die Leistungsfähigkeit elektronenoptischer Anordnungen in bezug auf die Auflösung bei nichtperiodischen Objekten (Punktauflösung) aus. Abbildungen von Gitternetzebenen können dagegen sehr wohl die mechanische Stabilität der gesamten Anordnung und die Konstanz von Linsenströmen und Beschleunigungsspannung demonstrieren.

Ein Beispiel für die Abbildung von Gitternetzebenen analog zur schematischen Zeichnung Abb. 44b gibt Abb. 45. Es handelt sich um den gleichen Kristalltyp wie bei den Nadeln in Abb. 30. Zur Abb. 45 trug nicht nur der Zentralstrahl aus dem Beugungsbild Abb. 30c bei; neben dem Zentralstrahl fielen auch die beiden nächstliegenden Beugungspunkte in die freie Öffnung der Objektivblende. Somit können die Streifen in Abb. 45 als Dreistrahlinterferenz angesprochen werden. Die neben dem Streifensystem erkennbaren statistisch verteilten dunklen Bereiche in Abb. 45 werden als spezielle Beugungskontraste gedeutet und auf die „Beugungslinien“ aus dem Beugungsbild Abb. 30c zurückgeführt. Somit liefert die reelle Abbildung in diesem Falle nicht nur den Netzebenenabstand, der mit größerer Genauigkeit aus dem Beugungsbild ermittelt werden kann, sondern auch die Verteilung der Gitterfehler, welche die Beugungslinien verursachen.

Infolge des Öffnungsfehlers werden nach Abb. 44a Objektpunkte bildseitig als kleine Zerstreuungskreise wiedergegeben. Bei eng benachbarten Bildpunkten überschneiden sich diese Zerstreuungskreise und bei zu geringer gegenseitiger Entfernung werden schließlich zwei verschiedene Objektpunkte im Bild nicht mehr getrennt identifiziert werden können. Als Testobjekte für die Bestimmung der Auflösungsgrenze werden im allgemeinen Platin-Iridium-Aufdampfschichten verwendet. Die Entscheidung, ob zwei Bildpunkte in einer elektronenmikroskopischen Aufnahme als aufgelöst anzusprechen sind, ist nicht frei von subjektiven Einflüssen und hängt außerdem noch von den Eigenschaften des benutzten Photomaterials und seiner Nachbehandlung ab. Aus diesem Grunde ist es bisher kaum möglich, Angaben

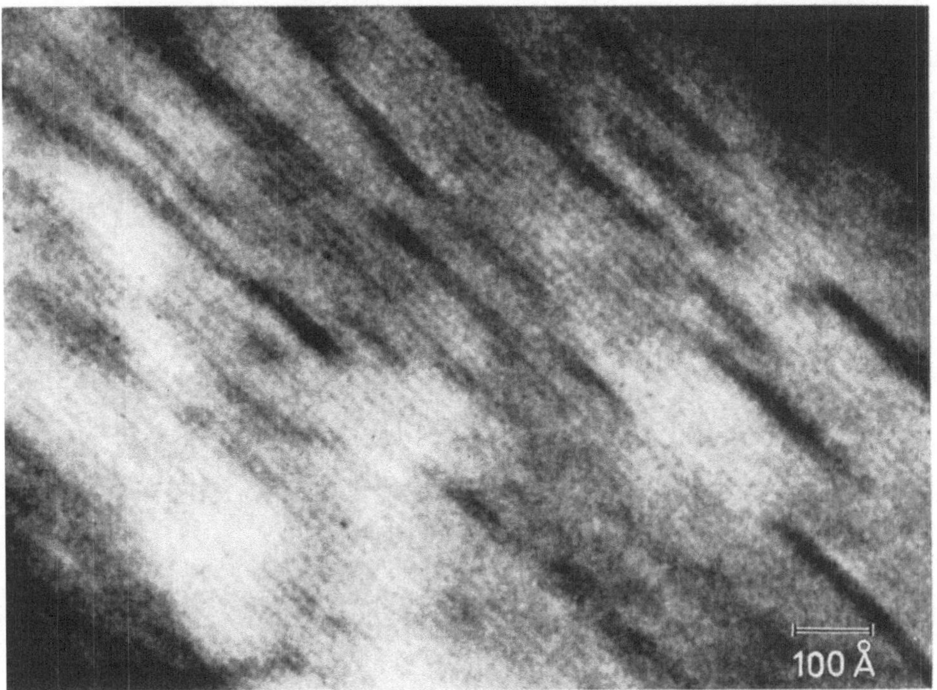

Abb. 45. Netzebenenabbildung in einem Tobermoritkristall aus Abb. 29a. (Zweistrahlinterferenzen) (Aufnahme: H. GROTHE)

verschiedener Sachbearbeiter über die erreichten Auflösungsgrenzen objektiv miteinander zu vergleichen. Vielmehr bedarf die Auflösungsgrenze noch einer exakten, auf die Intensitätsverhältnisse im Bild ausgerichteten Definition. SCHERZER schlug vor, zwei Objektpunkte dann als getrennt anzusehen, wenn die minimale Intensität zwischen den beiden zugehörigen Bildscheibchen höchstens 75% der Intensität der beiden als gleich hoch angenommenen Intensitätsgipfel beträgt. In Abb. 46 sind die Intensitätsverhältnisse für Bilder benachbarter Punkte schematisch dargestellt. Im Falle Abb. 46a sinkt die Intensität im Sattel zwischen den beiden Intensitätsmaxima nicht auf den von SCHERZER geforderten Wert ab, die beiden Objektpunkte können nicht als getrennt angesprochen werden, ihr Abstand ist somit kleiner als die Auflösungsgrenze. Im Falle Abb. 46b sinkt die Intensität im Sattel genau auf den von SCHERZER geforderten Wert ab, der Abstand der beiden Objektpunkte ist gleich der Auflösungsgrenze. Im Falle Abb. 46c fällt die Intensität im Sattel auf Werte, die kleiner sind als der Scherzerschen Forderung entspricht. Der Abstand der Punkte ist somit größer als die Auflösungsgrenze.

Nun werden aus Auflösungstestaufnahmen nicht die Intensitäten, sondern die Schwärzungswerte S entnommen, so daß zur Beantwortung der Frage, ob die Scherzersche Forderung erfüllt ist, die Schwärzungswerte S mittels der Schwärzungskurve des Photomaterials in Intensitätswerte umgerechnet werden müssen. Die punktweise Übertragung von Schwärzungswerten in Intensitätswerte anhand der Schwärzungskurve ist umständlich, weswegen BETHGE und seine Mitarbeiter das Verfahren der Äquidensitometrie zur objektiven Auswertung von Auflösungs-

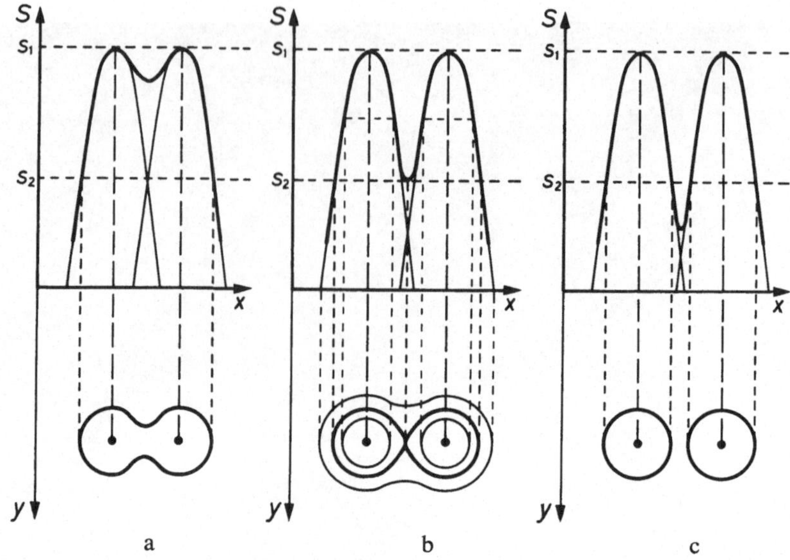

Abb. 46a—c. Intensitätsverhältnisse bei der Punktauflösung (I. HEYDENREICH, H. BETHGE u. U. RUESS: Third European Regional Conference of Electron Microscopy, Prague 1964, Vol. A, S. 125—126). a Punktabstand kleiner, b gleich, c größer als Auflösungsgrenze

testaufnahmen anwendeten. Diese Methode nutzt folgenden photographischen Effekt aus: Stellt man von einem photographischen Negativ zunächst ein Diapositiv her, bringt dieses mit dem Negativ genau zur Deckung und kopiert Negativ und Positiv gemeinsam, so werden in der Kopie Bereiche einer bestimmten Negativschwärzung in Form von Äquidensiten (Kurven gleicher Schwärzung) ausgesondert. Den gleichen Effekt erhält man, wenn man die unentwickelte Negativplatte mit weißem Licht nachbelichtet. Durch geeignete Belichtung der Diapositivplatte oder durch geeignete Nachbelichtung des unentwickelten Negatives können nun zu verschiedenen Schwärzungswerten gehörende Äquidensiten in der Kopie gewonnen werden. Die Abb. 47a—c zeigen die Anwendung dieses Verfahrens auf die Auswertung einer Auflösungstestaufnahme. Abb. 47a ist eine harte Kopie des Originalnegatives, Abb. 47b das Äquidensitenbild für die Gipfelschwärzungen und Abb. 47c das Äquidensitenbild für die kritischen Schwärzungen, die der Scherzerschen Forderung entsprechen. In Abb. 47c kann anhand des Verlaufs der kritischen Äquidensiten genau entschieden werden, welche benachbarten Punkte als optisch aufgelöst angesprochen werden können. In diesem Falle muß die kritische Äquidensite jeden einzelnen Punkt in einer geschlossenen Bahn umschlingen, was bei den Punkten 1—4 erfüllt ist, nicht jedoch bei den Punkten 5, die somit nicht mehr als aufgelöst angesprochen werden dürfen. In den nächsten Abb. 48a—f wird in der oberen Reihe eine Auflösungsgrenze von 6 Å nachgewiesen, in der unteren Reihe eine Auflösungsgrenze von 5 Å. Abb. 48a zeigt wiederum die Hartkopien, Abb. 48b die Äquidensitenbilder für die Gipfelschwärzung. Die Abb. 48c, d und e sind Äquidensitenbilder, bei denen die den Äquidensiten zugehörigen Schwärzungswerte zwischen der Gipfelschwärzung und kritischer Schwärzung liegen, und Abb. 48f die Äquidensitenbilder für die kritische Schwärzung. Durch die Abb. 48c, d und e wird die Zuordnung zwischen dem

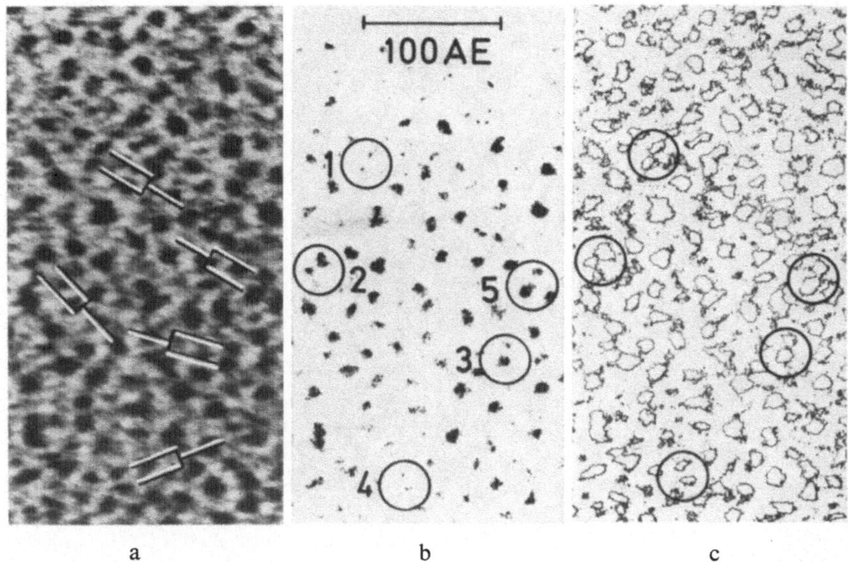

Abb. 47a—c. Testaufnahme für das Auflösungsvermögen.
a Harte Kopie, b Äquidensitenbild für die Gipfelschwärzungen, c Äquidensitenbild für die kritischen Schwärzungen (I. HEYDENREICH, H. BETHGE u. U. RUESS: Third European Regional Conference of Electron Microscopy, Prague 1964, Vol. A, S. 125—126)

Äquidensitenbild für die Gipfelschwärzung b und dem Äquidensitenbild f für die kritische Schwärzung erleichtert und in einigen Fällen überhaupt erst ermöglicht. Für die beiden 5 Å entfernten Bildpunkte ist die Auflösung im Sinne der Scherzerschen Forderung in diesem Test nachgewiesen, die Punkte mit geringeren Entfernungen müssen im Sinne der Scherzerschen Forderung als nicht aufgelöst angesprochen werden, obwohl im Äquidensitenbild für die Gipfelschwärzung deutlich voneinander getrennte Punkte erscheinen. Dieses Beispiel zeigte somit noch einmal sehr drastisch, wie wichtig es ist, daß die Beurteilung der Auflösungsgrenze anhand eindeutiger Definitionen erfolgt.

Für Wissenschaftler, die das Elektronenmikroskop bei der Bearbeitung ihrer Probleme als Meßinstrument benutzen, ist die Frage, welche Informationen aus Aufnahmen höchster Vergrößerungen über Strukturen in der Nähe der Auflösungsgrenze entnommen werden können von größerer Bedeutung als das Problem der Messung der Auflösungsgrenze. In der Darstellung Abb. 44a blieb die Frage nach der Lage der optimalen Bildebenen, in der die kleinste Auflösungsgrenze (oder die beste Punktauflösung) erreicht werden kann, noch offen. Um diese Frage beantworten zu können, müssen wir zunächst einmal die Kontrastentstehung in der Nähe der Auflösungsgrenze betrachten. Wir setzen dabei voraus, daß, wie schon im zweiten Kapitel vermerkt wurde, praktisch alle Elektronen durch das Objekt hindurchtreten. Die Wechselwirkung zwischen abbildender Strahlung und Objekt beschränkt sich also auf Richtungsänderungen der Elektronen (Beugung oder Streuung). Aus der Theorie des Lichtmikroskopes ist bekannt, daß bei idealer Abbildung mit fehlerfreien Linsen und hinreichend großer Apertur in diesem Falle überhaupt kein Bildkontrast erwartet werden kann. Aus

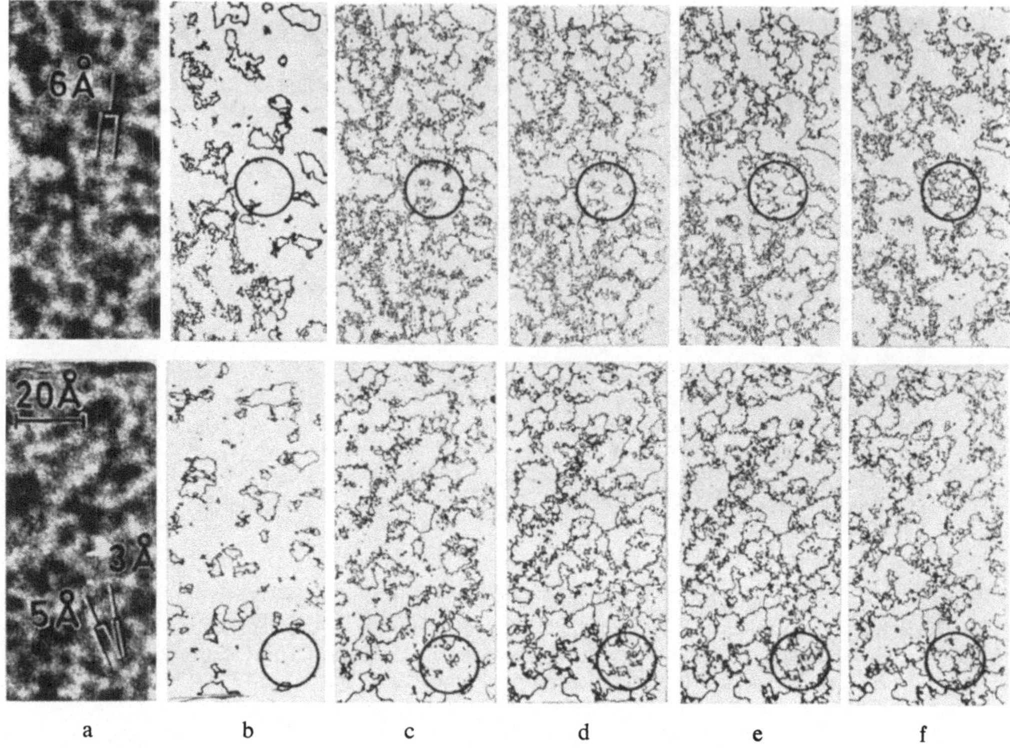

Abb. 48a—f. Auflösungstest für 5 und 6 Angström.

a Harte Kopie,
b Äquidensitenbild für die Gipfelschwärzung,
c, d, e Äquidensitenbild mit Schwärzungswerten zwischen Gipfelschwärzung und kritischer Schwärzung,
f Äquidensitenbild für die kritische Schwärzung (I. Heydenreich, H. Bethge u. U. Ruess: Third European Regional Conference of Electron Microscopy, Prague 1964, Vol. A, S. 125—126.

diesem Grunde wurde für lichtmikroskopische Phasenobjekte, die dem hier betrachteten Fall entsprechen, das Phasenkontrastverfahren entwickelt, bei dem der Bildkontrast durch einen Eingriff in den Strahlengang hervorgerufen wird. In der Elektronenmikroskopie ist eine entsprechende Phasenbeeinflussung der Elektronenwellen zwar im Prinzip möglich, konnte aber bisher nicht realisiert werden. Genau wie bei lichtmikroskopischen Untersuchungen läßt sich jedoch auch im Elektronenmikroskop ein Phasenkontrast durch Defokussierung erreichen. Die Frage ist nur, in welcher Defokussierungsebene der optimale Kontrast bei bestem Auflösungsvermögen auftritt. Zur Beantwortung dieser Frage betrachten wir nochmals Abb. 44a. Von den vielen durch Streuung an den Atomen des Objektes aus der ursprünglichen Richtung abgelenkten Strahlen waren in dieser Abbildung innerhalb des Öffnungswinkels α vier Strahlen mit verschiedenem Streuwinkel eingezeichnet. Man kann nun mittels der Gl. (5.1) theoretisch jedem abgebeugten Strahl ein dem Streuwinkel entsprechendes, hypothetisches Gitter mit entsprechender Gitterkonstante g zuordnen. Das reale Objekt kann man sich dann durch Überlagerung aller einzelnen Gitter entstanden denken. Dementsprechend betrachtete Lenz den Potentialverlauf in einem amorphen Objekt, der letztlich für die Streuung der Elektronen verantwortlich ist, als Überlagerung sinusförmiger Potentialschwankungen mit verschiedenen Periodenlängen Λ oder Raumfrequenzen $1/\Lambda$. Wie bei der Beugung am Gitter kann auch jeder Raumfrequenz ein bestimmter Beugungswinkel zugeordnet werden. In weiteren Arbeiten von LENZ und THON wurde nun der Zusammenhang zwischen Defokussierung und abgebildeter Raumfrequenz Λ mit und ohne Berücksichtigung des Phasenkontrastes ermittelt. Das Ergebnis dieser Berechnungen ist in Abb. 49 dargestellt. Auf

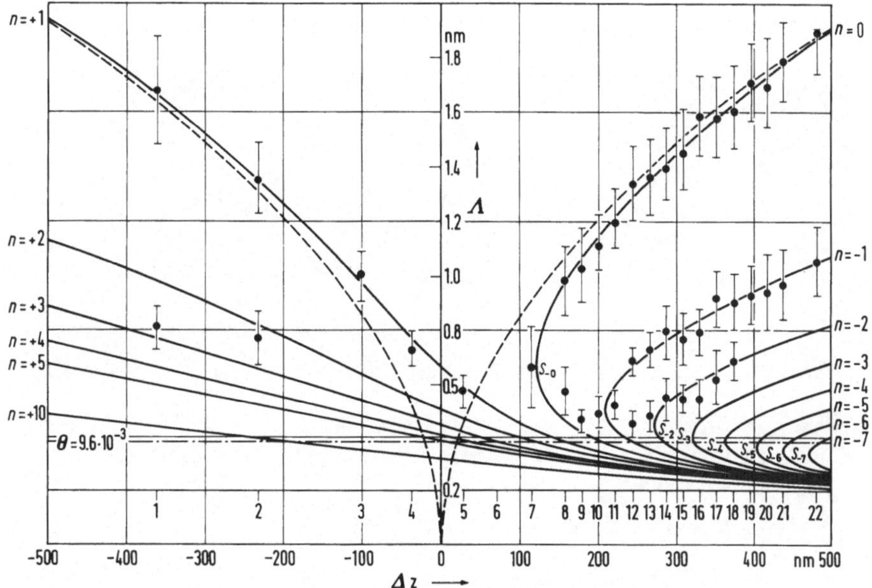

Abb. 49. Theoretische Defokussierungsabhängigkeit der Objektperioden [F. THON: Z. Naturforsch. **21a**, 476–478 (1966)]

der Abszisse wurde die relative Defokussierung Δz in Nanometer aufgetragen auf der Ordinate die Periodenlänge Λ ebenfalls in nm. Die ausgezogenen Kurven geben an, welche Perioden Λ in Abhängigkeit von der Defokussierung Δz mit maximalem Bildkontrast abgebildet werden. Der Kurvenparameter n ist dabei ein Maß für die Größe der Phasenverschiebung, die für den entstandenen Kontrast verantwortlich ist. Die Darstellung zeigt, daß bei gegebener Defokussierung Δz stets nur bestimmte für den jeweiligen Defokussierungswert typische Kombinationen diskreter Raumfrequenzen mit Maximalkontrast im Bild erscheinen. Zwischen benachbarten Kurven findet bei einem bestimmten Wert für Λ eine Kontrastumkehr statt. Dazwischen verschwindet der Kontrast völlig.

Die Ergebnisse der Rechnungen konnten von THON experimentell bestätigt werden. Die Aufnahmen in Abb. 50 entstammen einer Fokussierungsreihe an einer Kohlefolie. Der Defokussierungsbereich beträgt insgesamt 425 nm. Die Frage, welche der Aufnahmen auf der Bildreihe am „objektähnlichsten" ist, kann nicht beantwortet werden. Jedes Teilbild enthält eine Teilinformation über das Objekt. Die Eigenschaft der Objektähnlichkeit geht in der Nähe der Auflösungsgrenze verloren. Erst die Gesamtheit aller Aufnahmen einer Fokussierungsreihe gestattet eine Beschreibung des Objektes, allerdings nur über einen komplizierten Auswerteprozeß. Hierzu wurde von THON ein lichtoptisches Hilfsmittel angegeben. In der Fokussierungsreihe konnte die relative Defokussierung Δz nicht angegeben werden, da die Lage des Nullpunktes unbekannt war. Auch ist es nur schwer möglich, aus den Aufnahmen die mittlere Periode Λ oder Raumfrequenz $1/\Lambda$ zu entnehmen. THON fertigte von den Aufnahmen aus diesem Grunde lichtoptische Beugungsfiguren an (Abb. 51). Aus diesen Beugungsfiguren kann man nun nicht nur die mit maximalem Kontrast abgebildete Periode bzw. Raumfrequenz entnehmen, sondern aus der Abweichung der Beugungsringe von der Kreisform lassen sich auch Aussagen über den axialen Astigmatismus herleiten.

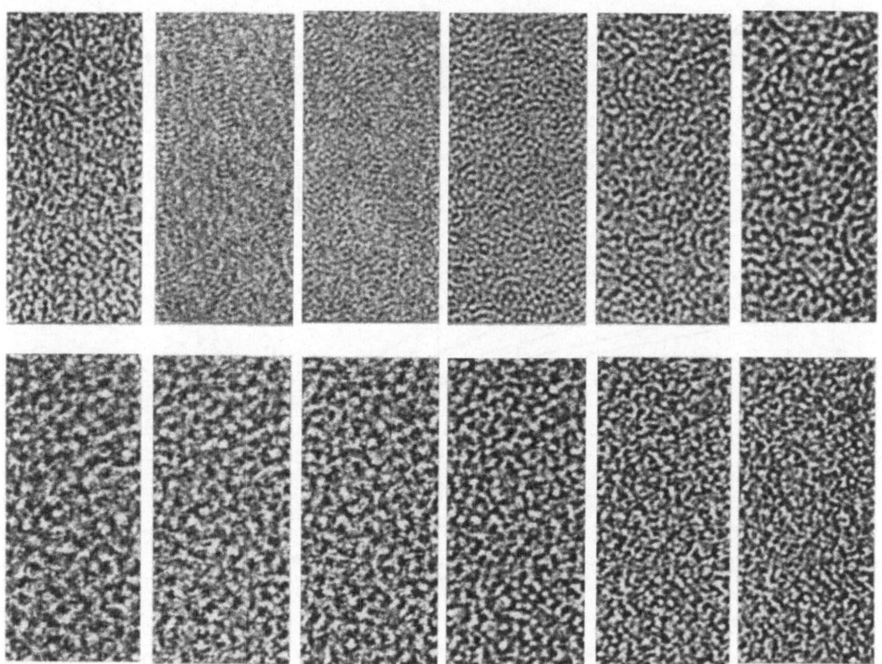

Abb. 50. Bildstrukturen einer Kohlefolie bei verschiedenen Defokussierungen. Defokussierungsbereich 425 nm. [F. THON: Phys. Bl. **23**, 450—458 (1967)]

Zusammenfassend läßt sich also feststellen:

Im Bereich der Auflösungsgrenze des Durchstrahlungselektronenmikroskopes überwiegt der Phasenkontrast den Streuabsorptionskontrast. Die für die Entstehung des Phasenkontrastes erforderlichen Phasendifferenzen werden durch Defokussierung in Verbindung mit dem Öffnungsfehler der Objektivlinse erzeugt. Das hat zur Folge, daß in Abhängigkeit von der Defokussierung jeweils nur bestimmte Raumfrequenzen mit maximalem Kontrast abgebildet werden. Dabei ist sowohl positiver als negativer Kontrast in Abhängigkeit von der Defokussierung möglich. Damit bedarf der Begriff der Objektähnlichkeit einer Erweiterung: Einzelne Aufnahmen enthalten stets nur Teilinformationen über das Objekt, und für eine Interpretation der Objekteigenschaften ist stets eine Fokussierungsreihe erforderlich, die eine große Stabilität der elektronenoptischen Anlage und außerdem experimentelle Geschicklichkeit erfordert. Aufnahmen bei extrem hohen Ver-

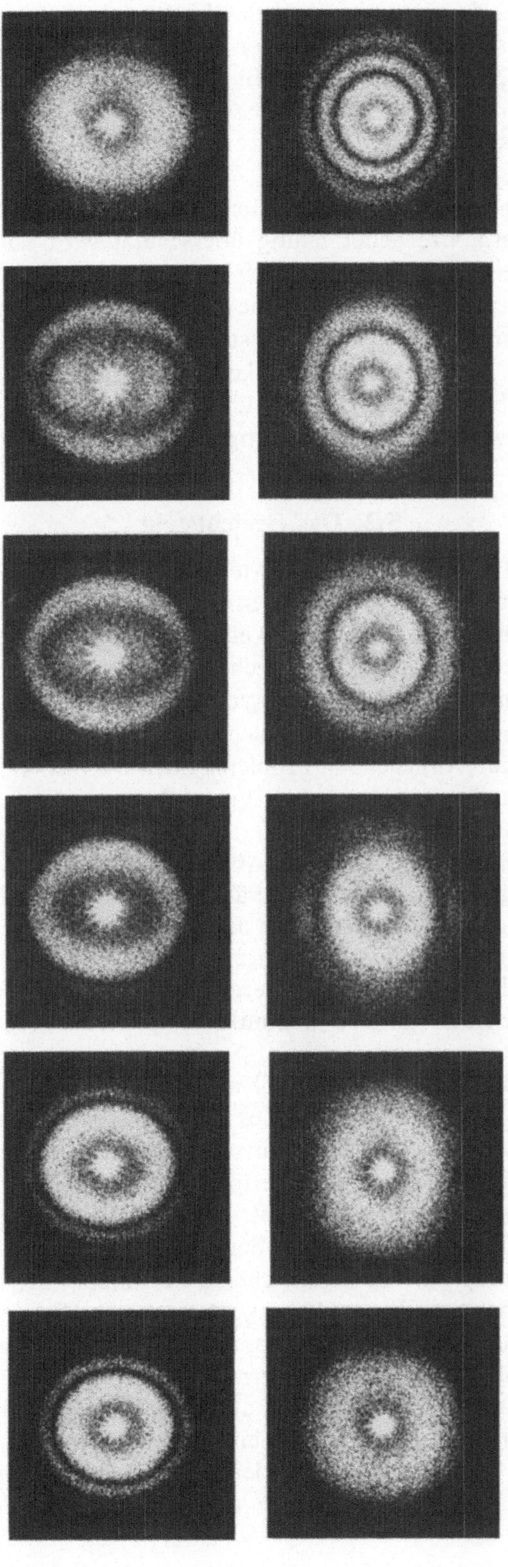

Abb. 51. Lichtoptische Beugungsaufnahmen der Abbildungsserie 50 [Aufn. F. THON, auszugsweise in: Z. Naturforschg. **21a**, 476–478 (1966)]

größerungen, mittels derer Aussagen über Objekteigenschaften von der Größenordnung der Auflösungsgrenze hergeleitet werden sollen, dürfen deshalb nicht mehr als einfache Abbildungen aufgefaßt werden, sondern stellen kompliziert verschlüsselte physikalische Meßergebnisse dar, die bei Nichtbeachtung der physikalischen Zusammenhänge zu schwerwiegenden Fehlinterpretationen verleiten können.

Abschließend sei noch vermerkt, daß die Bedeutung des Auflösungsvermögens bzw. der Auflösungsgrenze leider häufig überschätzt wird. Das Auflösungsvermögen eines Hochleistungsgerätes läßt sich heute kaum noch sinnvoll ausnutzen, zumal eine Bildinterpretation in der Nähe der Auflösungsgrenze nach heutigen Erkenntnissen auf große Schwierigkeiten stößt. Wichtiger als ein extremes Auflösungsvermögen ist dagegen die Möglichkeit, das Objekt während der Beobachtung kontrolliert zu beeinflussen, z.B. zu kühlen, zu kippen oder zu magnetisieren. In diese Richtung wird sich die zukünftige Entwicklung zunehmend wenden.

5.2. Das Gesichtsfeld

Das Gesichtsfeld ist wohl dasjenige Merkmal einer mikroskopischen Abbildung, das gerade im Falle der Elektronenmikroskopie am häufigsten in seiner Bedeutung unterschätzt wird. Die Möglichkeit, sehr hohe Vergrößerungen einstellen zu können, ohne beim Vergrößerungswechsel schwierige Justier- und Einstellarbeiten durchführen zu müssen, verleitet vor allem ungeübte Benutzer der Geräte dazu, unter Einbuße von Gesichtsfeld solche Vergrößerung einzustellen, die der Bearbeitung des gerade vorliegenden Problems nicht dienlich sind. Verstärkt wird die „Verführung" zu übertrieben hohen Vergrößerungen noch durch die Möglichkeit, unerwünschte Präparatstellen zu unterdrücken (z.B. verschmutzte Bereiche oder technisch nicht einwandfreie Abdrucke). Dabei kann der Gewinn an effektivem Auflösungsvermögen in vielen Fällen den Verlust an Gesichtsfeld auch nicht annähernd ausgleichen. Wenn schon Bereiche eines bestimmten Präparates in hoher Vergrößerung abgebildet werden müssen, so sollten doch zumindest immer Übersichtsaufnahmen bei geringer Vergrößerung gemacht werden, die nach Möglichkeit den Anschluß an den lichtmikroskopischen Vergrößerungsbereich gestatten.

Die Bedeutung des Gesichtsfeldes soll an einem charakteristischen Beispiel gezeigt werden: Bei der Bearbeitung eines lichtoptischen Problems mußte die Oberflächenstruktur einer bestimmten Mattscheibe genau bekannt sein. Es zeigte sich, daß das Lichtmikroskop wegen zu geringer Tiefenschärfe keine brauchbaren Ergebnisse lieferte, obwohl die Rauhigkeit noch durchaus im Bereich der lichtmikroskopischen Auflösung lag. Somit lag der Gedanke nahe, mit dem Elektronenmikroskop Abdruckpräparate der Mattscheibe zu untersuchen. Abb. 52 ist die stereoskopische Aufnahme eines Abdruckpräparates, aufgenommen mit dem Elmiskop I in etwa 1000facher elektronenoptischer Vergrößerung (niedrigste Vergrößerung bei zweistufiger Abbildung). Hiermit wurden nun zwar einige Strukturelemente der Mattscheibe in guter Schärfe und hinreichender Schärfentiefe erfaßt, jedoch kann aus dem Bild nicht entnommen werden, in welcher Regelmäßigkeit sich diese Elemente in der Oberfläche wiederholen: Das Gesichtsfeld ist zur Bestimmung etwa der Rauhtiefe und der mittleren Entfernung der einzelnen Er-

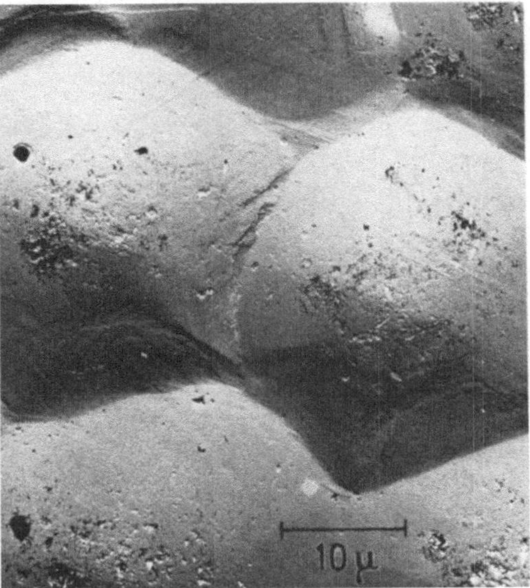

Abb. 52. Oberflächenabdruck einer Mattscheibe (zu kleines Gesichtsfeld). Stereobildpaar. (Aufnahme: G. SCHIMMEL)

hebungen voneinander zu klein. Durch Abschalten der Projektivlinse konnte nun in diesem Falle die Vergrößerung zwar um den Faktor 5 herabgesetzt werden, doch brachte diese Maßnahme zunächst keine Vergrößerung des Gesichtsfeldes, da die nicht genau in der Hauptebene liegende Objektivblende bei dem benutzten Gerät als Gesichtsfeldblende wirkte. Aus diesem Grunde wurde die Objektivblende aus dem Strahlengang herausgenommen, wodurch allerdings die Apertur der Objektivlinse auf einen unzulässig großen Wert anstieg. Das hatte eine starke Herabsetzung aller Kontraste zur Folge. Weiterhin dürfte die Auflösungsgrenze auf Werte angestiegen sein, die durchaus auch noch mit dem Lichtmikroskop erreicht werden können. Alle diese Nachteile wurden jedoch dadurch ausgeglichen, daß ein größeres Gesichtsfeld in einer einzelnen Aufnahme erfaßt werden konnte. Aus Abb. 53, in der etwa 25 Rauhigkeitselemente der Mattscheibe erfaßt wurden, läßt sich eine hinreichende Beschreibung der Mattscheibe herleiten. Die zu diesem Beispiel angestellten Überlegungen lassen sich nun auf alle Oberflächenuntersuchungen übertragen. Eine hinreichend sichere Charakterisierung einer Oberfläche ist immer nur dann möglich, wenn ein hinreichend großes Gesichtsfeld, dessen Durchmesser wiederum von der speziellen Struktur der Oberfläche abhängt, erfaßt wird. Auch die rauheste Oberfläche erscheint in einer mikroskopischen Aufnahme glatt, wenn bei hoher Vergrößerung das Gesichtsfeld zu klein wird. Aus diesem Grunde sei an dieser Stelle bei der Beurteilung von einzelnen hochvergrößerten Abbildungen, welche etwa den Zustand einer bearbeiteten, technischen Oberfläche charakterisieren sollen, zur Vorsicht geraten. Zugunsten eines möglichst großen Gesichtsfeldes sollte bei elektronenmikroskopischen Aufnahmen das Auflösungsvermögen des photographischen Materials weitgehend ausgenutzt werden, d.h. die elektronenoptische Vergrößerung soll so niedrig gewählt werden, daß die optimale angestrebte Vergrößerung, die durch das bearbeitete Problem bestimmt

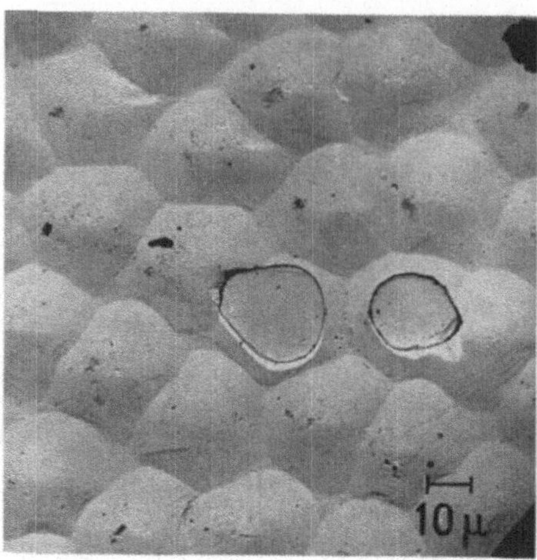

Abb. 53. Oberflächenabdruck einer Mattscheibe. Zur Vergrößerung des Gesichtsfeldes *ohne* Objektivblende aufgenommen. (Aufnahme: G. SCHIMMEL)

wird, erst durch lichtoptische Nachvergrößerung des photographischen Negatives erreicht wird. Ein Verlust von Auflösungsvermögen tritt dabei nicht ein (gute Fokussierung vorausgesetzt), da beim Elektronenmikroskop bei allen Vergrößerungen mit dem gleichen Objektiv und der gleichen Objektivapertur gearbeitet wird. Hier besteht ein grundsätzlicher Unterschied zum Lichtmikroskop: Bei diesem Gerät wird zur Veränderung der Vergrößerung im allgemeinen das Objektiv gewechselt. Um nun die hohen Vergrößerungen durch entsprechendes Auflösungsvermögen ausnutzen zu können, zeichnen sich kurzbrennweitige Objektive durch große numerische Aperturen aus.

5.3. Die Schärfentiefe

Dem Umstand, daß wegen des großen Öffnungsfehlers von Elektronenlinsen mit sehr kleinen Aperturwerten gearbeitet werden muß, verdanken wir die große Tiefenschärfe der Abbildungssysteme. Unter Schärfentiefe versteht man definitionsgemäß den senkrecht zur Objektebene gemessenen Bereich, der bei Scharfeinstellung auf die Objektebene noch mit hinreichender Schärfe in der Bildebene wiedergegeben wird. In dieser Formulierung bedarf der Begriff „hinreichende Schärfe" noch einer strengeren Formulierung. Exakt werden die Abbildungsbedingungen nur für eine bestimmte Objektebene in der Nähe des objektseitigen Brennpunktes erfüllt. Jede Abweichung von dieser Ebene bewirkt, daß ein Objektpunkt bildseitig durch einen Zerstreuungskreis wiedergegeben wird, der sich dem durch die Beugungserscheinungen und Linsenfehler verbreiterten Bildpunkt überlagert. Der Durchmesser des Zerstreuungskreises, der im allgemeinen unter Vernachlässigung der Abbildungsfehler und Beugungserscheinungen nach den Formeln der geometrischen Optik berechnet wird, hängt von Objektentfernung, Brennweite und Apertur ab. Je nach den Aufnahmebedingungen läßt sich nun ein noch zulässiger Radius des Zerstreuungskreises definieren. Die diesem zulässigen Zerstreuungskreis zugeordnete Abweichung von der idealen Objektlage wird als

Schärfentiefe bezeichnet. Bei niedrigen elektronenoptischen Vergrößerungen dürfen die durch die Tiefenausdehnung der Objekte verursachten Zerstreuungskreise die durch den Öffnungsfehler verursachten um Größenordnungen übersteigen. Die Schärfentiefe ist dementsprechend sehr groß. Bei höchsten Vergrößerungen, in denen die Leistungsfähigkeit des Elektronenmikroskopes völlig ausgeschöpft wird, bringen auch geringe Abweichungen von der exakten Objektlage merkliche Einbußen an Auflösungsvermögen. Die Schärfentiefe wird dementsprechend sehr klein (vgl. hierzu den Abschnitt Auflösungsgrenze, Abb. 50).

Die Schärfentiefe ist also keine Konstante, sondern hängt von dem jeweiligen noch zulässigen Radius des Zerstreuungskreises ab. Wird dieser mit δ bezeichnet und in erster Näherung der angestrebten Auflösungsgrenze gleichgesetzt, so ist die insgesamt zulässige Objekttiefe, bis zu der diese Auflösungsgrenze noch erreicht werden kann, näherungsweise gegeben durch

$$D = \frac{2\delta}{\alpha}$$

wo α der halbe Öffnungswinkel des Objektives (z.B. nach Abb. 44a) ist. Ist also eine Auflösungsgrenze von 100 Å ausreichend, so beträgt für $\alpha = 5 \cdot 10^{-3}$ (im Bogenmaß) $D = 40 \cdot 10^3$ Å $= 4$ Mikron. Bei lichtmikroskopischen Aufnahmen, in denen die Auflösungsgrenze von 0,5 Mikron erreicht werden soll, liegt der entsprechende Wert bei etwa 0,2 Mikron.

Die extrem große Schärfentiefe ermöglicht bekanntlich die Anfertigung von Stereobildpaaren. (Abb. 52, 54, 55). Während man beim normalen räumlichen Sehen und bei der Anfertigung von photographischen Stereoaufnahmen in der Lichtbildtechnik das Objekt von zwei verschiedenen Richtungen her betrachtet bzw. aufnimmt, wird beim Elektronenmikroskop bei fester Beleuchtungs- und Beobachtungsrichtung das Objekt im Strahlengang gekippt. Für die stereoskopische Betrachtungsweise mit einfacher Stereobrille oder anspruchsvolleren stereoskopischen Betrachtungsgeräten ist dieser Aufnahmeunterschied praktisch ohne Belang. Der stereoskopische Eindruck ist in beiden Fällen der gleiche. Bei exakter mathematischer Auswertung ergeben sich geringfügige Unterschiede, die HELMCKE eingehend diskutiert hat.

Die Möglichkeit, Stereoaufnahmen anzufertigen und damit einen räumlichen Eindruck vom submikroskopischen Objekt zu erhalten, kann für die Interpretation elektronenmikroskopischer Aufnahmen gar nicht hoch genug eingeschätzt werden. Bei der extrem großen Tiefenschärfe des Elektronenmikroskopes birgt die zweidimensionale Abbildung dreidimensionaler Objekte ebenso große oder noch größere Fehlerquellen in sich, wie die sehr geringe Schärfentiefe im Lichtmikroskop. Abb. 54 demonstriert das an einem extremen Beispiel. Es handelt sich um den Hüllenabdruck (vgl. Abschnitt Abdruckpräparate) eines Niederschlages von $(NH_4)_2CO_3$. Das Gebilde, das beim ersten Hinschauen wie eine Verschmutzung oder fehlerhafte Verdickung der Trägerfolie aussieht, erweist sich bei stereoskopischer Betrachtungsweise als komplizierter hoch aus der Folie herausragender Brückenbau. Ohne stereoskopische Betrachtung wäre es unmöglich gewesen, einen richtigen räumlichen Eindruck von dem Objekt zu erhalten. Darüber hinaus wäre auch jede Längenmessung an einer normalen Aufnahme fehlerhaft gewesen. Die

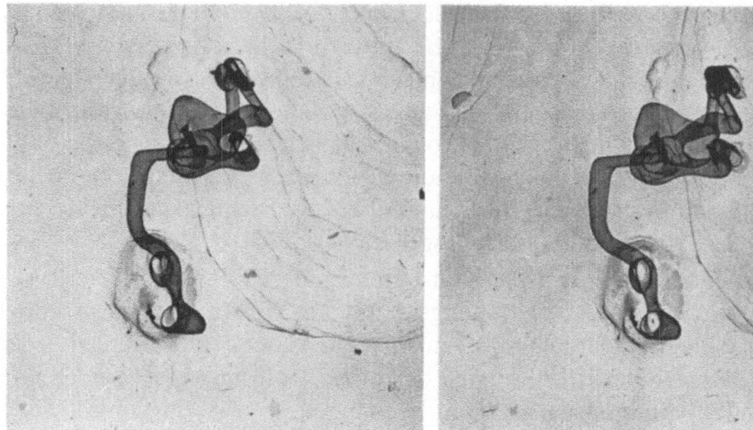

Abb. 54. Stereoaufnahme eines Hüllenabdruckes von NH_4Cl-Sublimat. (Aufnahme: J. KIENDL)

Gesamtlänge dürfte etwa dreimal so groß sein, wie sich aus der Projektion in die Bildebene zu ergeben scheint. Die große Schärfentiefe gestattet trotz der Objekttiefe eine scharfe Abbildung, so daß der Betrachter nicht wie bei lichtmikroskopischen Bildern durch Unschärfe auf die Objekttiefe aufmerksam gemacht wird. Bei allen Untersuchungen, in denen über die räumliche Objektstruktur zunächst nichts bekannt ist (z.B. bei vielen Abdruckpräparaten) sollten unbedingt Stereobildpaare zur Interpretation herangezogen werden.

Bei vielen Problemen taucht der Wunsch auf, über die stereoskopische Betrachtungsweise hinaus Stereobildpaare quantitativ auszumessen. Dieses Problem wurde von HELMCKE eingehend diskutiert. Zur Bestimmung des Tiefenunterschiedes zweier Punkte wird im Stereobildpaar ihre Entfernungsdifferenz $\varDelta p$ in zur Kippachse senkrechter Richtung ausgemessen. Die Tiefendifferenz t der beiden Punkte berechnet sich dann aus dem Kippwinkel γ nach der Gleichung

$$t = \frac{\varDelta p}{\operatorname{tg} \gamma}. \tag{5.4}$$

Für verschiedene Punktpaare gilt die Relation

$$\frac{\varDelta p_1}{t_1} = \frac{\varDelta p_2}{t_2}. \tag{5.5}$$

Nun ist der Kippwinkel γ nicht frei wählbar. Die obere Grenze ist durch die spezielle Konstruktion des Elektronenmikroskopes gegeben. Jedoch kann das menschliche Sehzentrum nur unterhalb bestimmter Maximalwerte der Parallaxe Stereobildpaare zu einem räumlichen Modell aufbauen. Daraus ergibt sich die folgende Bedingung für den maximal zulässigen Stereowinkel γ_{max} bei einer Objekttiefe t und einer Vergrößerung M:

$$t \cdot M \approx 5 \operatorname{tg} \gamma_{max}.$$

Bei höheren Vergrößerungen des gleichen Objektes muß also der Stereowinkel zunehmend kleiner werden, damit der Betrachter noch beide Bilder zu einem räumlichen Modell vereinigen kann. Leider ist aber der Winkel γ bei vielen Geräten nicht mit der gewünschten Genauigkeit meßbar. Ferner ist auch die Lage der Kippachse oft nicht hinreichend gut bekannt, da ja bei magnetischen Linsen eine Bilddrehung stattfindet.

Die Gl. (5.5) eröffnet die Möglichkeit, diese Schwierigkeiten durch Eichsubstanzen bekannter Tiefenausdehnung zu umgehen. So wurden in Abb. 55 auf das Abdruckpräparat einer Glasoberfläche Polystryrolkugeln als Hüllenabdruck aufgebracht. Diese Kugeln können 1. als Vergrößerungseichung dienen, 2. kann bei

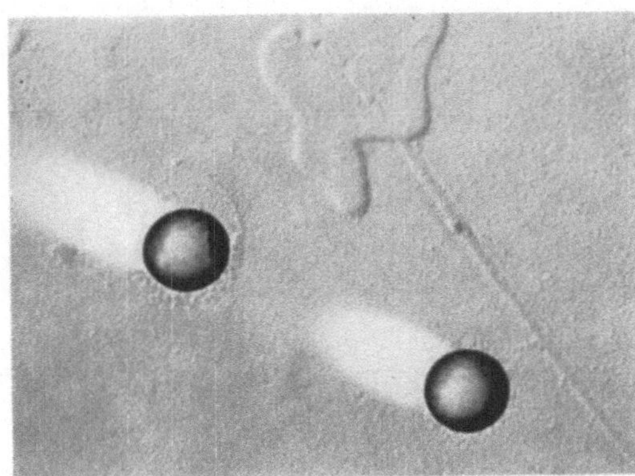

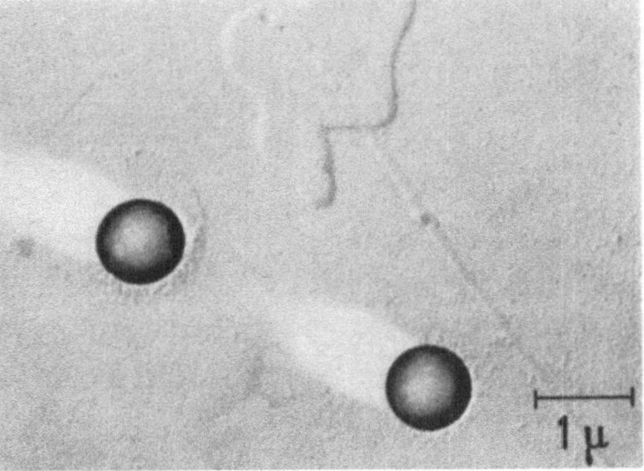

Abb. 55. Stereobildpaar einer Glasoberfläche mit Polystyrol-Kugeln als Eichsubstanz für quantitative Auswertung. (Aufnahme: H. GROTHE)

quantitativer Auswertung aus dem Höhenunterschied zwischen Auflagepunkt der Kugel und höchstem Punkt eine Eichgröße für die quantitative Tiefenauswertung gewonnen werden. Hoch- und Tiefpunkt der „Hohlkugeln“ können in handelsüblichen Stereometern bei einiger Übung recht gut eingestellt werden, und der so ermittelte Skalenwert gestattet die Messung der relativen Höhe anderer Bildpunkte. Fehler hinsichtlich Stereowinkel, Vergrößerung und Kippachse fallen heraus.

Der in elektronenmikroskopischen Aufnahmen und somit auch in Stereoaufnahmen erfaßbare Tiefenbereich wird häufig weniger durch die Schärfentiefe des Mikroskopes bestimmt als durch die Präparationsbedingungen. Dicke Präparate (z. B. Staubkörner, Pigmentkörner, kleine Kristalle) sind nicht durchstrahlbar und fallen daher für stereoskopische Untersuchungen aus. Hüllenabdrucke sind von einer bestimmten Korngröße an nicht mehr stabil genug. Sehr rauhe Objekte lassen sich im Abdruckverfahren nur schlecht präparieren. Auch wird bei solchen Objekten bei den sinnvollen, geringen Vergrößerungen oft das Gesichtsfeld durch die Stabilität der Abdruckfolie bestimmt.

Präparative Schwierigkeiten vermeidet das Rastermikroskop, bei dem das Objekt von einem nahezu parallel gebündelten Elektronenstrahl sehr geringen Durchmessers punktweise abgetastet wird. Die effektive Apertur ist noch kleiner als beim Durchstrahlungsmikroskop, die Schärfentiefe entsprechend größer. Die vom Objekt rückgestreuten Elektronen werden von geeigneten Empfängern (Zählrohren, Szintillationszählern) registriert, und über eine Elektronik wird die Intensität des Elektronenstrahls einer Kathodenstrahlröhre, der synchron mit dem

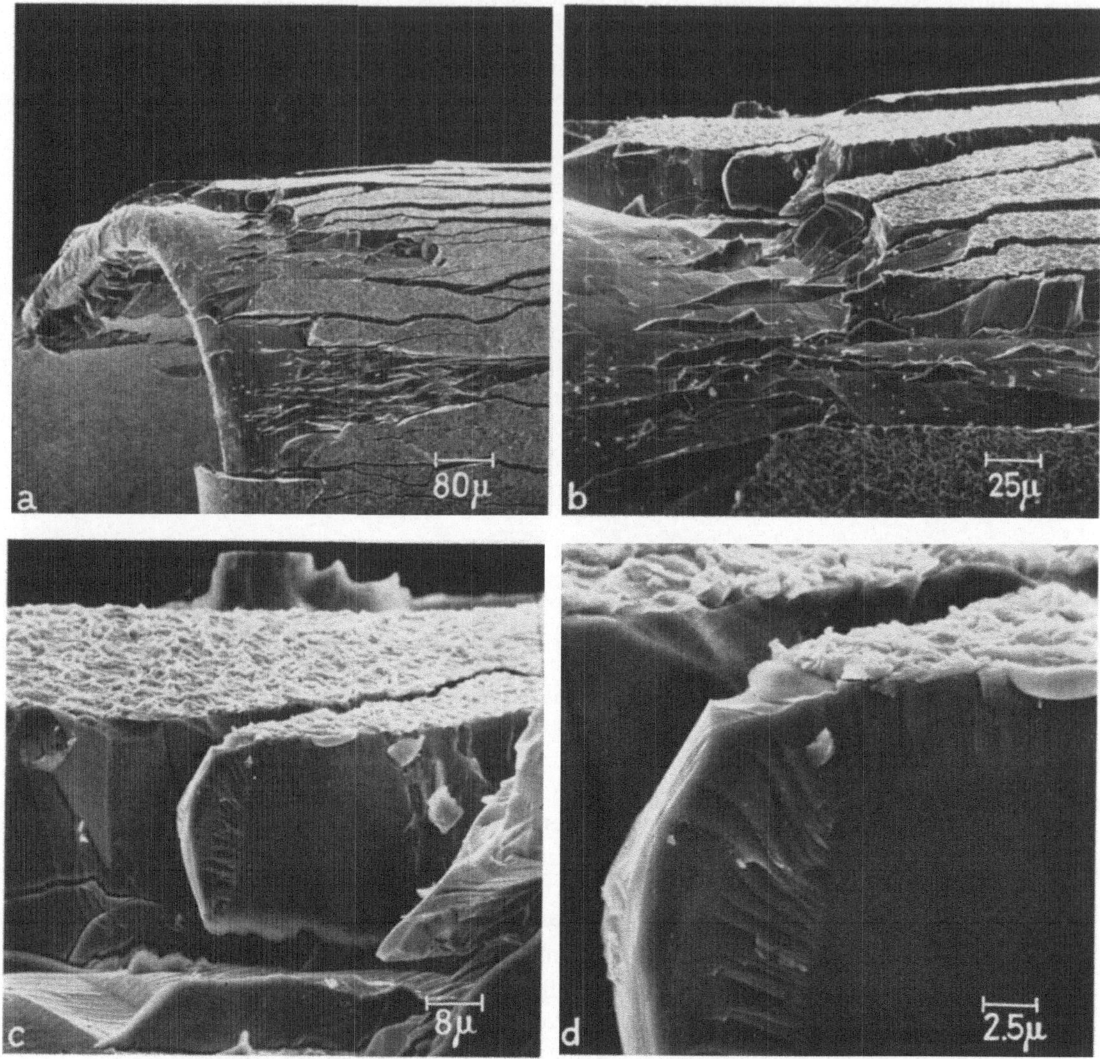

Abb. 56a—d. Stereoscan-Aufnahmen von oxydiertem Kupferblech (Aufn.: G. PFEFFERKORN u. K. SCHUR, Institut für Medizinische Physik der Universität Münster)
b, c und d sind Ausschnitte aus a bei höheren Vergrößerungen

abtastenden Elektronenstrahl läuft, gesteuert. So entsteht auf dem Bildschirm der Kathodenstrahlröhre ein Bild des Objektes, dessen Vergrößerung in weiten Grenzen elektronisch variiert werden kann.

Für Auflösungsgrenze und Schärfentiefe des Rastermikroskopes gelten im Grunde die gleichen Überlegungen wie für das Durchstrahlungsmikroskop, und ein Gewinn an Schärfentiefe muß mit einem Verlust an Auflösungsvermögen erkauft werden. Die Auflösungsgrenze wird hauptsächlich vom Durchmesser des abtastenden Elektronenstrahls bestimmt und liegt etwa bei 300 Å, also um rund eine Größenordnung niedriger als beim Lichtmikroskop. Legt man als Maß für

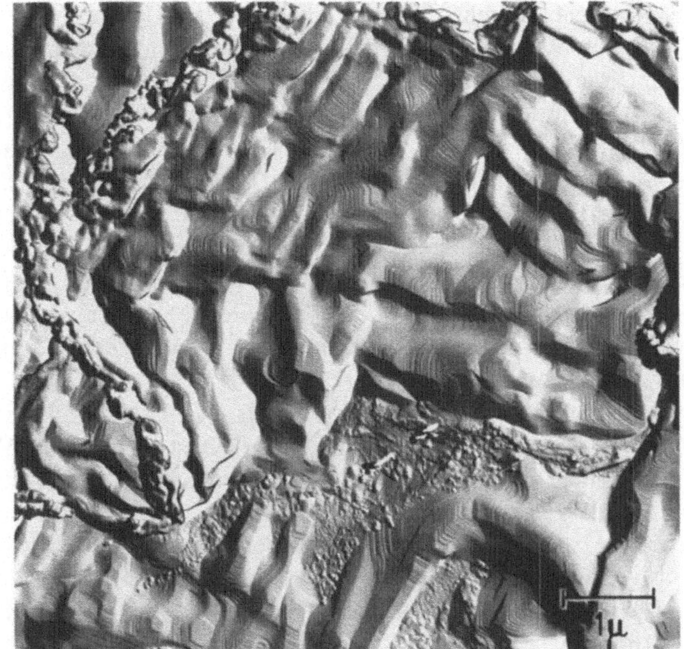

a

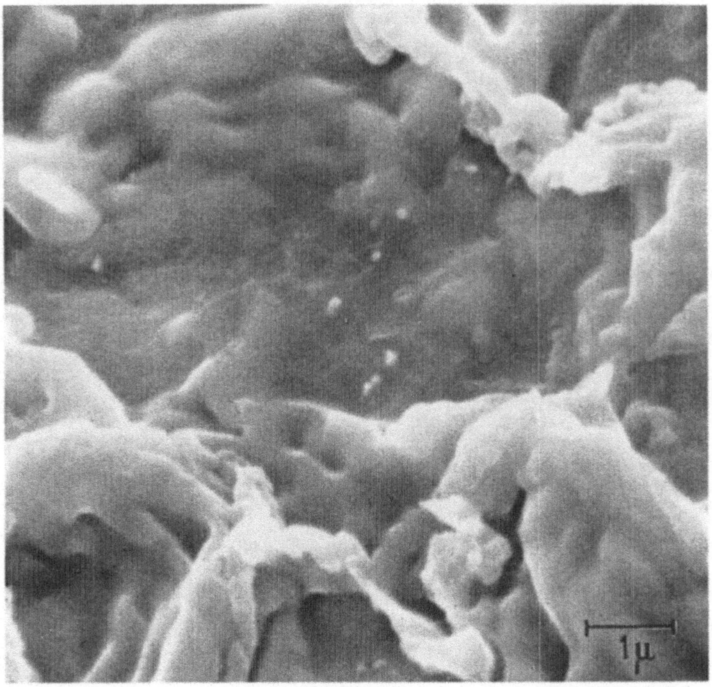

b

Abb. 57a u. b. Oxydiertes Kupferblech. a Oberflächenabdruck, aufgenommen mit dem Durchstrahlungs-Elektronenmikroskop, b Direktaufnahme im Stereoscan-Rastermikroskop (verschiedene Stellen des gleichen Objekts) (Aufn.: G. PFEFFERKORN u. K. SCHUR, Institut für Medizinische Physik der Universität Münster)

die optische Leistungsfähigkeit allein die Auflösungsgrenze zugrunde, so ist das Rastermikroskop dem Durchstrahlungsmikroskop weit unterlegen. Wird die Objektivapertur durch Einsetzen kleinerer Objektivblenden, als sie normalerweise verwendet werden, verkleinert, so läßt sich mit dem Durchstrahlungsmikroskop auch dieselbe Schärfentiefe wie beim Rastermikroskop erreichen. Die Stärke des Rastermikroskopes liegt darin, daß keine spezielle Präparation erforderlich ist und die Oberfläche kompakter Proben (ggfs. nach Bedampfen mit einem elektrisch leitenden Film) direkt untersucht werden kann. Damit entfallen nahezu sämtliche präparativen Begrenzungen des Gesichtsfeldes, und die große Schärfentiefe des Elektronenmikroskopes läßt sich auch im Bereich der niedrigen lichtmikroskopischen Vergrößerungen bei großem Gesichtsfeld ausnutzen. Dieser spezielle Vorteil, aber auch die optische Leistungsgrenze soll an der Bildserie Abb. 56 und 57 veranschaulicht werden.

Die Abb. 56a–d zeigen die Oberfläche eines oxidierten und anschließend gebogenen Kupferbleches mit zunehmender Vergrößerung. Durch die Verbiegung hat sich die Oxidschicht teilweise vom Kupfer gelöst. Die bei den niedrigen Vergrößerungen besonders hervorstechende Schärfentiefe kann vom Lichtmikroskop wegen der großen Aperturen nicht erreicht werden, das große Gesichtsfeld bleibt wegen präparativer Schwierigkeiten dem Durchstrahlungsmikroskop verschlossen. Hier füllt das Rastermikroskop eine bisher bestehende Lücke aus. Dagegen reicht das Auflösungsvermögen des Rastermikroskopes an das des Durchstrahlungsmikroskopes bei weitem nicht heran. In Abb. 57a und b wurde einer höher vergrößerten Aufnahme mit dem Rastermikroskop die Aufnahme eines Abdruckpräparates mit dem Durchstrahlungsmikroskop gegenübergestellt. Es handelt sich um das gleiche oxydierte Kupferblech wie in der Bildreihe Abb. 56, jedoch in Abb. 57a und b nicht um die gleiche Objektstelle; da aber die Oberfläche sehr gleichmäßig ausgebildet war, konnte auf eine Zielpräparation verzichtet werden. Verglichen mit dem elektronenmikroskopischen Durchstrahlungsbild eines Abdruckpräparates liefert die Aufnahme mit dem Rastermikroskop nur einen sehr unvollkommenen Eindruck der Oberfläche. Die feinen Wachstumsstufen, die im Bild des Abdruckpräparates noch weit oberhalb der Auflösungsgrenze liegen, können im Bild des Rastermikroskopes nicht mehr aufgelöst werden.

Aus den Abb. 56 und 57 folgt, daß sich Rastermikroskop und Durchstrahlungsmikroskop gegenseitig wertvoll ergänzen können, wenn jedes Gerät entsprechend seinen charakteristischen Eigenschaften sinnvoll eingesetzt wird.

6. Abdruckverfahren

In den vorangegangenen Abschnitten wurden vorzugsweise nur Fälle behandelt, bei denen das Material des elektronenmikroskopischen Präparates nach einem bestimmten, dem Untersuchungsziel angepaßten Präparationsverfahren aus dem Material des Untersuchungsobjektes entnommen wurde. Zu untersuchendes Objekt und durchstrahlbares Präparat sind in solchen Fällen hinsichtlich chemischer Zusammensetzung und kristalliner Struktur identisch. Beugungsbilder und Beugungskontraste liefern unmittelbar Informationen über das Objekt. Als Verfahren zur Probeentnahme kommen z. B. in Betracht:

Dünnschneiden Dünnätzen	bei kompaktem Material
Aufstäuben Auftropfen und Trocknen	bei feinteiligem, trockenem oder in Flüssigkeiten suspendiertem Material.

Nun lassen sich nicht in allen Fällen aus objekteigenem Material durchstrahlbare Präparate herstellen. Auch werden bei bestimmten Problemen (z. B. Prüfung der Oberflächenrauhigkeit) gerade die zu untersuchenden Objektmerkmale durch die erforderliche Präparation verändert oder zerstört. In diesen Fällen werden von den Untersuchungsobjekten aus *objektfremdem* Material durchstrahlbare Abdruckfilme angefertigt. Die chemische und kristalline Identität von Objekt und Präparat geht verloren. Beugungsbilder und Beugungskontraste scheiden als direkte Informationsquellen über die Struktur des Objektes aus. Abdruckpräparate können primär nur Informationen über die Topographie der untersuchten Objektfläche liefern.

Das Untersuchungsobjekt muß deshalb vor der Abdrucknahme so vorbereitet werden, daß die zu untersuchende Objekteigenschaft (z. B. das Gefüge einer Metall-Legierung) aus der Geometrie der Oberfläche und damit des Abdruckes herausgelesen werden kann. Hierfür gibt es verschiedene Möglichkeiten, z. B. verschiedene Ätzverfahren oder Herstellen frischer Bruchflächen.

Das submikroskopische Oberflächenrelief des Objektes, das die gesuchte Information über das Objekt in irgendeiner, manchmal verschlüsselten Form enthalten muß, führt zu örtlich variabler Durchstrahlungsdicke des Abdruckpräparates. Die Durchstrahlungsdicke beeinflußt wiederum die Zahl der aus ihrer ursprünglichen Richtung abgelenkten Elektronen und damit den Streuabsorptionskontrast. Bei der Interpretation muß aus dem Streuabsorptionskontrast die Geometrie der Oberfläche und aus ihr die gesuchte Objekteigenschaft erschlossen werden.

Schließlich besteht noch die Möglichkeit, die Abdruckpräparate schräg zu bedampfen, zu beschatten. Bei der Schrägbedampfung mit kristallinen Substanzen wird dem Streuabsorptionskontrast der Abdruckfolie ein Beugungskontrast des Bedampfungsfilms überlagert. Diese Überlegungen zeigen bereits, wie vielfältig die Kontrasterscheinungen auch in Abdruckpräparaten sein können.

6.1. Der Abdruck als Abbildung

Bei allen Abdruckverfahren werden also bestimmte Merkmale vom Objekt auf ein durchstrahlbares Präparat aus anderem Material übertragen. *Diese Übertragung und darüber hinaus die Nachbehandlung des Abdruckes zur Kontrastierung stellt einen echten Abbildungsvorgang dar, der wie eine optische Abbildung durch bestimmte Kriterien charakterisiert werden kann.*

So besitzt der Abdruck:

a) eine Kontrastübertragungsfunktion (im erweiterten Sinne)

b) eine Eigenstruktur (analog der Körnigkeit photographischer Aufnahmen)

c) eine Auflösungsgrenze

d) Bildfehler (z.B. Verzerrungen)

Nur wer sich die Rolle des Abdruckverfahrens als Abbildungsvorgang im Rahmen der gesamten elektronenmikroskopischen Untersuchung klargemacht hat, wird in der Lage sein, die EM-Aufnahme eines Abdruckpräparates sachgemäß zu interpretieren.

Sowohl die Herstellung von Abdruckpräparaten als auch das Herausarbeiten dünner, durchstrahlbarer Filme aus kompaktem Material wird als Präparation bezeichnet. Doch sei hier auf folgenden, prinzipiellen Unterschied hingewiesen:

Dünnätzen oder Dünnschneiden ist lediglich eine Probenvorbereitung, die zwar technisch einwandfrei durchgeführt werden muß, aber mit dem eigentlichen Abbildungsvorgang nichts zu tun hat. Dagegen stellt die Herstellung eines Abdruckpräparates bereits einen ersten Abbildungsprozeß dar, der bei der Interpretation sorgsam beachtet werden muß. Dieser Unterschied rechtfertigt die ausführliche Behandlung der Abdrucktechnik gegenüber etwa dem Dünnätz-Verfahren.

In der Mehrzahl der Fälle wird es verschiedene Wege geben, um von einem vorgelegten Objekt zu einem Abdruckpräparat zu gelangen. Ohne auf die speziellen Verfahren bereits an dieser Stelle einzugehen, soll vorweggenommen werden, daß sie sich hinsichtlich der obengenannten Charakteristika a bis d wesentlich unterscheiden können. Daraus folgt die experimentell belegte Tatsache, daß Präparate des gleichen Objektes, die mittels verschiedener Verfahren hergestellt wurden, durchaus verschieden aussehende Bilder liefern können (Abb. 59h–p). Schließen wir die Vorbehandlung des Objektes (z.B. Anätzen) in den Präparationsgang ein und nehmen schließlich die photographische Nachvergrößerung der EM-Aufnahmen als letzten Schritt im Abbildungsgang hinzu, so können Aufnahmen des gleichen Objektes einander so unähnlich sein, daß sie von ungeschulten Betrachtern verschiedenen Objekten zugeschrieben werden. Die Frage ist müßig, welche der verschiedenen Abbildungen die beste sei, also dem Objekt am ähnlichsten. Eine EM-Aufnahme ist ein Meßergebnis, welches dann brauchbar ist, wenn bei Berücksichtigung aller Abbildungsschritte, also auch der Präparation, die gewünschten Erkenntnisse über das Objekt gewonnen werden können. Zwei verschieden aussehende Aufnahmen können also durchaus zum gleichen Ergebnis führen und damit gleichwertig sein.

Seit Einführung der Lackabdrucke durch Mahl im Jahre 1940 sind nun zahlreiche, verschiedene Methoden erprobt worden, mit denen heute nahezu alle

Festkörper-Oberflächen elektronenmikroskopisch untersucht werden können. Sie lassen sich gemäß Tabelle 2 in verschiedene Gruppen einteilen. Die Wahl des richtigen Verfahrens wird weitgehend durch die Objekteigenschaften bestimmt.

Tabelle 2

	Methode	Material
I. Einfach-Abdruck	a) Lackabdruck	a) Kollodium, Formvar
	b) Aufdampfabdruck	b) Kohle, Kohle-Metall-Mischschichten
	c) Oxidabdruck	c) oxydiertes Objektmaterial
II. Doppel- oder Matrizen-Abdruck	a) Polymerisationsabdruck	a) aushärtbare Kunststoffe
	b) Prägedruck	b) thermoplastische Kunststoff-Folien angequollene Kunststoffe weiche Aluminiumfolie
	c) dicker Lackabdruck	c) viskose Kunststoff-Lösungen (Polystyrol, Polyvinylalkohol)
	d) dicker Aufdampffilm	d) Silber
III. Hüll-Abdruck	a) Aufdampfabdruck	a) Kohle, Siliziummonoxyd
	b) Kondensat-Schichten	b) durch Glimmentladung zersetztes organisches Gas

Sehr oft sind die chemischen Eigenschaften des Objektes ausschlaggebend für die Wahl des speziellen Verfahrens, denn in jedem Falle muß das Abdruckmaterial mit dem Objekt verträglich sein, und ferner muß sich der Abdruck ohne Beschädigungen vom Objekt trennen lassen.

6.2. Kontrastverhältnisse

Bei den verschiedenen Abdruckverfahren ist der Zusammenhang zwischen dem Oberflächenrelief des Objektes und der Durchstrahlungsdicke jeweils anders. Somit ist auch der funktionale Zusammenhang zwischen Bildkontrast und Relief vom speziellen Verfahren abhängig. Die Abb. 58 erklärt diese Verhältnisse für drei wichtige Abdruckverfahren jeweils ohne und mit zusätzlicher Bedampfung (nach MAHL). Dabei ist in jedem Kästchen oben der Abdruckfilm und darunter die effektive Durchstrahlungsdicke dargestellt. Die drei linken Kästchen entsprechen Einfachschichten und die rechten Kästchen den in den meisten Fällen angestrebten Doppelschichten. In allen Fällen von Abb. 58 gelangte das gleiche Relief zur Abbildung, doch weisen die effektiven Durchstrahlungsdicken beträchtliche Unterschiede auf. Dieser in Abb. 58 schematisch dargestellte Zusammenhang soll nun an elektronenmikroskopischen Bildern demonstriert werden. Zu diesem Zweck wurde der gleiche Bereich eines metallographischen Schliffes einer eutektischen Al-AlCu-Legierung mittels verschiedener Abdruckverfahren abgebildet. Um eine möglichst große Vergleichs-Skala zu schaffen, wurden lichtmikroskopische Bilder und Aufnahmen mit der Elektronenstrahl-Mikrosonde in den Vergleich einbezogen.

Zunächst zeigt Abb. 59a die lichtmikroskopische Aufnahme des mit 20%iger Natronlauge angeätzten Schliffes. Der Kontrast entsteht hier durch verschiedenen Reflexionsgrad der Gefüge-Bestandteile bzw. ihrer Deckschichten (z.B. Oxid-

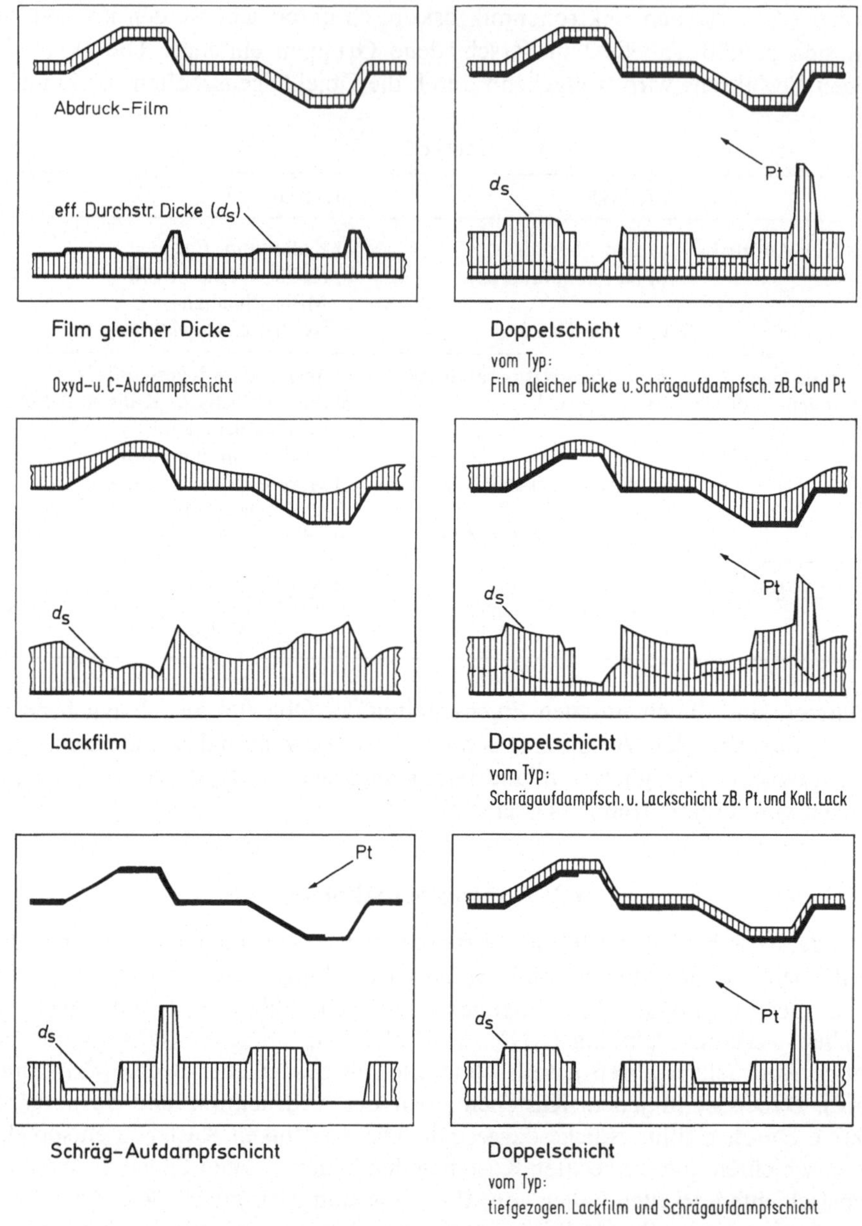

Abb. 58. Wichtigste Abdruck-Filmarten [H. Mahl: Mikroskopie **11**, 93—107 (1956)]

häute). Abb. 59b wurde mit der Elektronenstrahl-Mikrosonde aufgenommen und stellt das sogenannte Elektronenbild dar, bei dem wie beim Rastermikroskop die vom Objekt rückgestreuten Elektronen eines abtastenden Elektronenstrahls die Intensität eines synchron laufenden Elektronenstrahles einer Kathodenstrahlröhre steuern. Die Kontraste in 59b sind invers zu Abb. 59a. Die Helligkeit der Bildelemente entspricht hier der Zahl der rückgestreuten Elektronen, die für schwere Elemente größer ist als für leichte Elemente. Ferner wird in Abb. 59b nicht die gleiche Auflösung wie in Abb. 59a erreicht. Die weißen, einseitigen Ränder rühren vom schrägen Abgriff (ca. 20°) der rückgestreuten Elektronen her.

Bei der Mikrosonde besteht auch die Möglichkeit, anstelle der Streu-Elektronen die vom Elektronenstrahl angeregte Röntgenstrahlung zur Abbildung der Objektoberfläche auszunutzen. Dabei wird die Intensität des Elektronenstrahls der Kathodenstrahlröhre durch die Intensität der angeregten Röntgeneigenstrahlung gesteuert. Wird die Röntgenstrahlung über ein Spektrometer abgegriffen, so erhält man Bilder von der Konzentrationsverteilung bestimmter Elemente in der Oberfläche. Nach diesem Verfahren wurden das „Cu-Röntgenbild" Abb. 59c und das „Al-Röntgenbild" Abb. 59d aufgenommen. In den Bildern erscheinen Bereiche, die das betreffende angeregte Element enthalten, hell. Im Al-Röntgenbild ähneln die Kontraste denen der lichtmikroskopischen Aufnahme, da Aluminium im Falle Abb. 59a hohen Reflexionsgrad für sichtbares Licht und im Falle Abb. 59d große Röntgenemission aufwies. Feine Bildelemente sind in Abb. 59b und c nicht mehr aufgelöst, was z.T. damit zusammenhängt, daß die Röntgenstrahlen nicht nur von den Oberflächenatomen, sondern auch von tiefer gelegenen Atomen emittiert werden. Die Intensität der charakteristischen Röntgenstrahlung kann in der Mikrosonde auch als Kurve über der Ortskoordinate registriert werden. In Abb. 59e stellt die weiße Linie die Bahn des Elektronenstrahls dar, der die Röntgenstrahlung bei der Registrierung der Oszillogramme Abb. 59f und g angeregt hat. Diese Oszillogramme liefern quantitative Aussagen über die örtliche Konzentration der beiden Legierungselemente entlang der Bahn des Elektronenstrahls.

Der mittlere Bildteil von Abb. 59a wurde in Abb. 59h über ein Abdruckpräparat elektronenmikroskopisch erfaßt. In den folgenden Bildern werden an einer Ausschnittsvergrößerung aus diesem Bildfeld die Kontrastverhältnisse für verschiedene Verfahren diskutiert. Abb. 59i stammt von einem Film gleicher Dicke (oben links in Abb. 58). Nur die unter großem Winkel zur Objektebene verlaufenden Filmteile (Übergänge von hohen zu tiefen Objektbereichen) erscheinen als Folge ihrer großen Durchstrahlungsdicke im Bild dunkel. Durch Schrägbedampfung des Films gleicher Dicke erhält man aus Abb. 59i die Abb. 59k, wo jetzt auch Feinheiten in den parallel zur Bildebene liegenden Präparatteilen gut zu erkennen sind (vgl. dazu Abb. 58 oben rechts). In Abb. 59l weist der aufgedampfte Metallfilm eine relativ grobe Eigenstruktur auf, das Auflösungsvermögen ist dementsprechend schlecht.

Ganz andere Kontrastverhältnisse als der unbedampfte Film gleicher Dicke liefert der unbedampfte Lackfilm 59m (zu vgl. mit Abb. 58 Mitte links). Tiefliegende Objektteile sind dunkler als hochliegende; doch lassen sich durch Schrägbedampfung diese Unterschiede so überdecken, daß Abb. 59n und k einander weitgehend entsprechen. (Zwischen den Präparationen Abb. 59k und n wurde das Objekt geringfügig beschädigt.)

Der Vollständigkeit halber wurden von der gleichen Objektstelle noch thermoplastische Polystryol-Abdrucke hergestellt, von denen dann ein mit Wolframoxid bedampfter Kohleabdruck angefertigt wurde. Das Auflösungsvermögen reicht an die anderen Verfahren nicht heran, was auf die große Viscosität der Abdruckmasse zurückzuführen ist. In Abb. 59o ist die Qualität des Abdruckes absolut unzureichend, in Abb. 59p ist der Abdruck bereichsweise gut, doch treten einige Scheinstrukturen auf, die vermutlich von Mikrorissen im Polystyrol herrühren.

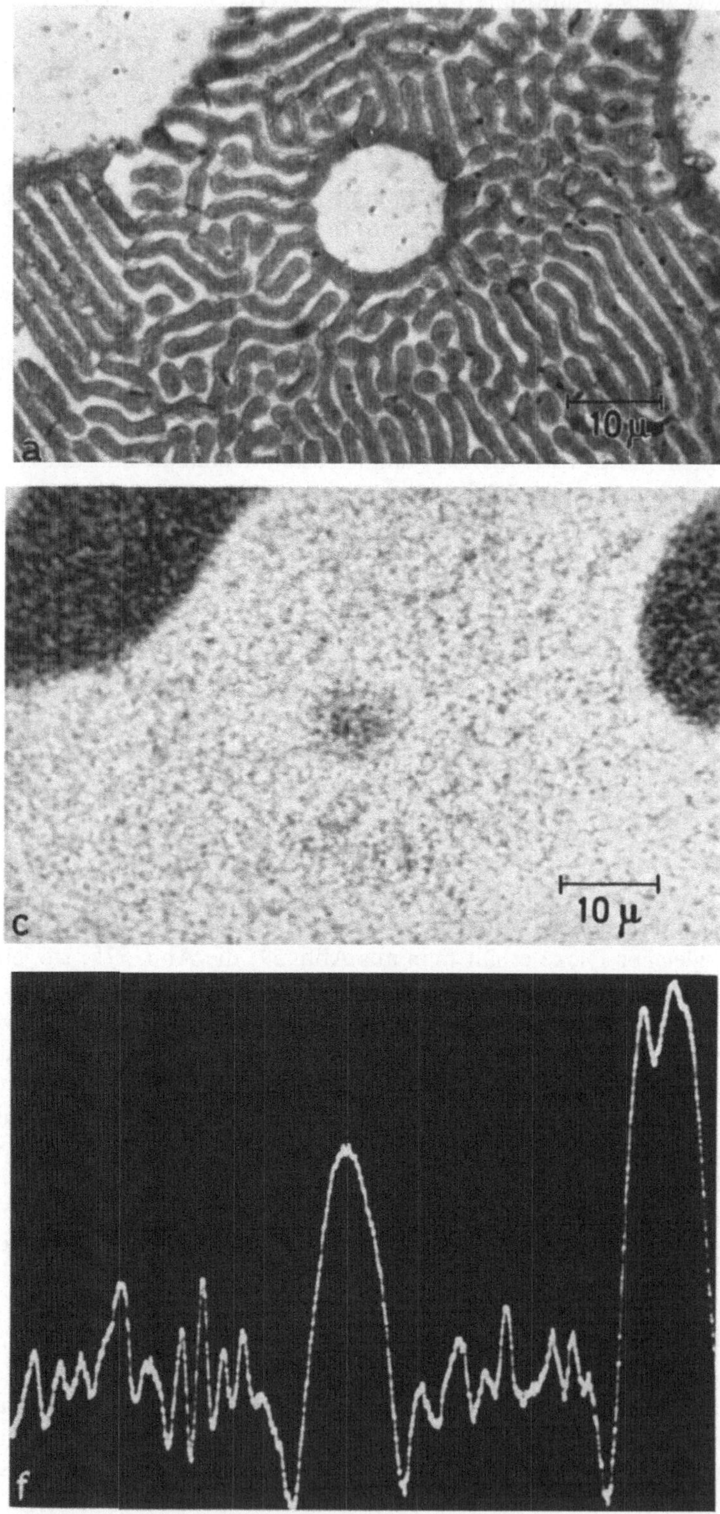

Abb. 59 a, c, f

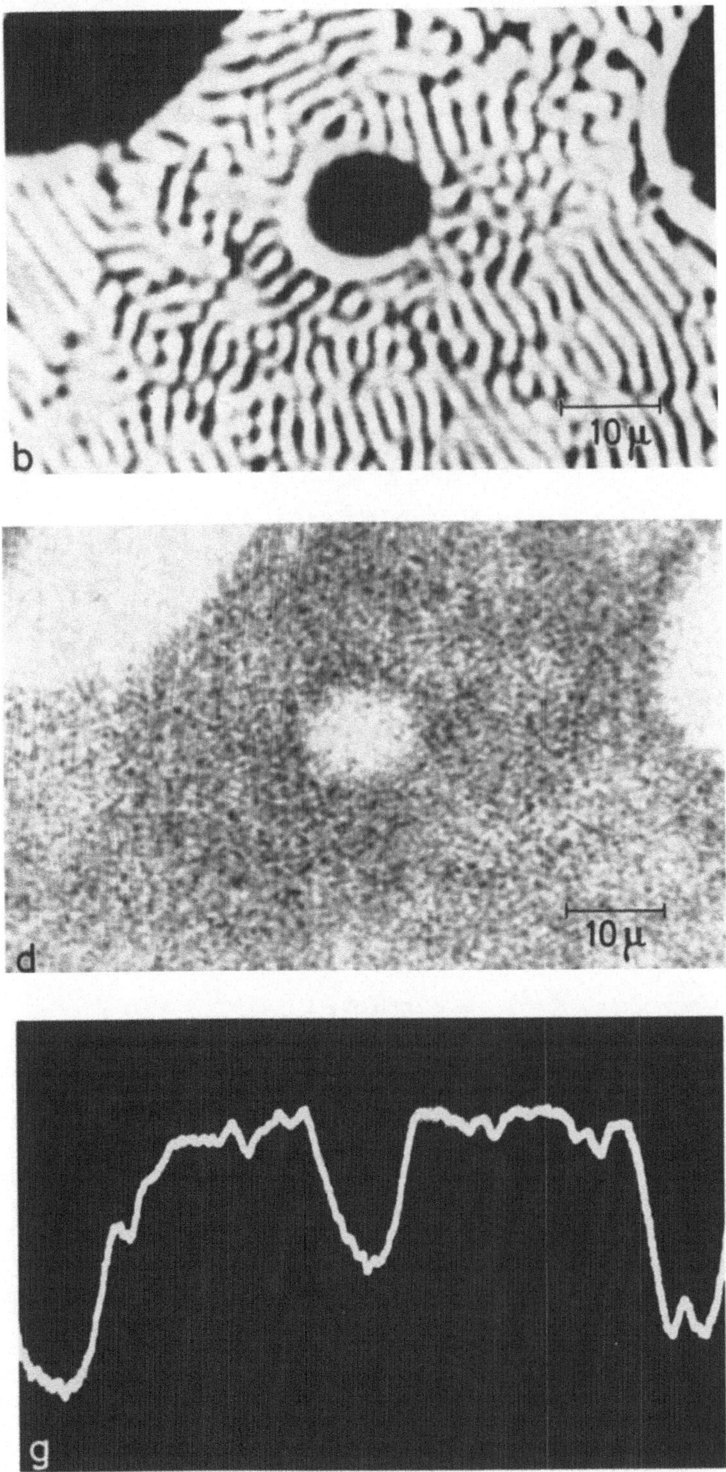

Abb. 59 b, d, g

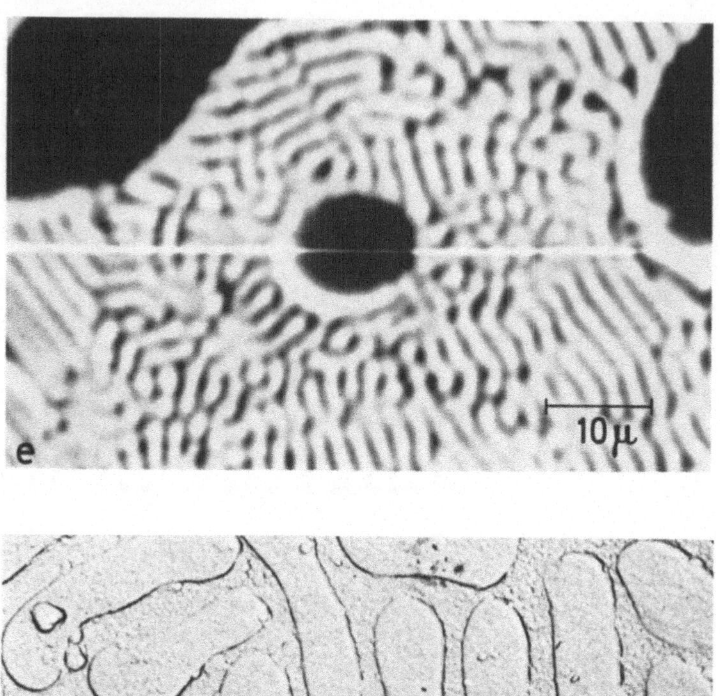

Abb. 59 e, i

Abb. 59a—p. Abbildung der gleichen Objektstelle einer eutektischen Al-Cu-Legierung mit verschiedenen Geräten und Präparationsverfahren. (Aufnahme [Abb. 59a, h—p]: G. SCHIMMEL; [Abb. 59b—g]: D. FRANZ)

a Lichtmikroskop, Auflicht,
b Mikrosonde, Elektronenbild,
c Mikrosonde, Röntgenbild, Cu-K α-Strahlung,
d Mikrosonde, Röntgenbild, Al-K α-Strahlung,
e Wie b mit Spur des Elektronenstrahles,
f Schirmbildaufnahme für die Intensität der Cu-K α-Strahlung entlang der Spur in e,
g Schirmbildaufnahme für die Intensität der Al-K α-Strahlung entlang der Spur in e,
h Elektronenmikroskopischer Technovit-Kohle-Abdruck (schräg bedampft mit Wolframoxyd) Ausschnitt aus a,
i—p. Ausschnitt aus h,
i Technovit-Kohle-Abdruck,
k Wie i, nachträglich mit Wolframoxid bedampft,
l Technovit-Abdruck, *vor* dem Bedampfen mit Kohle mit Wolframoxid bedampft,
m Lackabdruck, unbedampft,
n Lackabdruck, mit Wolframoxid bedampft,
o Thermoplastischer Polystyrol-Kohle-Abdruck, mit Wolframoxid bedampft (unzureichender Prägedruck oder zu niedrige Temperatur),
p Thermoplastischer Polystyrol-Kohle-Abdruck, mit Wolframoxid bedampft

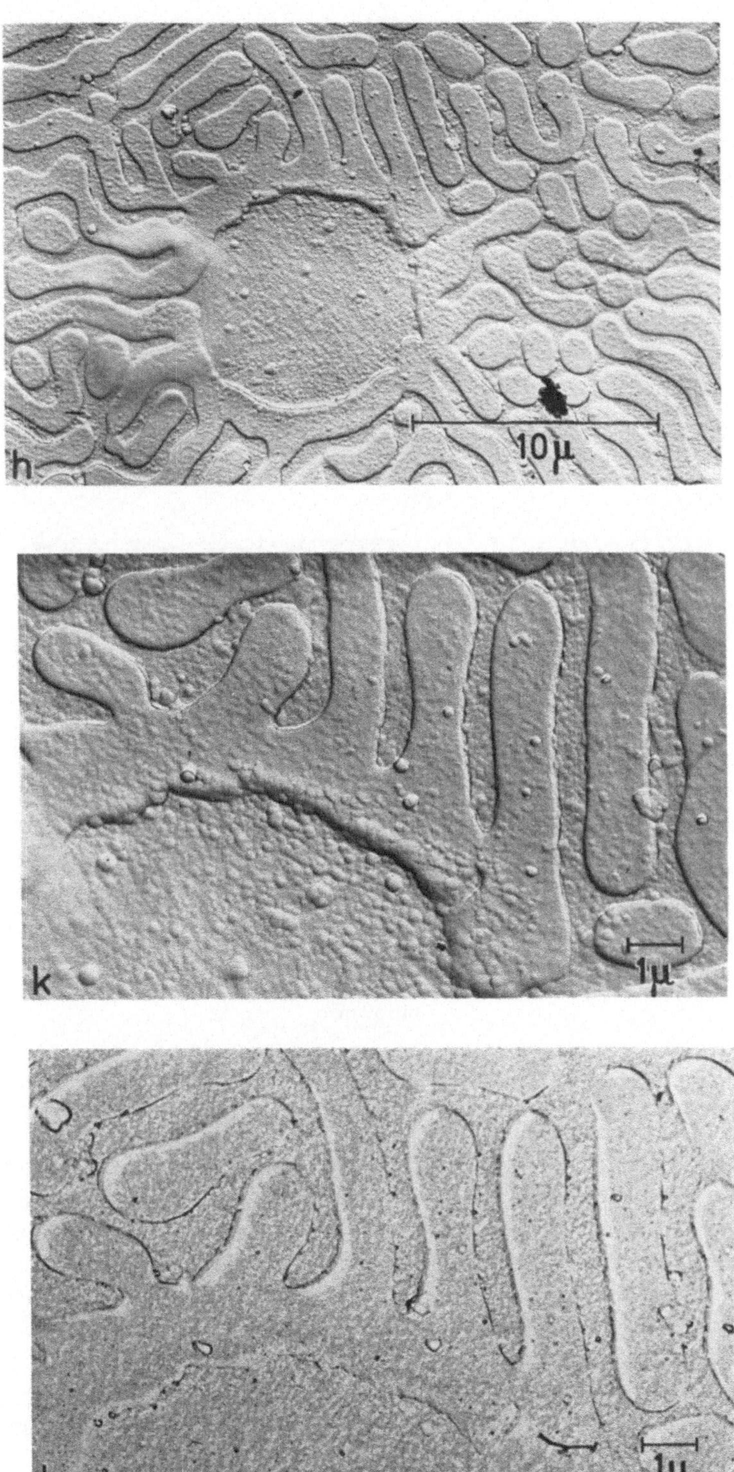

Abb. 59 h, k, l

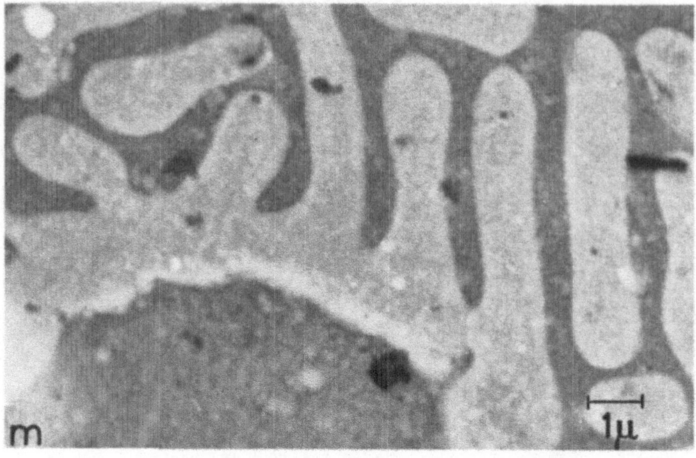

Abb. 59 m, o

6.3. Schrägbedampfung (Beschattung)

Für die Kontrastierung der Abdrucke werden verschiedene Materialien verwendet. Die wichtigsten sollen kurz charakterisiert werden. Als Objekt dienten bei den folgenden Beispielen Kügelchen aus Polystyrol (Polystyrol Latex), die in wäßriger Suspension auf eine Trägerfolie gebracht und nach dem Trocknen schräg bedampft wurden. Besondere Maßnahmen zur Erzeugung besonders scharfer Schatten wurden dabei nicht ergriffen, zumal sich die Struktur der Aufdampffilme in den Halbschatten oft besonders gut erkennen läßt. Zur Charakterisierung der Kristallitgröße wurde von jeder Aufdampfschicht eine Beugungsaufnahme angefertigt, wobei die Reflexbreite gemäß Gl. (3.17) als rohes Maß für die Korngröße und damit für die Auflösung angesprochen werden darf.

In Abb. 60a wurde Gold von einem Wolframdraht aufgedampft, das zwar wenig in der Abdrucktechnik, dafür aber oft als Eichsubstanz für Beugungsunter-

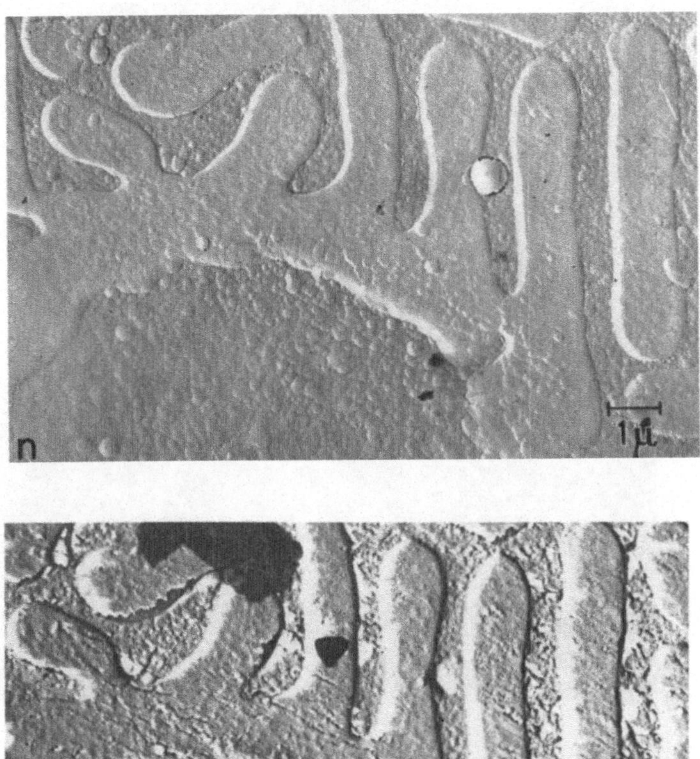

Abb. 59 n, p

suchungen Verwendung findet (s. Abb. 20a). Die Kristalle sind relativ groß, die Beugungsringe entsprechend scharf.

In Abb. 60b diente Chrom als Aufdampfmetall. Chrom kann in Form kleiner Bruchstücke aus einer Wolframspirale ohne vorheriges Schmelzen verdampft werden. Wegen des relativ niedrigen Atomgewichtes müssen die Aufdampfschichten dicker sein als bei Schwermetallen (in Abb. 60b ist die Schicht allerdings etwas zu dick geraten). Auch bei Chrom-Aufdampfschichten sind die Kristalle im Normalfall relativ groß, weswegen mit diesem Metall bedampfte Präparate keine hohen Vergrößerungen gestatten.

Im Gegensatz zu Gold und Chrom kondensiert Plantin (oder Plantin-Iridium) in kleineren Kristallen, weswegen dieses Metall für Schrägbeschattungen vielverbreitet ist. Allerdings verläuft das geschmolzene Platin auf dem Wolframdraht, von dem aus im allgemeinen gedampft wird. Unscharfe Schatten sind dann die

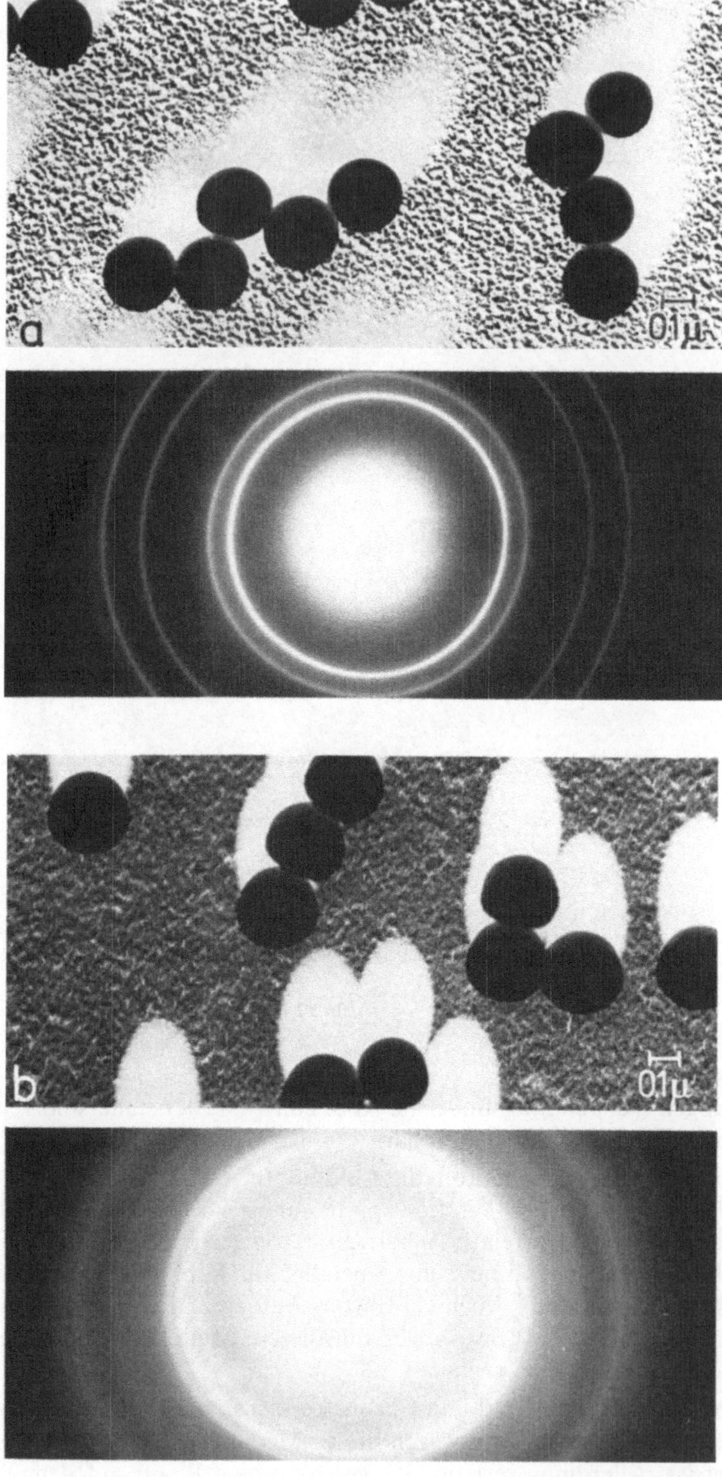

Abb. 60 a, b

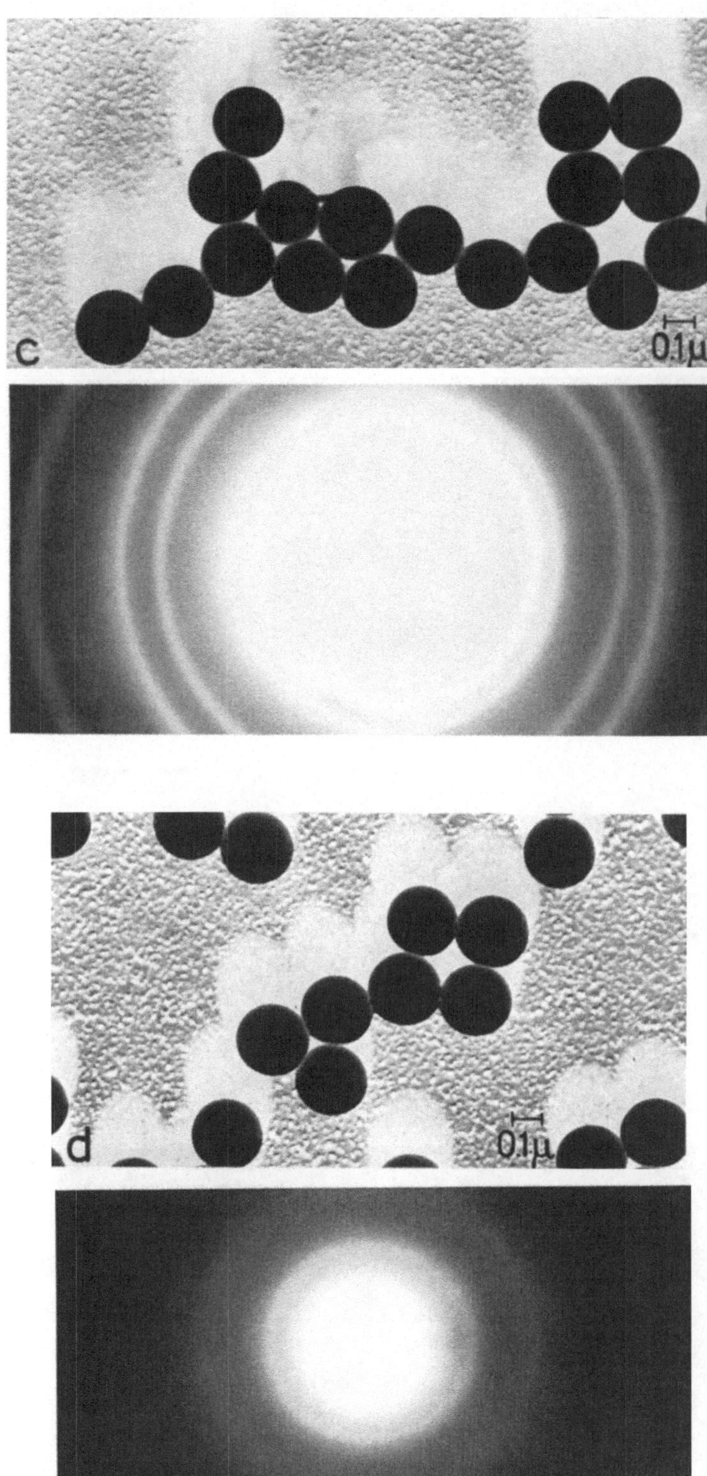

Abb. 60 c, d

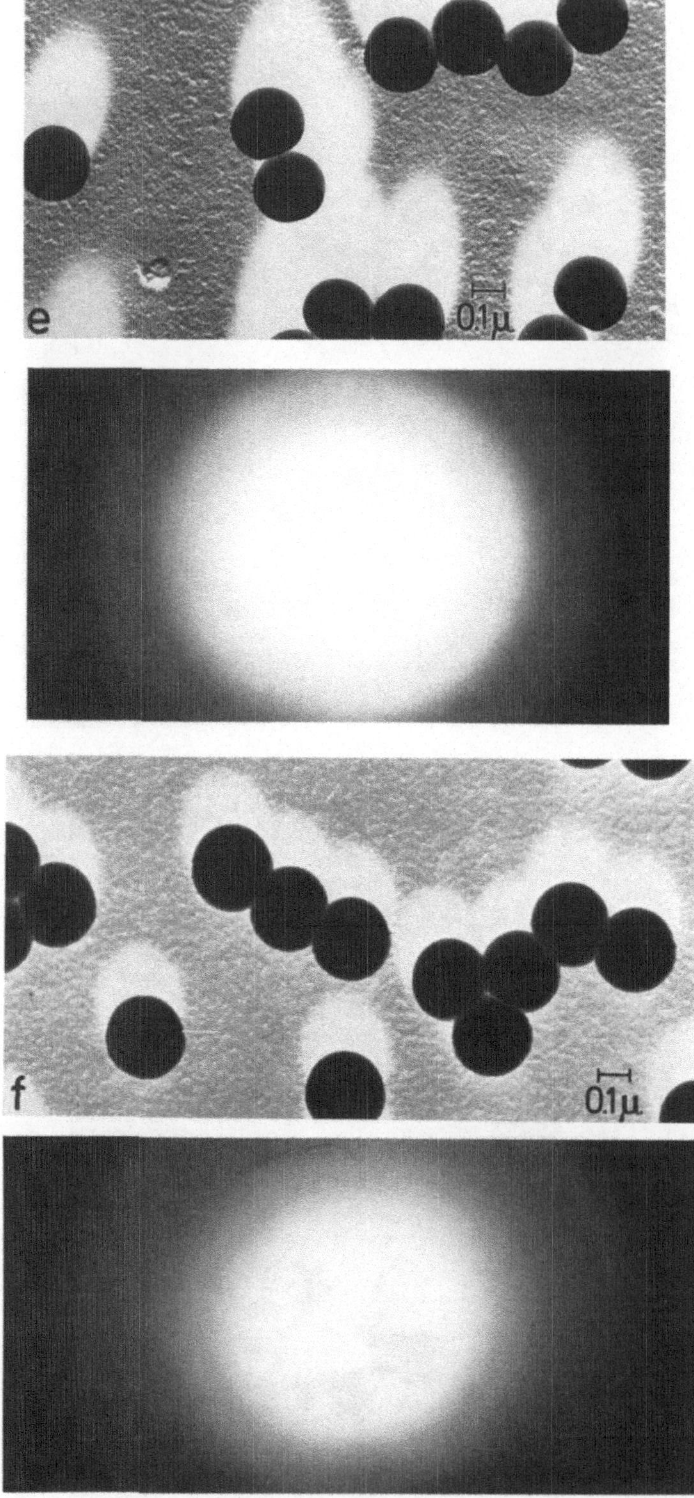

Abb. 60 e, f

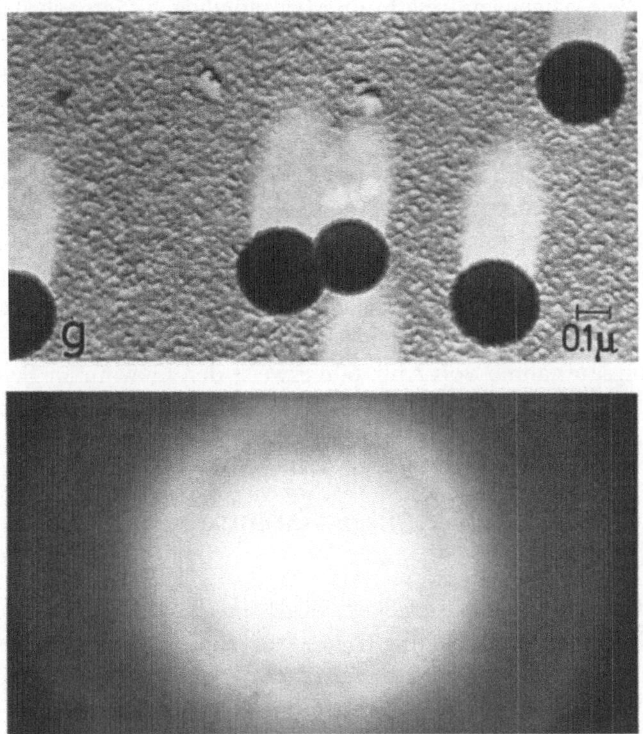

Abb. 60a—g. Schrägbedampfung von Polystyrol-Kugeln mit zugehörigen Beugungsbildern. (Bedampfung ohne Zwischenblende.) (Aufnahme: H. GROTHE)

a Gold,
b Chrom,
c Platin,
d Thoriumfluorid,
e Wolframoxyd,
f Siliciumoxyd,
g Platin-Kohle

Folge, wie in diesem Falle bei Abb. 60a. Die Beugungsringe sind hier entsprechend der kleineren Kristallgröße beträchtlich diffuser als bei Gold.

Gute Ergebnisse werden auch bei Beschattung mit Thoriumfluorid erzielt, das sich leicht aus Tantalschiffchen verdampfen läßt. Wie die diffusen Beugungsringe beweisen, sind die Kristalle des Aufdampffilmes sehr klein.

Etwa gleiche Eigenschaften wir Thoriumfluorid weist Wolframoxid auf, das sehr leicht zu verdampfen ist. Da das Oxid bei niedrigeren Temperaturen verdampft als das Metall, kann es bequem von kleinen Wendeln aus Wolframdraht (ca. 0,5 mm ∅) abgedampft werden. Man oxydiert zunächst die Wendel durch Glühen an Luft und dampft dann das Oxid im Hochvakuum durch schnelles Aufheizen ab. Die Wendeln können wiederholt benutzt werden. Das Verfahren ist so einfach und sicher, daß kaum zu verstehen ist, warum es keine breitere Anwendung findet. Allerdings wird nicht immer die extreme Feinkörnigkeit erreicht wie in Abb. 60e, wo die Beugungsringe nahezu verschwunden sind.

Einen auch nach den Maßstäben der Elektronenbeugung völlig amorphen Film liefert SiO, das aus Tantal-Schiffchen bei mittlerer Rotglut verdampft werden kann (Abb. 60f). Das Aufheizen muß sehr vorsichtig geschehen, da SiO beim

Erwärmen große Gasmengen freigibt und bei plötzlichen Gasausbrüchen einzelne Stücke aus dem Schiffchen geschleudert werden; ein durchlöcherter Deckel auf dem Schiffchen ist deshalb zu empfehlen. Wegen des relativ umständlichen Präparationsverfahrens bleibt die Anwendung von SiO-Filmen im allgemeinen auf Sonderfälle beschränkt

Durch einen Kunstgriff gelingt es auch, Platin strukturlos aufzudampfen. Bei gleichzeitigem Kondensieren von Platin und Kohle wird die Kristallisation des Platins blockiert. Wenn nun Kohle und Platin gleichzeitig aufgedampft werden, entstehen amorphe Mischschichten. Die beiden Komponenten können entweder aus einer oder aus verschiedenen Quellen gedampft werden. Abb. 60g zeigt eine Mischschicht, bei der aus verschiedenen Quellen gedampft wurde. Ein Vergleich mit der Beugungsaufnahme von Abb. 60c erweist den Gewinn an Feinkörnigkeit.

6.4. Herstellung der wichtigsten Abdrucke

6.4.1. Einfach-Abdrucke

a) Lackabdruck

Zur Herstellung eines Lackabdruckes wird eine Lacklösung auf die Objektoberfläche aufgetragen. Zweckmäßig träufelt man aus einer Pipette, läßt den Lack verlaufen und saugt den Überschuß an einer Kante mit Filtrierpapier ab. Als besonders brauchbar erwiesen sich vor allem zwei Lacklösungen: 1) Kollodium, gelöst in Amylacetat, 2) Formvar, gelöst in Dioxan. Wesentlich für das Gelingen der Lackabdrucke ist das Einstellen einer optimalen Konzentration. Hierfür hat sich folgendes Verfahren bewährt:

Man tropft Lack auf eine hochglanzvernickelte oder -verchromte Fläche – z.B. auf den Griff einer Pinzette – und läßt anschließend den überschüssigen Lack auf Filtrierpapier ablaufen. Der zurückbleibende Lackfilm soll nach dem Trocknen eine goldgelbe Interferenzfarbe aufweisen. Erscheint eine bläuliche Interferenzfarbe, so ist der Lack zu dünn, und es besteht Gefahr, daß der Lackfilm bei der Weiterbearbeitung oder im EM reißt. Bei roter, grüner oder kräftig blauer Interferenzfarbe ist der Lack zu dick, die Abdruckfilme erreichen nicht das optimale Auflösungsvermögen oder verändern sich unter dem Elektronenbombardement (vgl. das Kapitel über Artefakte).

Das Ablösen des Lackfilms vom Objekt kann auf verschiedene Art erfolgen. Formvar-Filme z.B. schwimmen von Glasflächen beim Eintauchen in Wasser von selbst ab. Das Ablösen wird erleichtert, wenn man nach dem Trocknen des Lackes die Ränder der Glasfläche vorsichtig mit einem Messer ankratzt. Anschließend ritzt man auf der Abdruckfläche den Lack in Stücke passender Größe (ca. 2×2 mm^2). Dann taucht man die belackte Fläche vorsichtig etwa unter 45° in Wasser ein. Der abschwimmende Lackfilm kann dabei gut im reflektierten Licht beobachtet werden. Auf diese Weise lassen sich auch leicht von feuerblanken Glasflächen (Glasobjektträger) Trägerfolien herstellen. Hierzu taucht man zunächst den gereinigten Objektträger senkrecht in die Lacklösung, zieht ihn langsam heraus, stellt ihn senkrecht auf Filtrierpapier und läßt den Überschuß ablaufen. Sollte der Lack auf dem Objektträger trüb auftrocknen, so zieht man das Glas vor dem Beschichten kurz durch eine Gasflamme.

Fast immer lassen sich Lackfilme mit Klebepapier von glatten Objekten abziehen. Der Lackabdruck kann im reflektierten Licht auf dem Klebepapier begutachtet werden (z.B. auf Interferenzfarben, Objektmarkierungen). Die interessierenden Objektbereiche werden mit einer Schere ausgeschnitten. Gegebenenfalls wird auch der Film auf dem Papier mit einem Messer oder einer Lanzette (das ist ein lanzenartiges Messerchen für chirurgische Eingriffe) in passende Stücke geschnitten. Anschließend legt man die Papierseite (also Lackfilm nach oben) vorsichtig auf heißes Wasser, so daß der Lackfilm nicht naß wird. Nach einiger Zeit löst sich der Film vom Papier und dieses sinkt unter, wobei man mit einer Nadel oder Lanzette vorsichtig nachhelfen kann. Allerdings ist Voraussetzung, daß das Papier von der unbeschichteten Seite her das Wasser gut aufnimmt. Andernfalls kann die Leimschicht nicht aufweichen. Geeignetes Papier kann man sich selbst herstellen, indem man saugfähiges Papier mit einer Polyvinylalkohol-Lösung beschichtet.

Der auf der Wasseroberfläche schwimmende Lackabdruck wird zum Waschen mehrmals mit einem Glasstab auf sauberes, warmes Wasser umgesetzt. Sofern der Glasstab sauber war und das Wasser keine Netzmittel (vom Waschen der Gefäße herrührend) enthält, schwimmt der Film vom Glasstab leicht auf die Wasseroberfläche ab. Die „Abdruckseite" des Films (also die Seite, die beim Trocknen am Objekt anlag) muß stets nach oben zeigen, sowohl auf dem Wasser als auch nach dem „Fischen" auf der Objektblende, und kann nach dem Trocknen auf der Blende im Hochvakuum bedampft werden (Abb. 59m und n).

b) Aufdampfabdruck

Aufdampfabdrucke nehmen eine bedeutende Stellung in der Abdrucktechnik ein, wofür mehrere Gründe maßgebend sind: zunächst besitzen Aufdampfabdrucke das beste Auflösungsvermögen, denn bei dieser Technik kondensiert der Abdruck aus der Gasphase auf dem Objekt. Ausschlaggebend für die Auflösungsgrenze sind daher Atom- bzw. Molekülgröße und Kristallisationsvorgänge. Bei amorph kondensierenden Schichten (SiO, C) und Metall-C-Mischschichten liegt die Auflösungsgrenze des Abdrucks unterhalb 20 Å. Weiterhin ermöglichen Aufdampfverfahren die Herstellung von Hüllenabdrucken bei pulverförmigem Material (vgl. Kapitel Korngrößenanalysen). Schließlich spielen Aufdampfabdrucke bei den Doppelabdruckverfahren ein große Rolle, wo fast ausnahmslos der Sekundärabdruck durch Hochvakuumaufdampfung hergestellt wird. Hierbei wird die chemische Indifferenz der Aufdampfschichten gegenüber Kunststoffen des Primärdruckes und die gute Reproduzierbarkeit der aufgedampften Schichtdicken ausgenutzt.

Diesen Vorteilen steht ein Nachteil gegenüber: Wird direkt auf das Objekt gedampft, so ist es oft sehr schwierig, den Aufdampfabdruck ohne Zerstörung des Objektes von der Unterlage abzulösen. Vielmehr muß die Oberfläche chemisch angelöst werden, damit der Aufdampfabdruck abschwimmen kann. Die Abdrucktechnik stellt in diesem Falle kein zerstörungsfreies Prüfverfahren dar.

Als Aufdampfmaterial hat die Kohle das früher vielbenutzte Siliciummonoxid und Metalle weitgehend verdrängt. Die Vorteile der Kohlefilme liegen auf der Hand:

Kohlefilme sind gut durchstrahlbar
brechen nicht wie SiO-Filme
besitzen ein gutes Auflösungsvermögen
sind chemisch resistent.

Am einfachsten lassen sich Kohlefilme nach dem von Bradley eingeführten Verfahren herstellen. Zwei kegelförmig angespitzte Kohlestäbe werden durch Federkräfte gegeneinander gedrückt. Bei einem Druck von ca. 10^{-4} Torr legt man an die Kohlen eine Spannung von ca. 12 V. Dabei fließt durch die Kohlestäbe ein Strom von ca. 100 A; an der Berührungsstelle der Stäbe erwärmen sich diese infolge des örtlich hohen Widerstandes so sehr, daß Kohlenstoff verdampft. Er kondensiert an den kalten Stellen der Umgebung als fester Kohlefilm.

c) Oxidabdruck

Oxidabdrucke unterscheiden sich wesentlich von den bisher behandelten Abdruckfilmen. In diesem Falle wird der Abdruckfilm nicht aus objektfremden Material hergestellt, sondern durch Oxidation aus dem Material des Objektes gebildet. Hieraus ergibt sich eine Einschränkung des Anwendungsbereiches: Nur gut oxydierbare Materialien können nach diesem Verfahren untersucht werden. Es besteht zwar die Möglichkeit, von harten Untersuchungsobjekten einen Prägeabdruck in oxydierbarem Material (Reinstaluminium) herzustellen und dieses dann zu oxydieren, doch wird hiervon kaum Gebrauch gemacht, weil die anderen Zweifach-Abdruckverfahren einfacher und im Auflösungsvermögen zumindest gleichwertig sind. Der Hauptanwendungsbereich für Oxidabdrucke liegt auf dem Gebiet der aluminiumreichen Legierungen, weil dieses Metall bei richtiger, elektrochemischer Behandlung amorphe Oxidfilme bildet.

Bei Reinaluminium hat sich folgendes Verfahren bewährt (Walkenhorst):

Die Probe wird zunächst in 40%iger Salpetersäure bei 80 °C von der natürlichen Oxidhaut befreit. (Dauer der Behandlung 3–4 min, bis leichte Gasentwicklung einsetzt.) Die mit destilliertem Wasser gewaschene und danach getrocknete Probe wird dann als Anode in einen Elektrolyten folgender Zusammensetzung gebracht:

30 g Weinsäure
1000 cm^3 H_2O.

Zu dieser Lösung wird Ammoniak zugesetzt, bis sich ein p_H-Wert von 5,6 einstellt. Als Kathode dient dickes Aluminium-Blech oder Kohle.

Bei einer Badspannung von 6 V wird die Stromdichte mit einem Vorwiderstand zunächst auf 0,85 mA/cm^2 einreguliert. Ist die Stromdichte infolge des hohen Widerstandes der sich bildenden Oxidschicht bis auf ca. 0,05 mA/cm^2 gesunken, so wird die Spannung auf einen höheren Wert (zwischen 10 und 20 V, je nach gewünschter Filmdicke) eingestellt. Der Oxydationsvorgang ist beendet, wenn die Stromstärke nicht mehr merklich abnimmt.

Die auf dem Blech gebildete Oxidschicht wird in Stücke passender Größe geschnitten und in 0,25%iger wäßriger Lösung von $HgCl_2$ vom Blech abgelöst. Die isolierten Oxidfilme werden in destilliertem Wasser gewaschen. Die gebildete Hydroxidschicht kann in 20%iger Salzsäure entfernt werden.

Mit den nach diesen Verfahren gewonnenen Präparaten lassen sich Oberflächenprofile, Ätzstrukturen, Korngrenzen usw. abbilden. Oxidfilme, die von gewalzten und eventuell noch polierten Reinmetallfolien gewonnen wurden, sind praktisch strukturlos und können als oxydationsbeständige, temperaturfeste Trägerfolie verwendet werden.

Bei Aluminiumlegierungen muß unter Umständen ein anderer Elektrolyt gesucht werden. Auch sind die oben angegebenen Strom- und Spannungswerte nicht übertragbar.

6.4.2. Doppel- und Mehrfach-Abdrucke

Bei dem Matrizen-Doppelabdruckverfahren werden im Gegensatz zu den bisher besprochenen Verfahren von der zu untersuchenden Oberfläche zunächst dicke undurchstrahlbare Primärabdrucke, sogenannte Matrizen, hergestellt. Von diesen Matrizen werden dann in einem zweiten Präparationsschritt durchstrahlbare Abdrucke (die Zweit- oder Sekundärabdrucke) gewonnen. Die verschiedenen Variationen des Verfahrens unterscheiden sich durch die Methode, nach der der Erst- oder Primärabdruck erhalten wird. Da außerdem sowohl für den Erst- als auch für den Zweitabdruck verschiedene Abdruckmaterialien gewählt werden können, läßt sich das Matrizen-Verfahren in vielfacher Weise abwandeln und den verschiedensten Untersuchungsproblemen anpassen. Dieser Anpassungsfähigkeit steht freilich der Nachteil gegenüber, daß das Auflösungsvermögen der Präparate relativ schlecht ist. Über die Anwendung des Verfahrens entscheidet allerdings in vielen Fällen nicht das Auflösungsvermögen, sondern die chemische Verträglichkeit zwischen Untersuchungsmaterial und Abdruckmaterial. Außerdem gestattet es das Doppelabdruckverfahren ebenso wie das Präge- oder Lackabdruckverfahren, nacheinander mehrere Abdrucke von der gleichen Stelle anzufertigen. Das ist beim Aufdampfabdruck in vielen Fällen nicht und beim Oxidabdruck nie möglich.

Matrizenherstellung für Doppelabdrucke

a) Trocknen von Lacklösungen

Matrizen für das Doppelabdruckverfahren lassen sich in einfacher Weise analog zu den normalen, durchstrahlbaren Lackabdrucken herstellen, wenn man anstelle einer dünnflüssigen Lacklösung eine dickflüssige, viscose Lösung benutzt. Der Begriff Lacklösung ist hier in einem sehr allgemeinen Sinne zu verstehen. Unter anderem wurden mit Erfolg folgende Lösungen angewandt: Zaponlack, Polystyrol in Benzol oder Trichloräthylen, Plexiglas in Benzol, Polyvenylalkohol, Carboxymethylcellulose oder Gelatine in Wasser usw. Entsprechend der Verträglichkeit zwischen Untersuchungsmaterial und Lösungsmittel sucht man sich eine passende Lösung aus, beschichtet die Oberfläche mit der Lösung und läßt das Lösungsmittel verdampfen. Anschließend wird die Matrize vorsichtig von der Oberfläche abgezogen oder abgesprengt.

b) Prägeabdruck

Beim Prägeabdruck wird das Oberflächenprofil des Objektes in ein plastisches Material eingedrückt. Als Abdruckmaterial dienen im allgemeinen Kunststoffe, die bei Raumtemperatur gute Formbeständigkeit aufweisen. Die zur Abdrucknahme erforderliche Plastizität wird entweder durch Erwärmen (thermoplastischer Prägeabdruck) oder durch Aufquellen der Oberfläche mit geeigneten Lösungsmitteln erreicht. Im letzteren Falle ist vor allem auf die richtige Dosierung des Lösungsmittels zu achten.

Prägeabdrucke können auch in Aluminium hergestellt werden. Dabei wird das Objekt in das duktile Metall mit entsprechendem Druck (z. B. Schraubstock) eingepreßt. Anschließend wird vom Al ein Oxidabdruck angefertigt.

Abdruckfolien für den thermoplastischen Abdruck lassen sich leicht nach folgendem Verfahren herstellen: Zunächst wird ein handelsüblicher Kunststoff in einem geeigneten Lösungsmittel gelöst. Bewährt hat sich, wie bereits erwähnt, eine Lösung von Polystyrol in Benzol. Die Konzentration wird so gewählt, daß die Lösung dickflüssig ist, sich aber noch gut gießen läßt. Diese viscose Lösung wird auf eine gut gereinigte Glasplatte gegossen. Im Laufe einiger Tage verdampft das Lösungsmittel, und die zurückbleibende, feste Kunststoff-Folie springt von selbst vom Glas ab. Sie wird in Stücke von ca. $2 \times 2\ \text{cm}^2$ geschnitten und in verschlossenen Gefäßen bis zum Verbrauch aufbewahrt. Mitunter bilden sich während der Verdampfung des Lösungsmittels im Innern der Folie Gasblasen. An diesen Stellen haftet die Folie fest an der Unterlage und läßt sich nicht abheben. Die Blasenbildung ist ein Zeichen dafür, daß die Lösung zu konzentriert und daher zu viscos war. Man muß den Ansatz mit geringerer Konzentration wiederholen. Mitunter läßt sich die Blasenbildung vermeiden, wenn die beschichtete Glasplatte mit einem Gefäß überdeckt wird, so daß die Luft nur beschränkt Zutritt zur Glasplatte hat. Dadurch stellt sich über dem angetrockneten Kunststoff ein höherer Partialdruck des Lösungsmittels ein, und es wird verhindert, daß die der Luft zugewandte Folienseite zu schnell erhärtet und dem Lösungsmittel aus tieferen Schichten das Abdampfen erschwert.

Das Pressen der Kunststoff-Folien an kleine Untersuchungsobjekte erfolgt am einfachsten mit einer normalen Schraubzwinge, wie man sie z. B. für Laubsägearbeiten verwendet.

Hinsichtlich der Abdrucke von Fasern verweisen wir auf den speziellen Abschnitt über dieses Thema. Die beste Temperatur für die Abdrucknahme läßt sich in der Regel nur experimentell ermitteln. Hier spielen Polymerisationsgrad, Restgehalt an Lösungsmittel, Preßdruck und Dauer eine große Rolle. Frisch hergestellte Folien benötigen z. B. niedrigere Temperaturen als längere Zeit gelagerte. In den meisten Fällen wird man mit höchstens drei Versuchen die richtige Temperatur gefunden haben. Sie liegt bei Polystyrol-Folien zwischen 80 und 110°, und bei einer Haltezeit von ca. 15 min erhält man brauchbare Matrizen. Nach dem Abkühlen wird die Abdruckfolie vom Rand her mit einem Messer abgesprengt. Eine kurze Kühlung vom Objekt mit Abdruck im Kühlschrank bis in die Nähe des Gefrierpunktes kann das Abspringen des Abdruckes von der Probe sehr erleichtern.

c) Polymerisations-Abdrucke

Bei Polymerisations-Abdrucken wird eine monomere, leicht polymerisierbare organische Verbindung oder ein vorpolymerisiertes Material auf die zu untersuchende Objektfläche aufgetragen und anschließend bis zur völligen Erhärtung auspolymerisiert. Als Ausgangsmaterial haben sich vor allem Metacrylsäureester bewährt, z.B. Technovit, ein schnell härtender Kunststoff für technische Zwecke auf Metacrylsäurebasis. Gegenüber Araldit besitzt dieser Kunststoff den Vorzug leichter Löslichkeit in vielen organischen Lösungsmitteln. Außerdem quillt auspolymerisiertes Technovit beim Lösen in Aceton nicht, weshalb der Sekundärabdruck (normalerweise ein Aufdampfabdruck) beim Auflösen von Technovit nicht zerreißt. Man erhält dadurch eine sehr große Ausbeute an brauchbaren Abdruckfolien.

Allerdings treten bei falscher Handhabung des Technovits leicht Artefakte auf, die bei der anschließenden Interpretation zu Irrtümern verleiten können. Besonders auf Metalloberflächen haften Technovitabdrucke mitunter sehr fest. Gewaltsames Absprengen der Abdrucke führt zu Haarrissen, die sich im Sekundärabdruck als feine Linien markieren. Auch in diesem Falle hat sich das Abkühlen des mit dem Technovit beschichteten Objektes im Kühlschrank bewährt. Infolge der verschiedenen thermischen Ausdehnungskoeffizienten von Objekt und Kunststoff lockert sich in nahezu allen Fällen der Technovitabdruck so weit, daß er ohne jede Gewaltanwendung abgehoben werden kann. Die Bildung von Haarrissen läßt sich auf diese Weise vermeiden. Beim Aufdampfen von Schwermetallen oder Wolframoxid auf Technovit zur Herstellung von Doppelschichten tritt leicht eine Art Schollenbildung des Aufdampfmaterials auf, wodurch Scheinstrukturen im Präparat vorgetäuscht werden. Es empfiehlt sich daher, auf Technovit zunächst nur Kohle und auf die Kohle anschließend die kontrastverstärkende Schicht aufzudampfen (vgl. Abb. 59k und l).

Tabelle 3. *Kombinationen für Mehrfach-Abdrucke*

Material des Primärabdruckes	Abdrucknahme	Material des Zweitabdruckes	Lösungsmittel für den Primärabdruck	Anwendung
Polystyrol-Folie	Prägeabdruck	Pt/C oder WO_3/C	Benzol	Fasern, rauhe Oberflächen
Polystyrol-Lösung in Benzol	Auftrocknen	Pt/C oder WO_3/C	Benzol	rauhe Oberflächen
Plexiglas-Lösung in Benzol	Auftrocknen	Pt/C oder WO_3/C	Trichloräthylen	rauhe Oberflächen
Technovit (vorpolymerisiertes Metacrylat)	Polymerisation	C, Nachbedampfung mit Pt oder WO_3	Aceton	Metalle, Keramik
Polyvinylalkohol-Lösung in H_2O	Auftrocknen	Pt/C	H_2O (mit sehr schlechter Ausbeute)	lösungsmittelempfindliches, weiches organisches Material (Lacke, Kautschuk)
		oder Technovit, dann Pt/C	Aceton (mit guter Ausbeute)	
Carboxymethylcellulose-Lösung in H_2O	Auftrocknen	Pt/C oder Technovit, dann Pt/C	H_2O Aceton	lösungsmittelempfindliches, weiches organisches Material (Lacke, Kautschuk)
Araldit	Polymerisation	Lackabdruck (Collodium oder Formvar)	—	Metalle
Silber	Aufdampfen	Pt/C	NHO_3	Metalle

6.5. Auflösungsgrenze von Abdruckpräparaten

Bei Abdruckpräparaten führen nur Unebenheiten der Objektoberfläche zu Kontrastunterschieden im elektronenmikroskopischen Bild (im Gegensatz zu Abbildungen im Licht- oder Metallmikroskop und Elektronenemissionsmikroskop, wo die chemische Zusammensetzung die Lichtreflexion bzw. die Elektronenemission und damit den Bildkontrast bestimmt). Die Auflösungsgrenze von Abdruckpräparaten kann daher nur auf Oberflächenunebenheiten bezogen werden. Hierbei sind prinzipiell zwei Fälle zu unterscheiden: a) Erkennbarkeit von Stufen bestimmter Höhe (Stufenauflösung), b) getrennte Wiedergabe benachbarter Stufen (laterale Auflösungsgrenze). Im allgemeinen liegt die Auflösungsgrenze für die Stufenhöhe bei niedrigeren Werten als die laterale Auflösungsgrenze.

Über die mit Abdruckpräparaten erreichbare Auflösung sind zahlreiche Arbeiten veröffentlicht worden, ohne daß sich diese Frage jedoch allgemeingültig beantworten läßt. Die effektiv erreichte Auflösungsgrenze hängt von sehr vielen Parametern ab, von denen nur die wichtigsten aufgeführt werden sollen:

a) Größe der Struktureinheiten des Abdruckmaterials (Moleküle bzw. Atome)
b) Viscosität des Abdruckmaterials während der Abdrucknahme
c) Grenzflächenspannung und Benetzbarkeit
d) Kristallitgröße in der kontrastverstärkenden Aufdampfschicht.

Zu a):

Punkt a) stellt dabei den wesentlichsten Faktor dar. Mit zunehmendem Molekulargewicht des Abdruckmaterials im Zeitpunkt der Abdrucknahme nimmt die Anpassungsfähigkeit des Materials an die Unebenheiten des Objektes ab. Daraus folgt sofort, daß Abdruckfilme, die aus einzelnen Atomen oder kleinen Molekülen durch Kondensation aus der Dampfphase aufgebaut werden (SiO, C, Ag), ein besseres Auflösungsvermögen besitzen als Abdruckfilme aus hochpolymerem Material mit Kettenmolekülen. Im englischen Sprachgebrauch unterscheidet man deshalb zwischen „atomic replica“ und „molecular replica“. Auch wird verständlich, daß „Polymerisations-Abdrucke“, bei denen eine monomere Verbindung auf dem Objekt polymerisiert, besseres Auflösungsvermögen aufweisen als Abdrucke, bei denen das bereits polymerisierte Material entweder aus einer Lösung oder im thermoplastischen Zustand zur Abdrucknahme benutzt wird.

Zu b):

Die Viscosität des Abdruckmaterials kann die Auflösungsgrenze beträchtlich heraufsetzen. Deshalb ist bei thermoplastischen Abdrucken die Temperatur so hoch wie möglich zu wählen. Relativ niedrig-viscose Lösungen von Kollodium und Formvar sind hochviscosen Kunststofflösungen beträchtlich überlegen, wobei allerdings auch die Unterschiede im Molekulargewicht zu beachten sind.

Zu c):

Grenzflächenspannung und Benetzbarkeit hängen nicht nur vom Abdruckmaterial, sondern weitgehend auch vom Objekt ab. Aus diesem Grunde lassen sich für ein bestimmtes Abdruckmaterial keine absolut gültigen Zahlen angeben. Es ist z. B. sehr schwierig, von einer Teflon-Fläche einen guten Kollodiumabdruck zu erhalten: Die Kollodiumlösung benetzt das Teflon nicht. Lösungen von Polyvinylalkohol besitzen große Oberflächenspannung und liefern ein relativ schlechtes Auflösungsvermögen.

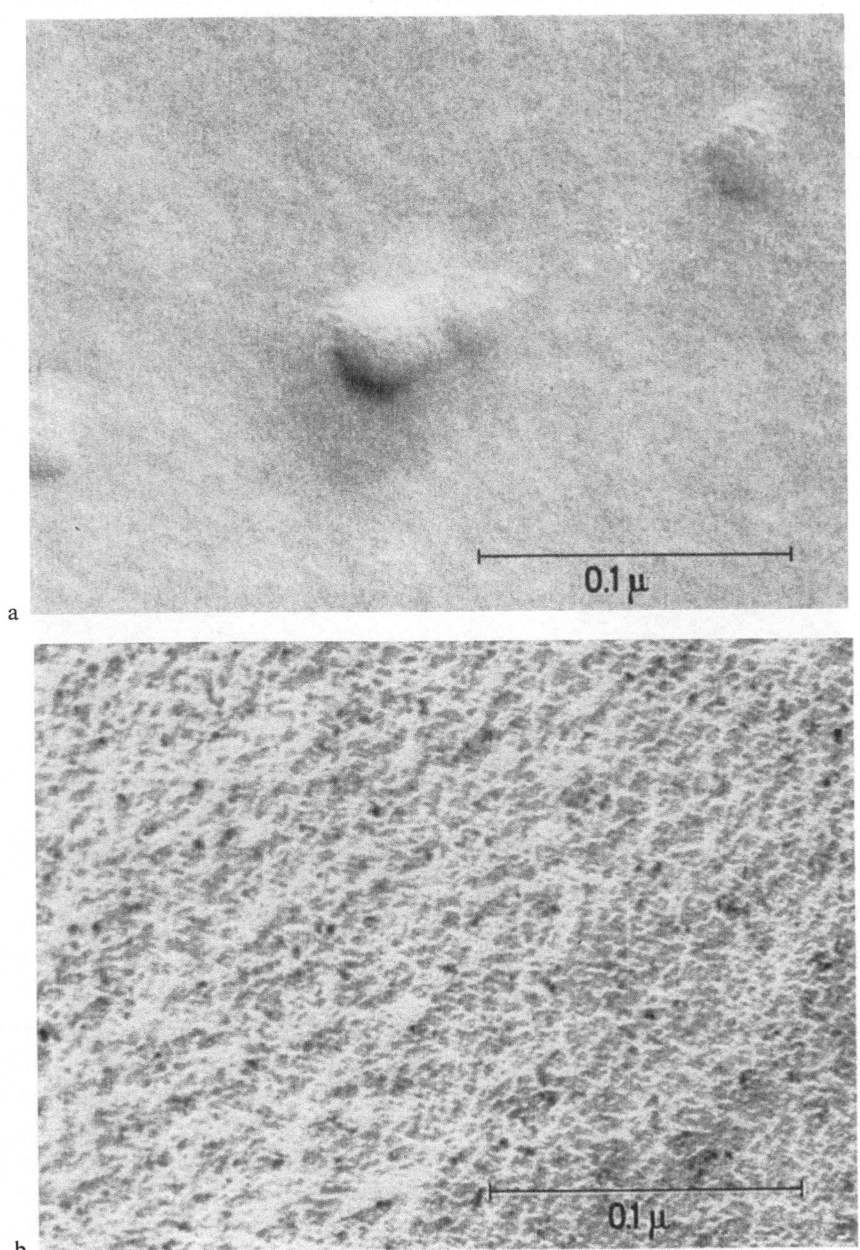

Abb. 61a – d (Aufnahmen: H. GROTHE).

a Kohle-Platin-Mischschicht-Abdruck einer Glasbruchfläche,

b Mit Platin bedampfter Kohleabdruck einer Glasbruchfläche

Zu d):

In praktisch allen vorkommenden Fällen muß der Bildkontrast durch Schrägbedampfung der Abdruckpräparate gesteigert werden. Die Eigenstruktur der Aufdampfschicht kann vom Abdruckfilm aufgelöste Objektdetails überdecken. Es ist deshalb anzustreben, die Kristallgröße so klein wie möglich zu halten, z. B. durch Herstellen von Pt/C Mischschichten. Der Einfluß der Kristallitgröße ist in Abb. 61 deutlich zu erkennen. Abb. 61 a ist ein Pt/C Mischschicht-Abdruck einer Glasbruchfläche, in Abb. 61 b wurde ein Kohleaufdampfabdruck nachträglich mit Platin bedampft. Die Beugungsaufnahmen Abb. 61 c und d demonstrieren die unterschiedliche Größe der Platinkristalle in beiden Fällen. Die Mischschicht in Abb. 61 a ist praktisch amorph.

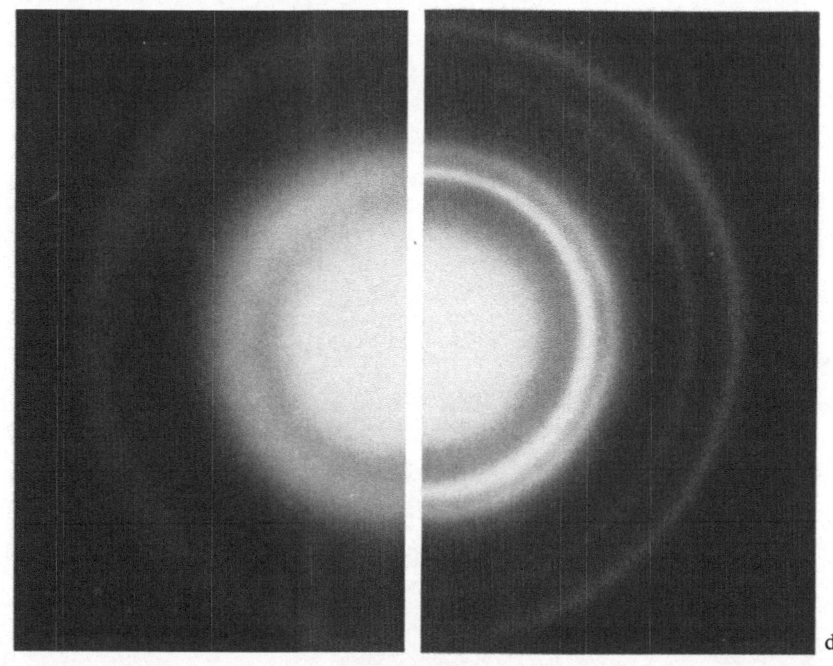

Abb. 61 c u. d
c Beugungsaufnahme der Mischschicht aus Abb. 61 a, d Beugungsaufnahme zu Abb. 61 b

Reimer hat Stufenauflösung und laterale Auflösungsgrenze verschiedener Materialien an Aufdampfschichten aus Germanium mit definierten Stufenhöhen und Abständen untersucht. Die Ergebnisse sind in der Tabelle 4 zusammengestellt. (In der Originalarbeit wird mit Auflösungsvermögen der Abstand einzelner Stufen bezeichnet, der in diesem Buch als Auflösungsgrenze definiert ist.) Der Wert für die laterale Auflösungsgrenze einer Kohle-Platin-Mischschicht liegt mit 90 Å erstaunlich hoch, was vielleicht auf das spezielle Präparat und die Art der Mischschicht-Herstellung (Kristallgröße) zurückzuführen ist. Eine laterale Auflösungsgrenze von weniger als 50 Å ist in günstigen Fällen erreichbar.

Auf jeden Fall ist das mittels Abdruckpräparaten erreichbare Auflösungsvermögen besser als etwa das Auflösungsvermögen, das mit Raster- und Emissions-

Elektronenmikroskopen bei der Abbildung von Oberflächen zur Zeit erreicht wird. Die Auflösungsgrenze dieser Geräte liegt je nach Untersuchungsbedingungen und Objekt in der Größenordnung von 150–500 Å.

Tabelle 4. *Zusammenstellung von Oberflächenabdrücken mit ihren Stufen- und lateralen Auflösungsvermögen*

Art des Matrizen- bzw. Filmabdrucks	Stufen-Material	auflösbare Stufenhöhe in [Å]	laterales Auflösungs-vermögen in [Å]	Stufenhöhen der Doppel-stufen in [Å]
Pt/C-Film	Ge	16	120–150	30/30
Pt/C-Film	Cr	15	120–210	40/40
Pt-C/C-Film	Ge	24	90–120	30/30
Formvarfilm (unbeschattet)	Ge	45	>270	50/50
Formvarfilm (mit Pt nachbeschattet)	Ge/Cr	28	240	40/40
Silber-Matrize	Ge	16	150–210	30/30
Plexiglas-Polymerisations-Matrize (hoch viscos)	Ge	16	150–180	30/30
Plexiglas-Polymerisations-Matrize (niedrig viscos)	Ge	–	240– >270	30/30
Technovit (4071 d)-Matrize	Ge	16	150	30/30
Technovit (4030 b)-Matrize	Ge	16	150	30/30
Bioden-Matrize	Cr/Ge	15	150–180	30/30
Polystyrol-Matrize (5% in Chloroform)	Ge	16	180–210	30/30
Kollodium-Matrize (5% in Amylacetat)	Ge	16–26	>270	30/30
Gelatine-Matrize (20% in Wasser)	Cr	32–64	150–240	40/40
Mowiol (N 50–88)-Matrize (5% in Wasser)	Cr	15–64	180– >270	40/40
Tylose (C 10)-Matrize (10% in Wasser)	Cr	15–125	>270	40/40
Formvar-Matrize (5% in Chloroform)	Cr	15–64	240	40/40
Triafol-Matrize (solvoplastisch)	Ge	28–64	210– >270	30/30
Plexiglas-Lösungs-Matrize (5% in Chloroform)	Ge	16–21	>270	30/30
Plexiglas-Lösungs-Matrizen 80:20 (5% in Toluol)	Ge	21–34	120–270	50/50

Von allen oben angegebenen Matrizen wurden Pt/C-Filmabdrucke gemacht. Die Stufenhöhe wurde variiert in Abständen von 4 bis 5 Å, angefangen bei 15 bzw. 16 Å bis herauf zu 150 Å. Die Variation des Stufenabstandes zur Ermittlung des lateralen Auflösungsvermögens betrug 30 Å, von 60 bis 270 Å. Der Stufenabstand ist definiert durch die Verschiebung der Nebenscheitel der Ellipsen.

(Entnommen aus L. Reimer u. Chr. Schulte: Die Naturwissenschaften **53**, 489–497 (1966).

6.6. Anwendungsbeispiele

Vielfach wird aus dem Umstand, daß sich mittels Abdruckverfahren nur Oberflächenformen und Rauhigkeiten erfassen lassen, geschlossen, daß Abdruckpräparate nur sehr bedingt Rückschlüsse auf den inneren Zustand von kompakten Körpern zulassen. Diese Vereinfachung ist natürlich nicht zulässig, denn vielfach ist ein Rückschluß von der Oberfläche auf das Innere von Körpern erlaubt, z.B. bei metallographischen Schliffen, in denen aus dem Schliffbild auf das innere Gefüge einer Legierung geschlossen wird. Schließlich kann durch Schneid-, Polier- oder Bruchvorgänge jede innere Fläche eines Festkörpers zur Oberfläche gemacht werden.

Bei keramischem Material hat sich gezeigt, daß die Untersuchung von Bruchflächen wertvolle Informationen liefern kann. Abb. 62 stellt den Bruchflächenabdruck von Steatit dar, einer keramischen Masse, die vielfach als Material für Isolierkörper verwendet wird. Physikalische, mechanische und elektrische Eigenschaften hängen dabei weitgehend vom Volumenverhältnis glasiger und kristalliner Masse ab. Im Bruchflächenbild lassen sich nun kristalline zu glasige Bereiche gut unterscheiden und durch Abschätzung der jeweiligen Flächen läßt sich der Volumenanteil von glasiger Masse abschätzen. So bilden derartige Aufnahmen eine wertvolle Ergänzung zu Röntgenfeinstrukturaufnahmen, bei denen aus der Vorwärtsstreuung in kleinen Winkeln ebenfalls auf den Volumenanteil an glasiger Masse geschlossen werden kann. Während jedoch die Röntgenfeinstrukturaufnahme nichts über die Verteilung von Kristallen und Glas aussagt, kann aus dem Bruchbild sowohl die Kristallgröße als auch die Ausdehnung der glasigen Bereiche zumindest näherungsweise abgeschätzt werden.

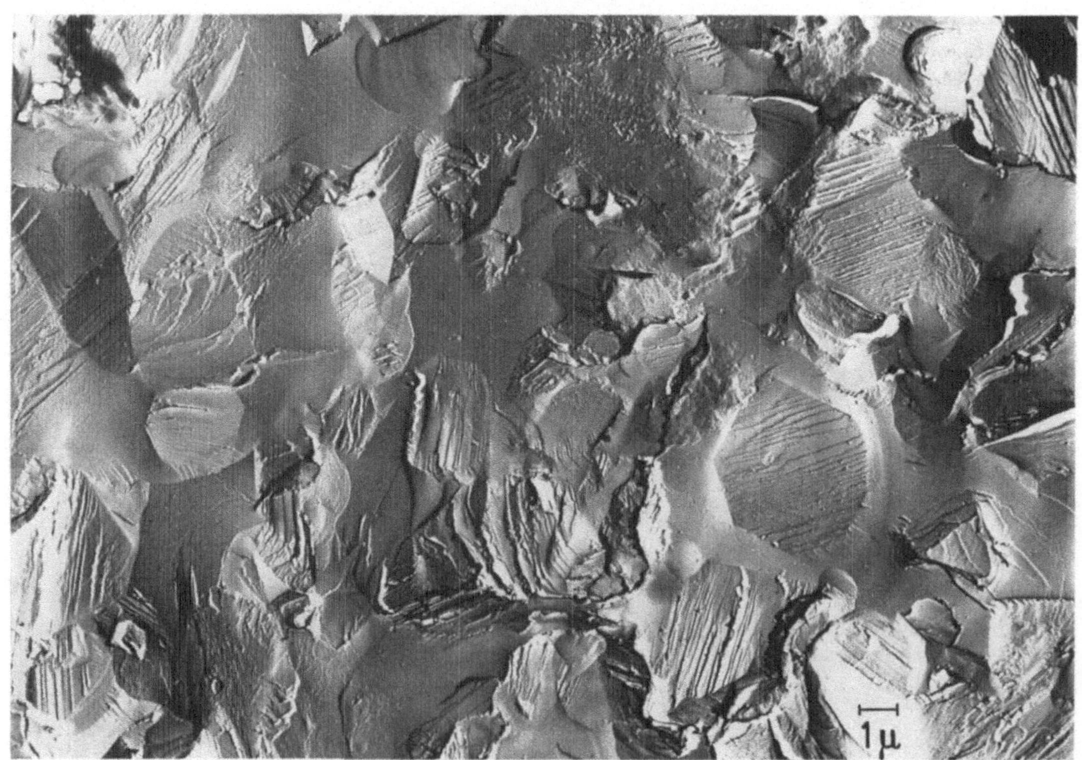

Abb. 62. Bruchflächenabdruck von einer keramischen Masse (Steatit). Technovit-Abdruck (Aufnahme: G. Schimmel)

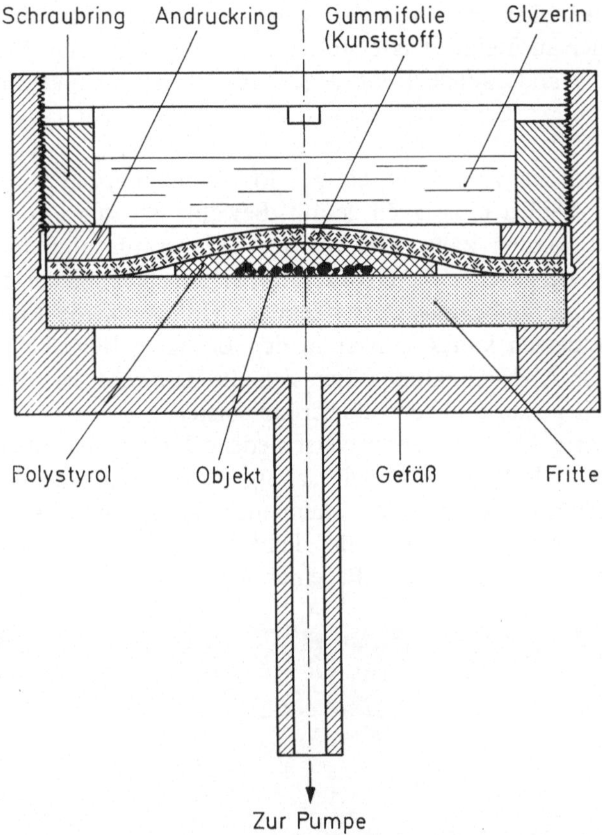

Abb. 63. Hilfsapparatur zur Anfertigung thermoplastischer Abdrucke kleiner Objekte (nach Angabe von G. JAYME u. G. HUNGER)

Industriell von großer Bedeutung ist das Studium von Faseroberflächen, das erst durch speziell dafür entwickelte Abdruckmethoden möglich wurde. Da die hierbei verwendete Abdrucktechnik auch für viele andere technisch und physikalisch interessante Probleme anwendbar ist, soll sie hier ausführlicher dargestellt werden.

Der Spinnfaserdurchmesser liegt im allgemeinen in einem Größenbereich, welcher der elektronenmikroskopischen Präparationstechnik nur schwer zugänglich ist. Zur Direktdurchstrahlung sind die Fasern viel zu dick, andererseits liegt der Faserdurchmesser im mikroskopischen Bereich, und es ist schwierig, die oft sehr elastischen Gebilde bei der Abdrucktechnik zu manipulieren. Eine sehr wertvolle Hilfsapparatur, die sich auch bei der Präparation von pulverförmigem Material bewährt hat, wurde von JAYME und HUNGER beschrieben. Eine modifizierte Ausführung stellt Abb. 63 dar. Es handelt sich im wesentlichen um einen Messingbecher, der an seinem unteren Boden einen Saugstutzen trägt. Im Innern des Bechers liegt auf einem Ansatz zunächst eine gasdurchlässige Fritte. Abzudrückende Objekte, z.B. Fasern, werden auf diese Fritte gelegt und mit einem Polystyrolfilm von einigen zehntel Millimeter Dicke bedeckt. Hierüber wird eine Gummi- oder Kunststoff-Folie gelegt, die mit einem Andruckring fixiert wird. Der Andruckring wird mit einem Schraubring, der in ein Innengewinde des Messingbechers eingreift, festgeschraubt. Zur besseren Handhabung trägt dieser Schraubring oben einen Querbalken. Der Messingbecher wird nun an eine Vakuumpumpe (Rotationspumpe) oder auch eine Wasserstrahlpumpe angeschlossen. Der äußere Luftdruck drückt die abdeckende Folie gegen das Polystyrol und dieses gegen das Untersuchungsobjekt. Bei extrem kleinen Objekten kann das Polystyrol zuunterst auf die Fritte und darauf das Objekt gelegt werden, wonach das Ganze wieder mit einer Folie abgedeckt wird. Nach einigen Minuten Pumpzeit wird der Messingbecher mit einer heißen Flüssigkeit gefüllt. Bewährt hat sich Glyzerin, das bis zu 160 °C erwärmt werden kann. Die richtige Temperatur muß in Vorversuchen ermittelt werden, desgleichen die Haltezeit. Im allgemeinen reichen etwa 5 – 10 min zur Abdrucknahme völlig aus. Anschließend wird die heiße Flüssigkeit ausgegossen und stattdessen kaltes Wasser in den Becher gefüllt. Bei dieser Art der thermoplastischen Abdrucknahme lassen sich alle Parameter wie Druck, Temperatur und Haltezeit genau und reproduzierbar einstellen.

In der Bildserie Abb. 64 werden verschiedene Fasertypen miteinander verglichen. Abb. 64a stellt Wolle dar. Die schuppenartig abgesetzten Cuticulazellen sind auch im Lichtmikroskop gut zu erkennen, während die Feinstruktur der Oberfläche in Faserrichtung unterhalb der lichtmikroskopischen Auflösungsgrenze liegt. In Abb. 64b ist die Oberfläche einer Roh-Baumwollfaser wiedergegeben,

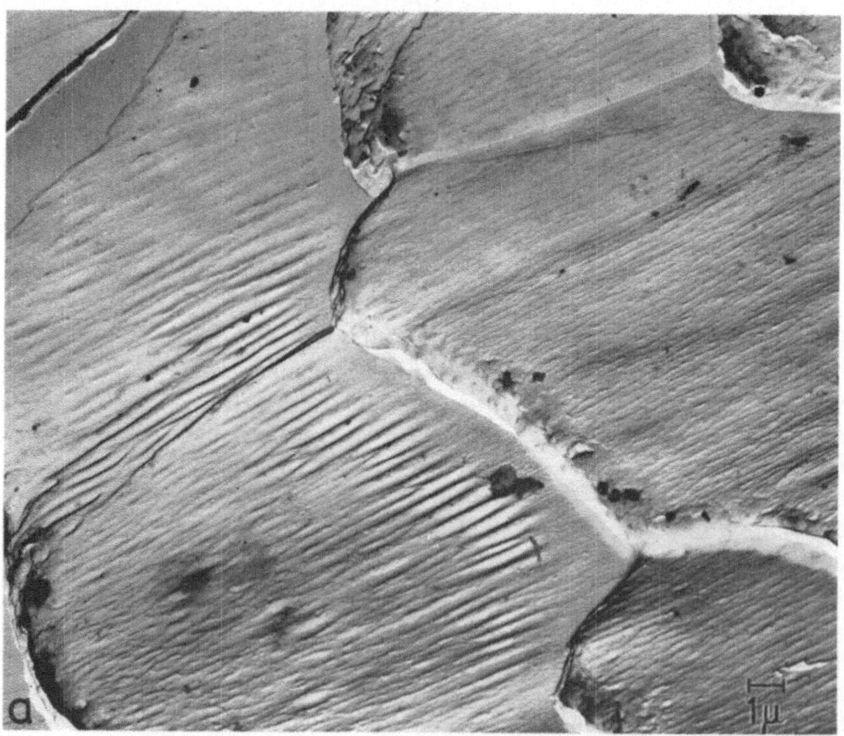

Abb. 64a – g. Thermoplastische Abdrucke von Faseroberflächen, angefertigt mit der Apparatur nach Abb. 63. (Aufnahmen [Abb. 64a – d]: G. Schimmel; [Abb. 64e – g]: H. Grothe)

a Wolle,
b Baumwolle,
c Mercerisierte Baumwolle,
d Regenerierte Cellulose (Floxan),
e Regenerierte Cellulose (Flox),
f Nylon, unverstreckt,
g Nylon, verstreckt

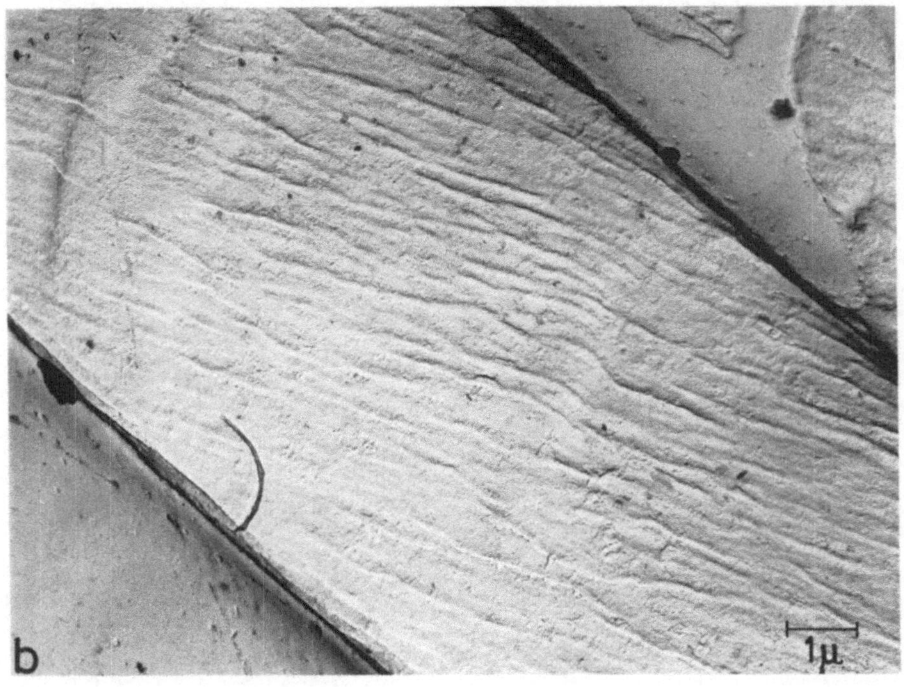

Abb. 64 b, c

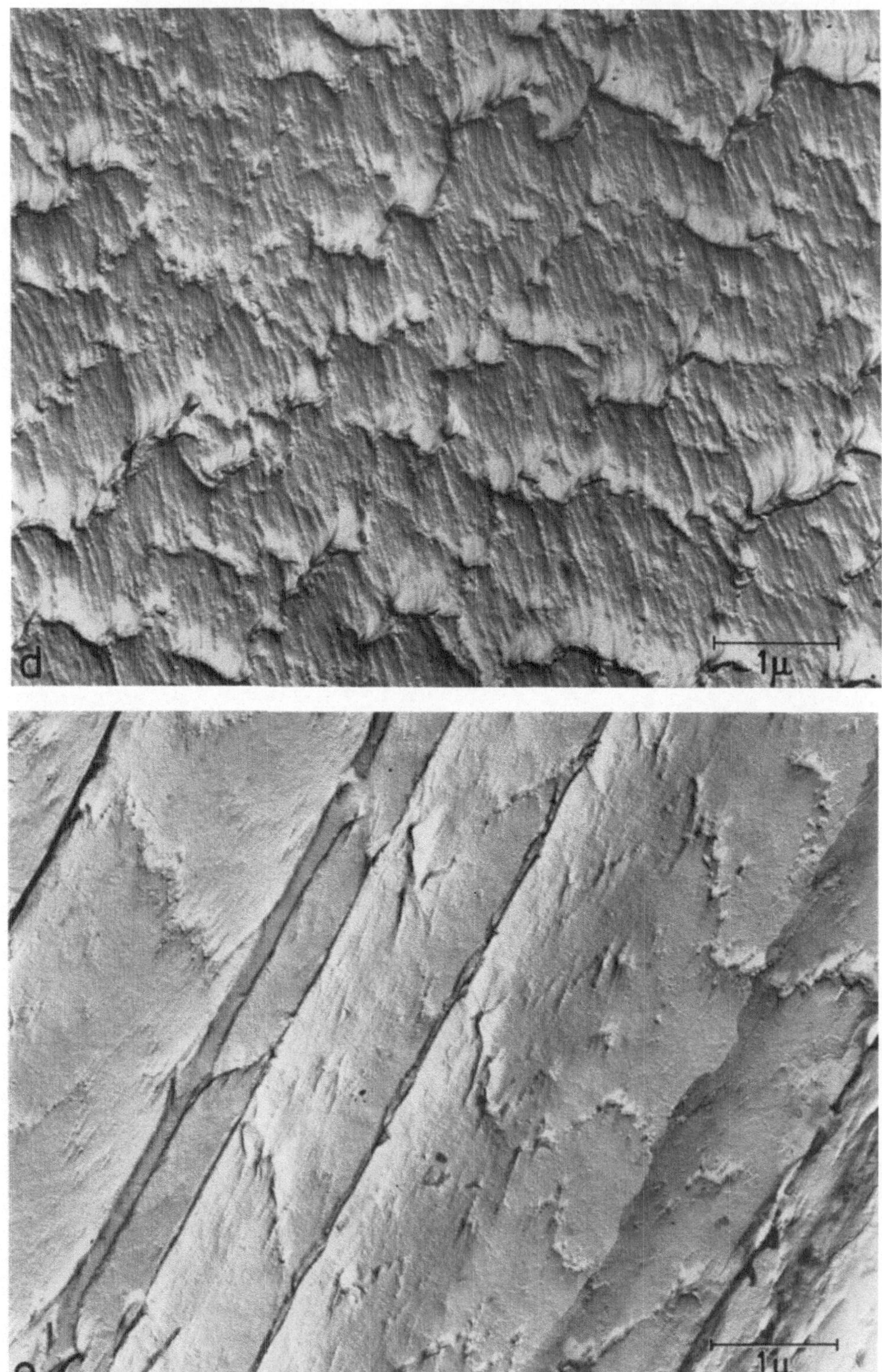

Abb. 64 d, e

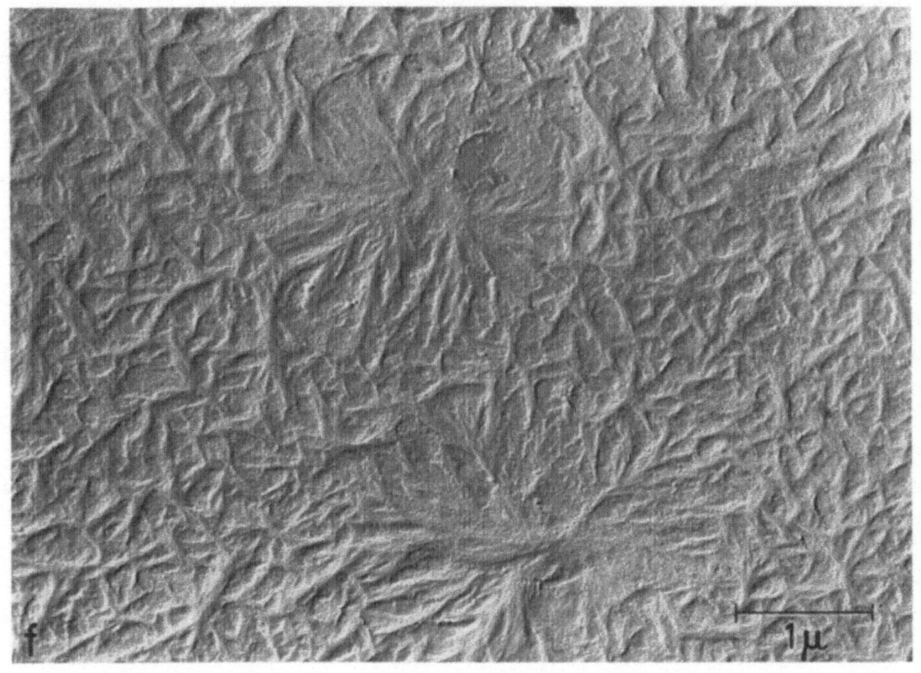

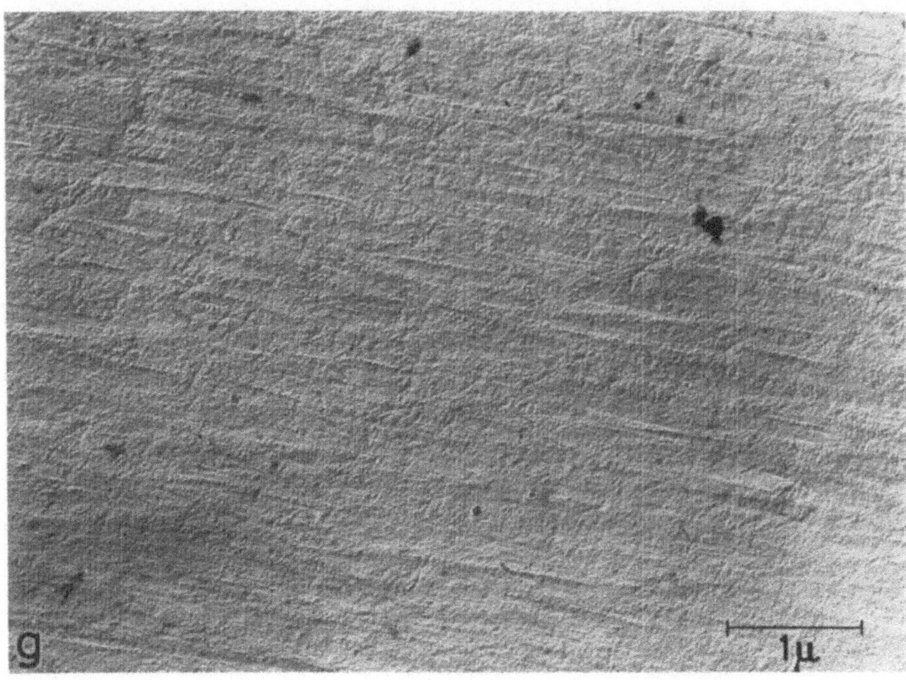

Abb. 64 f, g

die aus einer Pektinschicht besteht, durch die sich Bündel von Cellulosefasern (Makrofibrillen) nur andeutungsweise abzeichnen. Wird mit chemischen Mitteln die Pektinschicht entfernt (merzerisierte Baumwolle) so erhält man eine Oberfläche analog Abb. 64c, wo die Einzelfibrillen deutlich zu erkennen sind. Durch stufenweisen Abbau weiterer Schichten ist es KLING und MAHL gelungen, den Aufbau der Baumwollfaser aufzuklären.

Zwei weitere Typen von regenerierter Cellulose sind in den Abb. 64e und d einander gegenübergestellt. In Abb. 64e handelt es sich um die Faser mit dem Handelsnamen Flox, die vielfach für Kleidungsstücke Verwendung findet. Abb. 64g ist eine querschnittsrunde Faser mit dem Handelsnamen Floxan, die vor allem in der Teppichindustrie Eingang gefunden hat. Beide Fasertypen werden praktisch aus demselben Ausgangsmaterial hergestellt, die Unterschiede in Querschnittsform und Oberfläche werden durch die Zusammensetzung der Spinnbäder gesteuert.

Bei unverstrecktem Nylon in Abb. 64f kann man aus der Oberfläche auf die kristalline Struktur schließen. Deutlich sind zwei sphärolitische Kristallaggregate zu erkennen. Die Kristalle werden beim Verstrecken weitgehend zerstört, so daß in Abb. 64g lediglich eine schwache Riffelung in Faserachse zu erkenen ist.

Faseroberflächen lassen sich auch nach dem einfachen Lackabdruckverfahren untersuchen. Dazu wird ein Lacktropfen, z.B. Kollodiumlösung, auf einen Glasobjektträger gegeben. Nach kurzem Antrocknen wird die Faser eingedrückt und nach Verdunsten des Lösungsmittels vorsichtig wieder abgehoben. Diese Technik ist recht schwierig und der Gewinn an Auflösungsvermögen nur gering. In Abb. 65 wurde Rohbaumwolle nach diesem Verfahren in Lack abgedrückt.

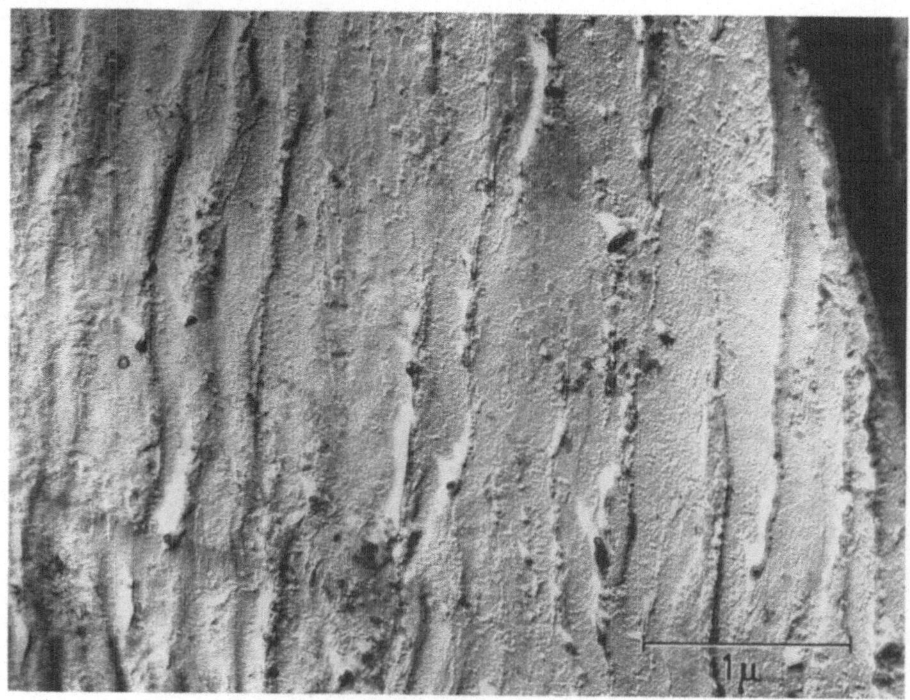

Abb. 65. Lackabdruck von Baumwolle (Aufnahme: G. SCHIMMEL)

6.7. Zielpräparationen

Bei vielen Untersuchungen sind Zielpräparationen erforderlich, bei denen ein ganz bestimmter Objektbereich im Abdruckbild erfaßt werden muß. In der Literatur sind zahlreiche Hilfsapparaturen zur Durchführung von Zielpräparationen beschrieben worden, von denen jedoch kaum eine absolut sicher arbeitet und 100%ige Präparatausbeute garantiert. Beste Hilfsmittel zur Anfertigung von Zielpräparationen sind ein Stereomikroskop und vor allem eine ruhige Hand. Vor dem Nachbau oder der Konstruktion einer Spezialapparatur versuche man, mit diesen „primitiven" Hilfsmitteln auszukommen. Relativ einfach liegen die Verhältnisse, wenn bei der Zielpräparation ein linear ausgedehnter Bereich erfaßt werden muß, z.B. die Verbindungsstelle zweier Materialien, was in Abb. 66 der Fall war. Hier mußte die Struktur einer Kupfer-Silber-Lötstelle erfaßt werden. In der linken Bildhälfte des schwach angeätzten Schliffes liegt Silber, auf der rechten Kupfer. Die dazwischenliegende Lötschicht ist deutlich gegen die beiden Metalle abgegrenzt. Innerhalb der Lötschicht läßt sich die Diffusionszone erkennen. Infolge der Diffusion des linken Metalles sind in der Nähe der Lötschicht Poren entstanden, in die das Abdruckmaterial eingedrungen ist (Lackabdruck). Den Poren entsprechen im Abdruck schlanke Erhebungen, die bei der Schrägbeschattung scharfe Schatten liefern.

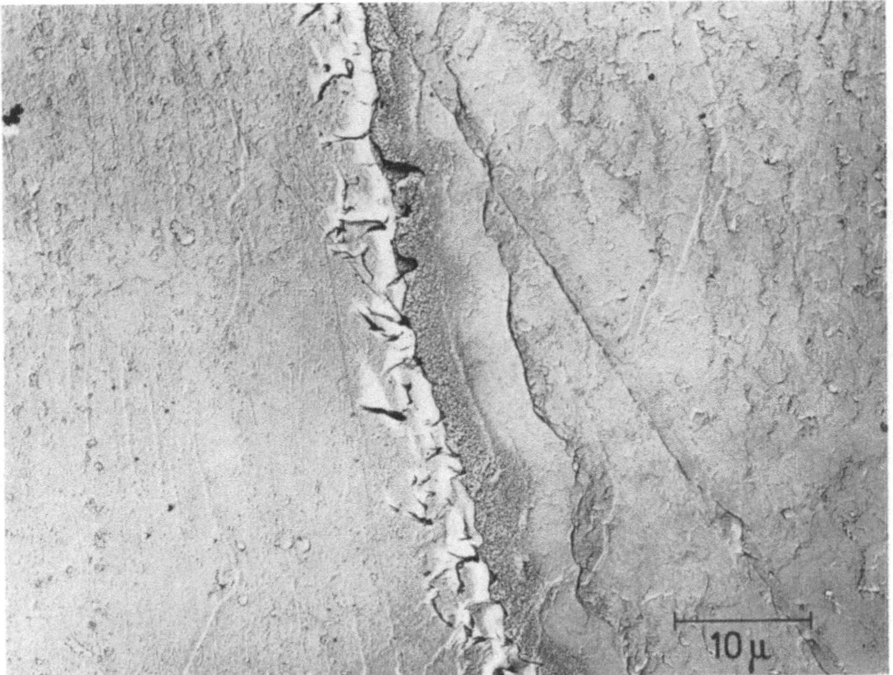

Abb. 66. Zielpräparation einer Kupfer-Silber-Lötstelle (Aufnahme: G. SCHIMMEL)

Ein anderes metallographisches Beispiel liefert Abb. 67. In der lichtmikroskopischen Abb. 67a sind zwei schwarze Gebiete vorhanden, die sich nicht eindeutig identifizieren ließen. In Abb. 67b wurde der gleiche Objektbereich durch einen

Doppelabdruck (1. Technovit, 2. Kohle/Wolframoxyd) erfaßt. Im Gegensatz zum lichtmikroskopischen Bild sind hier die einzelnen Perlitlamellen gut aufgelöst, was besonders in der höheren Vergrößerung in Abb. 67c zu erkennen ist. Hier zeigt sich nun, daß bei dem linken dunklen Bereich in Abb. 67a eine Graphitlamelle vorlag, während es sich bei dem rechten Bereich um einen Lunker oder Riß im Material handelt.

Ein extremes Beispiel für Zielpräparation stellen die Abb. 68 und 69 dar. In beiden Fällen handelt es sich um Zielpräparationen an einer Tonabnehmerspitze.

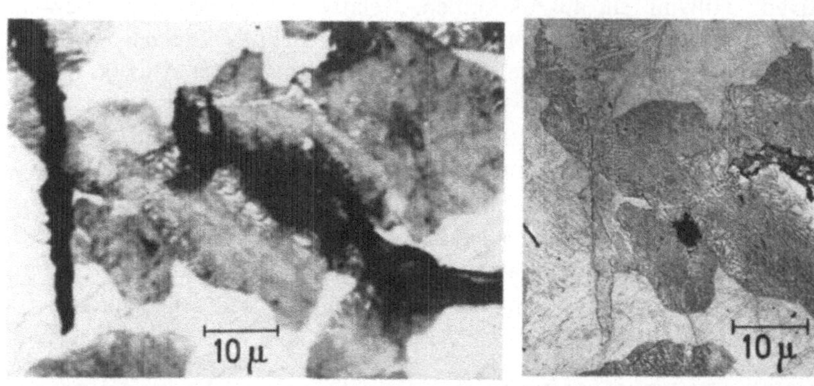

a b

c

Abb. 67a—c. Zielpräparation eines legierten Gußeisen-Schliffes. (Aufnahmen: G. Schimmel). a Lichtmikroskopische Abbildung, b und c Elektronenmikroskopische Abbildung

In Abb. 68 zeigt die äußerste Spitze unzureichende Oberflächengüte. In Abb. 69 war die Aufgabe gestellt worden, den Übergang zwischen geschliffenem und poliertem Bereich an einer solchen Nadel zu erfassen.

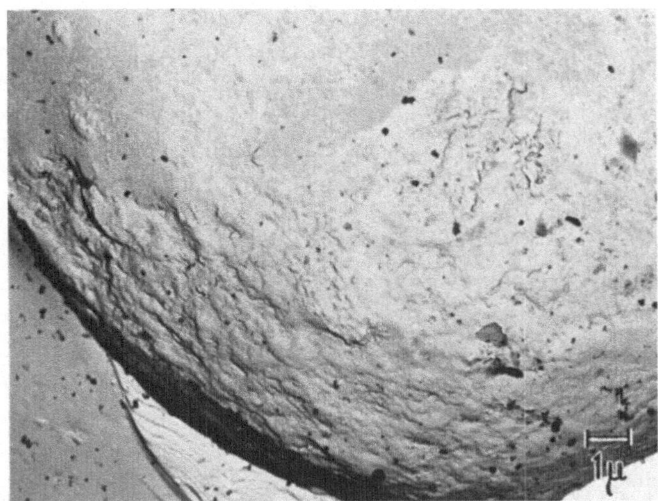

Abb. 68. Zielpräparation einer Tonabnehmerspitze (Aufnahme: H. GROTHE)

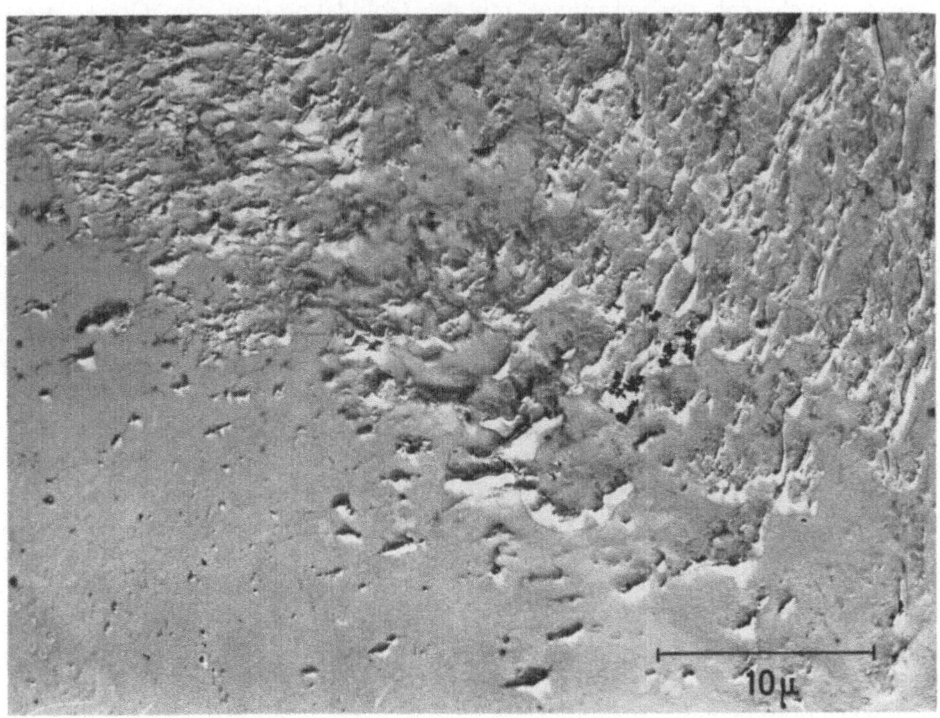

Abb. 69. Zielpräparation einer Tonabnehmerspitze. Grenze zwischen poliertem und geschliffenem Bereich (Aufnahme: H. GROTHE)

6.8. Dekorationsverfahren

Eine Sonderstellung innerhalb der Abdruckverfahren nimmt die *Dekoration* ein. Hierunter wird folgende Erscheinung verstanden:

Es hat sich gezeigt, daß die Keimbildung auf Festkörperoberflächen beim Aufdampfen von Metallen sehr empfindlich auf Oberflächen-Irregularitäten anspricht. So findet die Keimbildung bevorzugt an Gitterstufen, Durchstoßpunkten von Versetzungen, Gleitlinien, Fremdeinschlüssen und ähnlichen Störungen statt. Um diesen Effekt ausnützen zu können, muß dafür gesorgt werden, daß während der Keimbildung und der anschließenden Kristallisation die Atome des aufgedampften Metalles eine hinreichend große Oberflächenbeweglichkeit besitzen, was durch Erwärmen des Substrates erreicht wird. Zum Beispiel hat sich bei der Dekoration von Steinsalz-Spaltflächen (BETHGE u. Mitarb.) besonders Gold als Dekorationsmetall bei einer Substrat-Temperatur von etwa 150 °C bewährt.

Die Empfindlichkeit der Methode ist sehr hoch. Nach Arbeiten von BETHGE können noch Oberflächenstufen in der Höhe einer Elementarzelle (ca. 3 Å) dekoriert werden: Entlang der Stufe kristallisieren kleine Goldkriställchen in einer Perlenkette.

Die Präparation kristalliner Objekte geschieht in folgender Weise: Im Hochvakuum wird das Objekt gespalten, um die Gewähr zu haben, daß eine weitgehend reine Fläche vorliegt. Ohne Zwischenbelüftung wird nach Erwärmung des Objektes auf die notwendige Temperatur Gold oder ein anderes geeignetes Edelmetall in geringer Menge aufgedampft. Anschließend wird ein Kohleträgerfilm in üblicher Weise aufgebracht, der zusammen mit der Golddekoration vom Objekt gelöst wird. In Abb. 70a und b sind zwei nach diesem Verfahren dekorierte Natriumchloridspaltflächen abgebildet. In Abb. 70a sind vorzugsweise Stufen auf der Spaltfläche dekoriert worden, in Abb. 70b dagegen Gleitlinien und Gleitbänder, die beim Spalten des Kristalles entstanden sind. Bild 70c, das ebenfalls Golddekoration einer Steinsalzspaltfläche zeigt, verdient besondere Beachtung. In dieser von BETHGE diskutierten Aufnahme markiert die waagerecht verlaufende Dekorationslinie eine Kleinwinkelkorngrenze (tilt boundary), von der schräg nach rechts unten Spaltstufen ausgehen. Es fällt nun auf, daß die Dichte der Goldkriställchen entlang der Korngrenze deutlich geringer ist als entlang der Spaltstufen. Auch sind die Kriställchen entlang der Korngrenze äquidistant verteilt. BETHGE erklärt diese Erscheinung durch die Annahme, daß hier keine Stufe vorliegt, sondern daß es sich um Durchstoßpunkte von Versetzungen handelt. An diesen Durchstoßpunkten liegt eine besondere Ionenanordnung vor, wie in Bild d schematisch dargestellt wurde.

Diese wenigen Beispiele zeigen nun bereits, wie verschieden die Ursachen für die Keimbildung bei der Dekoration sein können. BETHGE schlägt dehalb folgende Einteilung der Dekorationseffekte vor:

a) Dekoration von Punktdefekten, z.B. Durchstoßpunkten von Versetzungen gemäß Bild 70c.

b) Dekoration von eindimensionalen Irregularitäten, z.B. Spaltstufen, Abdampfstrukturen (Bild 70a und b).

c) Dekoration von Kristallflächen verschiedener Indizierung, bei denen die Anordnung, Dichte und unter Umständen auch Form der Kriställchen charakteristische Unterschiede aufweisen kann.

a

b

Abb. 70a—d. Golddekoration von NaCl-Spaltflächen (Aufnahmen a u. b: H. GROTHE). a Dekorierte Abdampfstufen, b Dekorierte Gleitlinien und Gleitbänder

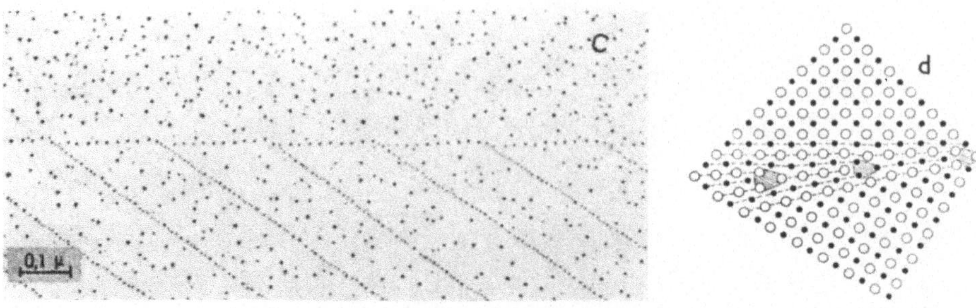

Abb. 70c u. d.
c Dekorierte Kleinwinkelkorngrenze in NaCl mit Spaltstufen, d Ionenanordnung um Durchstoßpunkte von Stufenversetzungen. (c u. d nach H. BETHGE: Third European Regional Conference of Electron Microscopy, Vol. A, S. 263—264. Prag 1964)

Der Wechselwirkungsmechanismus zwischen Objektfläche und Kristallkeimen ist noch nicht in allen Einzelheiten geklärt. Ursprünglich wurde das Verfahren vorzugsweise auf Ionenkristalle angewendet und man konnte annehmen, daß die Keimbildung durch die elektrische Feldstärke beeinflußt wird. Es zeigt sich jedoch, daß auch nicht ionogene Kristalle (Halbleiter) und darüber hinaus sogar Kunststoffe mit nur geringem kristallinen Anteil dekoriert werden können. Die partielle Unkenntnis des Wirkungsmechanismus sollte jedoch nicht von der Anwendung des Verfahrens abhalten. Schließlich werden auch Ätzverfahren zur Bestimmung der Versetzungsdichte aus Ätzgrübchen benutzt, ohne daß der Mechanismus, der zu der Entstehung der Ätzgrübchen in der Umgebung von Versetzungsdurchstoßpunkten führt, in allen Details geklärt ist.

7. Zeitauflösung

Bei der Bearbeitung wissenschaftlicher Probleme ist es oft von großer Bedeuttung, zeitliche Veränderungen in einem System verfolgen zu können. Elektronenmikroskopische Aufnahmen stellen jedoch in gewisser Weise Momentaufnahmen dar, in denen ein zu einem bestimmten Zeitpunkt vorliegender Zustand fixiert worden ist. Oft ist es andererseits schwierig, in der zur Präparation erforderlichen Zeit Objekt-Veränderungen mit Sicherheit auszuschließen. Somit stehen bisweilen zwei widersprechende Forderungen einander gegenüber:

1. Mit einem elektronenmikroskopischen Präparat soll ein bestimmter Objektzustand zu einem bestimmten Zeitpunkt gezielt erfaßt werden, wobei während der Präparation Objekt-Veränderungen mit Sicherheit ausgeschlossen werden müssen.

2. Der zeitliche Ablauf bestimmter Vorgänge im oder am Objekt soll mit möglichst geringem Aufwand, also mit möglichst wenigen Präparationen und Aufnahmen registriert werden.

Für die Erfüllung dieser, sich unter Umständen widersprechenden Forderungen gibt es keine allgemein gültigen Regeln. Im allgemeinen wird jede Aufgabenstellung ihren besonderen Lösungsweg erfordern. Dennoch soll versucht werden, an einigen repräsentativen Beispielen Lösungsmöglichkeiten aufzuzeigen. Vollständigkeit kann hierbei nicht erreicht werden, doch liegt gerade in der Anpassung der experimentellen Möglichkeiten an eine bestimmte Aufgabe der eigentliche Reiz des experimentellen Arbeitens. Die folgenden Ausführungen sollen also lediglich Hinweise enthalten, wie man im einzelnen vorgehen kann, ohne allgemein gültige Regeln aufzustellen.

Die Aufgabe, zeitlich veränderliche Vorgänge zu verfolgen, wird erleichtert, wenn man den zu untersuchenden Vorgang, z.B. eine chemische Reaktion, in verschiedene Teilabschnitte zerlegen und zu jedem Teilabschnitt eine elektronenmikroskopische Präparation durchführen kann. Der zeitliche Abstand der einzelnen Präparationen richtet sich natürlich nach der Geschwindigkeit, mit der der zu untersuchende Vorgang abläuft und kann zwischen Tagen und Sekunden variieren.

Hydratation von Zement

Die elektronenmikroskopische Untersuchung der Erhärtung von Zementpasten stellt ein gutes Beispiel für ein derartiges Vorgehen dar. Bei dieser auch als Hydratation bezeichneten Erhärtung laufen chemische Reaktionen ab, die gleichzeitig von Kristallisationsvorgängen begleitet sind. Eine gewisse Schwierigkeit liegt darin, in den frühen Hydratationsstufen das freie Wasser so zu entfernen, daß der zu untersuchende Zustand möglichst wenig gestört wird. Hier, wie auch in vielen anderen Fällen läßt sich diese Forderung durch ein Gefriertrocknungsverfahren erfüllen. Beim Zement wurde folgendermaßen vorgegangen:

Eine in üblicher Weise angerührte Zementpaste wurde möglichst dünn auf Glasobjektträger ausgestrichen. Diese Glasobjektträger wurden in einem Exsiccator in wasserdampfgesättigter, kohlensäurefreier Luft gelagert. In entsprechenden Zeitabständen wurden einzelne Glasobjektträger entnommen und zum Schutz vor atmosphärischen Einflüssen (insbesondere Carbonatisierung) in flüssigem Stickstoff tiefgefroren. Anschließend wurden die Proben in einer Vakuumaufdampfapparatur gefriergetrocknet. In üblicher Weise wurden anschließend Kohlenhüllenabdrucke hergestellt. Zunächst zeigt Bild a der Bildserie Abb. 71 die Klinkerkörner des Zementes unmittelbar nach dem Anrühren. Drei Stunden nach dem Anrühren lassen sich in Abb. 71 b bereits an den Klinkerkörnern kleine stabförmige Kriställchen erkennen. Abb. 71c zeigt, wie diese Stäbchen nach 7 Std strahlenförmig von den einzelnen Klinkerkörnchen ausgehen und sich in Abb. 71d nach 24 Std zu einem dichten Netz verfilzen. Vereinzelt sind, so z. B. in der Bildmitte, noch Reste der Klinkerkörner zu erkennen. Nach 48 Std (Abb. 71e) sind die Klinkerkörner praktisch verschwunden, die stäbchenförmigen Calcium-Silicat-Hydratkristalle (tobermoritähnliche Phasen) beherrschen das Bild. Nach 14 Tagen haben sich zusätzlich weitere, mehr globulare Kristallkörner ausgebildet, die teilweise die Tobermoritnadeln umschließen (Abb. 71f). Nach 28 Tagen ist die Erhärtung beendet (Abb. 71g), es hat sich eine dichte kristalline Masse ausgebildet, wobei es unmöglich ist, aus den noch erkennbaren Kristallformen auf die ver-

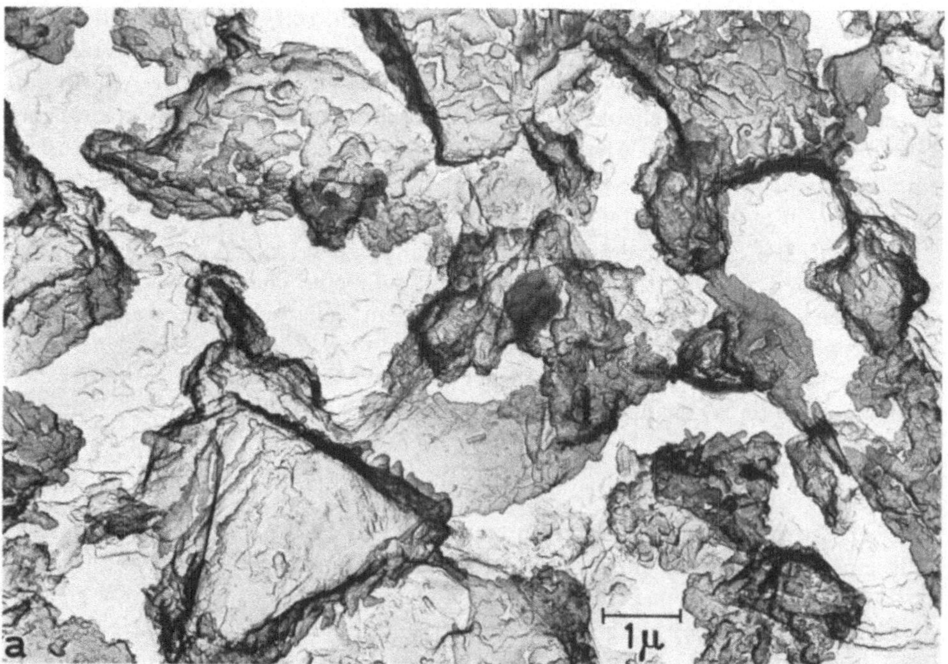

Abb. 71a—g. Hydratation von Zement (Kohlenhüllen-Abdrucke). (Aufnahmen: H. GROTHE)

a Ausgangszustand, e Hydratationszeit 48 Std,
b Hydratationszeit 3 Std, f Hydratationszeit 14 Tage,
c Hydratationszeit 7 Std, g Hydratationszeit 28 Tage
d Hydratationszeit 24 Std,

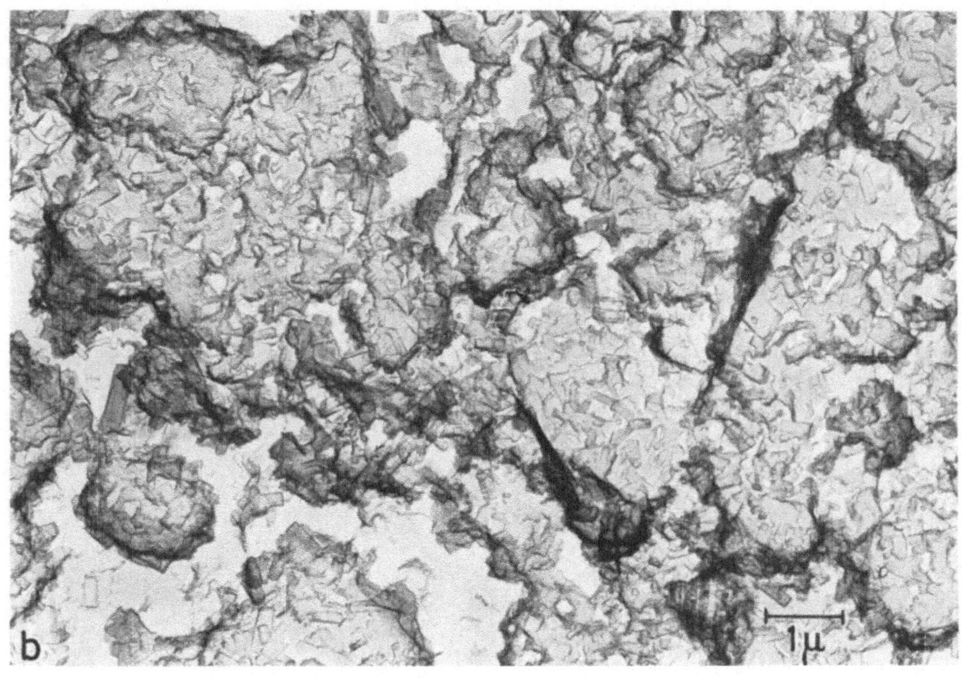

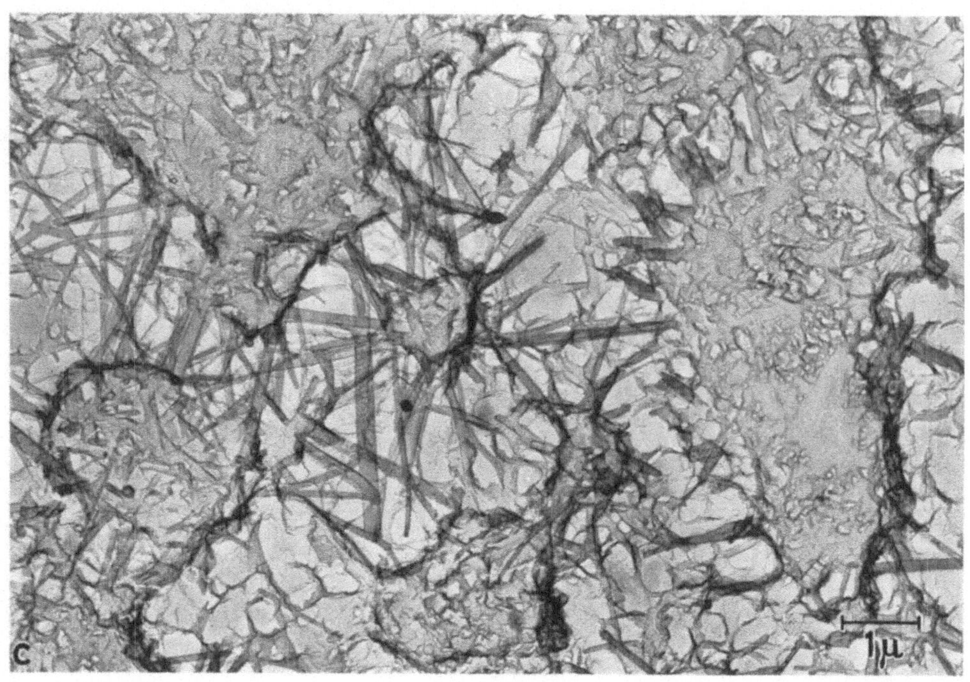

Abb. 71 b, c

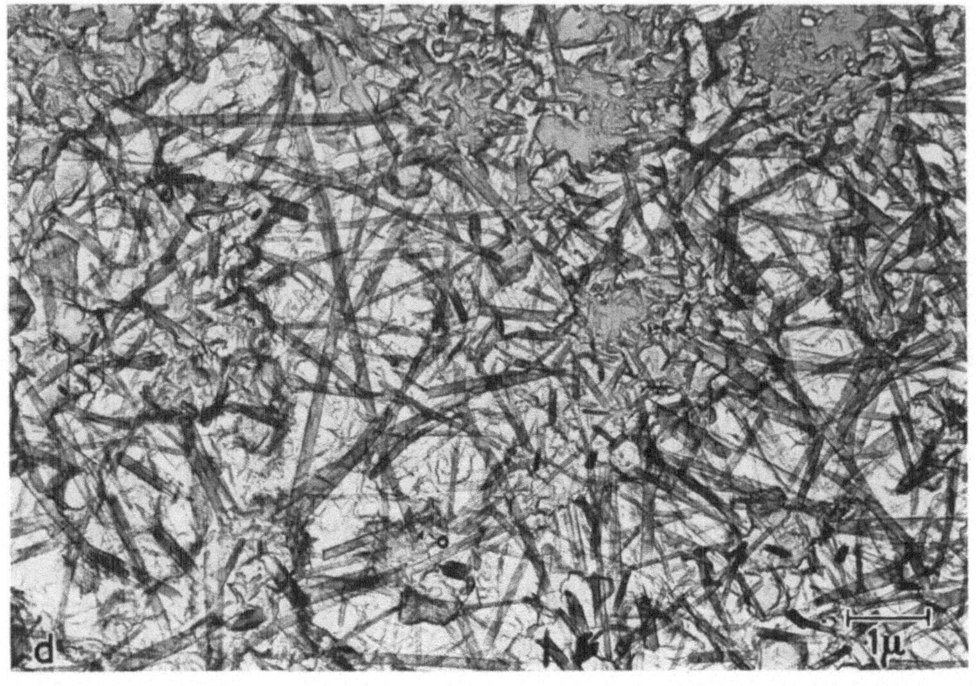

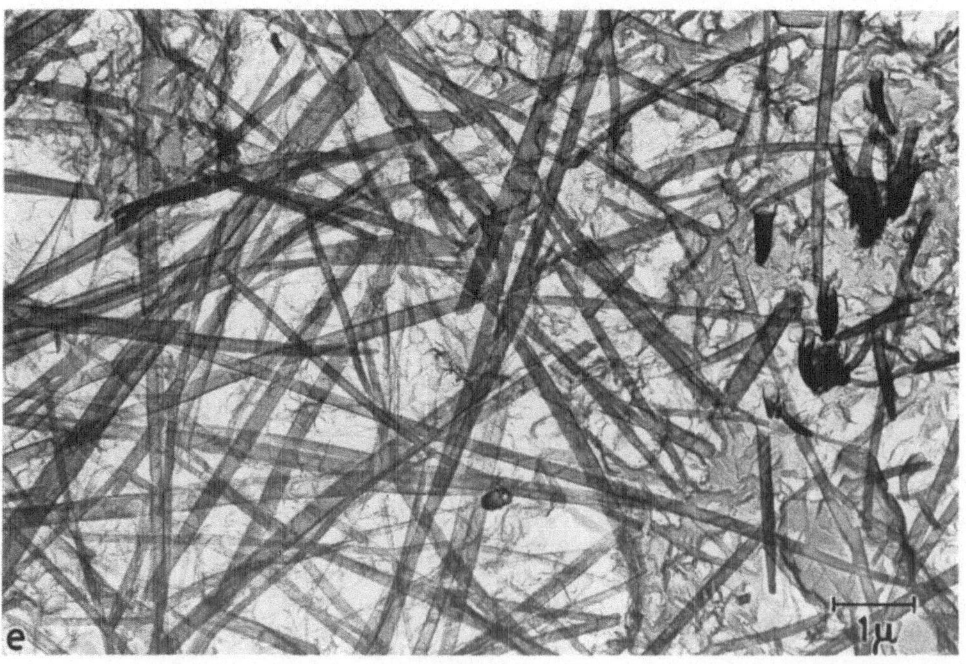

Abb. 71 d, e

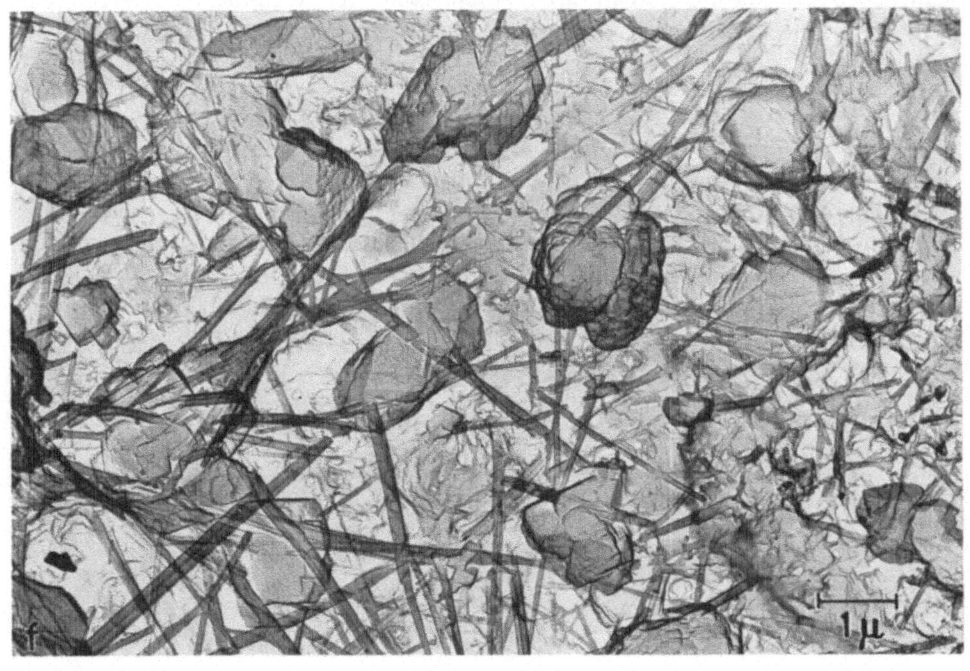

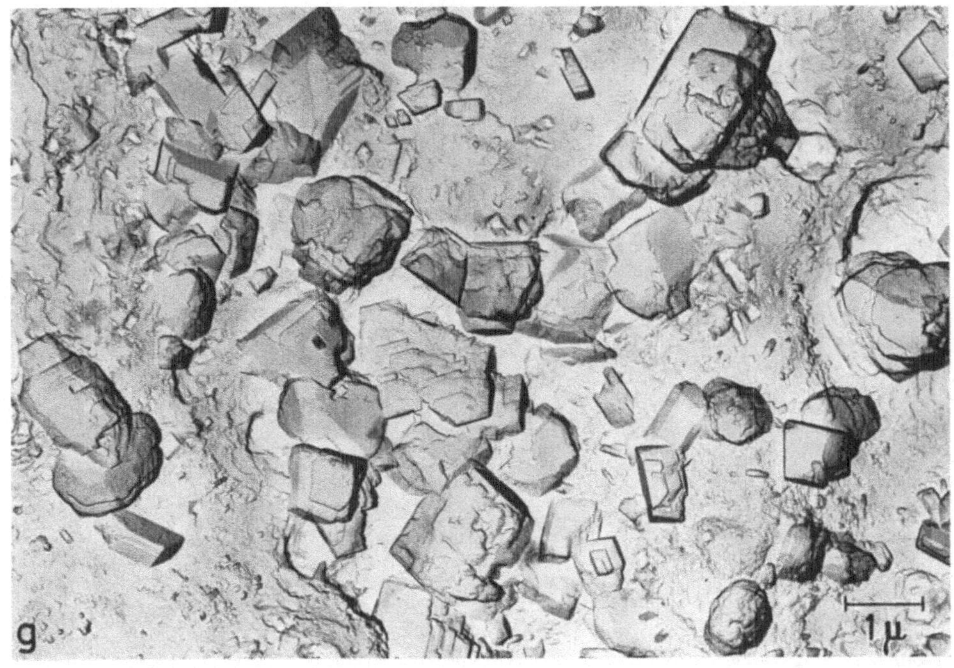

Abb. 71 f, g

schiedenen Hydratationsstadien zurückzuschließen. Nur die zeitliche Verfolgung der einzelnen Hydratationsstadien ermöglichte hier eine Analyse der Hydratationsvorgänge.

Carbonatisierung von Calciumhydroxid

Bei der Zementerhärtung war die Erfassung der verschiedenen Hydratationsstadien durch die relativ langsame Reaktionsgeschwindigkeit leicht möglich. Im nächsten Beispiel liegt eine rascher ablaufende, technisch ebenfalls ausgenutzte Reaktion vor. Es handelt sich um die Carbonatisierung von Calciumhydroxid im technischen Maßstabe, wobei ein Gemisch von Kohlendioxid und Luft in Kalkmilch (eine Ausschwemmung von feindispersem Calciumhydroxid in Wasser) hindurchgeblasen wurde. Dabei geht ein Teil des CO_2 in Lösung und reagiert mit dem gleichfalls gelösten Calciumhydroxid-Anteil nach der Reaktionsgleichung:

$$Ca(OH)_2 + H_2O + CO_2 \rightarrow CaCO_3 + 2H_2O.$$

Das Calciumcarbonat fällt nach Erreichen der Sättigungsgrenze aus der Lösung aus. Das verbrauchte, gelöste Calciumhydroxid wird durch das Lösen neuer Hydroxidkristalle ersetzt.

Demgemäß ist eine gleichmäßige Abnahme der Größe und Anzahl der Calciumhydroxidkristalle und ein kontinuierliches Wachstum von $CaCO_3$-Kristallen zu erwarten, bis schließlich das gesamte Calciumhydroxid in Lösung gegangen ist und sich mit der Kohlensäure zu Calciumcarbonat umgesetzt hat. Die Abb. 72a–c beweisen, daß bei dieser, nach Lehrbuchdarstellung sehr einfachen chemischen Reaktion im submikroskopischen Bereich unerwartet komplizierte Vorgänge ab-

a

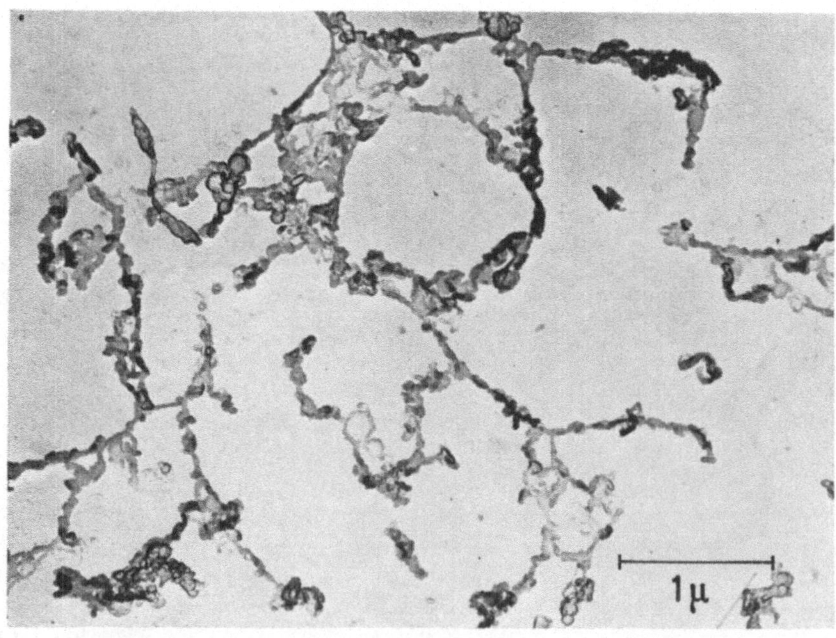

Abb. 72a–c. Zwischenprodukte bei der Fällung von Kreide aus Kalkmilch durch Einleiten von CO_2 (Kohlehüllen-Abdruck). (Aufnahmen: H. GROTHE)
a Begasungsdauer 15 min, b Begasungsdauer 18 min, c Begasungsdauer 33 min

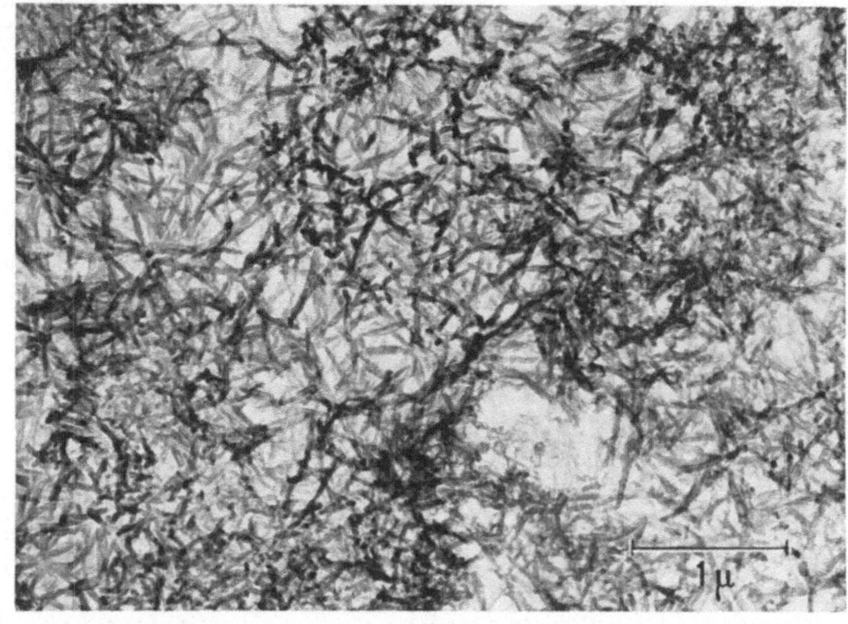

b

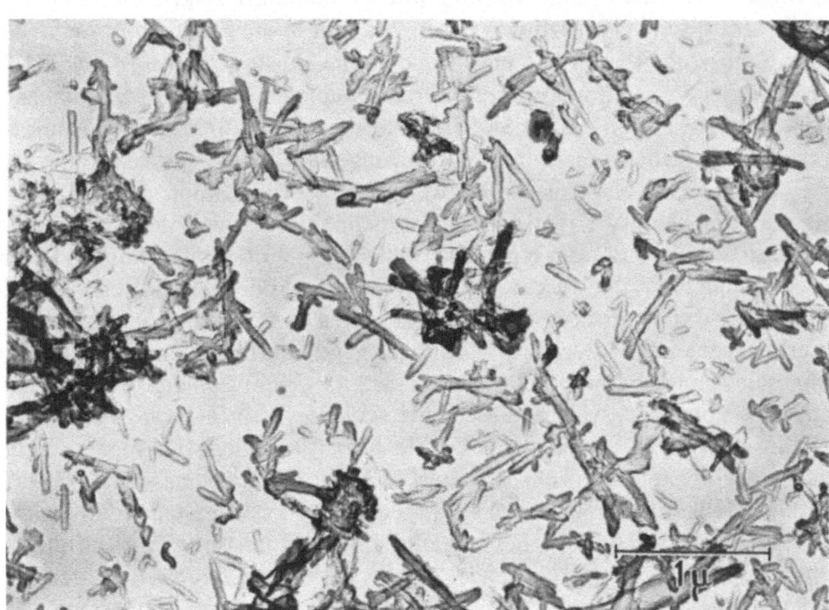

c

Abb. 72 b, c

laufen können. Präpariert wurde wiederum nach dem Gefriertrocknungsverfahren in Verbindung mit Kohlehüllenabdrucken. Nach einer Gasungszeit von 10 min haben sich kettenförmige Gebilde aneinandergelagert, wobei morphologisch nicht unterschieden werden kann, welche Bereiche etwa dem Calciumhydroxid und welche dem Calciumcarbonat zuzuordnen sind. Diese Ketten verfilzen sich immer mehr, und nach etwa 50% der Gasungsdauer (Abb. 72b) ist ein dichtes Netzwerk entstanden, das zu einem steilen Ansteigen der Viscosität führte. Die einzelnen Stränge des Netzwerkes brechen bei weiterer Einwirkung von Kohlensäure auseinander und schließlich liegen kurz vor Ende des Gasung Kristallstäbchen vor (Abb. 72c), die an verschiedenen Stellen kleine Einkerbungen zeigen. An diesen eingekerbten Stellen brechen die Stäbchen schließlich zu kleinen Calcit-Rhomboedern auseinander, wie sie bereits in Abb. 5a erfaßt wurden. Die Beugungsanalyse lieferte die Reflexe von reinem Calcit. Ohne daß hier auf die chemische Bedeutung der verschiedenen Reaktionsstadien eingegangen wird, zeigen diese zeitlich aufeinanderfolgenden Aufnahmen sehr deutlich, wie aufschlußreich die submikroskopische Verfolgung einer relativ einfachen chemischen Reaktion sein kann. Die gesamte Fällungsdauer betrug etwa 10 min, dabei konnten im Abstand von etwa 30 sec Proben entnommen und präpariert werden.

Oberflächenbearbeitung

Das nächste Beispiel behandelt die Bearbeitung einer Metalloberfläche mit einer Schleifscheibe und ist deswegen besonders aufschlußreich, weil hier aus einer einzigen Aufnahme ein zeitlicher Ablauf erschlossen werden kann.

Untersucht wurden polierte Stahlplatten, die im Tangentialschleifverfahren mit sehr geringer Zustelltiefe angeschliffen waren. Zunächst zeigen die beiden interferenzmikroskopischen Aufnahmen (Abb. 73a und b) die Eintauch- und Austauchzone der Schleifscheibe, wobei auffällt, daß die Austauchzone (Abb. 73b) eine scharfe Begrenzung zeigt, während in der Eintauchzone (Abb. 73a) zunächst weit auseinanderliegende, von einzelnen Schleifkörnern herrührende Einzelspuren auftreten, so daß zwischen geschliffenem und ungeschliffenem Bereich keine scharfe Grenze besteht. Die elektronenmikroskopischen Aufnahmen Abb. 74a und b bestätigen diesen Sachverhalt. In der Eintauchzone läßt sich deutlich der örtlich verschiedene Einsatzpunkt der einzelnen Schleifkörper erkennen, während dagegen an der Austauchzone eine relativ scharfe Begrenzung des geschliffenen Bereiches vorhanden ist. Bei stereoskopischer Betrachtung von Stereobildpaaren läßt sich an dieser Grenze eine Materialaufwölbung des geschliffenen Bereiches gegenüber dem ungeschliffenen Bereich beobachten. Die an einem Schleifkorn ablaufenden dynamischen Vorgänge, welche diese Unterschiede von Eintauch- und Austauchzone bewirken, erschließt nun die folgende Abb. 75a. Hier wird in der Eintauchzone eine einzelne, zunächst sehr tiefe und breite von links nach rechts verlaufende Schleifriefe erfaßt, die offensichtlich von einem weit herausstehenden Korn herrührt. Diese Riefe bricht plötzlich ab und findet hinter einer zerklüfteten Aufwerfung ihre Fortsetzung in einer viel dünneren Riefe. Stereoaufnahmen ermöglichen eine Höhenvermessung dieser Materialstelle und damit die perspektivische Darstellung in Abb. 75b. Sie gestattet die folgende Interpretation der Aufnahme Abb. 75a: An der zerklüfteten Aufwerfung ist das Schleifkorn zerbrochen und lediglich eine beim Bruch neu entstandene Spitze hat die kleine Riefe in der rechten Bildhälfte erzeugt. Wesentlich für die Deutung des Schleifvorganges ist nun die hügelige Aufwerfung an der Bruchstelle. Sie beweist, daß es sich bei dem Schleifvorgang nicht um eine einfache Materialabtragung handelt. Vor jedem Schleifkorn her läuft eine Aufwölbung, die zu beiden Seiten der Schleifriefe Randaufwölbungen

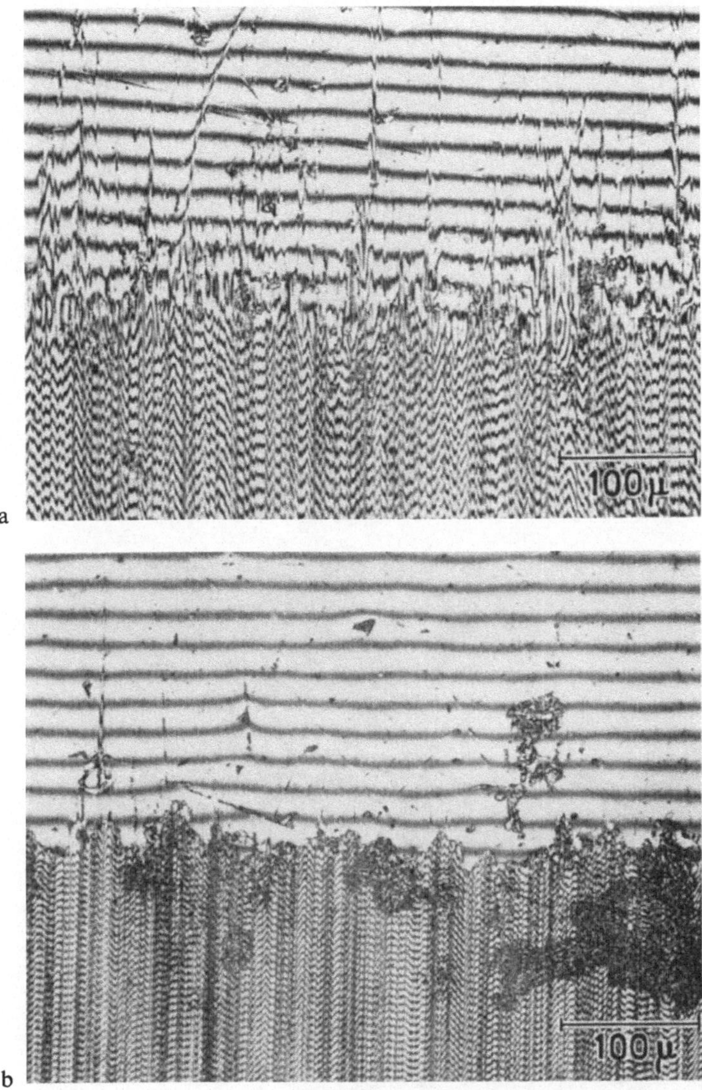

Abb. 73a u. b. (Aufnahmen: K.-J. SCHULZE).
a Interferenzmikroskopische Aufnahme der Eintauchzone einer Schleifscheibe in ein Werkstück, b Interferenzmikroskopische Aufnahme der Austauchzone einer Schleifscheibe

hinterläßt. Greifen bei einem Schleifvorgang viele Körner einer Schleifscheibe gleichzeitig in das Material ein, so werden sich diese Aufwölbungen zu einer Art Wall verbinden, der mit der Schleifscheibe zur Austrittszone mitläuft. Hier entsteht die bereits erwähnte Stufe zwischen geschliffenem und ungeschliffenem Bereich. In Abb. 76 wurden diese Vorgänge schematisch dargestellt.

Das Abbrechen des Schleifkornes ermöglichte also hier die Analyse eines Vorganges, der normalerweise mit so großer Geschwindigkeit abläuft, daß er mit elektronenmikroskopischen Einzelschritten nicht zu erfassen ist. Die zeita

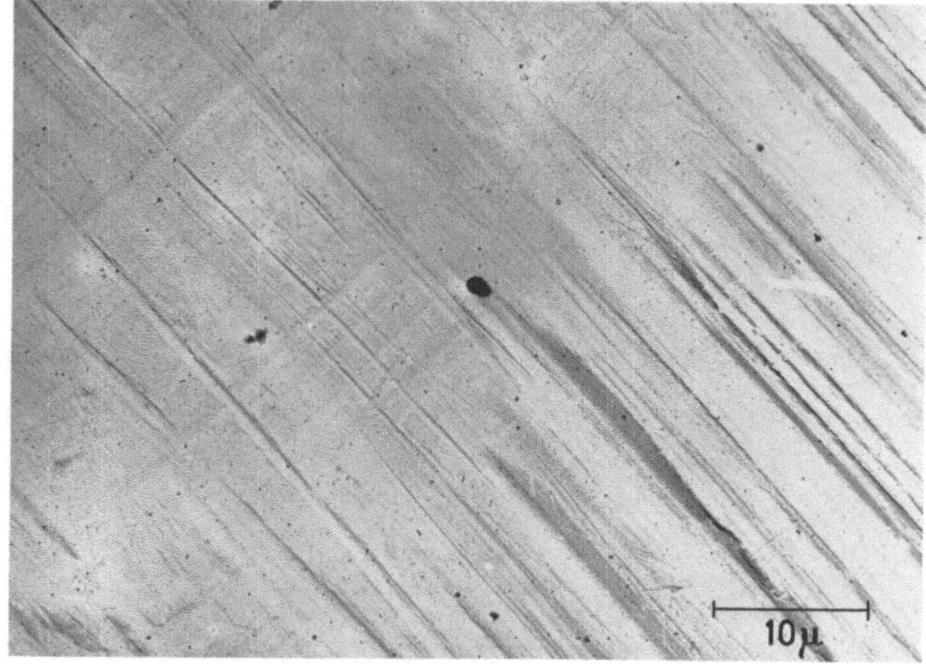

b

Abb. 74a u. b. Elektronenmikroskopische Aufnahmen der Eintauch- und Austauchzone analog Abb. 73. (Aufnahmen: K.-J. SCHULZE). a Eintauchzone, b Austauchzone

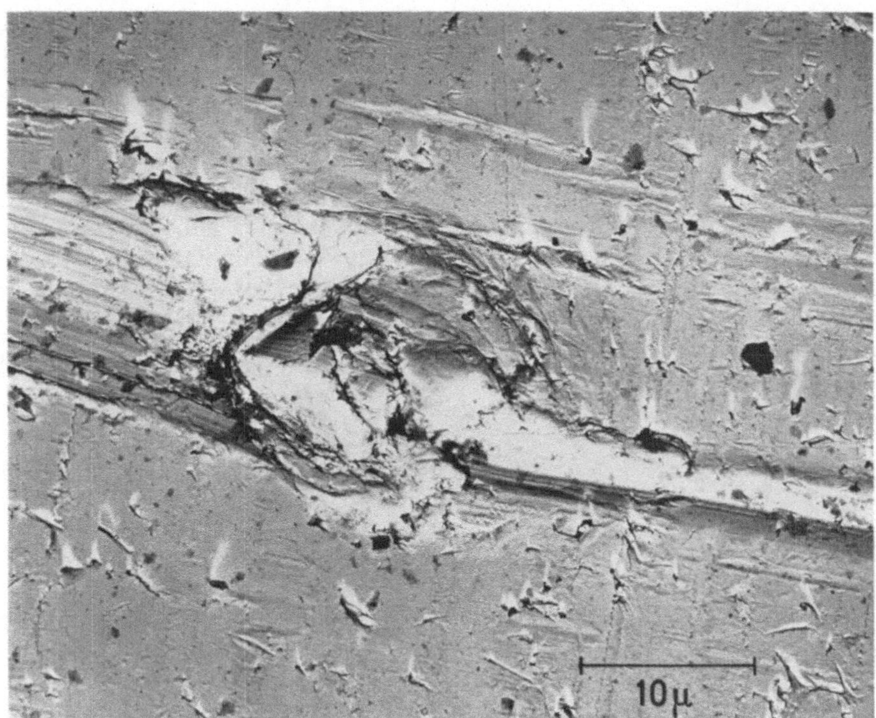

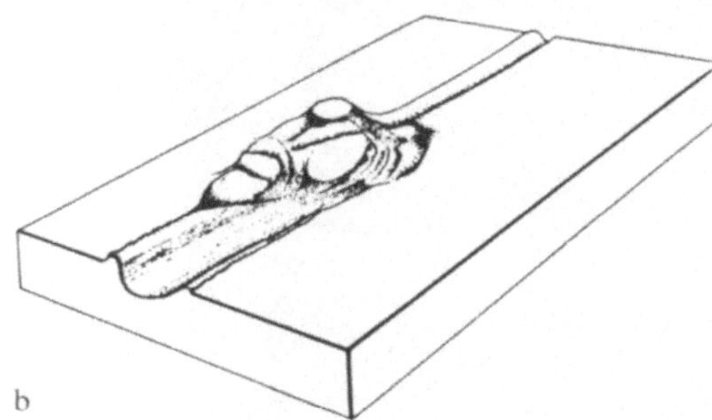

Abb. 75a u. b. a Einzelspur aus der Eintauchzone, b Perspektivische Darstellung zu Abb. a, gewonnen nach Auswertung einer Stereoaufnahme [vgl. H. KRUG: Werkstattechnik **53**, 454—462 (1963)]. (Aufnahme [Abb. 75a]: H. GROTHE)

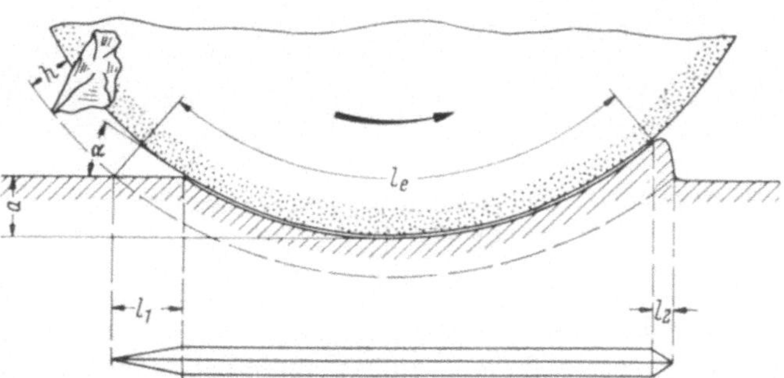

Abb. 76. Schematische Darstellung der Materialverformung durch eine Schleifscheibe [vgl. H. KRUG: Werkstattechnik **53**, 454—462 (1963)]

liche Analyse ist deshalb möglich, weil für ein Koordinatensystem, das mit dem einzelnen Schleifkorn bewegt wird, ein zeitlich invariantes Bild vorliegt, vergleichbar mit dem Bild der Bugwelle, die vom fahrenden Schiff her beobachtet wird.

Plastische Verformung

Das nächste Beispiel behandelt die plastische Verformung eines dünnen Platin-Drahtes. Nach der Dehnung in einer Mikro-Zerreißmaschine wurde von dem nur rund 6 μm dicken Draht in der Apparatur aus Abb. 63 ein thermoplastischer Prägeabdruck und anschließend daran ein Pt/C-Aufdampfabdruck hergestellt (Abb. 77). In dem Bild sind als Folge der plastischen Verformung deutlich Gleitstufen zu erkennen, und aus den Kreuzungspunkten dieser Spuren folgt eindeutig die zeitliche Folge der Gleitvorgänge. Wir betrachten als Beispiel nur den unteren

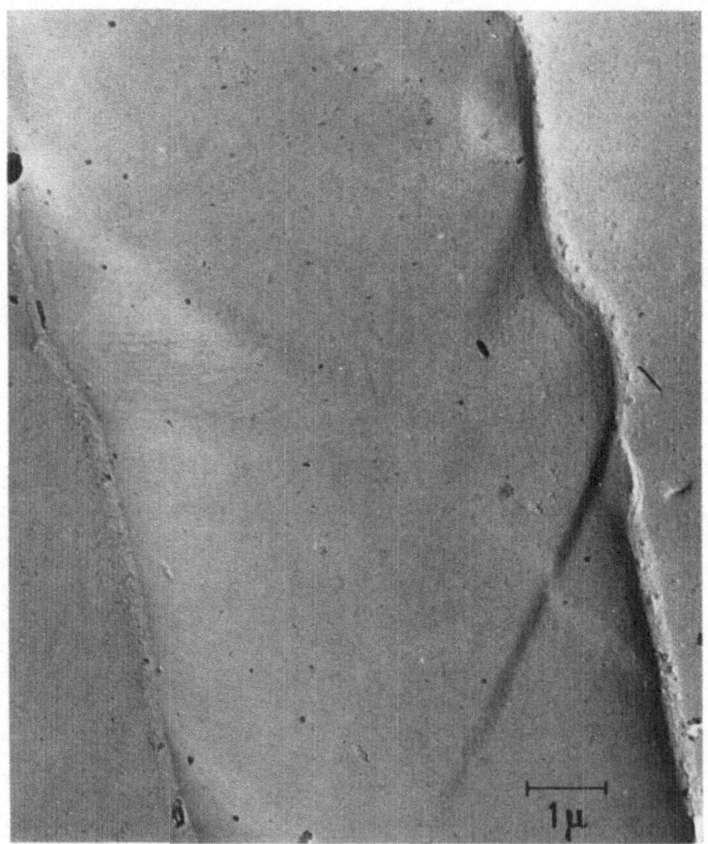

Abb. 77. Gleitstufen in einem plastisch verformten superdünnen Platin-Draht. (Aufnahme: H. Grothe)

rechten Kreuzungspunkt zweier Gleitstufen. Durch Anlegen eines Lineals kann man sich leicht überzeugen, daß die von links unten nach rechts oben verlaufende Stufe, die durch die Schrägbedampfung hohen Kontrast aufweist, über den Kreuzungspunkt kontinuierlich hinwegläuft; dagegen erleidet die gekreuzte, kontrastärmere, von rechts unten nach links oben verlaufende Stufe am Kreuzungspunkt deutlich eine seitliche Versetzung. Diese Gleitstufe ist also zuerst entstanden. Bei der zweiten Abgleitung wurde die zunächst kontinuierlich durchlaufende Stufe am Kreuzungspunkt unterbrochen. Der obere Teil der Stufe wurde zusammen mit dem umgebenden Material nach rechts oben verschoben.

Zeitauflösung durch Bedampfungs-Verfahren

In den Abb. 75 und 77 lieferten die aufgenommenen Objekte von sich aus Anhaltspunkte für den zeitlichen Ablauf von vorausgegangenen Objektveränderungen. Das ist jedoch nur relativ selten der Fall. Können wegen zu großer Geschwindigkeit der Objektveränderungen keine Präparationsserien angefertigt werden, so bleibt noch die Möglichkeit, durch spezielle Präparationstechniken die zeitliche Veränderung in einem einzigen Präparat zu erfassen. Bethge gibt zur Erfassung schnell ablaufender Oberflächenveränderungen 3 Methoden an:

a) Einfache Schlitzbedampfung
b) Bedampfung durch Mehrfachschlitze
c) Bedampfung durch Sägezahnblende.

Diese Verfahren sind anwendbar, wenn es sich darum handelt, Veränderungen zu erfassen, die vorzugsweise nur entlang einer Ortskoordinate erfolgen. In allen drei obengenannten Methoden wird während der Veränderung eine Blende bewegt, durch die gleichzeitig die Bedampfung zur Dekoration der Oberfläche erfolgt.

Bethge hat dieses Prinzip auf die Untersuchung von Gleitstrukturen von Kristallen angewendet. Wir betrachten als Beispiel die Untersuchung der Entstehung eines Gleitbandes während der Verformung eines Kristalles (vgl. Abb. 70a u. b). Das nur wenige μm breite Band besteht aus zahlreichen einzelnen Gleitstufen von meistens nur atomarer Höhe, die als Spuren einzelner, bewegter Versetzungen auftreten. Bethge beantwortete mit dem Verfahren der einfachen Schlitzbedampfung die kristallphysikalisch interessante Frage, in welcher Reihenfolge die Gleitstufen innerhalb des Gleitbandes gebildet werden. Abb. 78a zeigt schematisch die Versuchsanordnung, wobei v_v die Geschwindigkeit einer Versetzung und v_s die Geschwindigkeit der Schlitzblende darstellt. Durch die bewegte Blende wird die Gleitstufe im Augenblick ihrer Entstehung erst von einem bestimmten Punkt an dekoriert.

Durch die elektronenmikroskopischen Aufnahmen des Dekorationspräparates läßt sich dann die zeitliche Entstehungsfolge der Gleitspuren in einem Gleitband erfassen. Das in Abb. 78b erfaßte Gleitband (nach Photomontage mehrerer Aufnahmen) wurde in etwa 40 msec gebildet. Die Schlitzbewegung erfolgte von links nach rechts und die Numerierung der zeitlich aufeinanderfolgenden Gleitstufen läßt erkennen, daß die einzelnen Gleitprozesse zeitlich statistisch erfolgten. Die unter dem Bild angegebene Zeitskala ergibt sich unmittelbar aus Schlitzgeschwindigkeit und Vergrößerung. Die Zeitauflösung liegt in diesem Falle unter 5 msec.

Wird die Schlitzblende durch eine Spezialblende ersetzt, die senkrecht zur Bewegungsrichtung der Versetzungen bewegt wird, so lassen sich auch die Versetzungsgeschwindigkeiten ermitteln. Sie ergaben sich bei dem Beispiel der Abb. 78

zu etwa 10 cm/sec. Das Prinzip des Verfahrens ist vielseitig anwendbar und kann den verschiedensten Fragen angepaßt werden.

Schließlich besteht noch die Möglichkeit, während der elektronenmikroskopischen Beobachtung Objektveränderungen direkt auf dem Leuchtschirm zu ver-

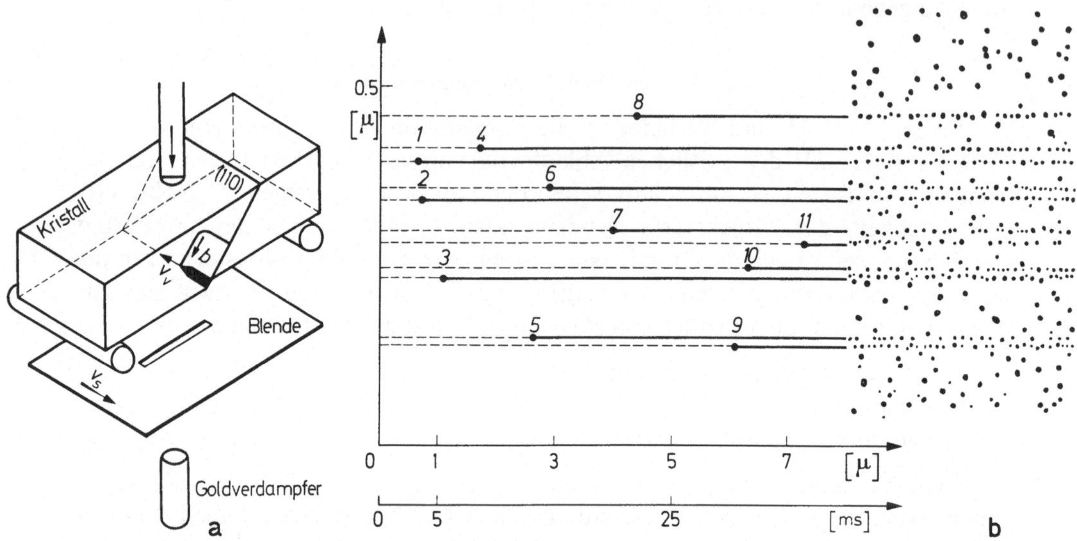

Abb. 78a u. b. Dekoration einer Steinsalzfläche während der Verformung zur Bestimmung der zeitlichen Entstehungsfolge der einzelnen Gleitstufen in einem Band. a Versuchsanordnung, b Ergebnis. (Nach H. BETHGE: Abstracts of the Fourth European Regional Conference of Electron Microscopy, Bd. 1, S. 273. Rom, Sept. 1968)

folgen und gegebenenfalls zu filmen. Das Verfahren ist auf durchstrahlbare Objekte beschränkt, z.B. dünne, durchstrahlbare Metallfolien. Dabei ist in jedem Falle zu prüfen, ob die an diesen dünnen Folien beobachteten Vorgänge Rückschlüsse auf das Verhalten kompakten Materials zulassen.

8. Kombination von Beobachtungsverfahren

8.1. Grundsätzliches

In den vorangegangenen Kapiteln 4 und 6 wurde dargestellt, wie die relativen Kontraste im elektronenmikroskopischen Bild in verwickelter Weise von den Objekteigenschaften, der Präparation und den Untersuchungsbedingungen am Elektronenmikroskop zusammenhängen.

Bei der Transmissionsmikroskopie kristalliner Objekte wird der Kontrast einzelner Objektbereiche z.B. von folgenden Parametern beeinflußt:

Kristallstruktur
relativer Orientierung zwischen Kristallgitter und Folienebene
Winkel zwischen Präparatebene und Elektronenstrahl
kleinen Verbiegungen des dünnen, kristallinen Objektes
Präparatdicke
Orientierung von Burgers-Vektoren relativ zum Elektronenstrahl.

Speziell wurde im Kapitel 4: „Beugungskontraste" beschrieben, wie diese Einflußgrößen für sich allein oder in Kombination miteinander Kontrasterscheinungen hervorrufen, deren vollständige Interpretation schwierig und manchmal ohne Zuhilfenahme anderer Untersuchungsmethoden nahezu unmöglich ist. Besonders irreführend können solche Beugungskontraste werden, die nicht mit speziellen Objekteigenschaften, sondern mit den Präparations- oder Beobachtungsbedingungen zusammenhängen. Die Interferenzschlieren in Abb. 34 sowie die Streifen gleicher Dicke in Abb. 37a und b stellen hierfür typische Beispiele dar.

Bei Abdruckpräparaten liegen ähnliche Verhältnisse vor. Die Serie Abb. 59 beweist, wie verschieden oder sogar gegensätzlich die Kontraste in Abdruckpräparaten, die in verschiedener Weise vom gleichen Objekt hergestellt wurden, sein können. Man vergleiche z.B. die Abb. 59i und n. Bei Abdruckmaterialien beeinflussen nach Kapitel 6 im wesentlichen folgende Faktoren das Bild:

Objektvorbereitung (z.B. Ätzen)
Abdruckmethode (z.B. Lackabdruck oder Aufdampfabdruck)
Abdrucknachbehandlung (Schrägbedampfung).

Die vielfachen Möglichkeiten, die sich durch Variation der Präparationsbedingungen spezieller Abdruckverfahren bieten, können dazu führen, daß verschiedene, nach unterschiedlichen Methoden gewonnene Präparate des gleichen Objektes durchaus unähnliche elektronenmikroskopische Aufnahmen liefern können, wobei die Frage müßig ist, welche Aufnahme die richtige oder bessere ist. Es gibt im Grunde keine „richtigen" oder „falschen" Aufnahmen, sondern nur richtige oder falsche Interpretationen.

Schließlich sei noch an die Phasenkontrasterscheinungen in der Nähe des Auflösungsvermögens erinnert, die in Kapitel 5.1 behandelt wurden. Gerade solche Kontrasterscheinungen, wie sie in Abb. 50 bei extrem hohen Vergrößerungen auftreten, können leicht zu voreiligen Deutungen verleiten, besonders wenn man bedenkt, daß Elektronenmikroskope oft von Wissenschaftlern solcher Fakultäten benutzt werden müssen, für die die Physik nur eine Hilfswissenschaft ist und die somit auch mit der Gesetzmäßigkeit derartiger Erscheinungen nicht vertraut sind.

Schließlich sei noch auf folgenden Umstand verwiesen:

Die Übertragung unserer Erfahrungen aus der makroskopischen Welt in submikroskopische Bereiche ist nur sehr begrenzt möglich. Zum Beispiel stellen makroskopisch ermittelte Maßzahlen für mechanische Eigenschaften von Festkörpern statistische Mittelwerte dar, bei denen über sehr große Objektbereiche und somit auch über sehr viele Gitterlagen gemittelt wurde. Beim Übergang zu submikroskopischen Bereichen können derartige Maßzahlen weitgehend ihre ursprüngliche Bedeutung verlieren. Das gilt z.B. für die Begriffe Härte und Festigkeit: Es ist sehr gewagt, Gesetze, die sich etwa beim Bau einer Betonbrücke bewährt haben, auf die Feinstruktur des Kieselsäuregerüstes einer Diatomee zu übertragen. Erinnert sei hier auch an die Diskrepanz zwischen der gittertheoretisch errechneten Festigkeit eines Kristalls und den viel niedrigeren Meßwerten, die der Zerreißversuch liefert. Messungen an fehlerfreien Haar-Kristallen (sog. Whiskern) zeigen, daß die Gitterfehler für die Unterschiede in den Meßwerten verantwortlich sind: Bei fehlerfreien Kristallen werden die theoretischen Festigkeitswerte annähernd erreicht. Im Gesichtsfeld, das bei sehr hohen elektronenmikroskopischen Vergrößerungen noch erfaßt werden kann, liegen jedoch oft nur sehr wenige oder gar keine Gitterfehler vor. Auf solche Bereiche dürfen deshalb makroskopisch ermittelte Maßzahlen über die Festigkeit nur mit Vorsicht übertragen werden.

Der sicherste Weg, sich bei elektronenmikroskopischen Arbeiten vor Fehlinterpretationen zu schützen, besteht in der Kombination von verschiedenen Untersuchungsverfahren. Hierbei kann es sich entweder um die Kombination der Elektronenmikroskopie mit einem anderen Meß- oder Beobachtungsverfahren handeln oder auch um die Kombination verschiedener Präparations- oder Untersuchungsverfahren für die Elektronenmikroskopie. Eine alte, leider oft nicht genügend beachtete Regel der Elektronenmikroskopie besagt, daß ein neuer Befund erst dann als gesichert angesehen werden darf, wenn er durch zwei verschiedene Beobachtungsmethoden oder aber durch zwei, voneinander möglichst stark verschiedene Präparationsmethoden nachgewiesen worden ist.

Wie im Falle der Zeitauflösung ist es auch hier kaum möglich, ein System für die zweckmäßige Kombination von Beobachtungs- oder Präparationsmethoden aufzustellen. Doch können die folgenden Beispiele sicherlich nützliche Hinweise geben, wie man im Einzelfall zweckmäßig vorgeht. Grundsätzlich lassen sich folgende Hinweise geben:

a) Vor jeder elektronenmikroskopischen Untersuchung prüfe man, ob sich das anstehende Problem nicht ganz oder partiell mit den Methoden der Lichtmikroskopie bearbeiten läßt. Die Beherrschung der lichtmikroskopischen Technik in allen ihren Varianten sollte für jeden Elektronenmikroskopiker unabdingbare Voraussetzung sein.

b) Ferner sollte man bei allen Abdruckpräparaten nie versäumen, einige Stereoaufnahmen anzufertigen. Auch wenn Stereoaufnahmen in Veröffentlichungen aus drucktechnischen Gründen oder wegen der Unbequemlichkeit der Betrachtung im allgemeinen nicht gebracht werden, sind sie ein nahezu unentbehrliches Mittel bei der Interpretation der Bilder.

c) Bei Durchstrahlungsaufnahmen, die gewöhnlich bei recht hohen Vergrößerungen aufgenommen werden, vergewissere man sich immer, ob das erfaßte Gesichtsfeld groß genug ist, um sichere Aussagen über das Untersuchungsmaterial zu machen. Auch sollte stets die Möglichkeit berücksichtigt werden, daß durch den Präparationsvorgang wesentliche Materialeigenschaften, wie z. B. Versetzungsdichten, geändert sein könnten.

d) Im Bereich der Auflösungsgrenze der Hochleistungs-Elektronenmikroskope werden durch Wechselwirkung zwischen gestreuten und nicht gestreuten Elektronenwellen Phasenkontraste erzeugt und in schwer überschaubarer Weise durch den Öffnungsfehler der Objektivlinse beeinflußt. Einzelaufnahmen enthalten nur Teilinformationen über das Objekt, und nur Fokussierungsreihen schützen hier vor Fehlinterpretationen.

Im Zweifelsfall soll stets versucht werden, einen neuen Befund durch zwei verschiedene Präparationsmethoden am gleichen Objekt oder durch die Kombination von verschiedenen Untersuchungsmethoden abzusichern.

8.2. Beispiele

Metallographie

Die Metallographie erschließt aus den mikroskopischen Bildern metallographischer Schliffe das Gefüge der vorliegenden Legierung und korreliert die so gefundenen Aussagen mit wichtigen Eigenschaften der Legierung wie: Härte, Festigkeit, Duktilität, Korrosionsverhalten usw. Die „klassische" Metallographie, die sich lediglich der lichtmikroskopischen Möglichkeiten bedienen konnte, hat durch die Elektronenmikroskopie eine wesentliche Erweiterung erfahren. Nunmehr sind auch submikroskopische Ausscheidungen und ihre Veränderungen der Beobachtung zugänglich.

In den vorangegangenen Kapiteln stellten bereits die Abb. 59h–p und 67b und c Beispiele für elektronenmikroskopische Aufnahmen metallographischer Schliffe dar. Die erstgenannte Bildserie demonstrierte den Einfluß des Abdruckverfahrens auf die Bildkontraste, und im zweitgenannten Beispiel wurden licht- und elektronenmikroskopische Bilder einander gegenübergestellt. In den folgenden Beispielen für die Kombination von Beobachtungsverfahren sollen die Vergleichsmöglichkeiten zwischen verschiedenen Abbildungsverfahren nochmals beträchtlich erweitert werden.

Kohlenstoffstahl C 45

Abb. 79 zeigt eine normale, lichtmikroskopische Aufnahme eines angeätzten Schliffes von Kohlenstoffstahl C45. Die Kontraste rühren vom unterschiedlichen Reflexionsvermögen der Gefügebestandteile für sichtbares Licht her. Die dunklen Bereiche sind Perlit, also lamellenförmige Anordnungen von Zementit (Fe_3C) und Ferrit (kubisch-raumzentriertem Fe). Die einzelnen Lamellen sind jedoch in diesem Bild bei der relativ niedrigen Vergrößerung (200fach) nicht mehr aufgelöst. Ein

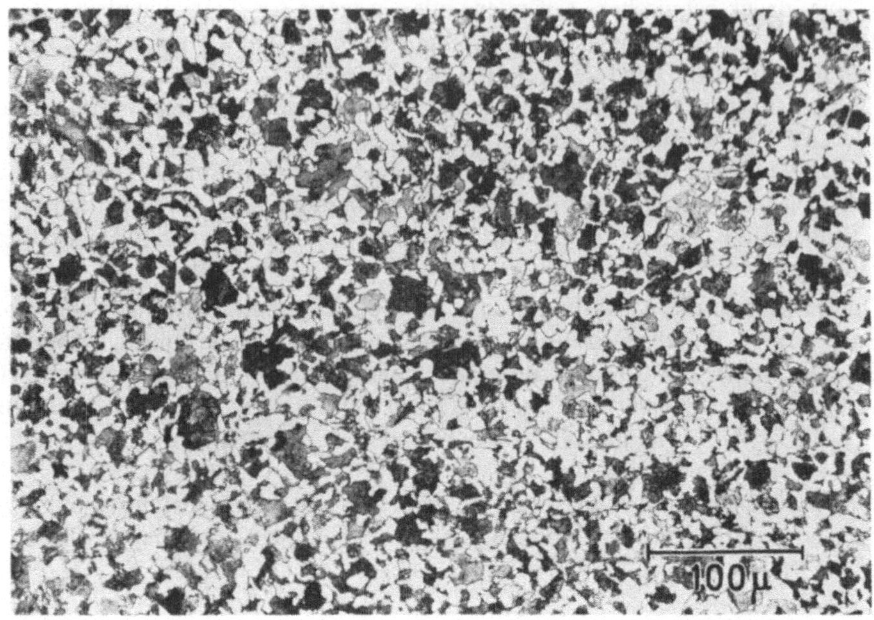

Abb. 79. Lichtmikroskopische Aufnahme von Kohlenstoff-Stahl C 45. (Aufnahme: R. WINTER)

perlitischer Bereich aus dem gleichen Schliff wurde in Abb. 80 mit einem Technovit/Platin-Kohle-Doppelabdruck erfaßt. Das perlitische Lamellensystem ist bei 9000facher Vergrößerung gut zu erkennen. Der Kontrast beruht auf anderen Gesetzmäßigkeiten als in Abb. 79: Bei der chemischen Ätzung des Schliffes wurde der Zementit weniger stark angegriffen als der Ferrit: die Zementit-Lamellen ragen aus der Oberfläche heraus. Im Technovit-Primärabdruck, der in diesem Fall schräg mit Platin bedampft wurde, liefern die hochliegenden Ferrit-Bereiche scharfe Schatten, die in Abb. 80 weiß erscheinen. Der annähernd senkrecht auf das Technovit gedampfte Kohlefilm liefert als Film gleicher Dicke gegenüber dem Platin nur vernachlässigbare Kontraste. Somit wird in Abb. 80 durch die Schattengrenzen nur der Übergang hoch-niedrig markiert. Die hellen Bereiche sind örtlich weder mit dem Perlit noch mit dem Ferrit identisch.

Wieder anders stellt sich der Perlit in der Durchstrahlungsaufnahme Abb. 81 dar. Hierfür wurde ein Dünnschliff des Stahls elektrolytisch soweit abgedünnt, bis er bei einer Strahlspannung von 100 kW durchstrahlbar war.

Infolge verschieden starken Angriffs bei den Ätzungen sind die Zementitlamellen dicker geblieben als der benachbarte Ferrit. In diesem Falle erzeugt die verschiedene Durchstrahlungsdicke im wesentlichen die Kontraste. (Es handelt sich hier also nicht um einen reinen Beugungskontrast.) Die Feinstruktur im Ferrit zwischen den Perlitlamellen ist mit großer Wahrscheinlichkeit Folge einer ungleichmäßigen Ätzung.

Für metallographische Untersuchungen sind Elektronen-Emissionsmikroskope sehr geeignet. In diesen Geräten werden aus der Schliffoberfläche durch Bestrahlung mit ultraviolettem Licht, durch Elektronen- oder Ionenbeschuß oder

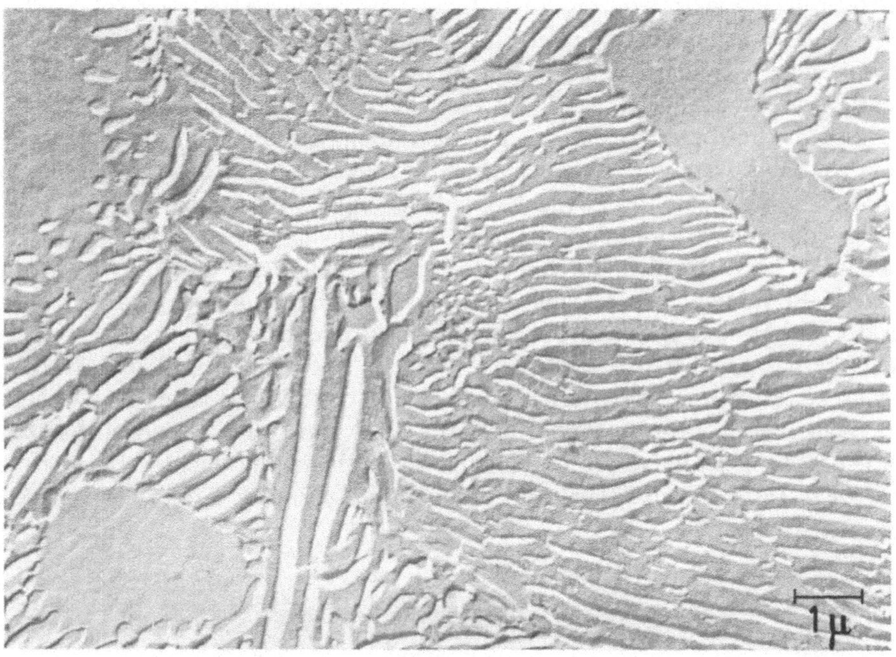

Abb. 80. Oberflächenabdruck von Kohlenstoff-Stahl C 45. (Aufnahme: H. WARNOW)

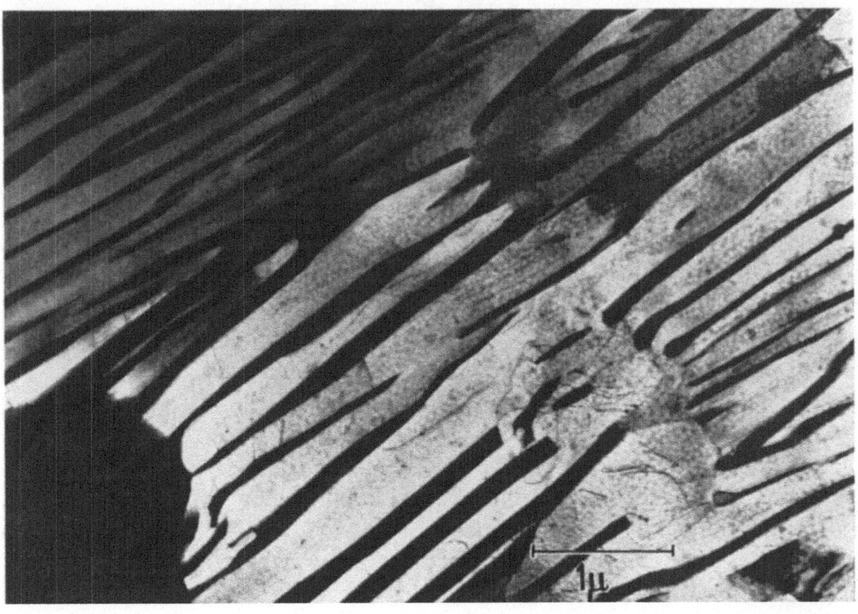

Abb. 81. Durchstrahlungsaufnahme von Kohlenstoff-Stahl C 45. (Aufnahme: H. WARNOW)

durch Erhitzen Elektronen freigesetzt. Diese Elektronen werden nach entsprechender Nachbeschleunigung mittels elektronenoptischer Linsensysteme zur Abbildung der Oberfläche benutzt. Je nach Aufnahmebedingungen kann eine Auflösungsgrenze zwischen etwa 150 und 500 Å erreicht werden; (sie liegt also zwischen der des Lichtmikroskops und der des Durchstrahlungselektronenmikroskopes). Der Kontrast hängt wesentlich von der örtlichen Elektronenaustrittsarbeit und damit von der Ordnungszahl der Gefügebestandteile und (in geringerem Maße) von der kristallographischen Orientierung ab. Diesen Einflüssen sind Abschattungseffekte überlagert, hervorgerufen durch den schrägen Einfall der die Elektronen auslösenden Strahlung. Abb. 82 stellt eine emissionsmikroskopische Aufnahme dar, bei der die Abbildungs-Elektronen durch Elektronenbeschuß ausgelöst wurden. Das Oberflächenrelief des Strahls wurde nicht, wie bei Abb. 79 und 80 durch chemische Ätzung, sondern durch Ionenbeschuß erzeugt. Die Ionen-Ätzung liefert in diesem Falle kontrastreichere Bilder. In der Aufnahme sind bereichsweise die Perlit-Lamellen gut aufgelöst, an anderen Stellen hingegen macht sich das gegenüber dem Durchstrahlungselektronenmikroskop geringere Auflösungsvermögen bereits bemerkbar.

Abb. 82. Emissionsmikroskopische Aufnahme von Kohlenstoff-Stahl C 45 nach Ionenätzung (Aufn.: K. Möckel, Jenoptik Jena GmbH)

Der Vorteil des Emissionsmikroskopes liegt in der Möglichkeit, normale metallographische Schliffe zu untersuchen, wodurch bei Wegfall der Präparation, ähnlich wie im Metallmikroskop, große Bereiche durch einfaches Objektverschieben betrachtet werden können. (Abb. 82 wurde mit dem Emissionsmikroskop der Firma Jenoptik, Jena GmbH von Herrn Dipl.-Phys. Möckel für dieses Buch aufgenommen und zur Verfügung gestellt.)

Metallphysik: Dispersionsgehärtete Legierungen

SAP

Das nächste, kompliziertere Beispiel behandelt eine dispersionsgehärtete Aluminium-Legierung. Dispersionsgehärtete Legierungen enthalten in der metallischen Matrix feinteilige, nichtmetallische Beimengungen, die durch Blockieren von Versetzungen die Warmfestigkeit des Materials beträchtlich heraufsetzen. Im Falle von Aluminium wird die Festigkeitssteigerung durch γ-Aluminiumoxid bewirkt, das während des Herstellungsverfahrens durch Oxidation aus dem Grundwerkstoff erzeugt wird. (Handelsname des Werkstoffes: SAP = Sintered Aluminium Product.) Die mechanischen Eigenschaften einer solchen Legierung werden entscheidend von der Korngröße der nichtmetallischen Beimengungen und ihrer Verteilung in der Matrix bestimmt.

Abb. 83 stellt einen Doppelabdruck eines normalen geätzten metallographischen Schliffes von SAP dar. Der Primärabdruck wurde auf thermoplastischem Wege mit Polystrol hergestellt (vgl. Tabelle 2 und 3). Sekundärabdruck war ein Kohle-Platin-Aufdampffilm. Aus dem Bild kann nun lediglich auf eine rauhe Oberfläche geschlossen werden. Eine Identifizierung und Lokalisierung der Al_2O_3-Teilchen ist kaum möglich. Die Abbildung der Oberflächenreliefs liefert in diesem Falle keine befriedigende Aussage.

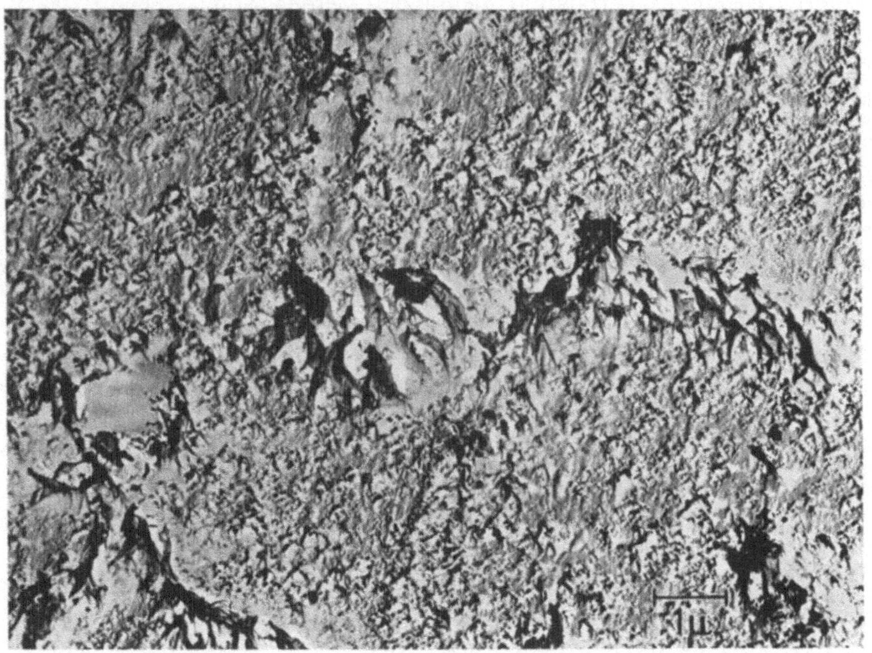

Abb. 83. Thermoplastischer Polystyrol-Abdruck von SAP. (Aufnahme: G. SCHIMMEL)

Wesentlich bessere Ergebnisse erzielt man mit einem Extraktionsabdruck. Diese Abdruck-Modifikation stellt eine Kombination von Durchstrahlungs- und Abdruckpräparat dar. Extraktionsabdrucke können dann hergestellt werden, wenn eine feinteilige Substanz in eine annähernd homogene Matrix eingebettet ist. In solch einem Fall wird zunächst ein normaler metallographischer Schliff vorsichtig mit einem Lösungsmittel geätzt, das nur die Matrix, nicht jedoch die Einlagerungen angreift. Dadurch werden einige eingelagerte Teilchen soweit freigelegt, daß sie einseitig aus der Oberfläche herausragen, mit dem anderen Ende jedoch in der Matrix in ihrer ursprünglichen Lage fixiert bleiben. Nunmehr wird die Oberfläche mit dem Abdruckmaterial beschichtet. Geeignet sind z.B. Kollodiumfilme oder Aufdampffilme. Wichtig ist, daß das Ätzmittel durch den Abdruckfilm hindurchdiffundieren kann; denn nach Aufbringen des Abdruckfilmes wird durch diesen hindurch mit dem gleichen Ätzmittel vorsichtig weitergeätzt, bis sich der Film von der Matrix löst. Dabei bleiben die vorher teilweise freigelegten und aus der Oberfläche herausragenden Einlagerungen im Abdruckfilm in ihrer ursprünglichen Lage hängen. Somit ist die elektronenmikroskopische Beobachtung eines Abdruckes mit gleichzeitiger Durchstrahlung der ursprünglich im Material vorhandenen Einlagerungen möglich. Die gegenseitige Lage der Einlagerungen wird bei der Präparation nicht verändert, so daß der Verteilungszustand der dispersen Phase ermittelt werden kann. Von den Einlagerungen können neben hochvergrößerten Abbildungen auch Elektronenbeugungsaufnahmen angefertigt und daraus die Netzebenenabstände ermittelt werden. Mit Hilfe der ASTM-Kartei kann aus den Netzebenenabständen in vielen Fällen die zugehörige chemische Verbindung identifiziert werden. Somit stellen Extraktionsabdrucke eine wertvolle Ergänzung von Rückstandsanalysen nach KLINGER-KOCH dar, bei denen die Matrix chemisch völlig aufgelöst wird und die Ausscheidungen oder Einlagerungen anschließend chemisch und röntgenographisch analysiert werden.

Einen solchen Extraktionsabdruck von SAP stellt Abb. 84a dar. Der Abdruck wurde nach der zweiten Ätzung zusätzlich noch mit Pt schräg bedampft, um auch die Ätzstruktur der Matrix kontrastreich abbilden zu können. Einige dunkle Teilchen von γ-Al_2O_3 sind deutlich zu erkennen. Allerdings wurden bei der ersten Ätzung nur sehr wenige Teilchen soweit freigelegt, daß sie von dem Abdruckfilm fixiert werden konnten. In Abb. 84b dagegen war die erste Ätzung stärker, und es wurde eine dickere Schicht der metallischen Matrix gelöst. Dadurch wurden auch tiefergelegene Al_2O_3-Teilchen freigelegt und konnten vom Abdruckmaterial umhüllt werden. Die Belegung des Abdruckes mit Al_2O_3-Teilchen ist daher in Abb. 84b viel größer als in Abb. 84a, obwohl in beiden Fällen das gleiche Ausgangsmaterial vorlag. Die Belegungsdichte der Extraktionsabdrucke ist also nicht nur eine Funktion der Teilchendichte im Material, sondern auch eine Funktion des ersten Ätzangriffes vor dem Aufbringen des Abdruckfilmes.

Von Aluminium und Al-Legierungen lassen sich gut Oxidabdrucke anfertigen, wie bereits in dem Kapitel Abdruckverfahren erwähnt wurde. Für Oxidabdrucke wird das Probenmaterial lediglich geschliffen und poliert, jedoch nicht geätzt. Während der nachfolgenden elektrolytischen Oxydation wächst das Oxid von der Oberfläche her in die Tiefe und umhüllt dabei die eingelagerten, nichtmetallischen Teilchen, in diesem Falle also das Aluminiumoxid. Während jedoch das elektrolytisch erzeugte Aluminiumoxid amorph ist, sind im hier vorliegenden Falle die eingelagerten Aluminiumoxidteilchen kristallin. Infolge von Beugungskontrasten sind sie daher in Abb. 85 vom Oxid des Abdruckfilms deutlich zu unterscheiden.

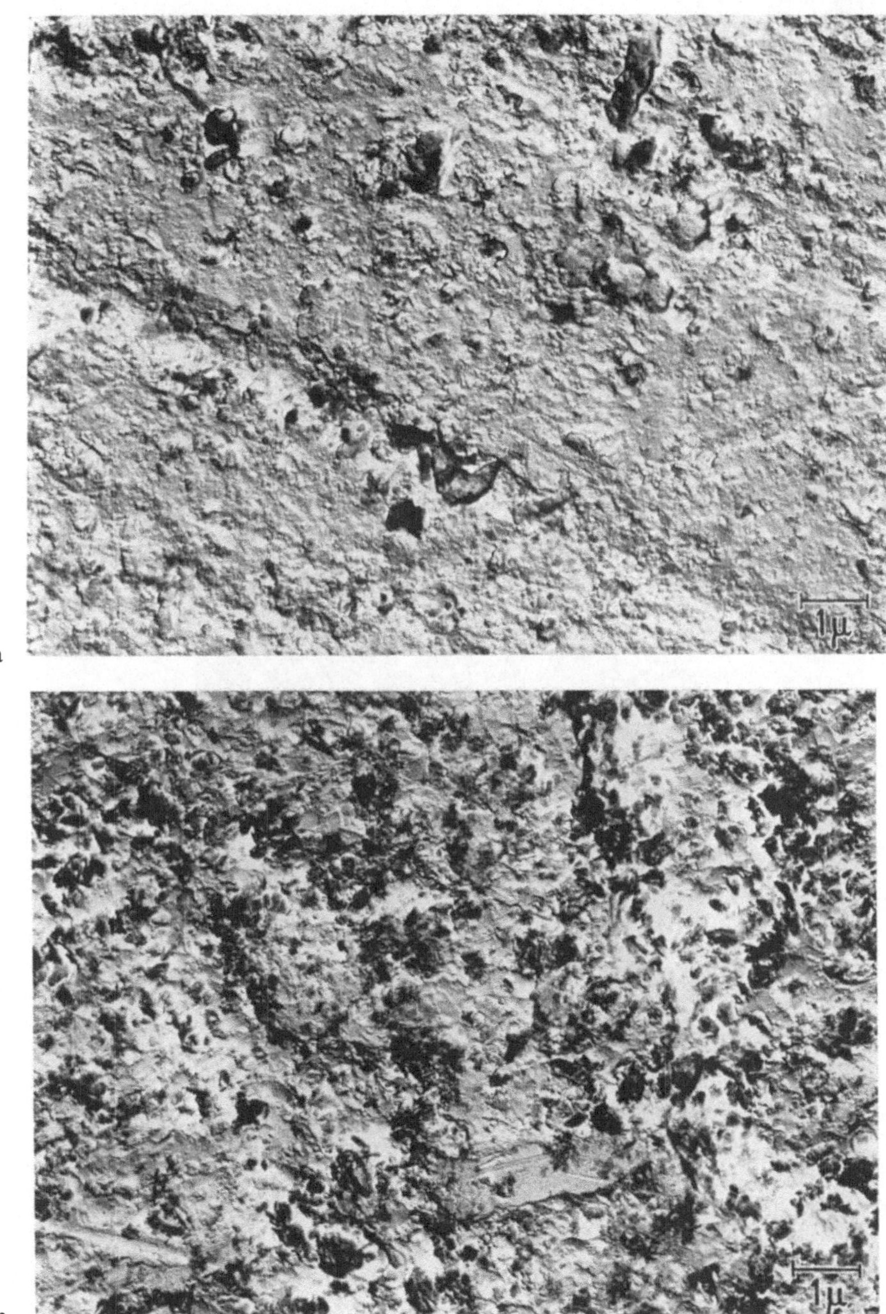

Abb. 84a u. b. Extraktions-Abdruck von SAP. (Aufnahmen: K.-J. SCHULZE)
a Schwach, b stark vorgeätzt

Die Zahl der im Bild erfaßten Teilchen ist proportional der Oxidfilmdicke. Da diese durch die während des Oxydationsvorganges angelegte Badspannung leicht und reproduzierbar eingestellt werden kann, liefert in diesem Falle das

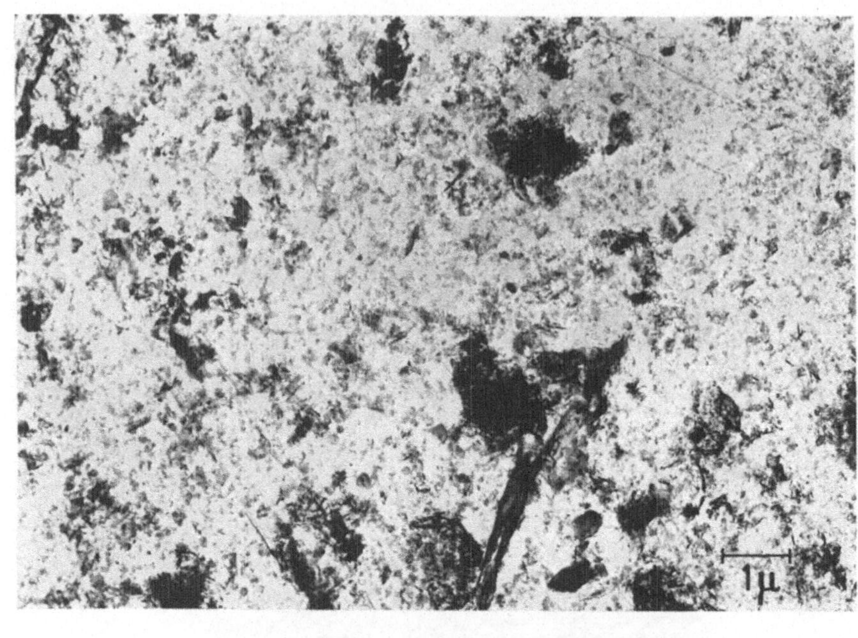

a

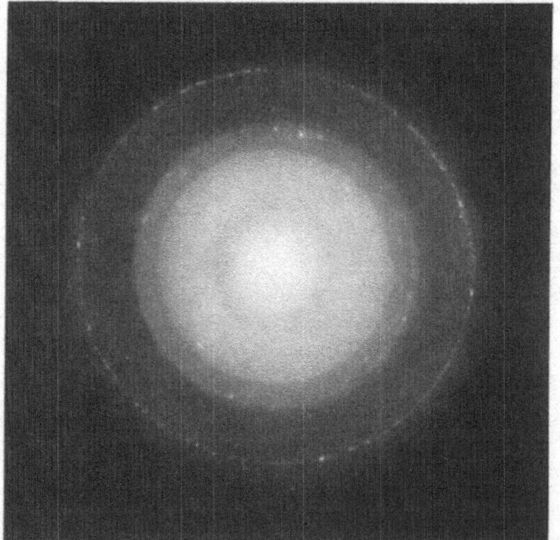

b

Abb. 85a—d. Oxid-Abdruck von SAP. (Aufn. a K.-J. SCHULZE, b—d G. SCHIMMEL)
a Übersichtsaufnahme, b Beugungsbild, c Hochvergrößerter Bereich, d Dunkelfeldaufnahme zu c

Oxidabdruckverfahren im Hinblick auf die Teilchendichte die sichersten Ergebnisse. Da auch die Untergrundstruktur bei dem Oxidabdruck weitgehend verschwindet, sind die Oxidteilchen leichter als im Extraktionsabdruck zu identifizieren. Einige in Abb. 85a erfaßte nadelförmige Teilchen stellen kein Oxid dar, sondern sind wahrscheinlich auf Verunreinigungen an Eisen zurückzuführen.

Sowohl im Falle der Extraktionsabdrucke (Abb. 84a und b) als auch bei dem Oxidabdruck (Abb. 85a) können Elektronen-Beugungsaufnahmen von der dispersen Phase angefertigt werden. Abb. 85b stellt die Beugungsaufnahme zu

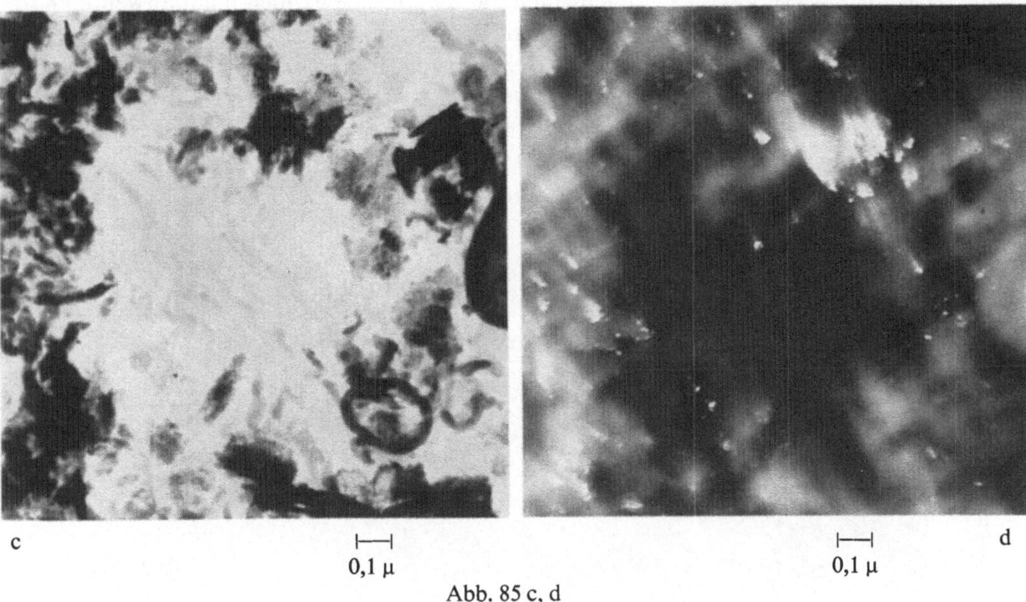

Abb. 85 c, d

einem Ausschnitt aus Abb. 85a dar. Die Beugungsringe rühren vom γ-Al_2O_3 her, das in den Trägerfilm aus amorphem Al_2O_3 eingebettet ist. Beugende Teilchen und Trägerfilm bestehen in diesem Falle also aus der gleichen chemischen Substanz, die in zwei verschiedenen Phasen vorliegt. Der Nachweis, daß die Beugungsringe von den eingelagerten Teilchen und nicht vom Oxidabdruckfilm herrühren, gelingt leicht mit Dunkelfeldaufnahmen. Die Abb. 85c und d zeigen den gleichen Bildausschnitt eines Oxidabdruckes in Hellfeld- und Dunkelfeld-Abbildung. Bei Abb. 85d wurde die Objektivblende in der Ebene des primären Bildes (Brennebene des Objektives) so verschoben, daß nur ein Teil der innersten beiden Beugungsringe zur reellen Abbildung (dem sekundären Bild) beitragen konnte (Strahlengang nach Abb. 35, Spalte C). Dementsprechend leuchten im Dunkelfeldbild nur diejenigen Objektbereiche auf, die zum ausgeblendeten Teil des Beugungsbildes beigetragen haben, und das sind einige der eingelagerten Teilchen. (Beim Verschieben der Objektivblende zu einem anderen Bereich der gleichen Beugungsringe oder zu anderen Beugungsringen würden im Dunkelfeldbild andere, dann in Reflexionsstellung befindliche Teilchen aufleuchten.) Neben den in Reflexionsstellung befindlichen Teilchen beobachtetet man in Abb. 85d auch eine geringe Aufhellung der übrigen Oxidteilchen. Diese Erscheinung ist auf unelastische Streuung der Elektronen in den relativ dicken Teilchen zurückzuführen.

Beim Extraktions- und Oxidabdruck werden zwar die angelagerten Oxidteilchen unverändert direkt durchstrahlt, nicht jedoch das umhüllende Metall. Daher können aus diesen Präparaten keine Aussagen über kristallographische Orientierung der Matrix und ihre Gitterfehler gewonnen werden. Hierfür sind Transmissionsaufnahmen dünner Legierungsfilme erforderlich. Die Herstellung solcher Filme kann im Prinzip auf zwei verschiedene Arten erfolgen:

a) Dünnschneiden mit einem Ultramikrotom,

b) Dünnätzen.

Die erste Methode ist im allgemeinen auf metallische Proben nicht anwendbar, da der Schneidvorgang mit plastischen Verformungen verbunden ist, die das Ergebnis verfälschen. So schlug auch der Versuch, mit einem Ultramikrotom mit Diamantmesser brauchbare Dünnschnitte von SAP herzustellen, fehl (Abb. 86). Die während des Schneidens entstandenen Stauchungen sind deutlich zu erkennen. Vermutlich hat das im Vergleich zum Metall harte Aluminiumoxid dem Messer einen zu großen Widerstand entgegensetzt.

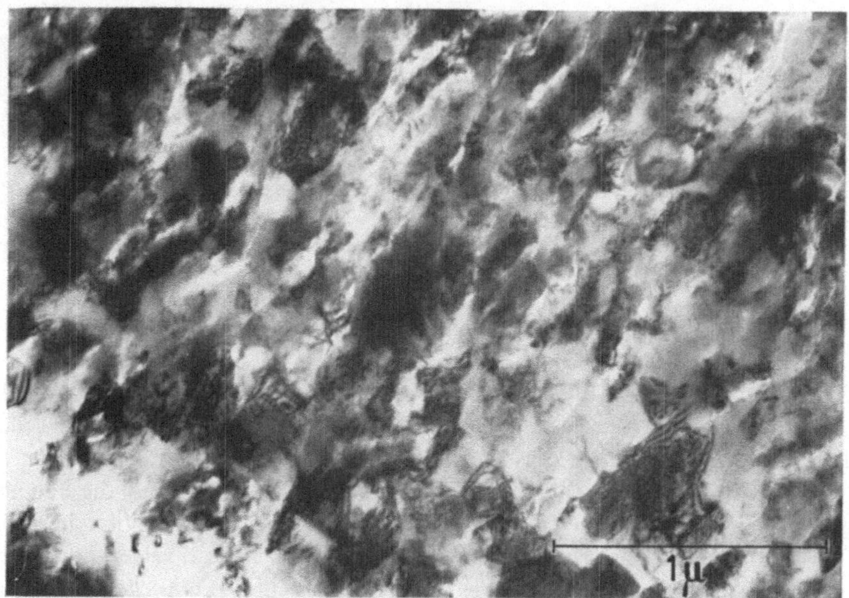

Abb. 86. Dünnschnitt von SAP. (Aufnahme: K.-J. SCHULZE)

Damit bleibt nur die zweite Möglichkeit, durch mechanisches Schleifen und Polieren und nachfolgendes elektrolytisches Abdünnen durchstrahlbare Folien herzustellen. Ein solches Präparat zeigt Abb. 87. Durch Überlagerung verschiedener Beugungskontraste wirkt das Bild zunächst unübersichtlich, und es ist bisweilen schwer, zwischen Einlagerungen und Matrix zu unterscheiden. An anderen Stellen wiederum sind die Aluminium-Oxidteilchen deutlich zu erkennen.

Besonders aufschlußreich sind Durchstrahlungsaufnahmen von dispersionsgehärteten Legierungen dann, wenn der Werkstoff vor der Präparation mechanisch verformt wurde. In solchen Fällen ist die Wechselwirkung zwischen der dispersen eingelagerten Phase und den Versetzungen zu beobachten. Ein Beispiel hierfür stellt Abb. 88 dar. (Das verformte Material ließ sich allerdings nicht gleichmäßig abdünnen.) Es ist deutlich zu erkennen, wie Versetzungen von einzelnen Oxidteilchen oder Agglomeraten von Oxidteilchen blockiert werden.

An diesem Beispiel wurde gezeigt, wie — von der Abbildung des einfachen Oberflächenreliefs eines angeätzten Schliffes über Extraktions- und Oxidabdrucke zur Prüfung des Verteilungszustandes der dispersen Phase bis zur Transmissionsauf-

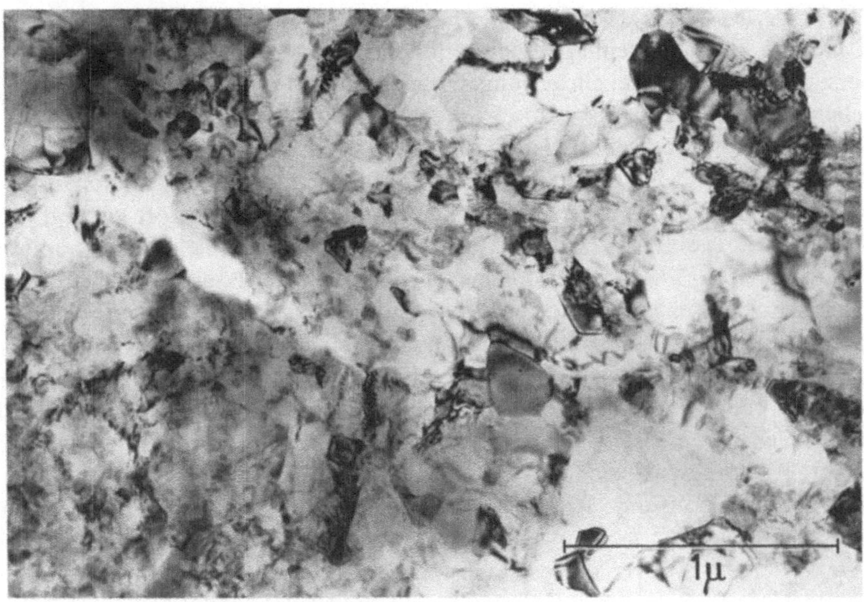

Abb. 87. Durchstrahlungsaufnahme von SAP. (Aufnahme: H. GROTHE)

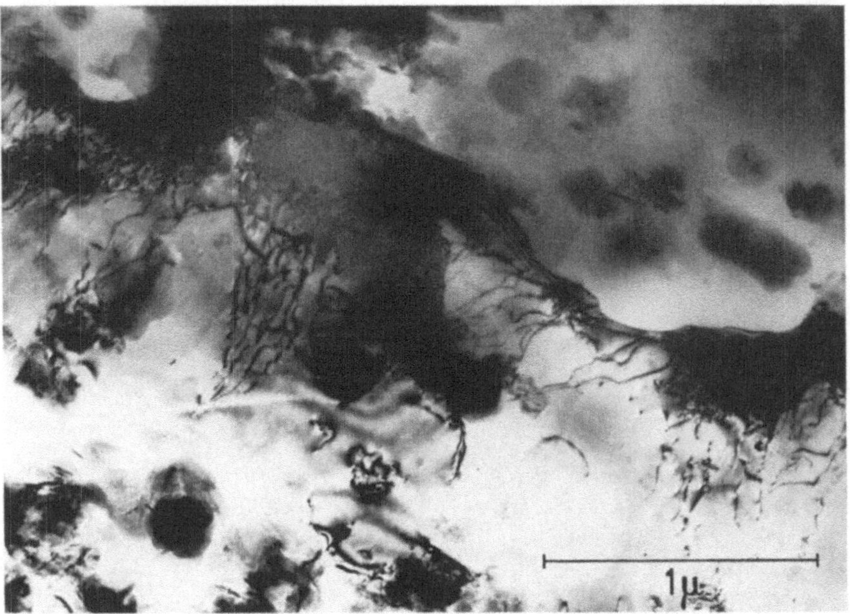

Abb. 88. Durchstrahlungsaufnahme von SAP. (Aufnahme: H. GROTHE)

nahme dünngeätzter Folien – durch Variation der Präparations- und Untersuchungsbedingungen elektronenmikroskopisch ganz verschiedene Erkenntnisse über ein und denselben Werkstoff gewonnen werden konnten.

TD-Nickel

Das nächste Beispiel behandelt ein ähnliches Legierungssystem, nämlich eine dispersionsgehärtete Nickellegierung, sogenanntes TD-Nickel, bei dem kleine Teilchen von Thoriumoxid in eine Nickelmatrix eingelagert sind.

Im lichtmikroskopischen Schliffbild, Abb. 89, von TD-Nickel lassen bei 1000facher Vergrößerung die vielfach zu Linien aneinandergereihten dunklen Punkte zwar darauf schließen, daß hier kein einheitlicher Werkstoff vorliegt, doch liegt der Durchmesser der Thoriumoxidteilchen unterhalb der lichtmikroskopischen Auflösungsgrenze. Die 10fach höhervergrößerte Abb. 90 eines Lackabdruckes des gleichen Schliffes besitzt eine entsprechend dem besseren Auflösungsvermögen erweiterte Aussagefähigkeit. Vielfach sind einzelne Thoriumoxidteilchen, deren Bindung zur metallischen Matrix durch den vorangegangenen Ätzvorgang gelockert worden war, am Lackabdruck hängengeblieben. Man erkennt, daß sich die Oxidteilchen reihenförmig in einer Vorzugsrichtung angeordnet haben, die der Strangpreßrichtung entspricht.

Im Transmissionsbild, Abb. 91, einer dünnen Folie, die aus dem Material parallel zur Strangpreßrichtung herausgearbeitet wurde, erkennt man, daß die Gefügekörner der Matrix in der Form parallelgerichteter langgestreckter Zellen ausgebildet sind, in denen die Thoriumoxidteilchen relativ homogen verteilt sind. (Abb. 91 wurde aus zwei verschiedenen Aufnahmen zusammengesetzt.) Die Querschnittsform der länglichen Zellen läßt sich durch Transmissionsaufnahmen von Folien ermitteln, die senkrecht zur Strangpreßrichtung aus dem Werkstoff herausgearbeitet wurden (Abb. 92). Der Kontrast zwischen verschie-

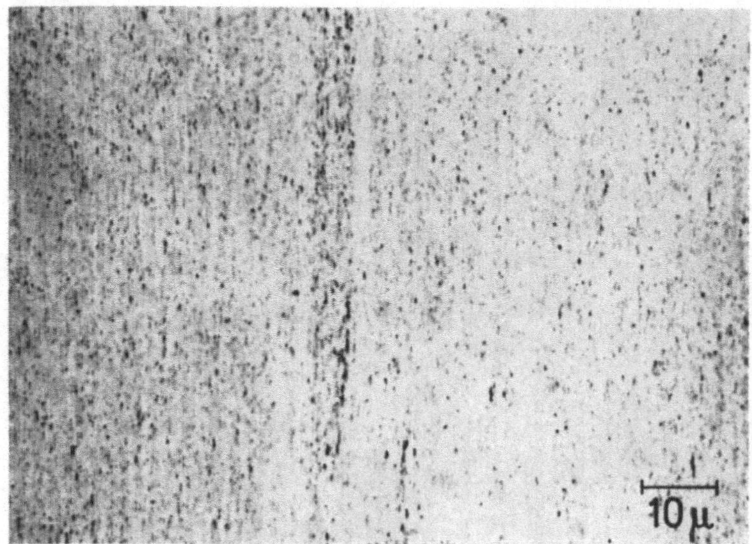

Abb. 89. Lichtmikroskopische Aufnahme von TD-Nickel (H. J. SEEMANN, Institut für Metallkunde und Metallphysik der Universität des Saarlandes)

Abb. 90. Lackabdruck eines Metallschliffes von TD-Nickel. (Aufnahme: J. KIENDL)

Abb. 91. Durchstrahlungsaufnahme von TD-Nickel. Strangpreßrichtung in Folienebene (Aufnahme: R. SCHARWÄCHTER)

Abb. 90

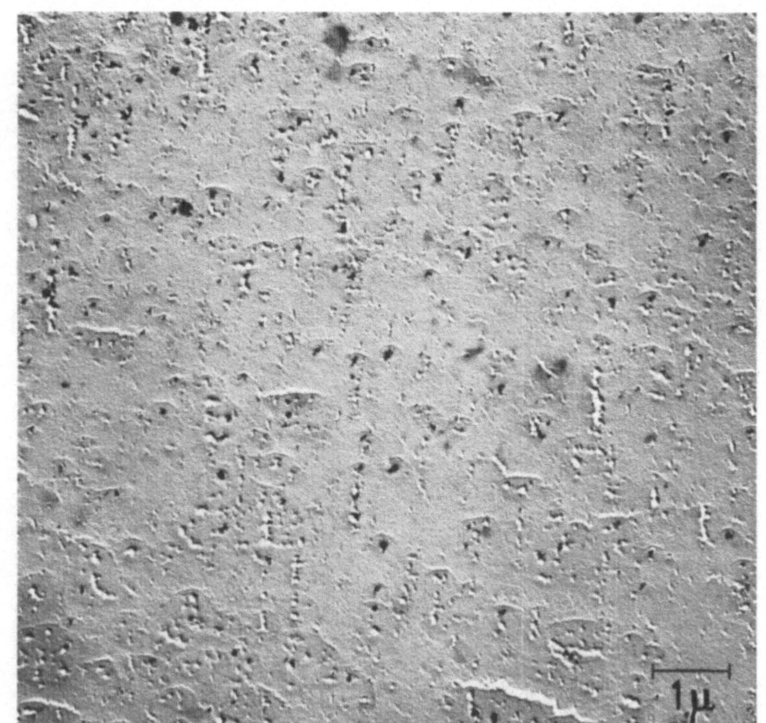

Abb. 91

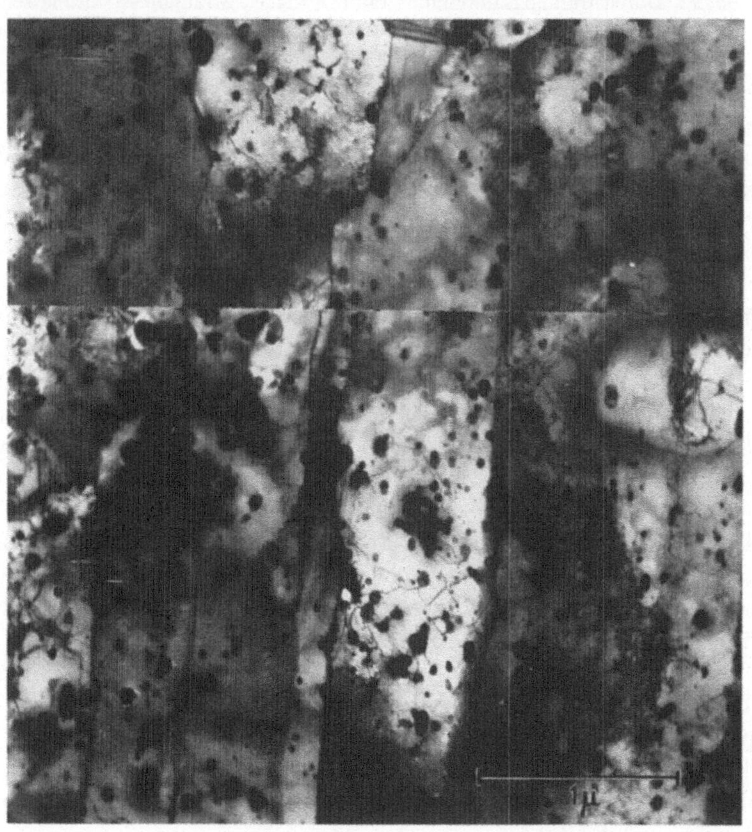

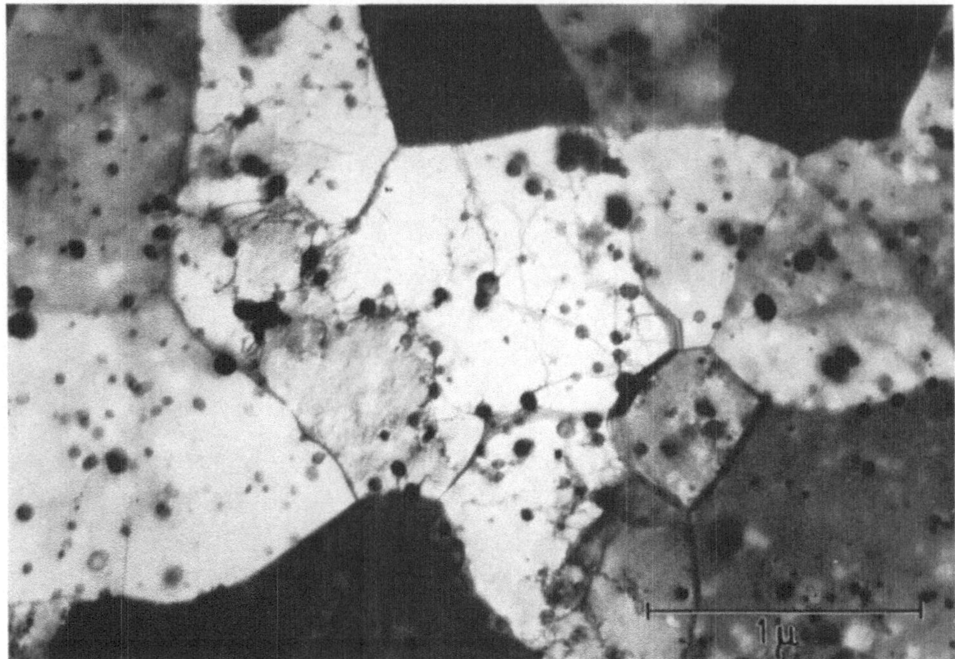

Abb. 92. Durchstrahlungsaufnahme von TD-Nickel. Strangpressrichtung senkrecht zur Folienebene. (Aufnahme: R. SCHARWÄCHTER)

denen Gefügekörnern in Abb. 91 und 92 ist auf Orientierungsunterschiede zwischen Kristallgitter und Elektronenstrahl zurückzuführen. Sowohl in Abb. 91 als auch besonders gut in Abb. 92 sind Versetzungslinien und Netzwerke solcher Versetzungslinien zu erkennen. Im Mittelteil der Abb. 92 ist zugleich zu sehen, daß diese Versetzungen vielfach an Thoriumoxidteilchen festhängen und durch sie in ihrer Bewegung gehemmt werden. Hierauf sind, wie auch im Falle des SAP (vorangegangenes Bsp.), die guten mechanischen Eigenschaften der dispersionsgehärteten Legierungen zurückzuführen. Viele helle Punkte innerhalb der verschiedenen Gefügekörner in Abb. 92 sind wahrscheinlich darauf zurückzuführen, daß bei dem elektrolytischen Abdünnen der Folie für die Durchstrahlungspräparate Thoriumoxidteilchen aus der Matrix herausgefallen sind, wobei an diesen Stellen die Folie relativ zu ihrer Umgebung eine geringere Dicke aufwies.

Halbleiter: Silicium

Das nächste Beispiel behandelt Kristallbaufehler in halbleitenden Siliciumschichten, die epitaktisch auf synthetischem, einkristallinem Magnesium-Aluminium-Spinell durch thermische Zersetzung von $SiCl_4$ bei ca. 1200° in Wasserstoffatmosphäre abgeschieden wurden. Die Aufnahmen rühren von Schichten her, die auf [100]-Flächen des Spinells aufgewachsen waren. Angeschliffene und mit einem Chromsäure-Flußsäuregemisch angeätzte Siliciumflächen zeigen im Lichtmikroskop als „Bereichsgrenzen“ bezeichnete, dunkle Linien zunächst ungeklärter Herkunft (Abb. 93). Der Oberflächenabdruck (Abb. 94) liefert die Erklärung für im lichtmikroskopischen Bild auftretende Kontraste. Den dunklen Linien im licht-

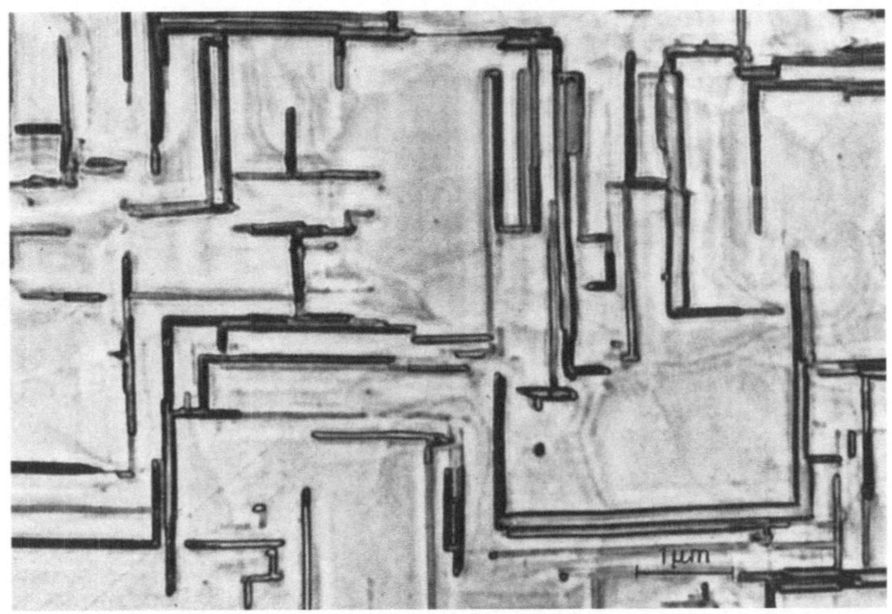

Abb. 93. Lichtmikroskopische Aufnahme von angeätztem Silicium auf Spinell (100) [H. Seiter: Surface Science **7**, 346 (1967)]. Der eingezeichnete Maßstab entspricht nicht 1, sondern 10 µm

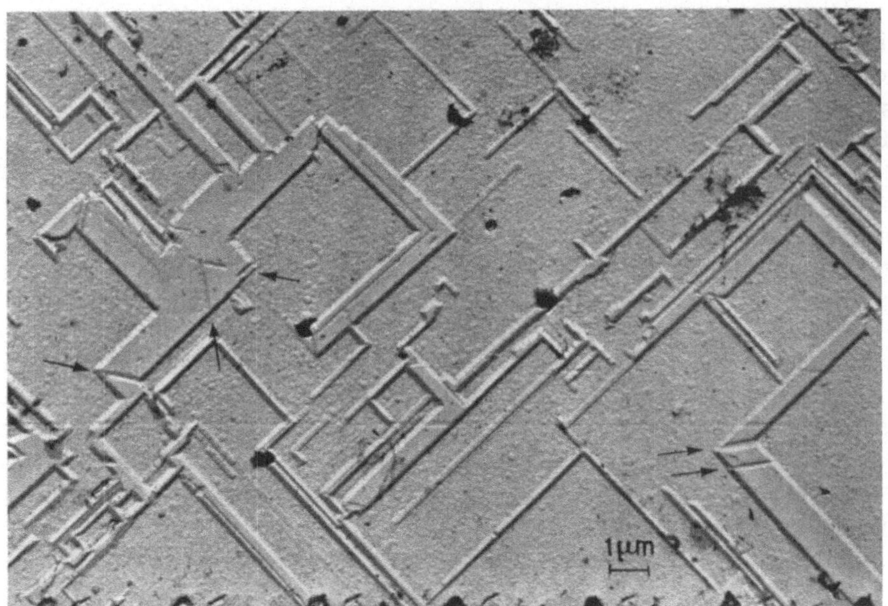

Abb. 94. Elektronenmikroskopische Aufnahme eines Oberflächen-Abdrucks von angeätztem Silicium auf Spinell (100) [H. Schlötterer u. Ch. Zaminer: Phys. Stat. Sol. **15**, 399 (1966)]

mikroskopischen Bild entsprechen tiefer geätzte Bereiche in der Oberfläche, wobei die Bereichsbreite teilweise unterhalb der lichtmikroskopischen Auflösungsgrenze

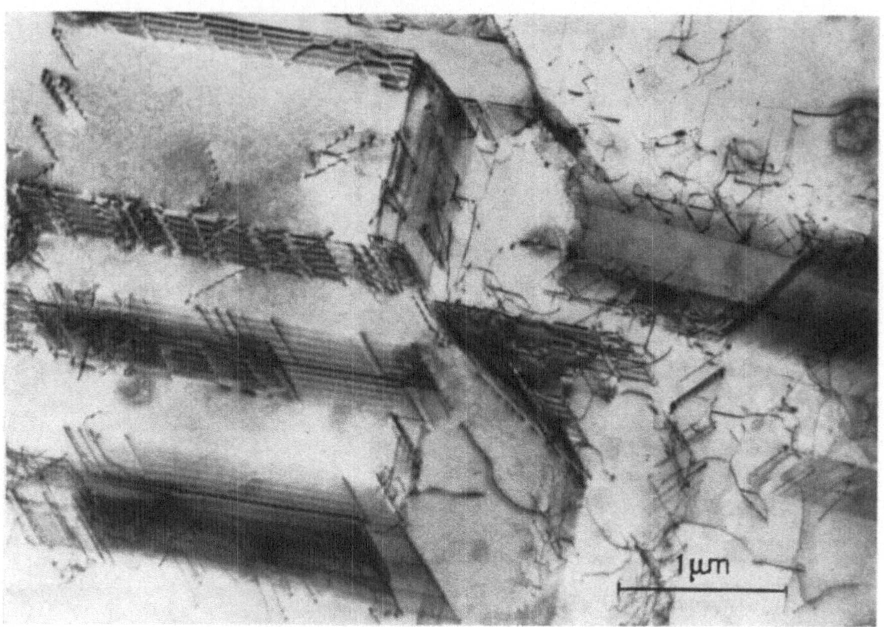

Abb. 95. Elektronenmikroskopische Durchstrahlungsaufnahme einer gedünnten Siliciumschicht (Folienebene [100]) [H. Schlötterer u. Ch. Zaminer: Phys. Stat. Sol. **15**, 403 (1966)]

liegt. Die verschiedenen, tiefgeätzten Bereiche weisen gegeneinander eine strenge Orientierung auf: Sie schneiden sich auf [100]-Flächen im rechten Winkel, und liegen in ⟨100⟩-Richtung, wie durch Vergleich mit röntgenographischen Orientierungsbestimmungen ermittelt werden konnte. Diese Befunde deuten bereits darauf hin, daß es sich bei den tiefgeätzten Bereichen um Zwillingslamellen handelt. Diese Annahme wird durch elektronenmikroskopische Durchstrahlungsaufnahmen bestätigt. Die durchstrahlbaren Folien wurden durch Ionenätzung mit Argonionen aus den epitaktisch aufgewachsenen Schichten herauspräpariert. Abb. 95 zeigt die senkrecht aufeinanderstehenden Zwillingswände, die charakteristische Beugungskontraste in Form paralleler Streifen aufweisen. Daneben sind innerhalb der Matrix und bevorzugt an den Matrix-Zwillingsgrenzen Versetzungslinien zu erkennen, deren Kontraste auf dynamische Effekte zurückzuführen sind.

Die Identifizierung der Bänder in Abb. 95 als Zwillingslamellen wurde durch Feinbereichsbeugungsaufnahmen bestätigt, bei denen die Zwillingslamellen zusätzliche Beugungspunkte lieferten. In gedrängter Form läßt sich der Gang der Strukturuntersuchung an den epitaktisch aufgewachsenen Siliciumschichten folgendermaßen zusammenfassen:

1. Beobachtung von Kontrasten in bestimmten geometrischen Anordnungen im Lichtmikroskop.

2. Deutung der Kontrastentstehung durch hochauflösende elektronenmikroskopische Bilder von Abdruckpräparaten und daraus folgernd erste Arbeitshypothese über die Natur der Fehlstellen.

3. Bestätigung der Arbeitshypothese mittels Durchstrahlungsaufnahmen dünngeätzter Folien.

4. Bestätigung der Befunde an den Durchstrahlungsaufnahmen durch Elektronenbeugungsanalyse.

Mineralogie: Opal

Die vorangegangenen Beispiele könnten zu dem Trugschluß verleiten, daß die Kombination von Lichtmikroskopie, elektronenmikroskopischer Abdrucktechnik und Transmissionsmikroskopie lediglich bei kristallinen Objekten von Vorteil sein kann. Die nächsten beiden Beispiele behandeln deshalb amorphe Objekte. Unter den Mineralien nimmt der Opal in verschiedener Hinsicht eine bevorzugte Stellung ein. Zunächst wurde er wegen seiner *Farberscheinungen (Opalescenz)* bereits im Altertum als Schmuckstein sehr geschätzt. Röntgenfeinstrukturuntersuchungen zeigten, daß er im Gegensatz zu den meisten anderen Mineralien röntgenamorph ist ($SiO_2 + H_2O$). Andererseits deuten die vielfältigen Farberscheinungen darauf hin, daß der Opal nicht homogen aufgebaut ist. Lackabdrucke von Opal-Bruchflächen weisen nun in der Tat Besonderheiten auf. In Abb. 96 erkennt man recht regelmäßig verteilte „Poren", deren annähernd quadratische Form wiederum Orientierungsbeziehungen zur Porenanordnung aufweist. Um Durchstrahlungsaufnahmen herstellen zu können, wurde ein Opalstückchen möglichst fein gemörsert. Das pulverisierte Material wurde auf Trägerfolien aufgestäubt oder abgetupft (s. Kapitel 9). Unter den zahlreichen undurchstrahlbaren Splittern waren einige, die sich wenigstens teilweise durchstrahlen ließen. In Abb. 97 erkennt man im Randgebiet eines solchen Splitters deutlich, daß der Opal aus Kugeln eines SiO_2-Gels in annähernd dichtester Kugelpackung aufgebaut ist.

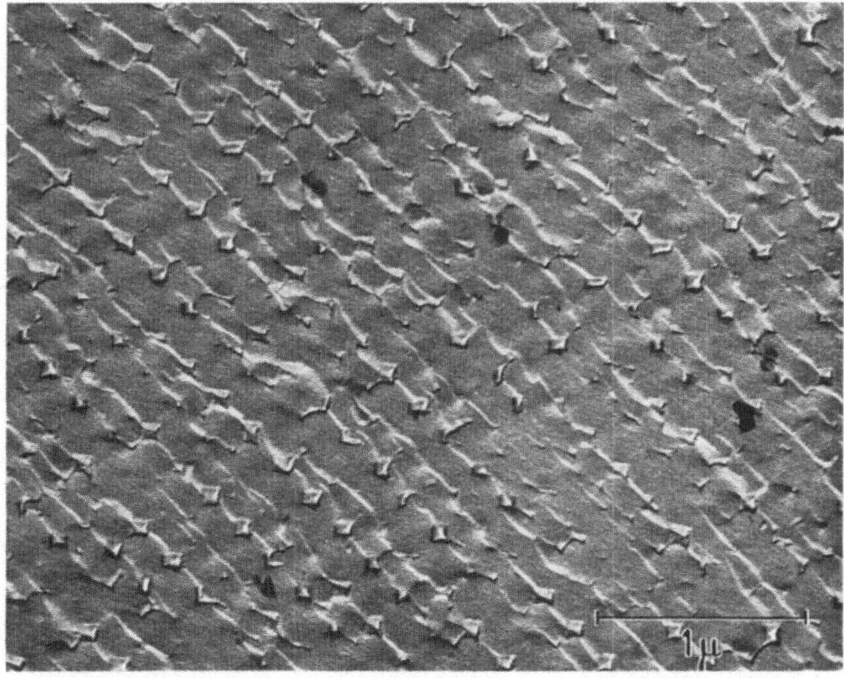

Abb. 96. Lackabdruck einer Opal-Bruchfläche. (Aufnahme: H. GROTHE)

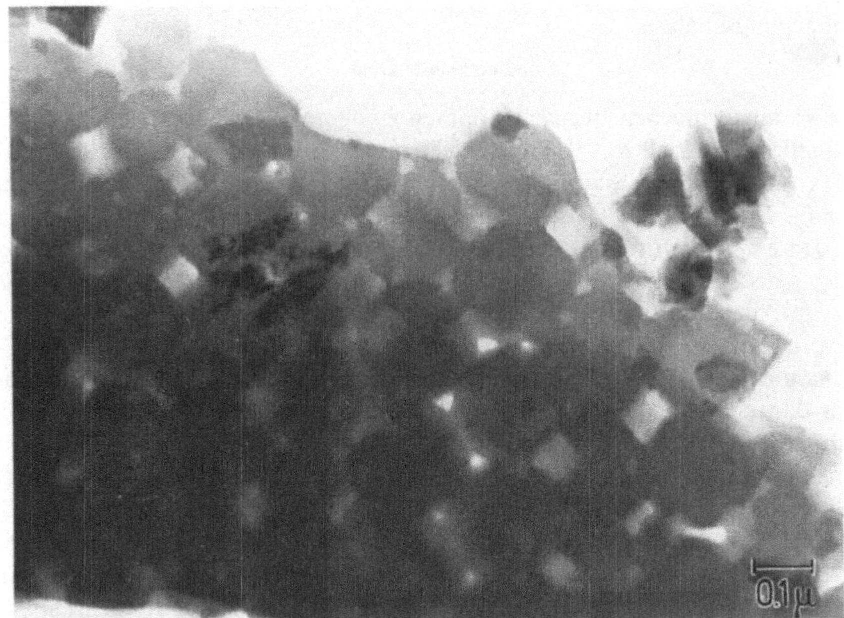

Abb. 97. Durchstrahlungsaufnahme eines Opal-Splitters. (Aufnahme: H. GROTHE)

Der Kugeldurchmesser ergibt sich aus Abb. 97 zu etwa 0,2 μm. Die Poren im Oberflächenabdruck (Abb. 96) entsprechen in Form, Anordnung und Abstand den Zwischenräumen der Kugeln.

Die Gelkugeln bilden somit ein Raumgitter mit Gitterkonstanten der Größenordnung von 2000 Å. Diese Distanz ist zu groß gegen die Röntgenwellenlänge von etwa 1,5 Å, als daß bei normaler Aufnahmetechnik Röntgeninterferenzen erwartet werden können. Sie liegt jedoch in einem Bereich, der starke Wechselwirkung des Raumgitters mit dem sichtbaren Licht erwarten läßt. Somit erklärt sich die Opalescenz als Raumgitterinterferenz im sichtbaren Spektralbereich.

Biologie: Das menschliche Haar

Das letzte Beispiel dieses Kapitels behandelt den Aufbau des menschlichen Haares. Entsprechend dem Untersuchungsgegenstand werden dabei Dünnschnittpräparate in den Kreis der Betrachtungen einbezogen. Derartige Untersuchungen sind vor allem für die kosmetische Industrie wegen des steigenden Verbrauches haarkosmetischer Mittel von großer Bedeutung.

Der Querschnitt eines Haares zeigt lichtmikroskopisch (Abb. 98) im Innern zahlreiche als helle Punkte erscheinende Inhomogenitäten, peripher wird das Haar von einer hier strukturlos erscheinenden Schicht, der Cuticula, umgeben, die sich aus mehreren Zellagen zusammensetzt. Die Cuticula-Zellen sind in diesem Bild optisch nicht aufgelöst.

Abb. 99 stellt einen Versuch dar, mit der Elektronenstrahl-Mikrosonde Aussagen über die Haarstruktur zu gewinnen. Im Elektronen-Rasterbild (Abb. 99a) eines in Kunststoff eingebetteten und quer zur Achse angeschliffenen Haares, erscheinen die oben erwähnten Inhomogenitäten als Unebenheiten.

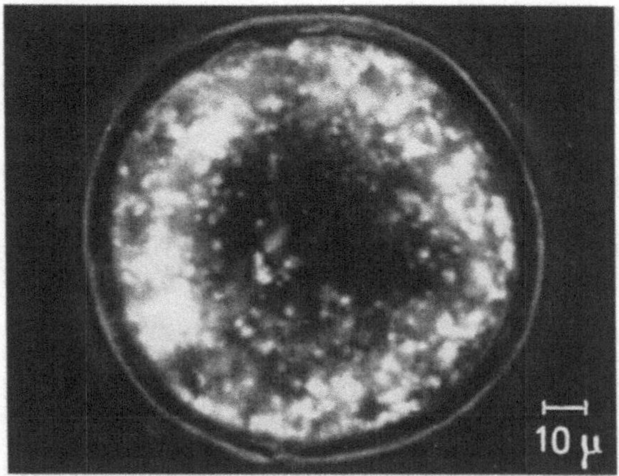

Abb. 98. Lichtmikroskopische Aufnahmedes Querschnitts eines menschlichen Haares [R. RANDEBROCK: J. Soc. Cosmetic Chemists **13**, 404—415 (1962)]

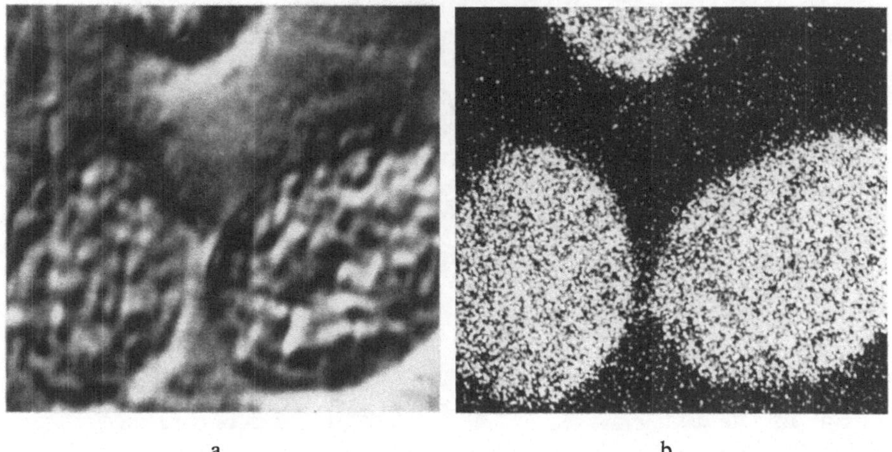

a b

Abb. 99a u. b. Mikrosonden-Aufnahmen von angeschliffenen Haarquerschnittsflächen. a Elektronenrasterbild, b Röntgenbild, Schwefel-K α-Strahlung. (Aufnahmen: D. FRANZ)

Das mit der Schwefel-$K\alpha$-Strahlung erhaltene Röntgenbild (Abb. 99b) bestätigt lediglich den Schwefelgehalt des Haares, ohne strukturelle Einzelheiten aufzudecken. Hierfür reichte offensichtlich das Auflösungsvermögen des Gerätes nicht aus.

Zum Zeitpunkt dieser Aufnahmen war das Elektronenrastermikroskop noch in der Entwicklung. Mit diesem Gerät könnten jetzt zweifellos bessere Raster-Bilder anstelle von Abb. 99a erhalten werden (vgl. Abb. 56 und 57).

Im Lichtmikroskop markieren sich im Auflicht auf der Haaroberfläche Stufen, herrührend von der dachziegelförmigen Anordnung der Cuticula-Zellen, als helle oder dunkle Linien. (Abb. 100a normaler Strahlengang, Abb. 100b Phasenkontrast). Diesen Aufnahmen entspricht die elektronenmikroskopische Abbildung eines Oberflächenabdruckes Abb. 101 (vgl. auch Abb. 121a). Im Gegensatz zur

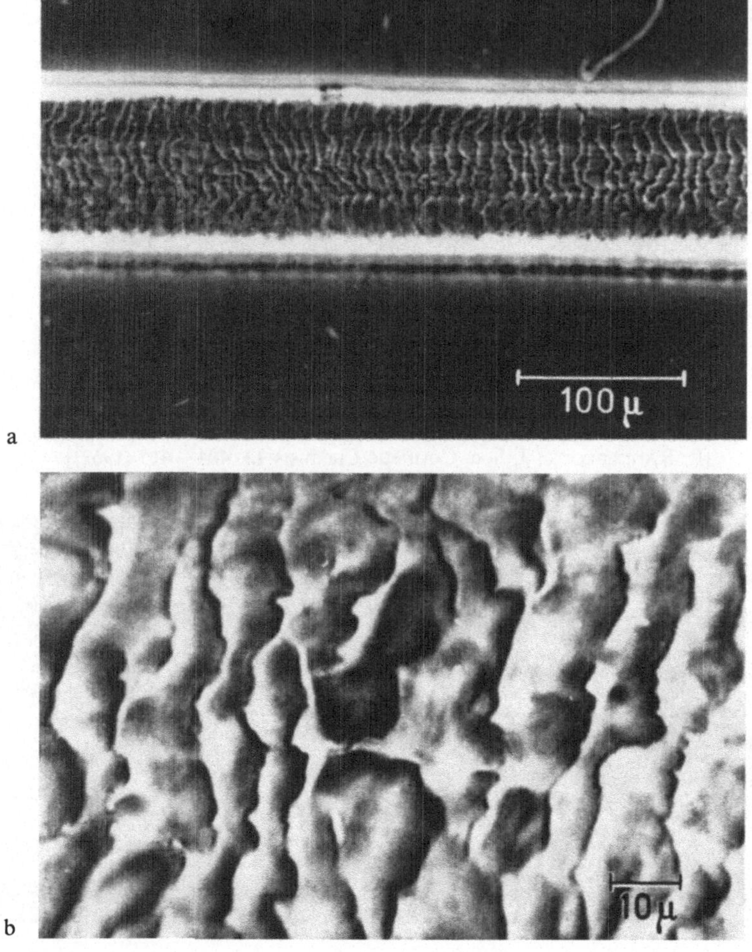

Abb. 100a u. b.
a Lichtmikroskopische Aufnahme einer Haaroberfläche, b Lichtmikroskopische Aufnahme einer Haaroberfläche mit Phasenkontrast [R. RANDEBROCK: J. Soc. Cosmetic Chemists **13**, 404—415 (1962)]

Wolle (Abb. 64a) ist die Zelloberfläche nahezu strukturlos, die Schuppenstufen verlaufen ungleichmäßiger.

Ultradünnschnitte gestatten Aussagen über den Aufbau der Außenstruktur (Cuticula) und der Innenstruktur (Cortex). Die Haare wurden für die Herstellung der Dünnschnitte mittels Osmiumtetroxid fixiert, anschließend in Plexiglas eingebettet und im Ultramikrotom (Fabrikat Reichert) mit einem Diamantmesser geschnitten. (Auf die Präparation soll nicht weiter eingegangen werden, Einzelheiten sind der Fachliteratur zu entnehmen.)

In Abb. 102 heben sich die verschiedenen Lagen der Cuticula strukturell deutlich gegen das Haarinnere ab. Im Cortex sind zahlreiche dunkle Pigment-Körner zu erkennen, die in Abb. 98 wahrscheinlich die hellen Punkte hervor-

Abb. 101. Elektronenmikroskopische Aufnahme eines thermoplastischen Polystyrol-Abdrucks einer Haaroberfläche. (Aufnahme: J. KIENDL)

rufen. Daneben lassen sich Zellkerne und als dunkle Linien die Begrenzungen von Cortexzellen erkennen.

Aufschlußreich ist der Vergleich zwischen diesem Dünnschnitt und dem thermoplastischen Abdruck eines mit einer Rasierklinge quergeschnittenen Haares. Infolge von Härteunterschieden der verschiedenen Strukturelemente erzeugte die Rasierklinge keine glatte Schnittfläche, sondern ein Relief, so daß sich aus der Abdruck-Aufnahme (Abb. 103) die gleichen Aussagen über den Haaraufbau gewinnen lassen wie aus dem Dünnschnitt-Bild. Allerdings stellen sich die Details in Abb. 102 in anderer Weise dar als in Abb. 103.

Die Cuticula-Zellen sind in Abb. 103 am Innenrand aufgewölbt, wodurch sich bei der Schrägbedampfung eine dickere Platinschicht als am Außenrand gebildet hat: Der Innenrand der Zellen erscheint dunkel. Im Gegensatz dazu sind im Dünnschnitt gerade die Außenbezirke der Zellen dunkler, wahrscheinlich als Folge einer größeren Affinität zum Osmiumtetroxid. Diese Bereiche weisen dagegen in Abb. 103 stellenweise „helle" Schatten auf. Bei dem mit der Rasierklinge geschnittenen Haar ragen die Pigmentkörner aus der Querschnittsfläche weit heraus; daher markieren sie sich im Abdruck durch lange Schatten. Die Begrenzungen der Cortexzellen haben beim Schneiden mit der Rasierklinge kleine Stufen erzeugt, an denen Platin kondensiert ist. So erscheinen sie als dunkle Linien, ähnlich wie im

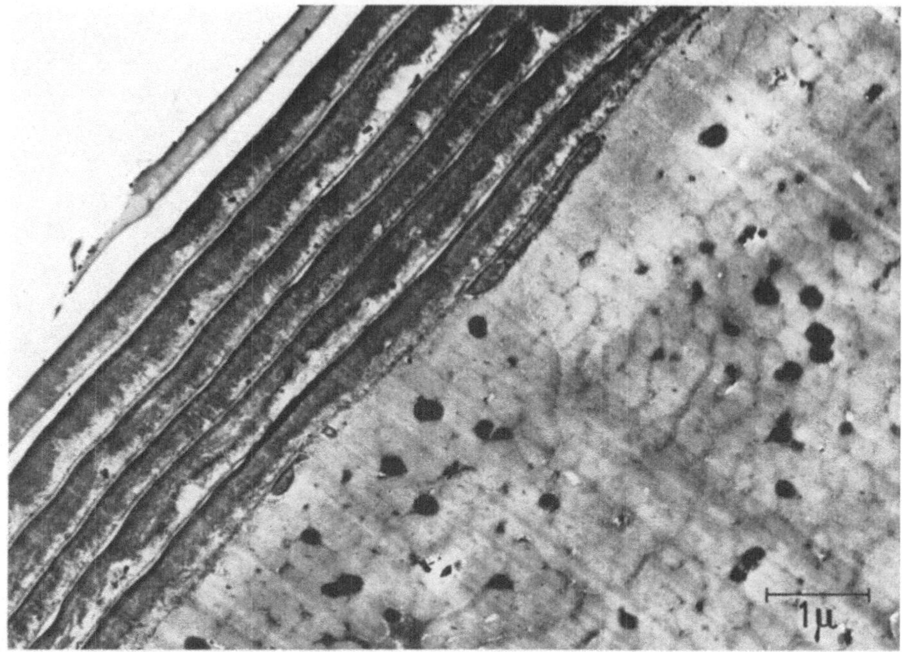

Abb. 102. Dünnschnitt eines Haares quer zur Haarachse. (Aufnahme: H. GROTHE)

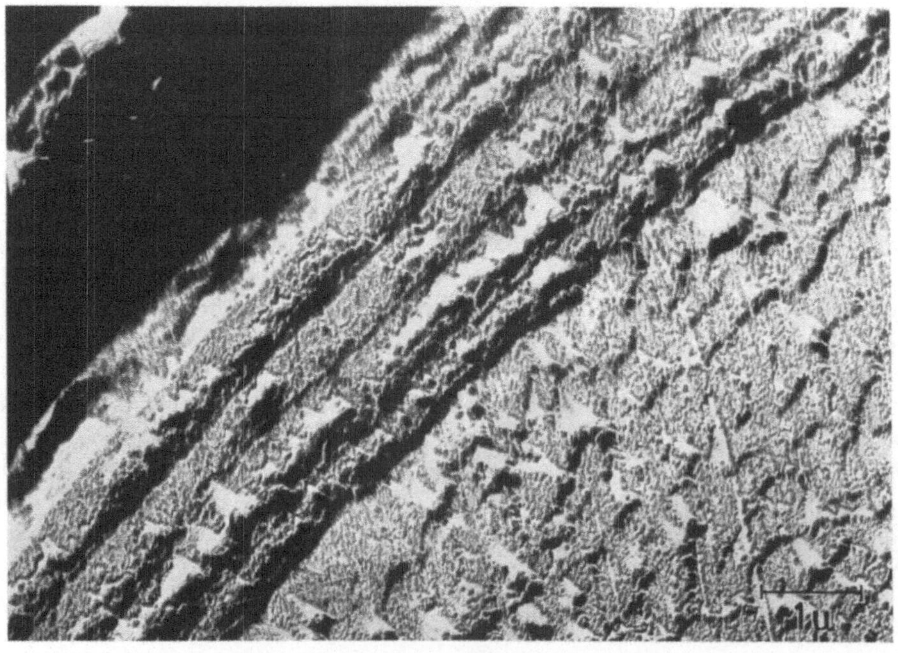

Abb. 103. Thermoplastischer Abdruck eines Haarquerschnitts. (Aufnahme: I. MARTIN)

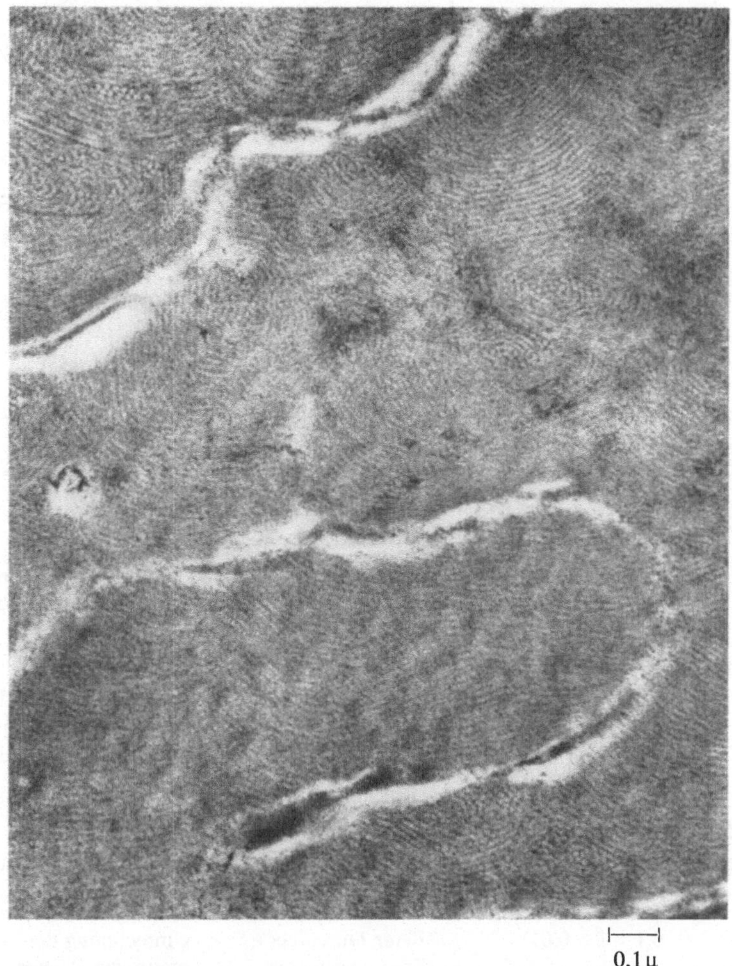

Abb. 104. Chemisch behandeltes Haar, Dünnschnitt quer zur Haarachse (Verfahren nach ROGERS). (Aufnahme: J. KIENDL)

Bild des Dünnschnittes. Allerdings sind die so entstandenen Stufen im Abdruck nicht zu erkennen, wenn sie parallel zur Aufdampfrichtung verlaufen.

Um die Feinstruktur des Haares innerhalb der Cortexzellen sichtbar zu machen, ist eine chemische Vorbehandlung der Haare erforderlich. Für Abb. 104 wurde das Haar vor der Fixierung – nach einer von ROGERS angegebenen Methode – einer Thioglykolsäure-Lösung (Konzentration 0,4 n) ausgesetzt. Anschließend wurde in üblicher Weise eingebettet und dünngeschnitten. Die Aufnahme zeigt Cortexzellen, die aus Makrofibrillen aufgebaut sind. Die Makrofibrillen sind wiederum aus Mikrofibrillen aufgebaut, die auf der Abbildung sowohl lamellar, als auch vereinzelt querschnittsrund zu sehen sind („finger prints“).

9. Korngrößen und Korngrößenverteilungen

Eine in naturwissenschaftlichen und vor allem auch in technischen Bereichen immer wiederkehrende Aufgabe ist die Bestimmung von Korngrößen sowie die Ermittlung und Darstellung von Korngrößenverteilungen. Die zahlreichen Verfahren, die zur Lösung dieser Aufgaben entwickelt und erprobt wurden, unter-

Tabelle 5. *Einige Meßmethoden für Korngrößen*
(in den eingeklammerten Bereichen liefern die jeweiligen Methoden nur noch Richtwerte)

Meßmethode	Meßbereich B= Durchmesser in Mikron	Art des Meßwertes	Meßvorgang
Siebanalyse	$B > 60$	$\frac{\text{Masse}}{\text{Intervall Maschenweite}}$	Siebung mit Wägung des Siebdurchganges oder Siebrückstandes
Sedimentations-analyse	$50 > B > 1$ $(1 > B > 0{,}5)$	$\frac{\text{Masse}}{\text{Durchmesserintervall}}$	Sedimentation mit Wägung oder Bestimmung der restlichen Teilchendichte (z.B. durch Lichtstreuung)
Licht-mikroskopie	$100 > B > 1$ $(1 > B > 0{,}3)$	$\frac{\text{Teilchenzahl}}{\text{Durchmesserintervall}}$	Durchmessermessung mit Zählung
Elektronen-mikroskopie	$1 > B > 0{,}005$ $(0{,}005 - 0{,}0005)$	$\frac{\text{Teilchenzahl}}{\text{Durchmesserintervall}}$	Durchmessermessung mit Zählung
Röntgen-feinstruktur-messungen	$0{,}1 > B > 0{,}01$	Mittlerer Durchmesser kohärent streuender Kristallbereiche	Umrechnung der Halbwertsbreite von Röntgenreflexen in mittlere Teilchendurchmesser
Elektronen-beugung	$0{,}01 > B > 0{,}001$	Mittlerer Durchmesser kohärent streuender Kristallbereiche	Umrechnung der Halbwertsbreite von Elektronenbeugungsreflexen in mittlere Teilchendurchmesser
Oberflächen-messung nach BET	$10 > B > 0{,}01$	spezifische Oberfläche	Umrechnung der spezifischen Oberfläche in mittleren Teilchendurchmesser unter Voraussetzung von spezieller Teilchenform und Oberflächenrauhigkeit

scheiden sich sowohl hinsichtlich der physikalischen Meßmethode als auch hinsichtlich des erfaßbaren Korngrößenbereiches (Tabelle 5 gibt einen Überblick, welche Korngrößenbereiche mit einigen hier ausgewählten Verfahren erfaßt werden können). Die Meßmethoden lassen sich bezüglich der Art des Meßwertes in drei Gruppen einteilen:

a) Fraktionierung mit Bestimmung der Massenanteile
b) Einzelkornmessungen mit Auszählung
c) Bestimmung des mittleren Korndurchmessers.

Zu a):

Die Fraktionierung, das heißt Aufteilung der Probe in verschiedene Korngrößenklassen mit bekannten oberen und unteren Bereichsgrenzen, kann nach verschiedenen Verfahren erfolgen, z.B. durch Sieben (Siebanalyse) oder Sedimentieren (Sedimentationsanalyse). Die am Einzelkorn angreifenden Kräfte lassen sich durch Zentrifugieren gegenüber dem Sedimentieren unter Einfluß der Schwerkraft bedeutend steigern. Die zu den Kornfraktionen gehörenden Massenanteile werden anschließend durch Wägung bestimmt.

Zu b):

Bei den Einzelkornmessungen, die lichtmikroskopisch oder elektronenmikroskopisch durchgeführt werden, kann die Größe einzelner Körner mit sehr großer Genauigkeit gemessen werden, jedoch erfordert die Bestimmung eines für die Gesamtheit der Probe repräsentativen Mittelwertes oder die Aufnahme der Kornverteilungskurve ein Ausmessen und Auszählen sehr vieler Körner, besonders dann, wenn sich die Verteilung über einen großen Korngrößenbereich erstreckt. Bei der Auswertung der Messungen wird auch bei diesen Methoden der gesamte, erfaßte Korngrößenbereich zweckmäßigerweise in diskrete Einzelbereiche unterteilt, so daß hier im Prinzip auch eine Fraktionierung durchgeführt wird, wenn auch nur mathematisch.

Zum Unterschied von den „echten“ Fraktionierungsmethoden wird jedoch primär nicht die Masse, sondern die Anzahl der zu den einzelnen Fraktionen gehörenden Körner ermittelt.

In den vergangenen Jahren sind zahlreiche Arbeiten mit dem Ziel durchgeführt worden, die Lichtstreuung an kleinen Teilchen zur Bestimmung von Korngrößenverteilungen auszunutzen. Während die Zählung kleiner Teilchen oder Tröpfchen ohne weiteres möglich ist, stößt die gleichzeitige Messung der Korngröße auf beträchtliche Schwierigkeiten, da die gestreute Lichtintensität nicht nur von der Teilchengröße, sondern auch von anderen Teilcheneigenschaften, z.B. Brechungsindex und Kornform abhängt.

Zu c):

Bei den Methoden zur Messung des mittleren Korndurchmessers kann der Mittelwert der Teilchengröße eines großen Kollektivs von Körnern mit großer Genauigkeit erfaßt werden. Es ist jedoch schwierig, die mittlere Abweichung von diesem Mittelwert zu bestimmen; der genaue Verlauf der Kornverteilungskurve kann mit derartigen Verfahren, zu denen unter anderem Röntgenfeinstrukturmessungen und Oberflächenmessungen mit Adsorptionsmethoden gehören, nicht ermittelt werden. Dennoch können die Mittelwertsmessungen eine wertvolle Kontrolle oder Ergänzung der unter a) und b) genannten Verfahren darstellen. Dabei ist zu berücksichtigen, daß die von den speziellen experimentellen Bedingungen abhängige Mittelwertbildung bei den verschiedenen Verfahren durchaus verschiedenen mathematischen Operationen entsprechen kann.

Gemäß der Themenstellung dieses Buches werden im folgenden vor allem die zu b) gehörenden mikroskopischen Methoden unter Bevorzugung der Elektronenmikroskopie behandelt. Jedoch werden auch einige andere Verfahren kurz besprochen, sofern sie zur Ergänzung oder Kontrolle elektronenmikroskopischer Messungen dienen können.

9.1. Mikroskopische Korngrößenanalysen

9.1.1. Lichtmikroskopie

Der Anwendungsbereich des Lichtmikroskopes für Teilchengrößenanalysen wird durch die Beugung des Lichtes an kleinen Teilchen begrenzt. Wenn die Teilchengröße in der Größenordnung der Wellenlänge des zur Untersuchung benutzten Lichtes liegt, werden die Beugungserscheinungen so groß, daß eine genaue Messung der Teilchendurchmesser nicht mehr möglich ist. Aus diesem Grunde sind Teilchengrößenbestimmungen unterhalb eines Mikrons mit dem Lichtmikroskop kaum durchführbar. Weiterhin wirkt sich die geringe Schärfentiefe des Lichtmikroskopes ungünstig auf die Messung aus. So können bei annähernd kugelförmigen Teilchen bereits bei mittleren Vergrößerungen (300- bis 600fach) Fehlmessungen dadurch entstehen, daß die Einstellebene nicht mit der Ebene des größten Durchmessers zusammenfällt.

Dennoch sollte bei jeder elektronenmikroskopischen Teilchengrößenbestimmung auch eine lichtmikroskopische Beobachtung des zu untersuchenden Materials erfolgen. Es ist mit dem Lichtmikroskop sehr leicht möglich, einen im Vergleich zum Elektronenmikroskop relativ großen Präparatbereich durchzumustern. Hierbei lassen sich Aussagen über die Gleichmäßigkeit des Materials gewinnen. Im besonderen läßt sich feststellen, ob extrem große Teilchen, die für eine Beobachtung im Elektronenmikroskop nicht mehr geeignet sind, im Material vorliegen. In manchen Fällen wird es nötig sein, die lichtmikroskopischen und elektronenmikroskopischen Methoden miteinander zu kombinieren, um den gesamten Korngrößenbereich erfassen zu können.

9.1.2. Elektronenmikroskopie

In elektronenmikroskopischen Aufnahmen kann der Durchmesser der abgebildeten Teilchen mit einer relativ hohen Genauigkeit gemessen werden. Der Teilchendurchmesser liegt in praktisch allen vorkommenden Fällen um Größenordnungen über der Elektronenwellenlänge und auch über der Auflösungsgrenze der Geräte.

Dagegen verdient ein ganz anderes Problem besondere Beachtung: Auf elektronenmikroskopischen Präparaten kann nur eine beschränkte Teilchenzahl erfaßt werden, die durch das jeweilige Präparationsverfahren aus der Originalprobe entnommen wird. Somit steht bei elektronenmikroskopischen Korngrößenanalysen nicht die Genauigkeit einer einzelnen Durchmesser-Bestimmung im Mittelpunkt der Überlegungen, sondern die Frage, wieweit die an einem Präparat durchgeführten Messungen repräsentativ für die gesamte Probe sind. Nehmen wir vereinfachend an, daß die zu untersuchende, pulverförmige Substanz aus kugelförmigen Teilchen besteht, so daß für jedes Teilchen nur eine Größe, nämlich der Durchmesser B bestimmt zu werden braucht, so ergibt sich für elektronenmikroskopische Korngrößenanalysen ganz allgemein folgende Problemstellung:

Ein feindisperses Material der Gesamtmenge M, das als Pulver, Aerosol oder als Suspension vorliegt, sei durch eine Kornverteilung $f(B)$ gekennzeichnet. Die Funktion $N=f(B)$ gestattet die Berechnung der auf ein Durchmesserintervall $\left\{B-\frac{\Delta B}{2}, B+\frac{\Delta B}{2}\right\}$ bezogene Teilchenzahl ΔR: Es ist

$$\Delta R=f(B)\,\Delta B. \tag{9.1}$$

Häufig wird ΔR auf 100 bezogen, also in Prozent der gesamten Teilchenzahl angegeben, so daß folgende Gleichung (9.2) gilt:

$$\int_0^\infty f(B)\,dB=100. \tag{9.2}$$

Es wird nun die Aufgabe gestellt, die Funktion N elektronenmikroskopisch zu ermitteln. Da im allgemeinen die Gesamtmenge M für eine elektronenmikroskopische Untersuchung viel zu groß ist, muß aus der Menge M eine Untermenge M^* entnommen werden, deren Teilchen zur Ermittlung der Korngrößenverteilung gemessen und gezählt werden. Das Meßverfahren liefert eine Bildfunktion $N^*=f^*(B)$, und es wird angestrebt, daß f^* der gesuchten Funktion f möglichst ähnlich wird.

Die prinzipielle Schwierigkeit besteht nun darin, eine für die Gesamtmenge M repräsentative Untermenge M^* zu entnehmen. Im allgemeinen wird die spezielle Art der Probenentnahme durch das Präparationsverfahren bestimmt, und es darf bei dieser Probenentnahme keine Bevorzugung irgendeines Korngrößenbereiches erfolgen. Ebensowenig darf im weiteren Verlauf der Präparation eine Fraktionierung auftreten, die zur Folge hat, daß bestimmte Korngrößenbereiche ganz oder teilweise unterdrückt werden oder daß auf den Objektträgerblenden eine örtliche Aufteilung nach Größenklassen auftritt. Gelingt es, diese Forderungen zu erfüllen, so hängt die Genauigkeit der Korngrößenanalyse von der Zahl der pro Intervall gemessenen Teilchen ab. Hierauf wird weiter unten (Abschnitt Fehlbetrachtungen) gesondert eingegangen.

9.2. Einfluß des Präparationsverfahrens

Wie bereits erwähnt, erfolgt die Auswahl der im vorigen Abschnitt eingeführten Untermenge M^* aus der Gesamtmenge M bei elektronenmikroskopischen Untersuchungen fast ausnahmslos durch das Präparationsvefahren. Dieses entscheidet somit über den Wert der Untersuchung. Während man jedoch bei vielen anderen Anwendungen der Elektronenmikroskopie (z.B. Oberflächenuntersuchungen mit Abdruckpräparaten) bei einiger Erfahrung bereits aus den Aufnahmen ersehen kann, ob Präparationsfehler vorliegen, kann im Falle der Korngrößenanalysen aus den Bildern nicht entnommen werden, ob die erfaßte Menge M^* repräsentativ für M ist. Hierin liegt die große Gefahr bei derartigen Unter-

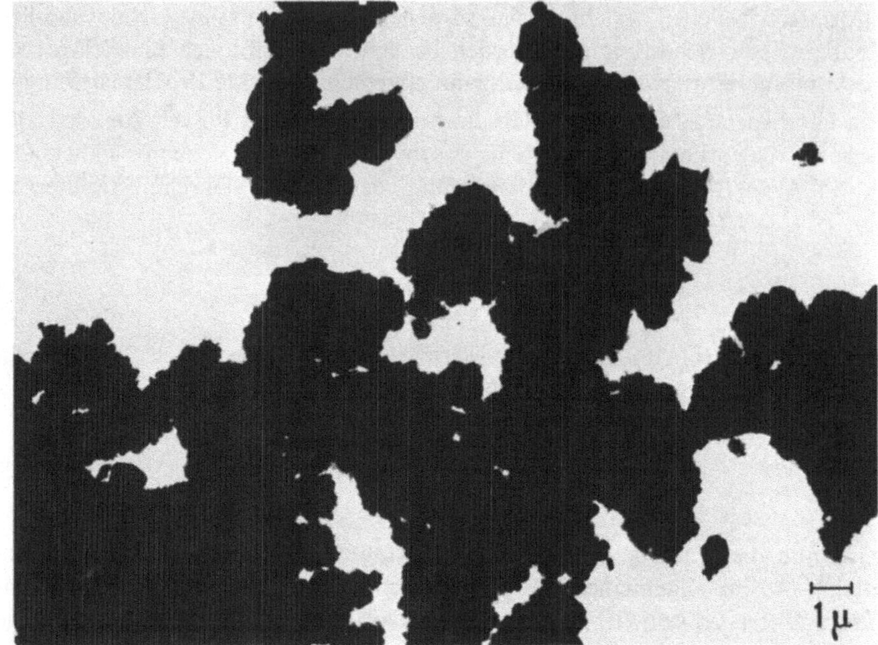

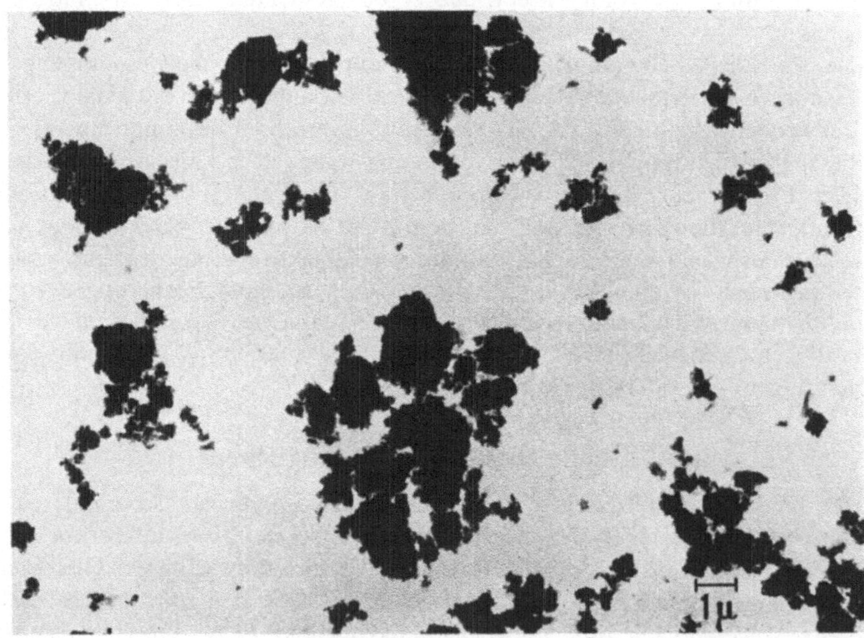

Abb. 105a–e. Sogenanntes Trockenhydrat ($CaOH_2$). a Elektrostatisch abgeschieden, b Aus Benzol-Suspension, c Aus wäßriger Suspension (beim Trocknen an Luft carbonatisiert), d Mittels Ultraschall-Vernebelung aus Aceton präpariert, e Kohlehüllenabdruck einer gefriergetrockneten wäßrigen Suspension. (Aufnahmen: G. SCHIMMEL)

c

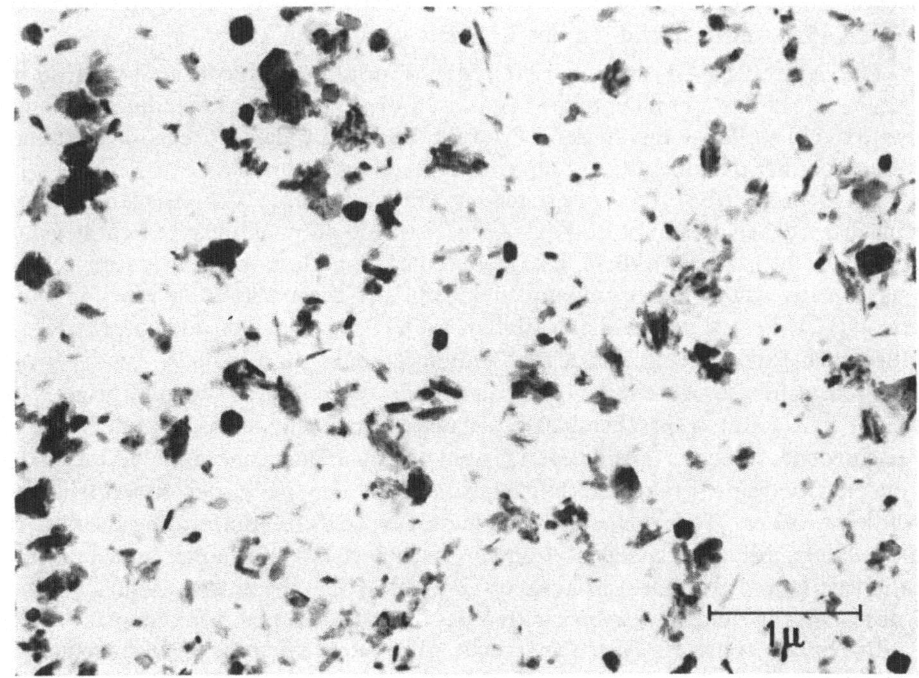

d

Abb. 105 c, d

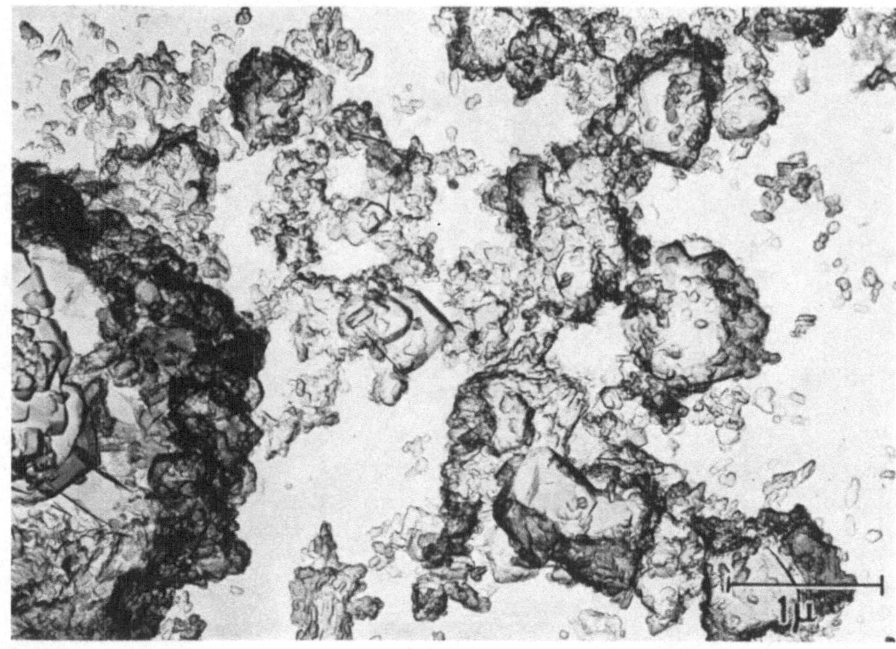

Abb. 105 e

suchungen. An einem besonders markanten Beispiel wird im folgenden gezeigt, wie das Präparationsverfahren das Ergebnis verfälschen kann.

Die Abb. 105a–d demonstrieren den Einfluß verschiedener Präparationsverfahren auf sog. Trockenhydrat, das ist pulverförmiges, kristallines Calciumhydroxyd $Ca(OH)_2$. Bei diesem Produkt beeinflußt die Korngrößenverteilung wesentlich die „Plastizität" des daraus hergestellten Mörtels.

Bei dem in Abb. 105a dargestellten Präparat wurde das Ausgangsmaterial zunächst trocken zerstäubt und das Aerosol wurde durch ein waagerecht liegendes Rohr geleitet, das als äußere Elektrode eines Zylinderkondensators ausgebildet war; auf der stabförmigen inneren Elektrode, die gegen das Rohr eine Spannung von +3 kV besaß, waren die befilmten Objektträgerblenden angebracht (Kernfäller nach RIEDMÜLLER). In der Abbildung erkennt man lediglich relativ große, undurchstrahlbare Abscheidungen, die keine ausgeprägten Kristallformen aufweisen und somit wahrscheinlich Kornagglomerate darstellen. Durch Vergleich verschiedener Blenden konnte festgestellt werden, daß innerhalb des Zylinderkondensators eine Fraktionierung stattfand: In der Nähe der Eintrittsöffnung wurden größere „Teilchen" abgeschieden als in größerer Entfernung davon. Alle diese Beobachtungen lassen es fraglich erscheinen, ob das angewendete Präparationsverfahren geeignet ist und ob in Abb. 105a diejenigen Teilchen erfaßt worden sind, welche die Eigenschaften des Trockenhydrates bestimmen.

In einem weiteren Versuch wurde das pulverförmige Ausgangsmaterial zunächst in Benzol suspendiert. Nach einer Behandlung dieser Suspension mit Ultraschall der Frequenz 1 MHz wurden mittels einer Platinöse kleine Tröpfchen auf Objektträger mit Kohlefilmen übertragen, die anschließend an Luft getrocknet wurden. Die so erhaltenen Präparate (Abb. 105b) weisen kleinere Teilchen auf als Abb. 105a. Offensichtlich ist es jedoch auch bei dieser Präparation nicht gelungen, Kornzusammenballungen zu vermeiden oder zu zerteilen.

Bei der Präparation für Abb. 105c erfolgte die Suspendierung nicht in Benzol, sondern in CO_2-freiem Wasser; die weitere Präparation war identisch mit Abb. 105b.

Infolge einer geringen Löslichkeit des Calciumhydroxides in Wasser ergab sich nach visueller Beurteilung eine sehr feine Verteilung. Andererseits liegt die Sättigungsgrenze mit 1,76 g/l so niedrig, daß bei dem großen Überschuß an Bodenkörpern keine Verfälschung der Messungen durch Lösungsvorgänge zu befürchten war. Es war jedoch mit vertretbarem Aufwand unmöglich, während des Eintrocknens der Suspension Kohlendioxid vom Präparat fernzuhalten, so daß keine Carbonatisierung erfolgen konnte. Dementsprechend bestehen die Kristalle in Abb. 105c aus reinem Calciumcarbonat der Calcit-Modifikation, wie durch Elektronenbeugungsaufnahmen leicht nachgewiesen werden konnte.

In Abb. 105d wurde eine Suspension des Ausgangsmaterials in Aceton mittels Ultraschall (Frequenz 3 MHz) vernebelt. Anstelle der unregelmäßigen Kristallaggregate der Abb. 105a und b sind jetzt einzelne Kristalle gut zu erkennen. Auch die Belegung der Blende ist befriedigend. Die Ausmessung und Auszählung der Teilchen kann leicht durchgeführt werden, was zu der Annahme verleiten könnte, dieses Präparationsverfahren sei zur Ermittlung der Kornverteilungskurve geeignet.

Abb. 105e beweist jedoch das Gegenteil. In diesem Falle wurde das Trockenhydrat zunächst mit Wasser zu einem Kalkbrei angerührt, (was, wie bereits erwähnt, wegen der geringen Löslichkeit des $Ca(OH)_2$ in Wasser zulässig ist), der dünn auf Glas-Objektträger ausgestrichen, dann sofort in flüssigem Stickstoff eingefroren und anschließend in einer Vakuum-Apparatur gefriergetrocknet wurde. Anschließend wurden die getrockneten Kristalle im Kegeldampfverfahren mit Kohle bedampft. Durch Einlegen des Objektträgers in verdünnte Salzsäure wurde das Calciumhydroxid aus den Kohlehüllen herausgelöst, wobei gleichzeitig der Kohlefilm vom Glasträger abschwamm.

Das in Abb. 105e abgebildete Kohlehüllen-Präparat beweist nun, daß in Abb. 105d nur die Feinanteile des Trockenhydrates auf die Blende gelangten. Die größeren Kristalle wurden dagegen bei der Präparation nicht erfaßt (wahrscheinlich wegen zu großer Sinkgeschwindigkeit nach der Vernebelung).

Von den 5 Abbildungen der Serie Abb. 105a–e ist also nur Abb. 105e für die Ermittlung der Kornverteilungskurve verwendbar: In Abb. 105a und b wurden nur Kornzusammenballungen und keine einzelnen Kristalle abgebildet, Abb. 105c ist wegen der chemischen Umwandlung eine Fehlpräparation, Abb. 105d enthält nur die Feinanteile der Ausgangssubstanz und die präparativ erfaßte Untermenge M^* war somit nicht repräsentativ.

9.2.1. Übersicht über die wichtigsten Präparationsverfahren

Die Auswahl des Präparationsverfahrens richtet sich nach der Teilchengröße und nach den chemischen und physikalischen Eigenschaften der Untersuchungssubstanz. Nehmen wir an, daß das Ausgangsmaterial als Pulver vorliegt, so gibt es grundsätzlich zwei verschiedene Wege für die Präparation:

A. Das Trockenverfahren
B. Das Naßverfahren.

A. Trockenverfahren

Bei den Trockenverfahren wird die Untersuchungssubstanz trocken, also ohne vorheriges Suspendieren in einer Flüssigkeit auf die Präparatblende gebracht. Dafür gibt es verschiedene Möglichkeiten. Das einfachste Verfahren ist das Abtupfen, wobei eine befilmte Objektblende (Präparatträger) vorsichtig auf die pulverförmige Substanz getupft wird. Gewöhnlich bleiben genügend Teilchen für eine elektronenmikroskopische Untersuchung an der Folie hängen. So primitiv dieses Verfahren erscheint, so ausgezeichnete Ergebnisse kann es jedoch liefern. Es besitzt den Vorteil, daß der Weg von der Untersuchungssubstanz bis zum fertigen Präparat der kürzeste, mögliche Weg überhaupt ist. Fraktionierungsvorgänge können sich nur im Augenblick des Anhaftens an den Film abspielen. Liegt der Teilchendurchmesser unter einem Mikron, so ist eine Fraktionierung kaum zu befürchten. Die Haftkräfte sind dann im Vergleich zu der am Einzelteilchen angreifenden Schwerkraft so groß, daß auch die größten Teilchen noch an der Folie festgehalten werden. Man sollte daher nie versäumen, bei derartigen Untersuchungen „Tupfpräparate“ anzufertigen. Die Tupfpräparation wird allerdings durch Kornzusammenballungen erschwert. Wenn die Teilchen dazu neigen, größere Agglomerate zu bilden, so bleiben u. U. nicht Einzelteilchen, sondern Agglomerate an der Trägerfolie hängen, und eine Auswertung der elektronenmikroskopischen Aufnahmen im Hinblick auf Teilchengrößen wird damit unmöglich.

Für den Transport von Ausgangssubstanz zu Trägerfolie kann man sich auch eines Vermittlers bedienen. Einige Autoren empfehlen hierfür Quecksilberkugeln, die zunächst mit der Untersuchungssubstanz bestäubt und anschließend über den Präparatträgerfilm gerollt werden sollen. Im allgemeinen ist die Tupfpräparation vorzuziehen.

Eine andere Möglichkeit zur Präparation feiner Teilchen besteht darin, zunächst aus der Untersuchungssubstanz ein Aerosol herzustellen, z.B. in einem geeigneten Zerstäuber, und sodann die Teilchen auf den Präparatblenden abzuscheiden. Es gibt verschiedene Möglichkeiten, diese Abscheidung zu steuern:

Filtration
Sedimentation
elektrische Abscheidung.

Bei der Filtration wird das Aerosol durch einen engen Filter gesaugt; bewährt haben sich z.B. Membranfilter aus organischen Verbindungen. Die Teilchen bleiben auf dem Filter liegen und werden vom Filter auf die Präparatblenden übertragen. Liegt die Ausgangssubstanz schon als Aerosol vor, z.B. beim Luftstaub, so ist die Filtermethode eine sehr bequeme und sichere Methode, vorausgesetzt, die Filterporen sind klein genug, auch die kleinsten Teilchen festzuhalten. Für die Übertragung der auf den Filtern abgeschiedenen Teilchen auf Objektblenden hat sich folgendes Verfahren bewährt:

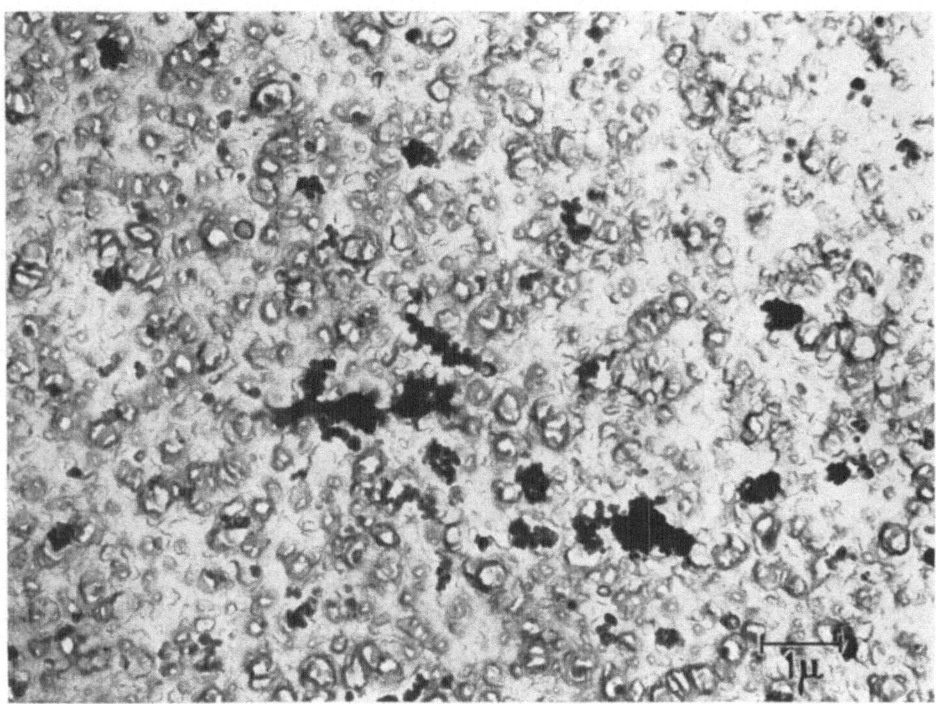

Abb. 106. Luftstaub auf Membranfilter. (Aufnahme: G. SCHIMMEL)

Die Filtermembran mit den abgeschiedenen Teilchen wird wie beim Aufdampf-Abdruckverfahren mit Kohle bedampft. Anschließend wird die Filtersubstanz in einem geeigneten Lösungsmittel gelöst. Da sie in organischen Lösungsmitteln im allgemeinen nicht löslich sind, bleiben die Staubteilchen an dem Kohleabdruckfilm von der Membran-Oberfläche hängen. Der Kohlefilm wird nun in der üblichen Weise auf Objektblenden oder Trägernetze gebracht. Ein so hergestelltes Luftstaub-Präparat zeigt Abb. 106. Man erkennt den Oberflächenabdruck des Membranfilters, auf dem die undurchstrahlbaren Staubteilchen liegen. Da aus dem Abdruck die Porengröße zu entnehmen ist, kann aus der Aufnahme zugleich abgeschätzt werden, bis zu welcher Teilchengröße herab das Verfahren zuverlässig arbeitet.

Beim Sedimentationsverfahren setzen sich die Teilchen unter dem Einfluß der Schwerkraft oder der elektrischen Felder auf den befilmten Präparatblenden ab. In beiden Fällen besteht die Gefahr, daß bestimmte Kornfraktionen bevorzugt aufgefangen werden. Diese Verfahren sollten daher nur angewandt werden, wenn die Bevorzugung bestimmter Kornfraktionen ohne Bedeutung ist oder sogar angestrebt wird. (Zum Beispiel kann es erstrebenswert sein, in einem Pulver bevorzugt die kleinsten Teilchen zu erfassen.) In einem solchen Falle kann man zunächst die groben Teilchen sedimentieren lassen und dann anschließend nur die feinen Teilchen auf Blenden auffangen.

Bei der elektrischen Abscheidung (z.B. im Kernfäller nach RIEDMÜLLER) wird, wie oben beschrieben, das Aerosol durch ein Rohr geblasen, das als Zylinderkondensator ausgebildet ist. Die eine Elektrode wird durch das Rohr, die andere durch einen axial im Rohr gehaltenen Metallstab gebildet, der zugleich als Präparathalter dient. Grobe Teilchen werden am Rohreingang, die feinsten am Rohrende aufgefangen. Zur Ermittlung von Kornverteilungskurven ist wegen der Fraktionierung sowohl die Sedimentation als auch die elektrische Abscheidung ungeeignet (vgl. Abb. 105a).

B. Naßverfahren

Bei den Naßverfahren wird das Untersuchungsmaterial zunächst in einer geeigneten Flüssigkeit suspendiert. Im allgemeinen kann dabei eine bessere Verteilung der Teilchen auf der befilmten Präparatblende erreicht werden als bei den Trockenverfahren. Der Wahl der Suspensionsflüssigkeit kommt dabei große Bedeutung zu, denn die Probe darf in der flüssigen Phase nur eine so geringe Löslichkeit aufweisen, daß infolge des Lösungsvorganges und durch das Ausscheiden gelöster Substanz beim Auftrocknen keine Verfälschungen des Ergebnisses entstehen können. Unter Umständen können auch durch Einfluß der flüssigen Phase Kornzusammenballungen entstehen, die die Verteilung der Teilchen auf den Präparatblenden ungünstig gestalten.

Feste Regeln für die Wahl der Suspensionsflüssigkeit können nicht aufgestellt werden. Stets sollten mehrere Flüssigkeiten erprobt werden. Beispielsweise hat sich bei Ruß-Untersuchungen Benzol als Suspensionsflüssigkeit bewährt, während bei feinteiligen Kalkhydraten Benzol zu störenden Agglomerationen führt (Abb. 105b). Dagegen kann Calciumhydroxid trotz geringer Löslichkeit aus wäßriger Suspension präpariert werden (Abb. 105e), sofern CO_2 bei der Trocknung ferngehalten wird. Jedoch ist es kaum möglich, brauchbare Suspensionen von Ruß in Wasser herzustellen.

Ein besonderer Vorteil des Naßverfahrens ist darin zu sehen, daß in den Präparationsgang eine Ultraschallbehandlung der Suspension eingefügt werden kann, wodurch Kornzusammenballungen aufgelöst werden können. Geeignete Laboratoriumsapparaturen sind auf dem Markt.

Im allgemeinen wird die Suspension (ggfs. nach der Beschallung) mit einer Platinöse auf filmbelegte Objektblenden übertragen und eingetrocknet. Während und auch nach dem Eintrocknen können Effekte auftreten, die das Ergebnis der elektronenmikroskopischen Arbeit verfälschen. Einmal kann beim Eintrocknen die Oberflächenspannung der flüssigen Phase eine ungleichmäßige Verteilung der festen Teilchen auf dem Trägerfilm hervorrufen, zum anderen kann bei leicht deformierbaren Teilchen (z.B. bei biologischen Objekten, wie Blutkörperchen) die an ihnen angreifende Oberflächenspannung zu Deformationen führen.

Der mögliche Einfluß der Luft und des Suspensionsmediums auf das Präparat sollte stets beachtet werden. Viele Substanzen, die makroskopisch an Luft scheinbar keine Veränderung erleiden, können sich bei der Präparation verändern. Während bei größeren Substanzmengen eine mengenmäßig vernachlässigbare Oberflächenschicht oft in ausreichendem Maße die tieferen Schichten vor atmosphärischen Einflüssen schützt, liegen bei der elektronenmikroskopischen Präparation die Teilchen so fein verteilt vor, daß dieser Schutz entfällt.

Bereits mit Abb. 105c wurde ein Beispiel für die Einwirkung der Luft auf eine Untersuchungssubstanz gebracht. Doch war in diesem Falle die chemische

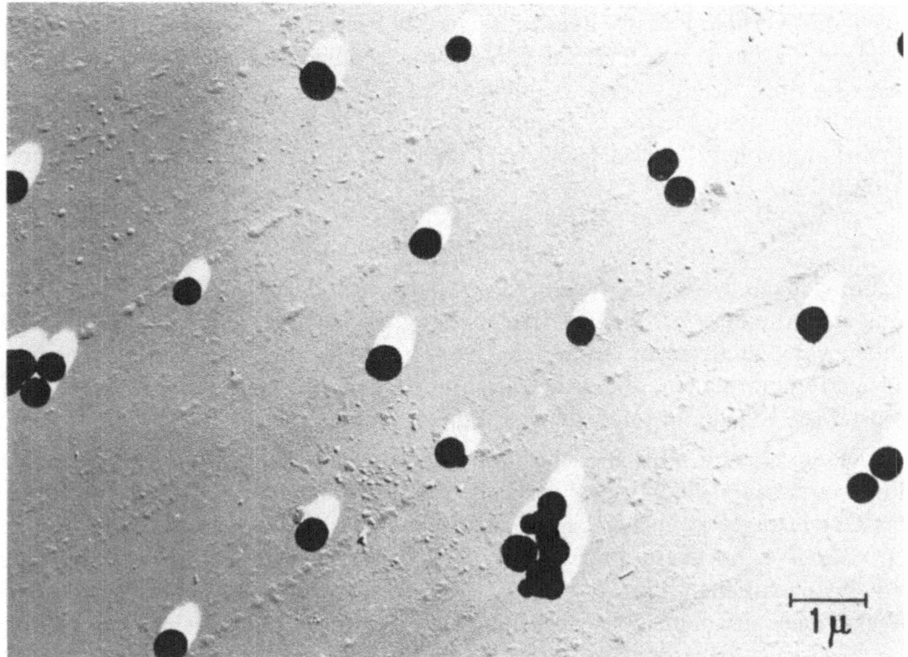

a

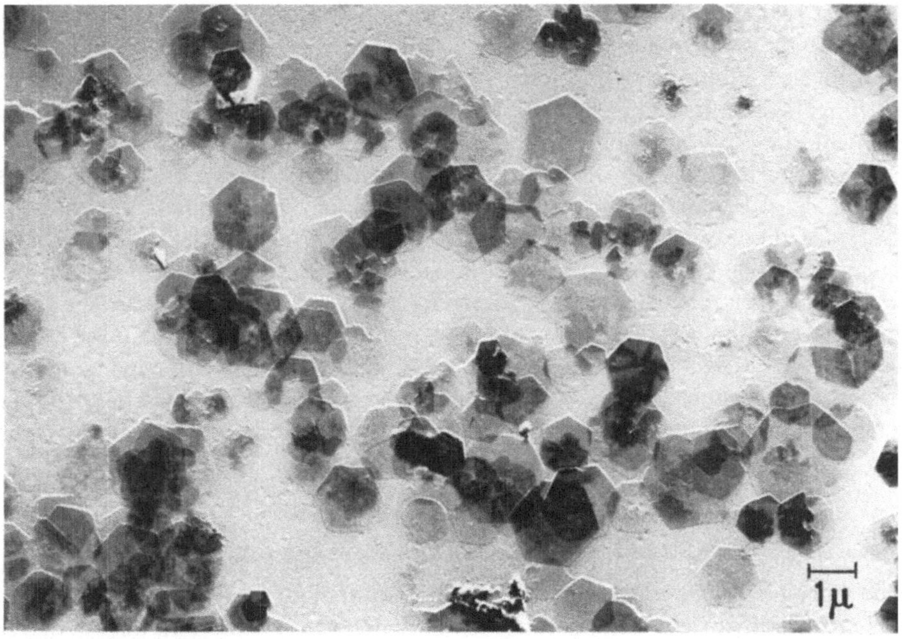

b

Abb. 107a u. b. Präparate von Bleioxyd a aus einer Benzol-Suspension präpariert, b aus einer wäßrigen Suspension präpariert, beim Trocknen zu basischem Bleikarbonat umgesetzt. (Aufnahmen: G. SCHIMMEL)

Reaktion zwischen $Ca(OH)_2$ und CO_2 im Grunde zu erwarten. Nicht immer liegen die Verhältnisse so übersichtlich. So bestehen in Abb. 107a die kugelförmigen Teilchen aus Bleioxid (PbO), das in diesem Falle aus einer Benzolsuspension präpariert wurde. Wählt man anstelle von Benzol Wasser als Suspensionsflüssigkeit, so sieht das Ergebnis ganz anders aus: Durch die kombinierte Einwirkung von H_2O und CO_2 der Luft bildet sich ein basisches Bleicarbonat (Abb. 107b).

Gefriertrocknung

Ein vielfach bewährtes Verfahren, Präparatveränderungen während der Trocknung zu verhindern, ist die Gefriertrocknung. Dabei soll das Einfrieren möglichst schnell vonstatten gehen. In vielen Laboratorien wird keine Vakuumapparatur zur Verfügung stehen, die mit Durchführungen für eine Kühlflüssigkeit ausgerüstet ist. Hier kann folgende Methode empfohlen werden:

Die Suspension wird in der durch Vorversuche gefundenen optimalen Verdünnung auf Glasobjektträger gestrichen und in flüssigem Stickstoff eingefroren. Der Objektträger kann bei Bedarf mehrere Tage im flüssigen Stickstoff verbleiben. Somit kann diese Präparation auch außerhalb des Präparationsraumes, z. B. im chemischen Betrieb durchgeführt werden. Zu passender Zeit wird der Objektträger aus dem flüssigen Stickstoff genommen und in einer für sofortige Bedampfung vorbereiteten Vakuumaufdampfapparatur auf eine gekühlte Unterlage gelegt (in vielen Fällen genügt ein ebenfalls mit flüssiger Luft oder Trockeneis vor der Evakuierung gekühlter Metallblock). Anschließend wird möglichst schnell evakuiert. Es ist darauf zu achten, daß die Suspension während des Evakuierens nicht auftaut, sondern daß die Suspensionsflüssigkeit aus der festen Phase verdampft. Unmittelbar nach der Trocknung wird ohne Zwischenbelüftung bedampft, entweder mit Kohle allein oder zunächst mit Metall zur Kontrastierung und anschließend mit Kohle.

Die Weiterbearbeitung der Objektträger richtet sich nach dem Präparationsziel und der zu präparierenden Substanz. Für einen Kohlehüllenabdruck (Abb. 105c) wird die Ausgangssubstanz mit geeigneten Lösungsmitteln aufgelöst. Oft schwimmt dabei bereits der Kohlefilm vom Objektträger ab, nötigenfalls muß der Objektträger zusätzlich in stark verdünnte Flußsäure getaucht werden, damit sich der Kohlefilm von der Glasunterlage trennt. Bei diesem Verfahren entfällt einerseits die Möglichkeit, von der Ausgangssubstanz Elektronenbeugungsaufnahmen zu gewinnen, dafür können andererseits kurzlebige Zwischenprodukte chemischer Umsetzungen präpariert und morphologisch erfaßt werden (Abb. 71a–g u. 72a–c).

Waschverfahren

Sofern die Suspensionsflüssigkeit einen so niedrigen Dampfdruck besitzt, daß sie bei normaler Temperatur auch im Hochvakuum nicht schnell genug verdampft, ist es erforderlich, sie durch Auswaschen zu entfernen. Dieser Fall liegt z. B. vor, wenn verschmutztes Motorenöl auf Festkörper-Abrieb und Verbrennungsrückstände untersucht werden soll. Hier wird das Motorenöl zunächst stark mit Benzol verdünnt, um eine geeignete Festkörperkonzentration zu erreichen, sodann wird die Ölbenzolmischung in üblicher Weise mit einer Platinöse auf mit Kohlefolien belegten Präparatblenden gebracht. Nach dem Verdampfen des Benzols bleibt ein Ölfilm auf dem Präparat, und man erhält unscharfe Bilder. Hier muß also das Öl ausgewaschen werden. Man hängt dazu die Präparate in einem gekühlten Halter in ein Gefäß, das ein geeignetes Lösungsmittel enthält. Das Lösungsmittel wird bis zum Sieden erhitzt und der Dampf kondensiert auf den Präparatträgern. Das gelöste Öl wird allmählich fortgeschwemmt. Man muß nur darauf achten, daß keine an anderer Stelle kondensierten Tropfen auf die Präparate fallen, da hierdurch die zu untersuchenden Feststoffteilchen weggeschwemmt werden.

Ultraschallvernebelung

Anstelle der Übertragung einer Suspension auf die Objektträger mittels einer Platinöse kann auch der Weg über eine Ultraschallvernebelung gewählt werden. Wird die Frequenz und die Amplitude bei Ultraschallbehandlung einer Suspension groß genug gewählt, so tritt eine Vernebelung auf: Aus der Flüssigkeitsoberfläche werden zahlreiche sehr kleine Flüssigkeitströpfchen herausgeschleudert, die einen feinen Nebel bilden und die Suspensionsteilchen mit sich führen. Dieser Nebel sedimentiert langsam und kann bequem auf Präparatblenden aufgefangen werden. Besitzt das Suspensionsmedium einen genügend hohen Dampfdruck, so ist die flüssige Phase beim Auftreffen des Nebels auf die Präparatblenden bereits verdampft, und lediglich der Festkörperanteil wird aufgefangen. Dieser Zustand ist in jedem Fall anzustreben. Bei niedrigem Dampfdruck des Suspensionsmittels setzen sich auf den Präparatträgern kleine Tröpfchen ab. Es muß vermieden werden, daß diese Tröpfchen zu einem großen Tropfen zusammenfließen, da dann wesentliche Vorteile des Ultraschallvernebelungsverfahrens verloren gehen: Die Verminderung der Einflüsse der Oberflächenspannung und die Vermeidung der nachträglichen Agglomeration bei der Trocknung.

Bei der Ultraschallvernebelung besteht die Gefahr der Fraktionierung: Die Grobanteile sedimentieren schneller als Feinanteile. Zur Ermittlung von Kornverteilungskurven ist die Ultraschallvernebelung deshalb nur dann geeignet, wenn kein zu breites Kornspektrum vorliegt und dieser Einfluß vernachlässigt werden darf. Andererseits kann mit der Ultraschallvernebelung oft eine besonders gleichmäßige Verteilung der Teilchen auf den Trägerfilmen erreicht werden, wie bereits Abb. 105d zeigte. In Abb. 108 wurden die Nikotinsäure-Kristalle gleichfalls durch Ultraschallvernebelung auf den Trägerfilm gebracht. In diesem Falle wurde Äther als Suspensionsflüssigkeit gewählt.

Spreitungsverfahren

Das Spreitungsverfahren wurde von KLEINSCHMIDT zur Untersuchung suspendierter, kettenförmiger Eiweißmoleküle entwickelt. Es liefert jedoch auch bei der Untersuchung anderer Suspensionen gute Ergebnisse. Der Grundgedanke des Spreitungsverfahrens ist folgender: Auf der Oberfläche einer Flüssigkeit, dem Substrat, wird die Suspension, der ein Filmbildner beigegeben wurde, gespreitet. Der durch die Spreitung entstandene Film muß verfestigt werden und kann dann sofort als Präparatfilm Verwendung finden. Die zu untersuchenden Teilchen sind dann im Gegensatz zu den bisherigen Verfahren in den Trägerfilm eingebettet. Es ist leicht einzusehen, daß bei diesem Verfahren zahlreiche Fehler-

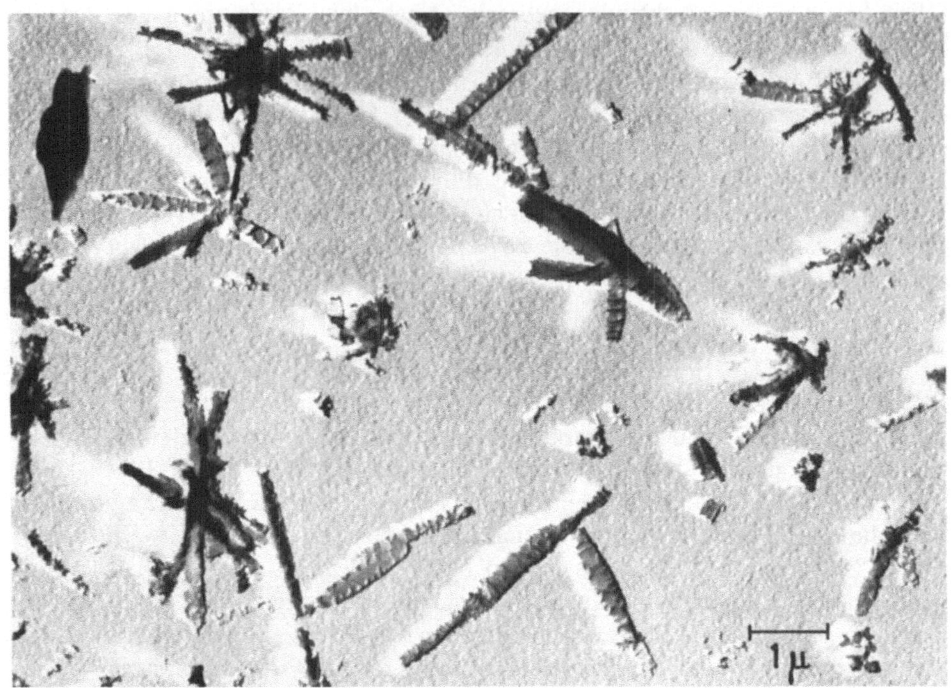

Abb. 108. Nikotinsäure-Kristalle mittels Ultraschall-Vernebelung aus Äther präpariert. (Aufnahme: G. SCHIMMEL)

quellen, die bei den anderen Methoden auftreten können, vermieden werden, so vor allem die Bevorzugung bestimmter Kornfraktionen. Andererseits ist die Präparation mühevoll und wird im ersten Anlauf fast nie gelingen.

Eine provisorische Spreitungsapparatur ist relativ einfach herzurichten, Abb. 109 zeigt einen labormäßigen Aufbau. Die Spreitung wird in diesem Falle in einem sorgfältig gereinigten Glastrog mit paraffiniertem Rand durchgeführt. Der Trog ist bis zum Rand mit Wasser als Substrat gefüllt. Eine Kunststoffleiste hält einen Glasobjektträger, über den aus einer Injektionsspritze die Suspension mit dem zugesetzten Filmbildner auf die Substrat-Oberfläche fließt.

Die Schwierigkeiten des Verfahrens liegen nun auf folgendem Gebiet:

Damit sich eine Flüssigkeit auf einer anderen spreiten läßt, muß die zu spreitende Flüssigkeit eine geringere Oberflächenspannung haben als die Flüssigkeit, auf der gespreitet wird (das Substrat). Bei der Präparation muß also von vornherein angestrebt werden, daß das Substrat eine möglichst große Oberflächenspannung hat. Am besten eignet sich doppelt destilliertes Wasser oder eine wäßrige Lösung. Vor den Spreitungsversuchen muß man sich mittels eines Oberflächenspannungsmeßgerätes davon überzeugen, daß eine hinreichend große Oberflächenspannung beim Substrat erreicht wird. Ferner muß die Oberflächenspannung der zu spreitenden Suspension nach Zugabe des Filmbildners gemessen werden. Als Filmbildner haben sich bisher vor allem Albumine bewährt. Sie verringern zudem die Oberflächenspannung der Suspension. Daher ist in vielen

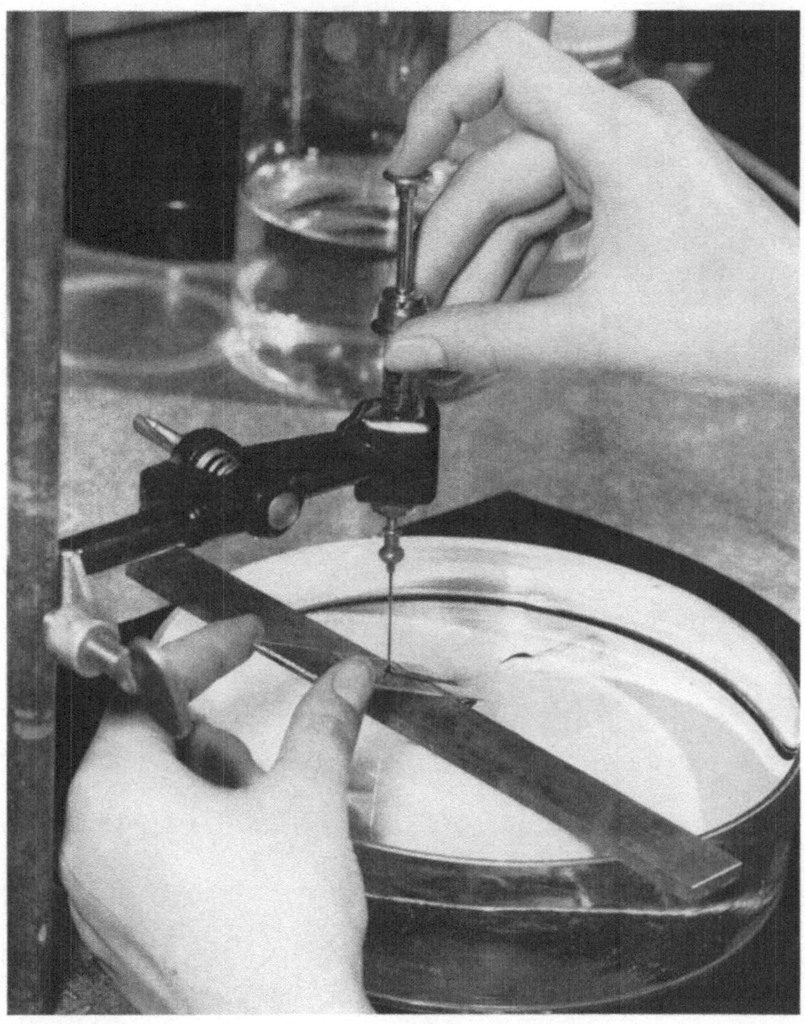

Abb. 109. Behelfsmäßige Anordnung zum Spreiten von Filmen auf Wasser

Fällen die mit Albumin versetzte Suspension bereits ohne weitere Maßnahmen zur Spreitung auf Wasseroberflächen geeignet. Wenn die Oberflächenspannung des Substrates nach Zugabe des Filmbildners noch zu groß ist, kann der Suspension ein oberflächenaktiver Stoff beigegeben werden, der sich mit dem Albumin vertragen muß. Als Faustregel kann angegeben werden, daß die Oberflächenspannung der zu spreitenden Suspension höchstens 60% der Oberflächenspannung des Substrats betragen soll. Bei Wasser als Substrat mit einer Oberflächenspannung von 73 dyn/cm läßt sich z.B. eine Suspension mit 40 dyn/cm gut spreiten.

Der Spreitungsvorgang läßt sich im reflektierten Licht im allgemeinen gut beobachten (Abb. 110). Vor dem Spreiten aufgestäubtes Korkmehl kann die

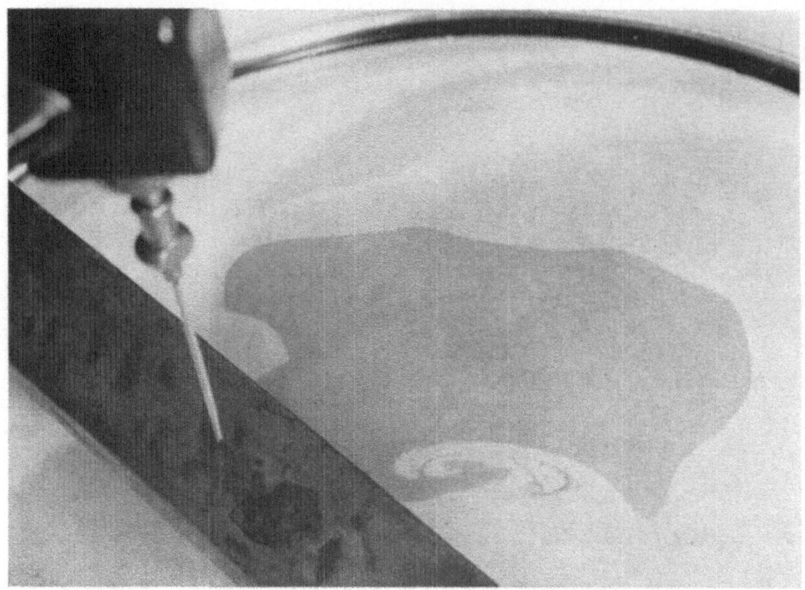

Abb. 110. Teilweise gespreiteter Film einer Albuminlösung auf Wasser

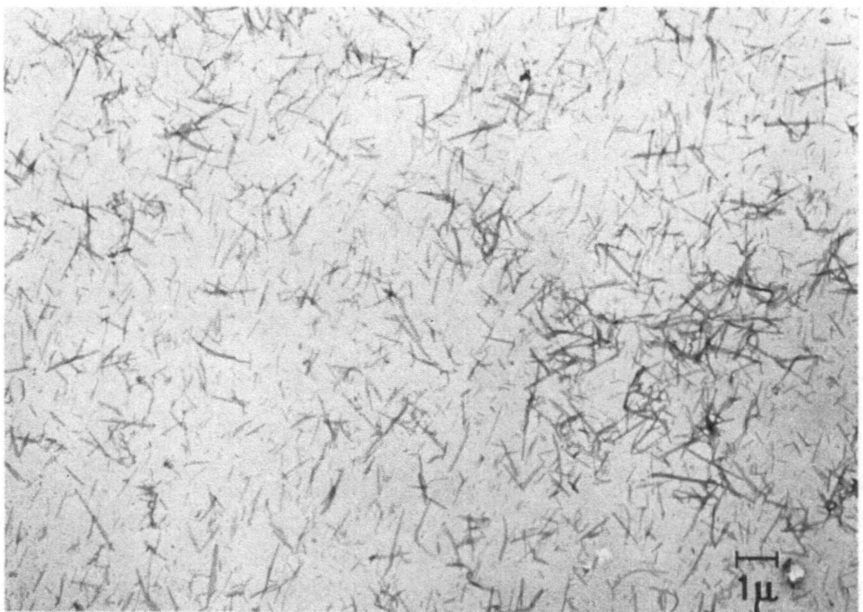

Abb. 111. Pigmentkristalle nach dem Spreitungsverfahren präpariert. (Aufnahme: H. GROTHE)

Beobachtung erleichtern. Durch Zusätze zum Substrat ist dafür zu sorgen, daß auf der Flüssigkeitsoberfläche ein fester Film entsteht, der sich durch Abtupfen auf Objektträgerblenden übertragen läßt. Für die Verfestigung von Albumin als Filmbildner ist Ammoniumacetat in einer Konzentration von einigen Prozent geeignet, besonders deshalb, weil diese Verbindung infolge ihres hohen Dampfdruckes im Elektronenmikroskop schnell verdampft und daher die Präparate nicht verunreinigt. Die in der Suspension enthaltenen oberflächenaktiven Stoffe gehen bei der Spreitung zum weitaus größten Teil in das Substrat über. Die Konzentration dieser Stoffe im gespreiteten Film ist daher so niedrig, daß sie auf den Präparaten nicht mehr stören. Abgesehen von der in den meisten Fällen unvermeidlichen Verdünnung der Suspension vor der Spreitung werden bei diesem Verfahren in der Ausgangssuspension keine wesentlichen Eingriffe vorgenommen.

Als besonderer Vorteil ist hervorzuheben, daß das Verfahren quantitative Messungen der Teilchenkonzentration in der Suspension ermöglicht: Zunächst ist die Verdünnung der Ausgangssuspension bekannt. Ferner wird die gespreitete Flüssigkeitsmenge mit der Injektionsspritze genau dosiert. Schließlich kann die Fläche des gespreiteten Films gemessen werden. Wie Abb. 111 an einem gespreiteten Film mit organischen Pigmentteilchen zeigt, ist die Verteilung der Teilchen im Film recht gleichmäßig. Somit kann durch Auszählen der Teilchen in den Aufnahmen auf die Teilchenzahl pro Volumeneinheit der Suspension zurückgerechnet werden.

Gefrierätzung

Die bisher beschriebenen Verfahren versagen dann, wenn nicht die Größe von Festkörperteilchen, sondern von Flüssigkeitströpfchen, die in anderen Flüssigkeiten emulgiert sind, bestimmt werden soll. Diese Aufgabe kann mit dem von H. Moor für biologische Zelluntersuchungen entwickelten Verfahren der Gefrierätzung gelöst werden. Hierfür wird eine kleine Emulsionsmenge, die z.B. in eine Gelatine-Kapsel eingeschlossen werden kann, möglichst rasch in flüssigem Stickstoff eingefroren, so daß die Emulsionsflüssigkeit (z.B. Wasser) nicht kristallisieren kann, sondern glasig-amorph erstarrt. Dann wird das tiefgekühlte Präparat im Hochvakuum gebrochen oder mit einem ebenfalls gekühlten Mikrotommesser geschnitten. Hierfür ist also eine Vakuumapparatur mit Kühl- und Temperaturmeßeinrichtungen erforderlich. Jetzt wird die Temperatur des Präparates langsam erhöht, bis entweder die Emulsionsflüssigkeit oder die emulgierte Substanz einen Partialdruck aufweist, bei dem in der Vakuumapparatur eine merkliche Verdampfung aus der Bruch- oder Schnittfläche einsetzt. Bei Wasser liegt diese Temperatur etwa bei -120 °C. Als Folge der unterschiedlichen Verdampfungsgeschwindigkeit beider Komponenten bildet sich ein Oberflächenrelief aus, von dem ein Aufdampfabdruck hergestellt werden kann. Dazu wird unmittelbar nach der Gefrierätzung, also ohne Zwischenbelüftung, ein Kohle-Platinfilm aufgedampft. Die geeignete Temperatur für die Ätzung und die Ätzdauer muß für jedes System gesondert bestimmt werden.

Als Beispiel für das Verfahren stellt Abb. 112 die gefriergeätzte Bruchfläche einer wachshaltigen Polierpaste dar. Die Teilchen waren ursprünglich von einem mit Wachs gesättigten Lösungsmittel umgeben. Das Lösungsmittel wurde bei der Gefrierätzung partiell verdampft, wodurch sich das Relief gebildet hat.

Das Verfahren ist im Prinzip auf alle Zweistoffsysteme anwendbar, die hinreichend verschiedenen Dampfdruck aufweisen und bei dem sich unter den beschriebenen Bedingungen eine zur Reliefbildung genügende Verdampfungsrate einer Komponente erreichen läßt.

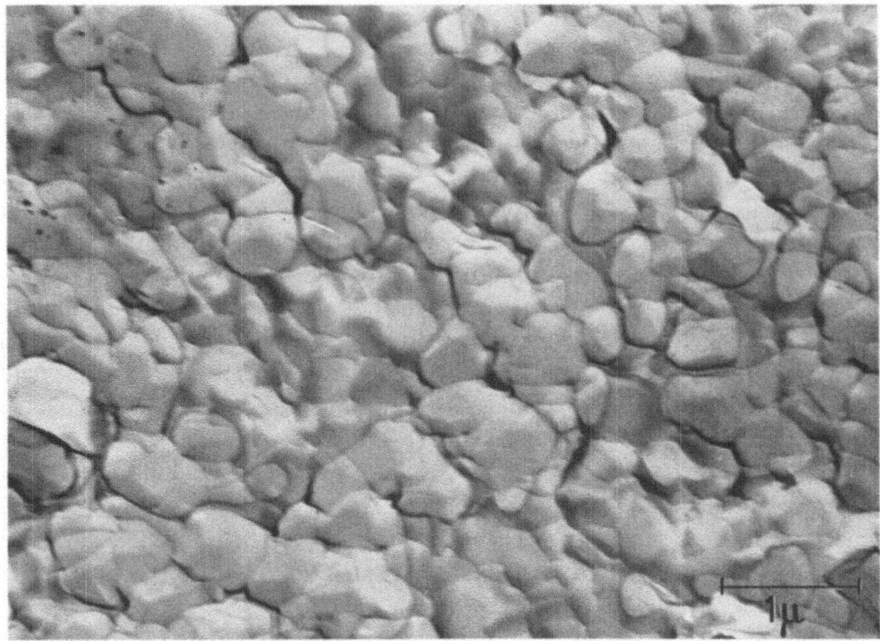

Abb. 112. Gefrierätzung von Schuhcreme. (Aufnahme: R. SCHARWÄCHTER)

9.3. Darstellung der Ergebnisse und Fehlerbetrachtung

Korngrößenanalysen gehören zu den wenigen Fällen, in denen sich das Ergebnis elektronenmikroskopischer Untersuchungen durch Zahlenangaben oder in Kurvenform – also losgelöst von den Bildern – darstellen läßt. Dazu müssen die Teilchen zunächst gemessen und gezählt werden, eine besonders bei breiten Kornverteilungen mühsame Arbeit. Eine große Hilfe stellen hierbei die halbautomatischen Meß- und Zählgeräte dar (z.B. das Gerät der Firma Carl Zeiss). Bei diesen Geräten wird auf die elektronenmikroskopischen Aufnahmen eine Blende projiziert, deren Durchmesser von Hand auf den Durchmesser des zu zählenden Teilchens eingestellt wird. Der Einstellmechanismus ist mit Zählwerken gekoppelt, von denen jedes einem bestimmten Durchmesserintervall der Blende zugeordnet ist. Nach erfolgter Einstellung wird ein Schalter betätigt, das entsprechende Zählwerk zählt das Teilchen und auf dem elektronenmikroskopischen Bild wird gleichzeitig das gezählte Teilchen markiert. Es ist nun in jedem Fall zu empfehlen, nicht gleich die Kornverteilungskurve, sondern zunächst die Rückstandskennlinie darzustellen. Dieser Ausdruck rührt von der Siebanalyse her und beschreibt hier folgende Darstellungsart: Über den diskreten Durchmesserwerten auf der Abszisse, die durch die Intervallgrenzen bei der Auszählung festgelegt sind, wird jeweils die Zahl aller erfaßten Teilchen mit größerem Durchmesser aufgetragen. Man kann also gleichsam die Intervallgrenze als Sieb auffassen und auszählen, wieviele Körner durch das Sieb nicht hindurchgegangen sind. Durch Verbinden der Punkte erhält man die Rückstandskennlinie $R(B)$ (Abb. 113 zeigt die Rückstandskennlinien eines Industriestaubes). Diese Darstellung weist den großen Vorzug auf, daß sie unabhängig von der jeweiligen Intervallbreite ist. Man kann also beim Auszählen die jeweilige Intervallbreite der Teilchenzahl anpassen. Die gesuchte Kornverteilungskurve erhält man nun aus R durch Differentation nach B:

Es ist also (vgl. (9.1)

$$N=\frac{dR}{dB}=f(B). \tag{9.3}$$

Da im allgemeinen die Funktion $R(B)$ nicht explizit darstellbar ist, muß die Differentation (9.3) graphisch durchgeführt werden. Auf diesem Wege wurde auch in Abb. 113 die Kornverteilungskurve gewonnen. Hier liegt der für die Darstellung ungünstige Fall vor, daß das Maximum der Verteilung bei den kleinsten im Staub vorhandenen Teilchen liegt. Es ist besonders darauf zu achten, daß die Rückstandskennlinien die Ordinate parallel zur Abszisse schneiden muß. Anderenfalls würde sich nach (9.3) für den Durchmesser $B=0$ eine endliche Teilchenzahl ergeben, was physikalisch nicht möglich ist. Schließlich ist noch darauf hinzuweisen, daß die Verteilungskurve in Abb. 113 die *Zahl* der Teilchen für die Durchmesserintervalle gemäß (9.2) liefert, *nicht* jedoch die *Massenanteile*. Könnte im erfaßten Durchmesserbereich eine echte Siebanalyse mit Bestimmung der Massenanteile durchgeführt werden, so läge das Maximum bei größeren Durchmessern. (Auch bei logarithmischem Abszissenmaßstab liegt das Maximum bei größeren Durchmesserwerten.) Bei bekannter Dichte der Einzelteilchen kann im Prinzip aus Abb. 113 die Massenverteilungskurve berechnet werden.

Bei praktisch allen vorkommenden Aufgaben kann nur eine im Vergleich zur gesamten Probenmenge kleine Teilchenzahl ausgemessen und gezählt werden. Die in einem kleinen, zur Untersuchung entnommenen Teilvolumen enthaltene Teilchenzahl einer bestimmten Teilchenfraktion wird nun statistischen Schwankungen unterworfen sein, und wir betrachten im folgenden solche Meßfehler, die auf derartige statistische Schwankungen zurückgeführt werden können. Das heißt, wir vernachlässigen bei den folgenden Überlegungen bewußt apparative Fehlerquellen (z.B. Vergrößerungsfehler), Präparationsartefakte oder Ablesefehler.

Zur Abschätzung der statistischen Schwankungen betrachten wir eine Probe mit einer Korngrößenverteilung

$$N=f(B)$$

und teilen in Gedanken die Körner in Kornfraktionen mit Durchmesser-Intervallen ΔB ein. Für die folgenden Betrachtungen wählen wir eine beliebige Kornfraktion N_1 aus. Von dieser Fraktion erfassen wir bei jeder Präparation einen kleinen Anteil ΔN_1 und wir untersuchen nun die Schwankungen von ΔN_1. Hier liegt das aus der Statistik bekannte Problem der Verteilung sehr vieler Teilchen auf zwei ungleiche Kästchen vor. Nehmen wir zum Beispiel an, es handele sich um Teilchen in einer Suspension, und entnehmen wir aus dem gesamten Volumen V der Suspension immer das gleiche, sehr viel kleinere Volumen V_1, so wird bei wiederholter Entnahme die Teilchenzahl z in V_1 statistische Schwankungen um einen Mittelwert n zeigen, der dem Verhältnis der Volumina V und V_1 entspricht. Da die Abweichungen von n nur von statistischen Schwankungen der Teilchenverteilung in dem Volumen V herrühren, müssen die verschiedenen Werte z, die bei sehr vielen Versuchen gefunden werden, einer Gaußverteilung

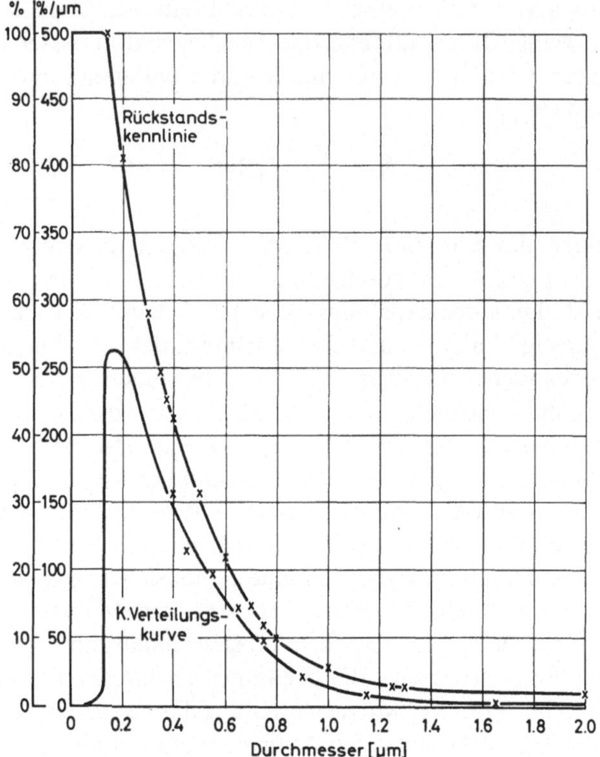

Abb. 113. Rückstandskennlinie und Kornverteilungskurve eines Industriestaubes

genügen. Trägt man also in einem Koordinatensystem auf der Abszisse die experimentell gefundenen Teilchenzahlen z auf und auf der Ordinate die Anzahl der Versuche, in denen jeweils die gleiche, dem Abszissenwert entsprechende Teilchenzahl gefunden wurde, so liegen die Punkte auf einer Glockenkurve. Aus der Funktionsgleichung für diese Kurve lassen sich alle für die Fehlerbetrachtung notwendigen Größen ableiten. So ist die Wahrscheinlichkeit, bei einem Versuch einen von n abweichenden Wert z_1 zu finden, durch den Ausdruck gegeben:

$$w(z_1) = \frac{1}{\sqrt{2\pi n}} e^{-\frac{(z_1 - n)^2}{2n}}.$$

Weiterhin ergibt sich die Wahrscheinlichkeit, daß der Mittelwert aus ν Versuchen gerade z_1 ist, zu

$$\bar{w}(z_1) = \frac{1}{\sqrt{2\pi \nu n}} e^{-\frac{(\nu z_1 - \nu n)^2}{2\nu n}} = \frac{1}{\sqrt{2\pi \nu n}} e^{-\frac{\nu (z_1 - n)^2}{2n}}.$$

Bei verschiedenen Versuchen (also in der Sprache der Elektronenmikroskopie bei der Auszählung mehrerer unter gleichen Bedingungen hergestellter Präparate) werden in der Regel verschiedene Werte von z_1 gefunden werden. Die mittlere quadratische Abweichung τ eines Wertes z_1 von einem anderen Wert z_1' errechnet sich aus dem Integral

$$\tau^2 = \iint\limits_{z_1, z_2 = -\infty}^{+\infty} (z_1 - z_1')^2 \, w(z_1) \, w(z_1') \, dz_1 \, dz_1' = n \left(1 + \frac{1}{\nu}\right). \tag{9.4}$$

In dieser Gleichung ist der exakte Wert n im allgemeinen unbekannt, und man ersetzt daher n nachträglich durch die gemessene Größe z_1:

$$\tau^2 = z_1 \left(1 + \frac{1}{\nu}\right). \tag{9.4a}$$

Wichtiger als τ^2 ist für die Bewertung von Meßergebnissen die sog. „Standardabweichung" eines aus ν Kästchen gemittelten Wertes vom exakten Wert n. Sie wird folgendermaßen definiert:

$$\mathfrak{S} = \sqrt{\tau^2 - z_1}$$

wofür man nach (9.4a) schreiben kann:

$$\mathfrak{S} = \sqrt{\frac{z_1}{\nu}}. \tag{9.5}$$

Die Standardabweichung gestattet folgende wesentliche Aussage: Wurde aus ν Versuchen für eine Fraktion ein Mittelwert z_ν berechnet, so beträgt die Wahrscheinlichkeit, daß der exakte Wert n im Intervall $\pm\mathfrak{S}$ liegt, 68,3%. Dieser Wert ergibt sich dadurch, daß man die Glockenkurve von $-\mathfrak{S}$ bis $+\mathfrak{S}$ (d.h. zwischen den Wendepunkten) integriert und die so erhaltene Fläche zur Gesamtfläche unter der Glockenkurve in Beziehung setzt.

Die Wahrscheinlichkeit, daß der gesuchte Wert n außerhalb des Intervalles $2\mathfrak{S}$ liegt, beträgt also 31,7%, und daher liefert die Angabe einer Intervallbreite von der Größe der einfachen Standardabweichung keine genügende Sicherheit dafür, daß der gesuchte Wert n im Intervall liegt. Gibt man als mögliche Schwankungsbreite ein Vielfaches der Standardabweichung an, so wird die Wahrscheinlichkeit, daß der gesuchte Wert n innerhalb der Schwankungsbreite liegt, entsprechend größer. Diese als „statistische Sicherheit" bezeichneten Wahrscheinlichkeitswerte sind in der Tabelle für verschiedene $k\,\mathfrak{S}$ zusammengestellt.

Fehler in den Grenzen $\pm k \cdot \sigma$	Statistische Sicherheit S%	Fehler in den Grenzen $\pm k \cdot \sigma$	Statistische Sicherheit S%
0,50 $\cdot\,\sigma$	38,3%	2,58 $\cdot\,\sigma$	99,0%
0,675 $\cdot\,\sigma$	50,0%	3,00 $\cdot\,\sigma$	99,7%
1,00 $\cdot\,\sigma$	68,3%	3,29 $\cdot\,\sigma$	99,9%
1,65 $\cdot\,\sigma$	90,0%	4,00 $\cdot\,\sigma$	99,99%
1,96 $\cdot\,\sigma$	95,0%		

(Nach H. Kaiser u. H. Specker.)

In vielen Fällen wird nicht die absolute, sondern die relative Standardabweichung angegeben:

$$\varepsilon_1 = \frac{\mathfrak{S}}{z} = \frac{1}{\sqrt{z\,\nu}} \tag{9.6}$$

oder in Prozenten ausgedrückt:

$$\varepsilon_2 = \frac{100}{\sqrt{z\,\nu}}. \tag{9.6a}$$

Die Bedeutung der Gl. (9.5) und (9.6) soll noch an einem Zahlenbeispiel erörtert werden:

Wir nehmen an, von einer bestimmten Kornfraktion seien auf einer elektronenmikroskopischen Aufnahme 150 Teilchen gezählt worden. Dann beträgt die Standardabweichung

$$\mathfrak{S} = \sqrt{150} = 12{,}2\,.$$

Die Wahrscheinlichkeit, daß der gesuchte, für die Kornfraktion richtige Wert n im Intervall (150 ± 12) liegt, beträgt also 68,3%. Wird als Schwankungsbreite $3\mathfrak{S}$ angegeben, so steigt nach der Tabelle die statistische Sicherheit, daß n im Intervall (150 ± 37) liegt, auf 99,7% an.

Die prozentuale Abweichung ε_2 ist für dieses Beispiel

$$\varepsilon = \frac{100}{\sqrt{150}} = 8{,}2\,\%.$$

Für den Schwankungsbereich $3\mathfrak{S}$ steigt sie bereits auf rund 25% an. Dieses einfache Zahlenbeispiel zeigt, daß zur Erlangung einer befriedigenden statistischen Sicherheit ein großer Meßaufwand erforderlich ist.

9.4. Das Tomatensalat-Problem

In vielen Fällen können nicht die Teilchendurchmesser direkt, sondern nur Schnittflächen der Teilchen gemessen werden, so z.B. bei der Bestimmung von Zellgrößen aus Dünnschnitten oder bei der Bestimmung der Korngrößen aus metallographischen Schliffen. Das Problem, aus der bekannten Größenverteilung von Schnittkreisen die Größenverteilung der geschnittenen Teilchen zu bestimmen, wird kurz als „Tomatensalat-Problem" bezeichnet. Sofern keine Anhaltspunkte über die Form der Teilchen vorliegen, ist dieses Problem unlösbar. Für den Fall, daß die Teilchen Kugelform besitzen, hat LENZ ein Verfahren angegeben, das es gestattet, aus Mittelwert und Standardabweichung der Schnittkreisradien Mittelwert und Standardabweichung der Kugelradien zu ermitteln. Ist $V \cdot \rho(R)\,dR$ die mittelere Anzahl der im Volumen V vorhandenen Kugeln, deren Radius zwischen R und $R + dR$ liegt, und $Fg(r)\,dr$ die mittlere Anzahl der auf einer Schnittfläche F auftretenden Schnittkreise, deren Radius zwischen r und $r + dr$ liegt, so gelten nach LENZ die allgemeinen Beziehungen

$$g(r) = 2r \int_r^\infty \frac{\rho(R)\,d(R)}{r\sqrt{R^2 - r^2}} \tag{9.7a}$$

$$\rho(R) = -\frac{1}{\pi R} \int_R^\infty \frac{r \frac{d}{dr} g(r)}{\sqrt{r^2 - R^2}}\,dr\,. \tag{9.7b}$$

Zur Berechnung der Integrale muß man für $\rho(R)$ bzw. $g(r)$ spezielle Verteilungen annehmen. LENZ setzt für $\rho(R)$ folgende Größenverteilung an:

$$\rho_n(R) = \text{const } R^n \, e^{-(n+1)\frac{R}{R_m}} \tag{9.8}$$

(n ganze Zahl), die für große n in eine Gaußverteilung übergeht und vor dieser den Vorzug hat, daß sie ebenso wie natürliche Größenverteilungen für $R=0$ exakt verschwindet. Je nach Wahl von n liefert dieser Ansatz verschiedene Größenverteilungen mit dem Mittelwert R_m. Gl. (9.7a) liefert dann für $g_n(r)$ die Verteilung:

$$g_n(r) = 2 r^{n+1} \text{const} (-1)^n \frac{d_n K_0(x)}{d x^n}$$

mit

$$x = (n+1) \frac{r}{R_m}, \tag{9.9}$$

$$K_0(x) = \frac{\pi i}{2} H_0^{(1)}(i x) = \text{Hankelsche Funktion vom Index Null}.$$

Die Formeln zeigen, daß der Zusammenhang zwischen $\rho(R)$ und $g(r)$ mathematisch schwer zu überschauen ist. Bei den von LENZ gebrachten Beispielen sind, wie zu erwarten, die Abweichungen zwischen $g(r)$ und $\rho(R)$ besonders im Gebiet kleiner Werte von r groß, da ja auch die größten Kugeln einer Verteilung beim Anschneiden beliebig kleine Schnittkreise liefern können. Ungeachtet dessen werden besonders in der Metallographie fast ausnahmslos die Schnittkreisdurchmesser als Maß für Korngröße und Korngrößenverteilung herangezogen.

Wegen der Umrechnung von $g(r)$ auf $\rho(R)$ sei auf die Originalarbeit verwiesen. Mittels einer Hilfs-Kurventafel ist es mit relativ geringem Rechenaufwand möglich, diese Umrechnung durchzuführen, vorausgesetzt, daß sich $g(r)$ durch eine Verteilung (9.9) annähern läßt.

9.5. Nichtmikroskopische Verfahren zur Korngrößenbestimmung

Vielfach werden elektronenmikroskopisch ermittelte Korngrößen mit Meßwerten verglichen, die mittels anderer Meßmethoden gewonnen wurden. Hierbei ergeben sich oft beträchtliche Unterschiede zwischen den Meßwerten, die darauf zurückzuführen sind, daß bei den verschiedenen Verfahren primär nicht die gleichen Bestimmungsgrößen erfaßt wurden. Im folgenden werden deshalb wichtige andere Meßmethoden für die Korngröße kurz beschrieben, soweit sie für einen Vergleich mit elektronenmikroskopischen Messungen in Frage kommen. Auf die prinzipiellen Unterschiede wird dabei besonders hingewiesen.

Sedimentationsanalysen

Sedimentationsanalysen finden auf industriellem Gebiet, so z.B. in der Silicattechnik, weite Anwendung. Bei ihnen wird die Sedimentationsgeschwindigkeit der in einer Flüssigkeit suspendierten Teilchen oder die Sinkgeschwindigkeit von Teilchen in Gasen gemessen. Grundlage der Auswertung ist die Stokessche Formel für die Sinkgeschwindigkeit:

$$v = \frac{S}{t} = \frac{2}{9} g \left(\frac{B}{2}\right)^2 \frac{D-\rho}{\eta}.$$

Hierin bedeuten:

v = Fallgeschwindigkeit,
S = Fallweg,
t = Fallzeit,
g = Erdbeschleunigung,
B = Teilchendurchmesser,
ρ = Dichte des Dispersionsmittels,
D = Dichte der dispersen Phase,
η = innere Reibung des Dispersionsmittels.

Im allgemeinen wird die Analyse unter speziellen von ANDREASEN angegebenen Bedingungen bei konstanter Temperatur in besonderen Standzylindern vorgenommen, aus denen nach festen Zeiten die abgesetzte Substanz entnommen und anschließend getrocknet und gewogen wird. Anstelle der Ermittlung der sedimentierten Massen durch Wägung kann auch die im Aerosol oder in der Suspension zu einem bestimmten Zeitpunkt noch verbliebene Teilchendichte bestimmt werden; das kann z. B. über eine Messung der effektiven spezifischen Dichte oder über die Extinktion mit photometrischen Methoden geschehen. Letztere Möglichkeit nützt z. B. ein Meßgerät der Firma Leitz aus.

Bei einer Bewertung der Ergebnisse ist zunächst zu berücksichtigen, daß die Stokessche Formel streng nur für kugelförmige Teilchen gibt. Ferner werden Zusammenballungen mehrerer Körner als ein großes Korn gemessen. Da im Teilchengrößenbereich unter 1 Mikron Zusammenballungen kaum zu vermeiden sind, ergibt sich schon hieraus eine untere meßbare Korngröße. Auch werden bei kleinen Teilchen die Absetzzeiten recht lang. Für Kaolin (D=2,6 g/cm) wird in Wasser (η=0,010 P) bei 20°

$$t = 0{,}01147 \frac{S}{B^2}$$

(S in cm, B in mm und t in sec gemessen).

Für s=10 cm und B=0,001 mm=1 µm beträgt also die „Fallzeit" t bereits über 3 Std, bei 0,1 µm das Hundertfache.

Bei eigenen Untersuchungen wurde gute Übereinstimmung zwischen Andreasenanalyse und elektronenmikroskopischer-Messung bis herab zum Durchmesser von 0,005 mm gefunden. Im Bereich zwischen 0,005 und 0,0005 mm lieferte die Andreasenanalyse nur noch die richtige Größenordnung der Teilchen. Im Korngrößen bereich unter 0,0005 mm versagte aus den obengenannten Gründen die Sedimentationsmethode.

Ein Vorteil des Verfahrens liegt darin, daß gegenüber der mikroskopischen Methode die zahlreichen Durchmessermessungen an Einzelkörnern durch eine einzige makroskopische Längenmessung (die Sedimentationsstrecke) und eine Wägung ersetzt werden, wobei über eine mikroskopisch praktisch nicht zu erreichende Zahl von Einzelteilchen gemittelt wird. (Bei einem Vergleich mikroskopisch gewonnener Kurven mit Kurven von Sedimentationsanalysen ist grundsätzlich zu beachten, daß in einem Falle primär die prozentuale Zahl der Körner in einem bestimmten Durchmesserintervall und im anderen Falle die relative Masse gemessen wird).

Röntgenfeinstrukturmessungen

Bereits im Abschnitt 3.5.3 war darauf hingewiesen worden, daß zwischen der Halbwertsbreite β eines Debye-Scherrer-Reflexes einer Pulver-Aufnahme und dem Teilchendurchmesser B die Beziehung besteht

$$\beta = \frac{k\lambda}{B\cos\vartheta}. \qquad \text{(siehe 3.17)}$$

Im Korngrößenbereich $1000 > B > 100$ Å kann diese Beziehung zur röntgenographischen Bestimmung der Teilchengröße herangezogen werden. Besonders zu beachten ist hierbei allerdings der Umstand, daß nicht nur der Korngrößeneinfluß, sondern auch Gitterverzerrungen (hervorgerufen z.B. durch Versetzungen) eine Verbreiterung der Röntgenreflexe bewirken.

Diese Verzerrungsverbreiterung β_V ergibt sich durch Differentation aus der Braggschen Gl. (3.15) zu

$$\beta_V = \frac{\delta d}{d}\,\mathrm{tg}\,\vartheta \quad \text{mit } \delta d \text{ als Abweichung vom normalen Netzebenenabstand}.$$

Da β und β_V verschiedene funktionale Abhängigkeit vom Glanzwinkel ϑ zeigen, ist es prinzipiell möglich, beide Größen getrennt zu erfassen. In der Praxis treten dabei bisweilen beträchtliche Schwierigkeiten auf. Streng genommen ist ferner die Größe β in (3.17) nicht mit der geometrischen Teilchengröße identisch, sondern bezeichnet die Größe kohärent streuender Bereiche. Diese können durchaus kleiner als die mikroskopisch erfaßten Teilchen sein. Nur dann, wenn die kohärent streuenden Bereiche mit der geometrischen Teilchengröße identisch sind, führen röntgenographische und mikroskopische Messungen zum annähernd gleichen Mittelwert. Anderenfalls können die mikroskopisch erfaßten Teilchen größer sein als die röntgenographisch ermittelten „Teilchengrößen“.

Oberflächenbestimmungen

a) Gas-Adsorption

BET-Messungen erfassen primär nicht die Teilchengröße, sondern die adsorptionsfähige (freie) Oberfläche eines Mediums. Aus der BET-Oberfläche lassen sich jedoch unter bestimmten Voraussetzungen Teilchengrößen ermitteln. Bei BET-Messungen wird die Adsorptionsisotherme der Probe in Abhängigkeit vom Druck aufgenommen. Im allgemeinen wird N_2 bei der Temperatur des flüssigen Stickstoffs adsorbiert. Aus dem Verlauf der Isotherme kann ermittelt werden, wann sich eine monomolekulare Bedeckung ausgebildet hat. Aus dem Platzbedarf der N_2-Moleküle (16,2 Å^2) und der Adsorbatmenge kann die spezifische Oberfläche berechnet werden. Bei bekannter Teilchenform läßt sich daraus die mittlere Teilchengröße bestimmen, vorausgesetzt, daß die Teilchen keine Poren aufweisen. Zum Beispiel ergibt sich für kugelförmige Teilchen folgender Zusammenhang zwischen spezifischer Oberfläche F und dem Teilchendurchmesser B

$$F = \frac{6}{\rho B} \qquad (9.10)$$

(ρ = Dichte des Probenmaterials).

Der Einfluß der Teilchenform kann im allgemeinen gegenüber sonstigen Fehlerquellen (z. B. der speziellen Form der Korngrößenverteilung und der Oberflächenrauhigkeit der Teilchen) vernachlässigt werden. Liegen z. B. keine kugeligen, sondern würfelförmige Teilchen vor, so tritt anstelle von Gl. (9.10) die Beziehung

$$F=\frac{6}{\rho\, d}$$

wo d die Kantenlänge der Würfel bedeutet.

b) Jod-Adsorption

In der Gummiindustrie wird die Oberfläche von Ruß-Füllstoffen bisweilen durch Jod-Adsorption bestimmt. Dazu wird eine Probe von etwa 0,5 g in einer 0,01 n-Lösung von Jod in Wasser geschüttelt. Durch Zentrifugieren wird der Ruß von der Flüssigkeit abgetrennt und der restliche Jod-Gehalt durch Titration mit Natriumthiosulfat bestimmt. (Eine genaue Beschreibung der Methode findet sich in „Encyclopedia of Chemical Technology", Bd. 3, S. 57. New York 1949.) Aus der Adsorptionsrate läßt sich die spezifische Oberfläche an Hand einer Eichkurve bestimmen.

Beispiel:

Die Vergleichsmöglichkeit zwischen elektronenmikroskopisch ermittelten Teilchengrößen und Oberflächenmessungen soll noch an zwei Beispielen demonstriert werden. In Abb. 114a und b sind zwei verschiedene, handelsübliche Rußsorten elektronenmikroskopisch abgebildet, die im folgenden kurz als Ruß A (114a) und Ruß B (114b) bezeichnet werden sollen. Von beiden Rußproben wurden aus elektronenmikroskopischen Aufnahmen die Kornverteilungskurven ermittelt (115a für Ruß A, 115b für Ruß B). Danach liegt das Maximum der Verteilung für Ruß A bei 0,045 µm und für Ruß B bei 0,06 µm. Gleichzeitig wurde für beide Rußsorten die spezifische Oberfläche nach der BET-Methode und mit Jodadsorption ermittelt. Für Ruß A ergab die BET-Methode eine spezifische Oberfläche F_{BET} von 66,7 $\frac{m^2}{g}$, die Jodadsorption eine Oberfläche F_{J} von 49 $\frac{m^2}{g}$. Für Ruß B lagen die entsprechenden Werte folgendermaßen:

$$F_{\mathrm{BET}}=63{,}7\,\frac{m}{g} \quad \text{und} \quad F_{\mathrm{J}}\,45=\frac{m^2}{g}.$$

In der folgenden Tabelle wurden die Ergebnisse der verschiedenen Methoden zusammengestellt und zum Vergleich auf Durchmesser- bzw. Oberflächenwerte umgerechnet.

	$B_{\max}$ aus Kornvert. I	F_{BET} II	F_{J} III	F_{EM} berechnet aus I IV	B_{BET} berechnet aus II V
Ruß A	0,045 µm	66,7 m²/g	49 m²/g	70 m²/g	0,047 µm
Ruß B	0,060 µm	63,7 m²/g	45 m²/g	53 m²/g	0,052 µm

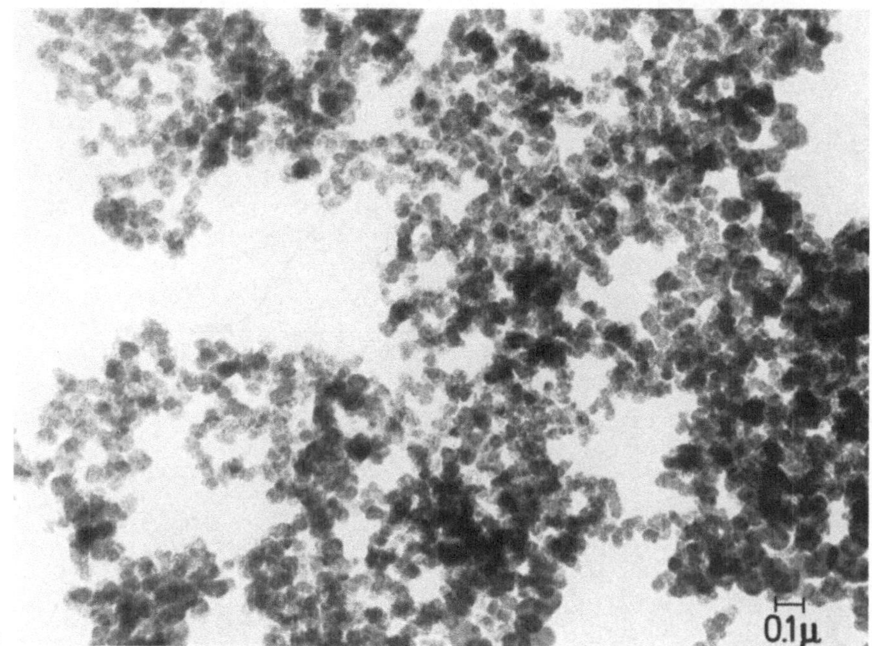

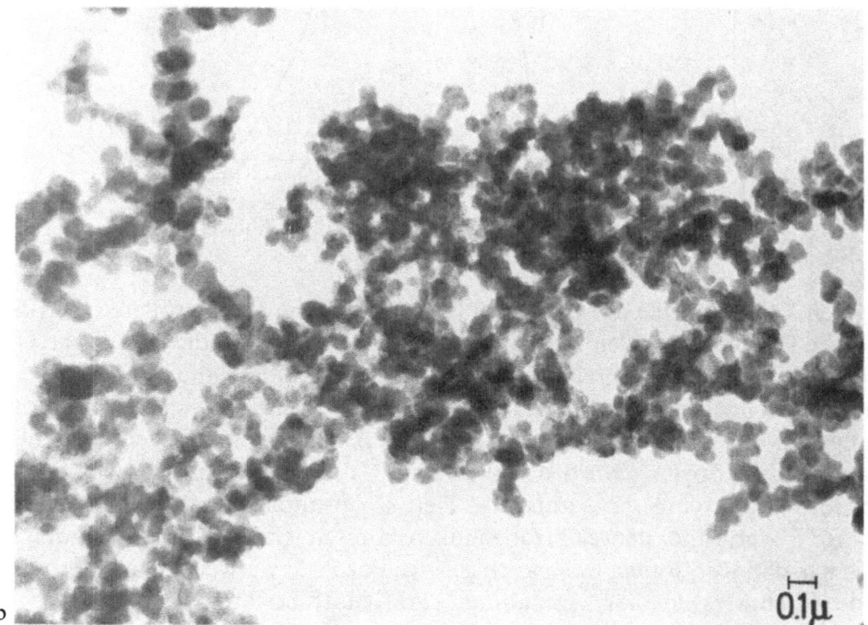

Abb. 114a u. b. Ruß aus Benzol präpariert a Rußsorte A, b Rußsorte B. (Aufnahme: a K.-J. SCHULZE, b J. KIENDL)

Die Spalten I bis III enthalten die bereits genannten Meßwerte für das Maximum der Kornverteilungskurve und die nach verschiedenen Methoden bestimmten spezifischen Oberflächen. Die Meßwerte weisen den gleichen Gang auf. Der

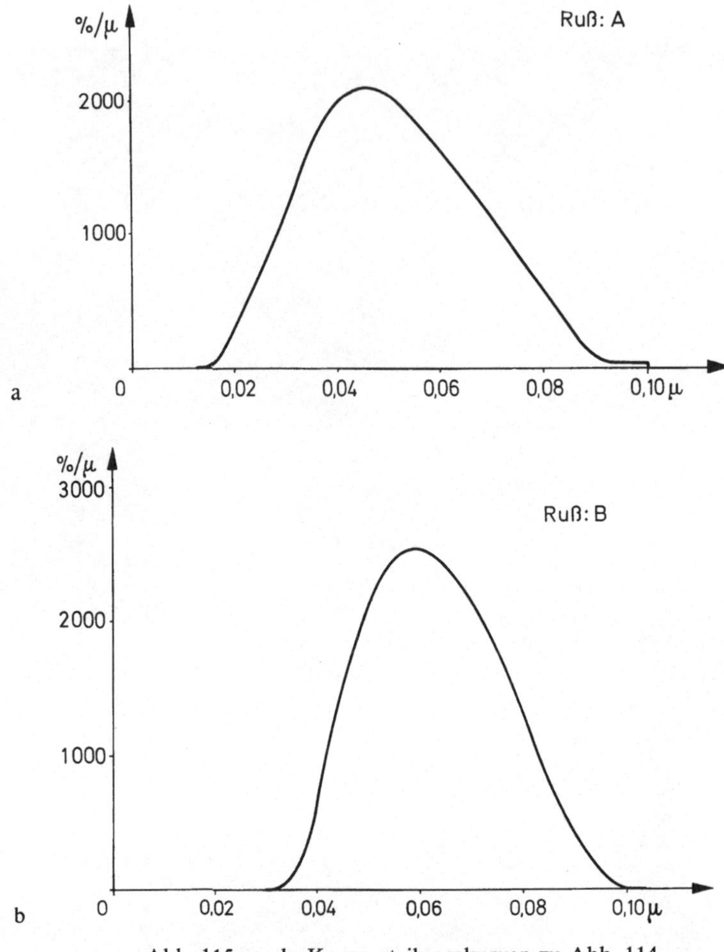

Abb. 115a u. b. Kornverteilungskurven zu Abb. 114

kleineren Teilchengröße entspricht bei jeder Meßmethode die größere Oberfläche. In Spalte IV wurde aus den Durchmesserwerten nach (9.10) die spezifische Oberfläche berechnet. Die Übereinstimmung zwischen Spalte II und IV ist bei Ruß *A* sehr gut, besonders wenn man bedenkt, daß lediglich das Maximum der Kornverteilungskurve berücksichtigt wurde. Für Ruß *B* ergibt sich dagegen ein größerer Unterschied. In Spalte V wurden schließlich aus den BET-Messungen der Spalte II mittlere Korndurchmesser ermittelt. Der so ermittelte Unterschied zwischen dem BET-Wert und der elektronenmikroskopisch ermittelten Korngröße läßt vermuten, daß Ruß *B* eine, wenn auch geringe Porosität aufweist. Diese Vermutung wurde durch Messung der sogenannten „Aktivität" bestätigt.

10. Artefakte und Strahlschäden

10.1. Artefakte

Als Artefakte bezeichnet man in der angewandten Elektronenmikroskopie Bildkontraste, die nicht von Objekteigenschaften herrühren, sondern auf das Präparationsverfahren zurückzuführen sind. Werden diese Kontrasterscheinungen irrtümlicherweise als zum Objekt gehörig betrachtet, so führen Artefakte unter Umständen zu schwerwiegenden Fehlinterpretationen elektronenmikroskopischer Aufnahmen. Allerdings läßt sich der Begriff „Artefakt" nur schwer exakt formulieren. An der Grenze des Auflösungsvermögens eines Abdruckverfahrens treten z.B. in jedem Falle Kontrasterscheinungen auf, die sich nicht auf das Objekt zurückführen lassen, sondern die dem speziellen Präparationsverfahren eigentümlich sind. Dennoch spricht man in diesem Falle nicht von Artefakten, da diese Erscheinungen bekannt sind und daher kaum Gefahr besteht, daß sie zu Fehlinterpretationen führen. Von Artefakten spricht man vielmehr immer dann, wenn bei Vergrößerungen, die dem jeweiligen Präparations- oder Beobachtungsverfahren durchaus angemessen sind, Erscheinungen auftreten, deren Herkunft zunächst unbekannt ist und die deshalb Objekteigenschaften vortäuschen, die nicht vorhanden sind.

Eine umfassende Darstellung aller Artefakten zu geben, ist praktisch unmöglich, da jede kleine Änderung in einem Präparationsverfahren bereits neuartige Artefakte erzeugen kann. Doch soll im folgenden versucht werden, einige besonders typische Erscheinungen zu demonstrieren und zu erläutern.

10.1.1. Verunreinigung

Verunreinigungen können leicht die Ursache von Artefakten darstellen. So besteht bei allen nassen Präparationsverfahren stets die Gefahr, daß in der flüssigen Phase Substanzen gelöst sind, die bei den notwendigen Trocknungsprozessen als Rückstand verbleiben, wobei sowohl amorphe als auch kristalline Precipitate möglich sind. Reste von Spülmitteln in zur Präparation benutzten Laborgeräten oder in organischen Lösungsmitteln gelöste organische Verbindungen mit niedrigem Dampfdruck können im elektronenmikroskopischen Bild in merkwürdigen Formen wiedergefunden werden.

Auf Kollodiumfolien erscheinen Verunreinigungen oft in Form dendritisch gewachsener Kristalle, wie in Abb. 116. Bei dem Präparat handelt es sich um eine eingetrocknete Suspension, und man erkennt in der rechten unteren Bildhälfte die nachträglich schrägbedampften kleinen Teilchen. Die dentritischen Kristalle in der oberen Bildhälfte rühren von einer Fremdsubstanz her, die als Verunreinigung aus dem zu untersuchenden Präparat oder aus dem zur Präparation benutzten Wasser stammt.

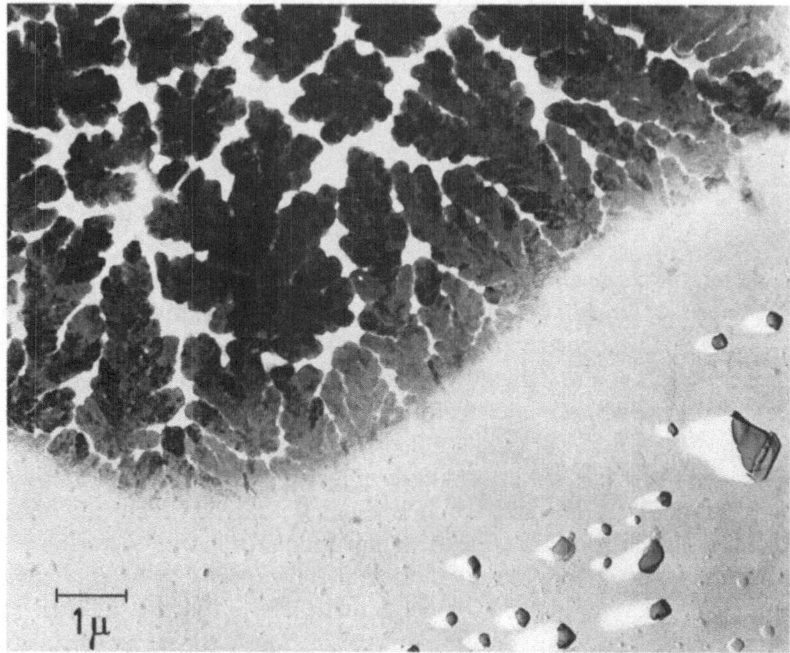

Abb. 116. Dentritisches Kristallwachstum auf einer Kollodiumfolie. (Aufnahme: J. KIENDL)

Bisweilen ist es zweckmäßig, Suspensionen oder Stäube vor der Präparation auf Glasobjektträger auszustreichen und dann Kohlehüllenabdrucke herzustellen. Dieser Fall lag in Abb. 117 vor; das Bild stammt aus einem Betriebsversuch über die Kristallisation von Calciumcarbonat. Um den Kohlefilm mit den Hüllenabdrucken vom Glasobjektträger nachträglich abzulösen, war eine kurze Behandlung mit stark verdünnter Flußsäure erforderlich, wobei sich unlösliche, kugelförmige Fluoride gebildet haben, die im Bild als schwarze Kreise erscheinen. Bisweilen treten diese Fluoridkugeln auch auf, wenn Trägerfolien durch Aufdampfen von Kohlenstoff auf Glasobjektträger hergestellt und vom Träger durch Flußsäurebehandlung abgelöst werden.

Ähnliche Fluoridkugeln sind auch in Abb. 118 zu beobachten. Das Präparat wurde auf trockenem Wege durch Aufstäuben von Zementklinkerkörnern auf einen Glasobjektträger hergestellt, der dann mit Kohle bedampft wurde. Nachdem die Untersuchungssubstanz chemisch gelöst worden war, wurde das Kohlehüllenpräparat wiederum vom Glas mittels verdünnter Flußsäure abgelöst: hierbei entstanden ebenfalls die als schwarze Punkte erscheinenden Fluoridkugeln.

10.1.2. Verzerrungen

Verzerrungen können an Abdruckpräparaten leicht unter dem Einfluß der Elektronenbestrahlung auftreten. Besonders empfindlich sind Kollodiumfilme. Bisweilen werden die Spannungen im Kollodiumfilm so groß, daß winzige Risse entstehen. Dieser Fall liegt in Abb. 119 vor. Es handelt sich auch hier um ein

Abb. 117. Kohlehüllen-Abdruck von gefälltem Calciumcarbonat mit Calciumfluorid-Kugeln. (Aufnahme: H. GROTHE)

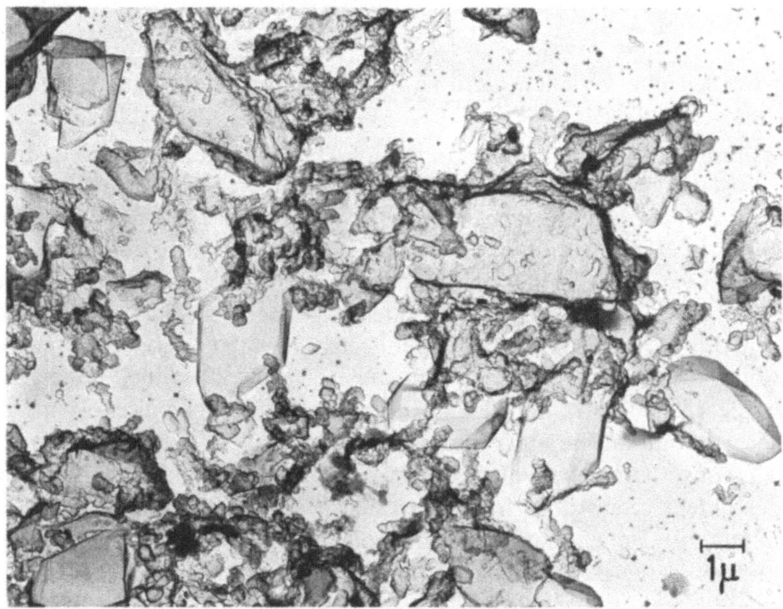

Abb. 118. Kohlehüllen-Abdruck von Zementklinkern mit Fluorid-Kugeln. (Aufnahme: J. KIENDL)

schräg bedampftes Pulverpräparat. Man erkennt deutlich die weißen Risse zwischen einigen Körnern. In derartigen Pulverpräparaten stören solche Risse kaum. Bei Oberflächenabdruckfilmen können sie jedoch leicht mit Schattengrenzen ver-

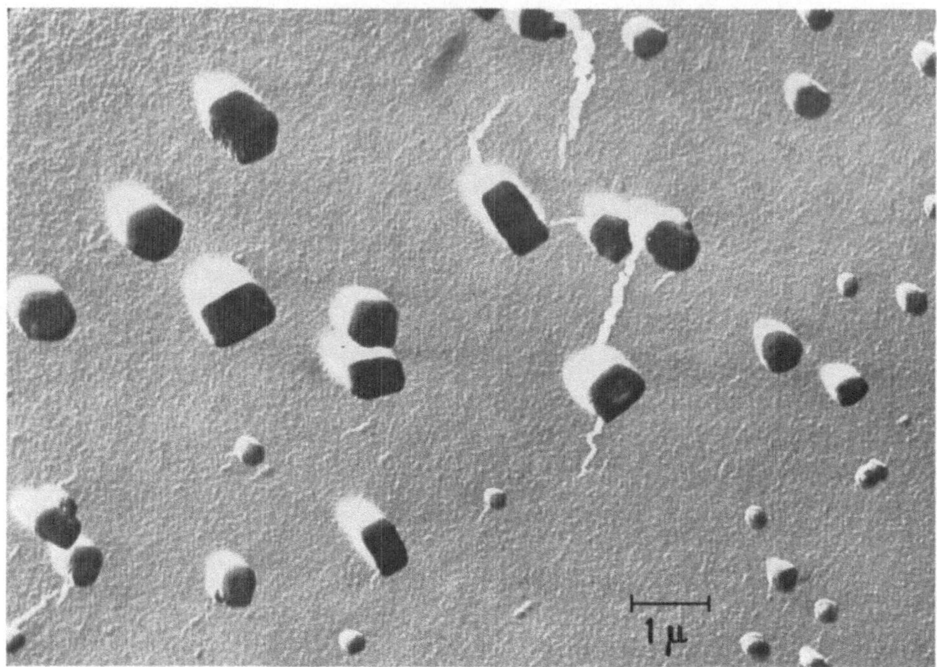

Abb. 119. Risse in einer dicken Lackfolie. (Aufnahme: G. SCHIMMEL)

wechselt werden und verleiten dann zu der Fehlinterpretation, daß Oberflächenstufen vorliegen.

Nicht immer führen die Spannungen in Abdruckfolien zu Rissen. Bisweilen treten auch starke Verzerrungen ohne Rißbildung auf, wie in Abb. 120. Es handelt sich um dasselbe Objekt wie in der Bildserie Abb. 59. Aus einem Vergleich von Abb. 120 mit Abb. 59h geht hervor, daß im Abdruck der ursprünglich kreisrunde Mittelteil des Oberflächenreliefs stark elliptisch verformt wurde. Diese Verzerrung entstand nicht bei der Präparation, sondern erst bei der Elektronenbestrahlung des Abdruckfilmes. Solche Erscheinungen treten vor allem dann auf, wenn bei der ersten Bestrahlung eines Lackabdruckes die Intensität zu schnell gesteigert wird. Bei jeder Elektronenbestrahlung von Kollodium werden chemische Umwandlungen in der Kollodiumfolie ausgelöst, die besonders bei dicken Lackfilmen nicht zu schnell vonstatten gehen dürfen. Bei sehr dicken Lackfilmen können u. U. durch den Elektronenstrahl freigesetzte gasförmige Reaktionsprodukte nicht schnell genug zur Folienoberfläche diffundieren und bilden dann innerhalb des Abdruckfilmes kleine Blasen, die sämtliche Objektkonturen überdecken.

Bisweilen zeigen dünne Lackfilme auch Schrumpfungserscheinungen. In Abb. 121a, dem einwandfreien Lackabdruck eines menschlichen Haares sind die Schuppen glatt (vgl. Abb. 101). Infolge einer Schrumpfung der Abdruckfolie weisen dagegen in Abb. 121b die Schuppen eine strukturierte Oberfläche auf.

Im Gegensatz zu Kollodiumfilmen sind Kohlefilme gegenüber Elektronenbestrahlung äußerst stabil, da ja chemische Umwandlungsprozesse ausgeschlossen

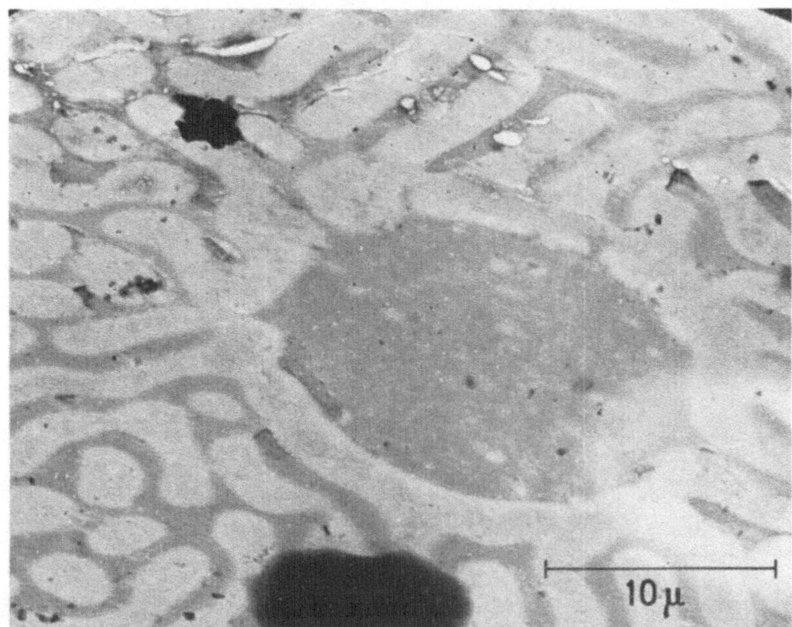

Abb. 120. Verzerrter Lackabdruck, vgl. Abb. 59 h. (Aufnahme: G. SCHIMMEL)

a b

Abb. 121 a u. b. Lackabdruck von menschlichem Haar (Pt bedampft). a Einwandfreier Abdruck, b durch Elektronenbestrahlung geschrumpfter Abdruck [H. MAHL: Mikroskopie **11**, 93—107 (1956)]

sind. Daher treten die am Kollodium beobachteten Artefakte bei Kohleabdruckfilmen nicht auf. Doch sind bei extrem dünnen Kohlefolien bisweilen Faltungen zu beobachten wie in Abb. 122, das einen zu dünnen Kohleaufdampfabdruck einer geätzten Steinsalzbruchfläche darstellt.

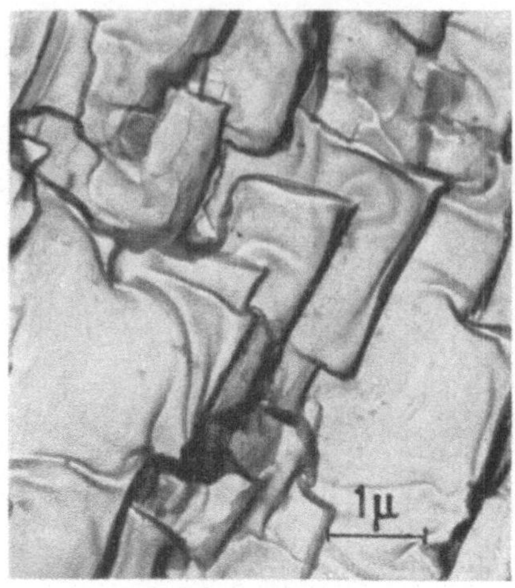

Abb. 122. Faltenbildung bei zu dünnem C-Abdruck [H. MAHL: Mikroskopie **11**, 93—107 (1956)].

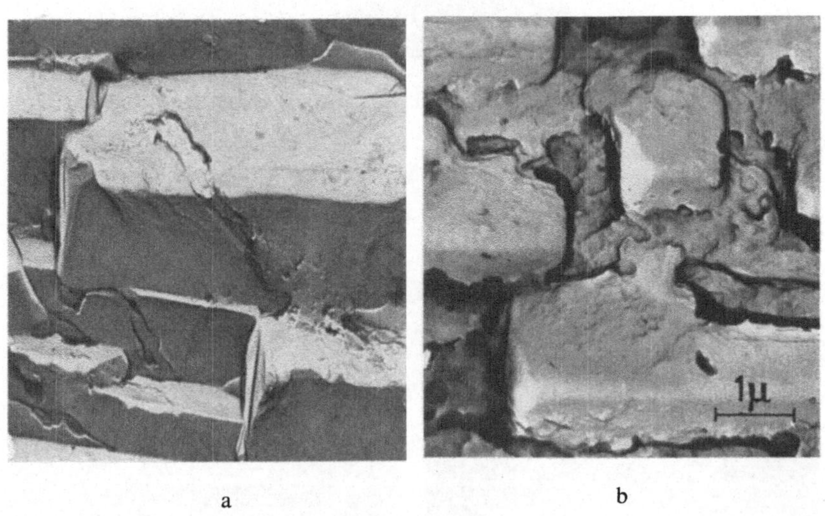

a b

Abb. 123a u. b. Fehlerhafte Polystyrol-C-Pd-Abdrucke von geätztem Steinsalz. a Lunkerbildung bei einer Polystyrol-Prägematrize durch eingeschlossene Gasreste, b Objektanlösung bei der Herstellung einer Polystyrol-Aufgußmatrize durch die Lacklösung [H. MAHL: Mikroskopie **11**, 93—107 (1956)]

Mit der Zahl der Präparationsschritte wächst natürlich auch die Zahl der möglichen Fehlerquellen. So treten bei Doppel- und Mehrfachabdrucken häufiger Artefakte auf als bei den Einfachabdrucken. In Abb. 123a und b wurde eine geätzte Steinsalzoberfläche im Doppelabdruckverfahren präpariert, wobei jedesmal Polystyrol für den Primärabdruck verwendet wurde. In Abb. 123a wurde die Primärmatrize im Prägeabdruckverfahren hergestellt, in Abb. 123b durch Aufgießen einer dicken Polystyrollösung. Beide Bilder weisen Artefakte auf. Abb. 123a

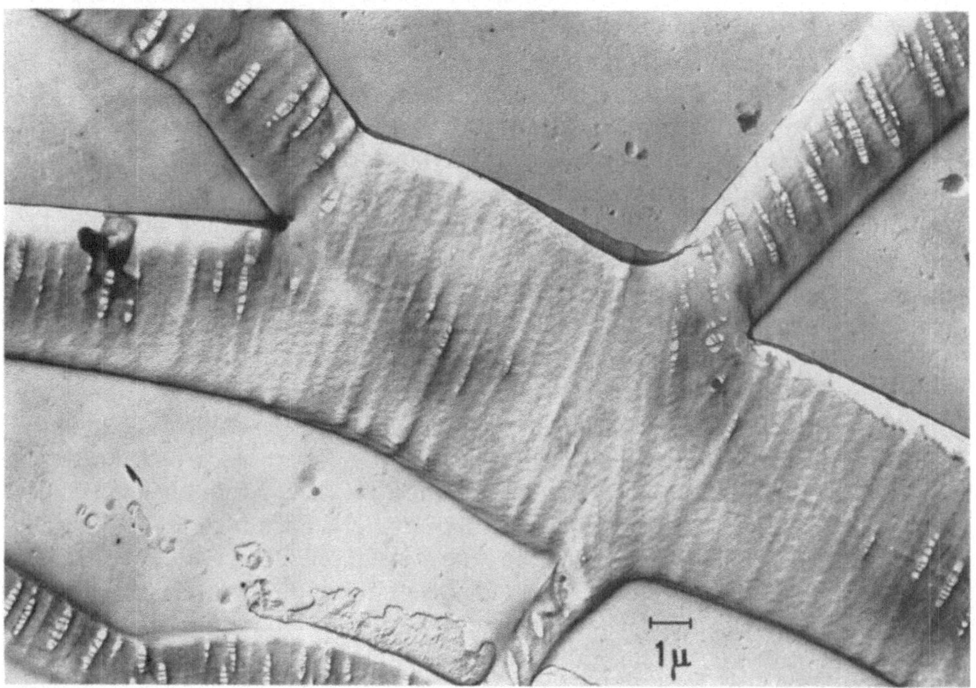

Abb. 124. Scheinstruktur in Polystyrol-Prägeabdrucken bei Abdrucknahme im Vakuum. (Aufnahme: G. SCHIMMEL)

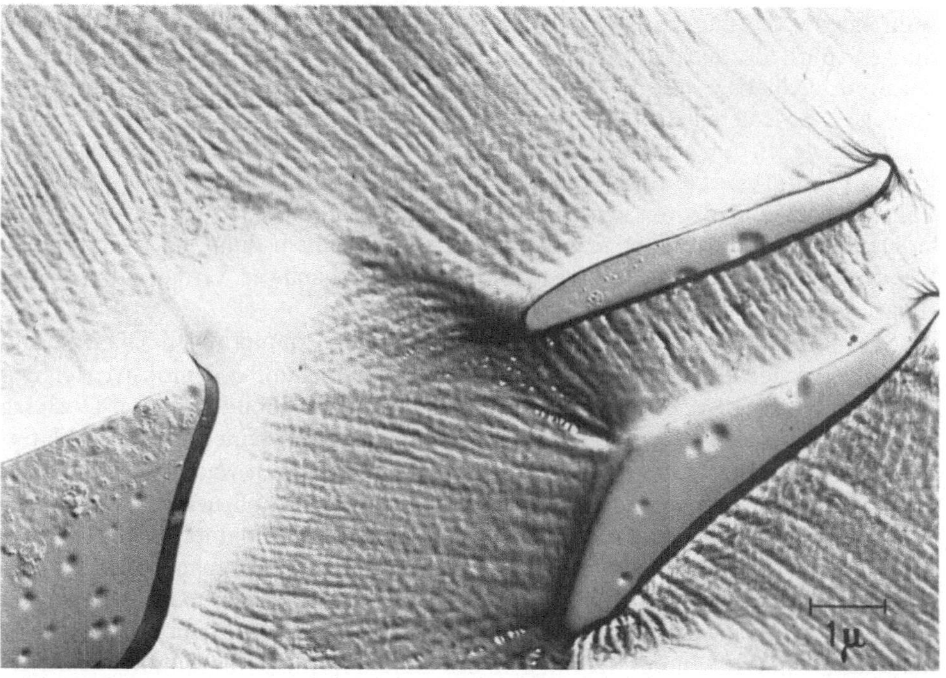

Abb. 125. Scheinstruktur bei gleicher Präparation wie in Abb. 124. (Aufnahme: J. KIENDL)

enthält Lunker, die von eingeschlossenen Gasresten bei der Herstellung der Prägematrize verursacht wurden. In Abb. 123b wurde die Objektsubstanz von der aufgegossenen Lacklösung angelöst.

Werden die Prägeabdrucke mit der Apparatur aus Abb. 63 im Vakuum hergestellt, so wird die Fehlermöglichkeit durch eingeschlossene Gasreste vermieden. Stattdessen treten jedoch andere, diesem Verfahren eigentümliche Artefakte auf, wie sie Abb. 124 und 125 ausweisen. In beiden Fällen wurden Faserprägeabdrucke unter Vakuum mit Polystyrolmatrizen hergestellt. Die Ausschnitte der Abb. 124 und 125 zeigen jedoch keine Faseroberflächen sondern während der Abdrucknahme entstandene Oberflächenveränderungen des Polystyrols, die sich von den Abdrucken der Faseroberflächen wesentlich unterscheiden. Möglicherweise entstehen diese Artefakte durch Reste vom Lösungsmittel, das in den Polystyrolfolien von der Herstellung her enthalten ist und das infolge Temperaturerhöhung und Druckerniedrigung zu diesen Oberflächenaufblähungen führt. Auch treten bei der Herstellung von Oberflächenabdrucken von Fasern nach dem Prägeverfahren Artefaktbildungen nach Art der Abb. 126 auf. Hier ist im oberen Teil der Abbildung die fasereigene Oberflächenstruktur zu erkennen (vgl. Abb. 64e). Die untere Abbildungshälfte zeigt dagegen eine Artefaktbildung, wie sie bei Faserabdrucken des öfteren zu beobachten ist. Mahl führt diese Artefakte auf eine charakteristische Oberflächenverschmutzung zurück. Es könnte sich jedoch auch um eine spezielle Art von Blasenbildung in der Polystyrolfolie unter Temperatureinfluß handeln, denn diese Artefaktbildung wurde an verschiedenen Fasern beobachtet und es erscheint unwahrscheinlich, daß die verschiedenen Fasern in so ähnlicher Art und Weise verschmutzt sein sollen. Bei thermoplastischem Abdruckmaterial, z.B. Polystyrol, besteht die Gefahr, daß die Bestrahlungswärme während des Aufdampfens von Kohle oder Schwermetall zu Anschmelzerscheinungen führt. Besonders gefährdet sind hohe, dünne Grate oder dünne Stiele in der Abdruckmatrize, die im Erstabdruck von Objekten mit Spalten und Poren vorliegen. So entstehen oft schwer erkennbare Artefakte, wie sie die Abb. 127a und b darstellen. In Abb. 127a handelt es sich um den Polystyrol-Abdruck einer glatten Fläche, bei b um den Abdruck einer gefurchten, porösen Probe. In beiden Fällen entstanden die Anschmelzerscheinungen während der Kohle- bzw. Palladiumbedampfung. Derartige Artefakte treten vor allem dann auf, wenn bei zu kleinem Objektabstand von der Verdampferquelle schwer verdampfbare Substanzen aufgedampft werden.

Schließlich können auch grobkristalline Schrägbedampfungen Oberflächenrauhigkeiten vortäuschen. Bereits die beiden Abb. 61a und b demonstrierten den Einfluß der Kristallgröße des Aufdampfmetalles auf die Abbildungsgüte. Doch lag hier die Vergrößerung mit 400000fach so hoch, daß von einer normalen Platin-Schrägbedampfung kaum ein besseres Ergebnis zu erwarten war. Anders liegt der Fall in Abb. 128, dem mit Platin bedampften Oberflächenabdruck einer Keramikbruchfläche. Man vergleiche die Körnigkeit dieser Platindampfschicht mit der Körnigkeit in Abb. 60c und beachte dabei, daß in letzterem Falle der Abbildungsmaßstab um den Faktor drei größer ist als bei Abb. 128. Das Auflösungsvermögen wird in diesem Falle nicht von den Eigenschaften des Abdruckmaterials, sondern von der Körnigkeit des Aufdampffilmes bestimmt. Derartige, für Platin relativ seltene Kristallvergröberungen können z.B. durch Objekt-

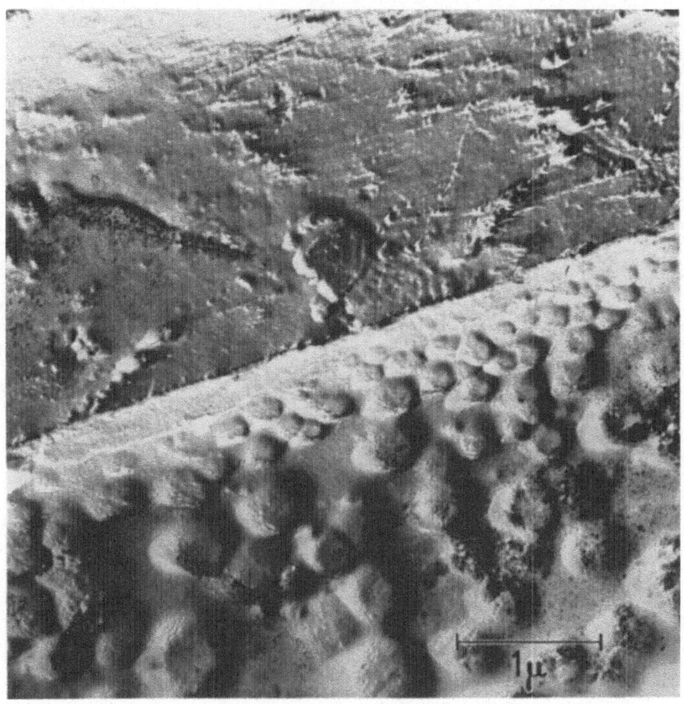

Abb. 126. Polystyrol-Prägeabdruck einer Zellstoff-Faser. Obere Hälfte fasereigene Struktur, untere Hälfte Artefakt. (Aufnahme: G. SCHIMMEL)

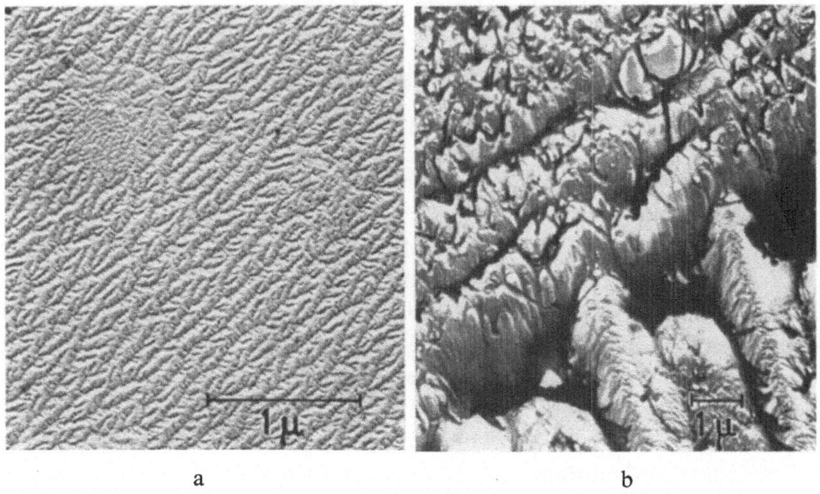

Abb. 127a u. b. Anschmelzerscheinungen bei Polystyrol-Matrizen während der C- bzw. Pd-Bedampfung
a An glatter Fläche, b An Abdrücken von Furchen und Poren
(H. MAHL, siehe Abb. 121)

Abb. 128. Platin-Kohle-Abdruck einer Keramik-Bruchfläche mit grobkörnig kristallisiertem Platin. (Aufnahme: J. Kiendl)

verschmutzungen, Aufdampfbedingungen (Restgase, zu langsame Aufdampfgeschwindigkeit) und auch Kristallisationsvorgänge als Folge intensiver Elektronenbestrahlung im Mikroskop verursacht werden.

10.2. Strahlschäden

Viele chemische Verbindungen erleiden bei Elektronenbestrahlung charakteristische Veränderungen, die entweder primär durch direkte Wechselwirkungen der Elektronen mit den Molekülen hervorgerufen werden oder aber eine sekundäre Folge der Objekterwärmung sind. Der erstere Fall tritt z. B. bei der Untersuchung von Kristallen hochpolymerer Kunststoffe auf, bei denen auch bei vorsichtiger Bestrahlung die Elektronenbeugungsbilder nur einige Sekunden lang zu beobachten sind. Der Einfluß der Wärme läßt sich bei leicht verdampfbaren Stoffen gut beobachten, bei denen während der Beobachtung im Mikroskop eine Teilchenverkleinerung als Folge von Verdampfung eintritt. Bisweilen kondensiert das verdampfte Material (oder seine Umwandlungsprodukte) an anderen, vom Elektronenstrahl nicht erwärmten Bereichen des Präparates wieder. Infolge der besonderen Kondensationsbedingungen im Mikroskop bestehen jedoch zwischen dem ursprünglich vorhandenen Untersuchungsmaterial und den nachträglich kondensierten Substanzen große morphologische Unterschiede. Ein solcher Fall lag in Abb. 129 vor. Untersucht wurde eine Folie mit Ammoniumchlorid-Teilchen. Die ursprünglichen Teilchen sind in den äußeren Bildbereichen zu erkennen; sie zeigen

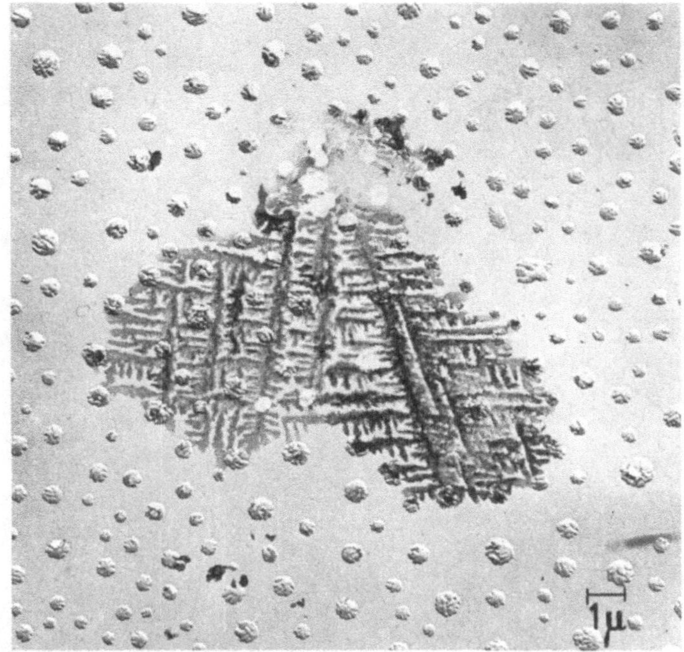

Abb. 129. Kristalle von Ammoniumchlorid. Im Mittelteil verdampftes und wieder auskristallisiertes Ammoniumchlorid. (Aufnahme: J. KIENDL)

bereits charakteristische Abdampfstrukturen. Die dendritischen Kristalle im Mittelteil des Bildes sind im Mikroskop entstanden.

Besonders empfindlich gegen Elektronenbestrahlungen sind hochmolekulare organische Verbindungen, z.B. Eiweißkörper, organische Pigmente und ähnliche Verbindungen. In Abb. 130 wurde ein organisches Pflanzenschutzmittel als Pulverpräparat untersucht. Abb. 130a wurde unmittelbar nach Einschalten des Elektronenstrahles aufgenommen, Abb. 130b nach starker Elektronenbestrahlung.

Jedoch nicht nur organische Verbindungen erleiden derartige Veränderungen durch Elektronenbeschuß, auch anorganische Kristalle zeigen charakteristische Strahlschäden, besonders dann, wenn sie viel Kristallwasser gebunden haben. Einen besonders hohen Anteil an Kristallwasser enthält Ettringit, ein Calcium-Aluminiumsulfat mit 31 Molekülen H_2O in der Elementarzelle. In Abb. 131a sind am Ettringit bereits zu Beginn der elektronenmikroskopischen Untersuchung die ersten Zersetzungserscheinungen zu erkennen. Kurze Elektronenbestrahlung zerstört die nadelförmigen Kristalle nahezu völlig (Abb. 131b), obwohl die Strahlstromstärke hier so niedrig wie möglich gehalten wurde.

Bei dünnen Glasfolien oder Glasfäden treten bei Elektronenbestrahlung häufig Entglasungserscheinungen oder Entmischungen auf. (Aus diesen Gründen haben sich auch dünn ausgeblasene Glasfolien als Trägerfolien nicht bewährt.) Die Bildserie Abb. 132 zeigt eine Phasentrennung bei Bleiglas während der Elektronenbestrahlung. In Abb. 132a haben sich in dem ursprünglich strukturlos

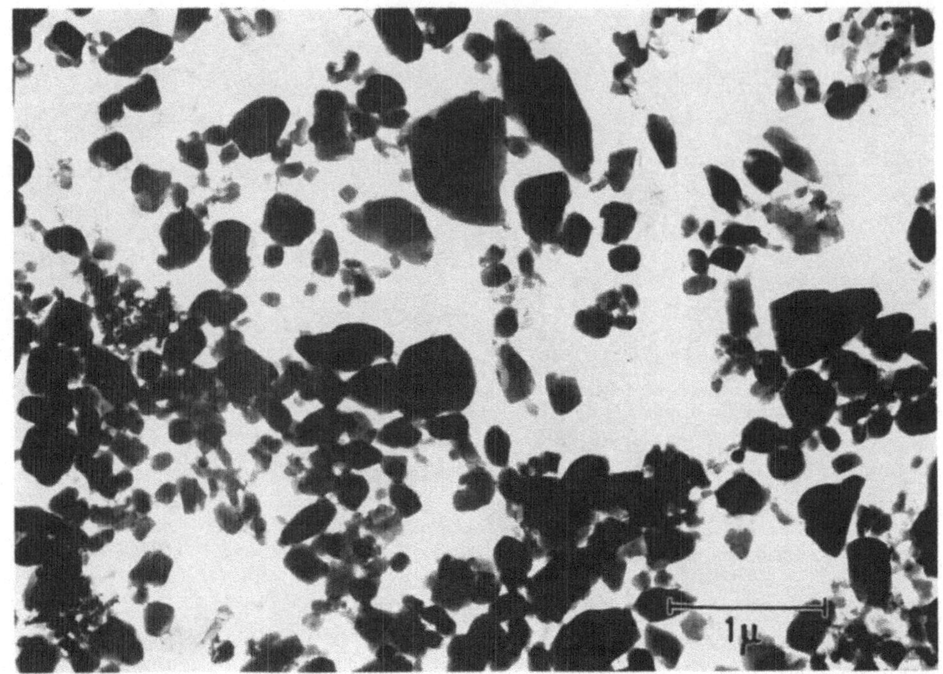

a

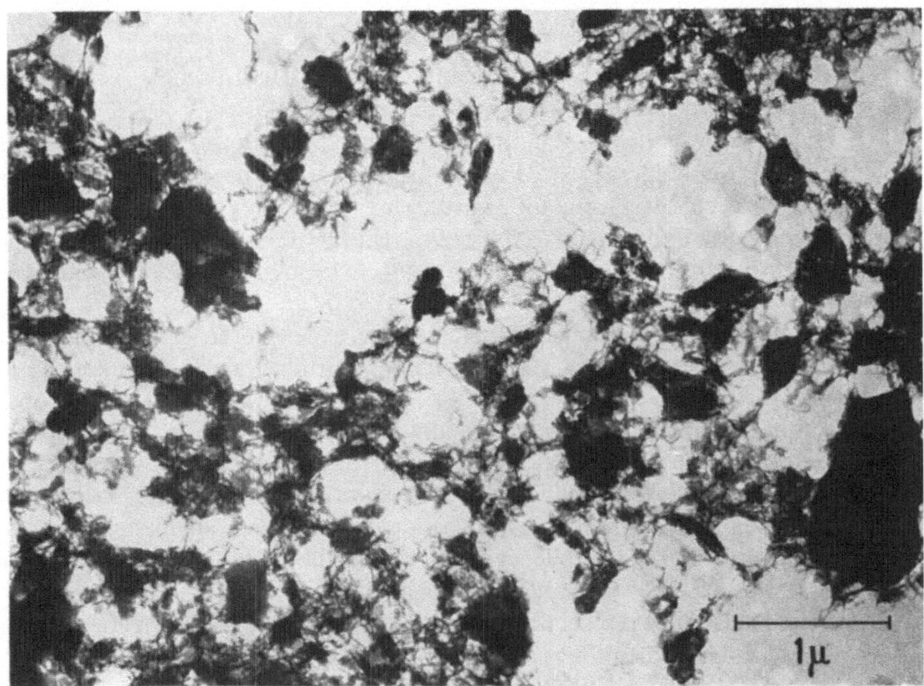

b

Abb. 130a u. b. Organisches Pflanzenschutzmittel.
a Normal, b Nach zu starker Bestrahlung. (Aufnahmen: H. GROTHE)

a

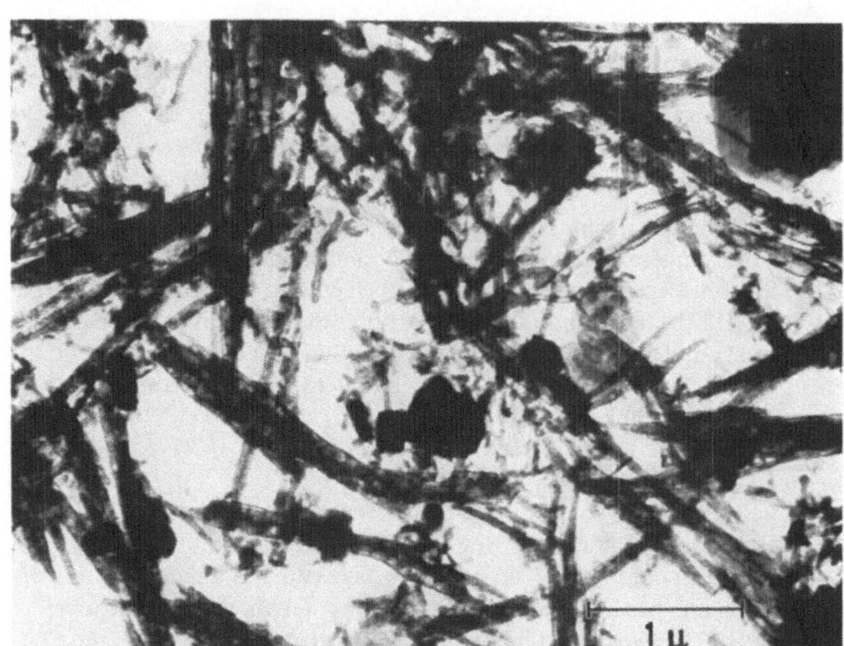

b

Abb. 131a u. b. Satinweiß (Ettringit).
a Annähernd normal, b Nach zu starker Bestrahlung. (Aufnahmen: H. GROTHE)

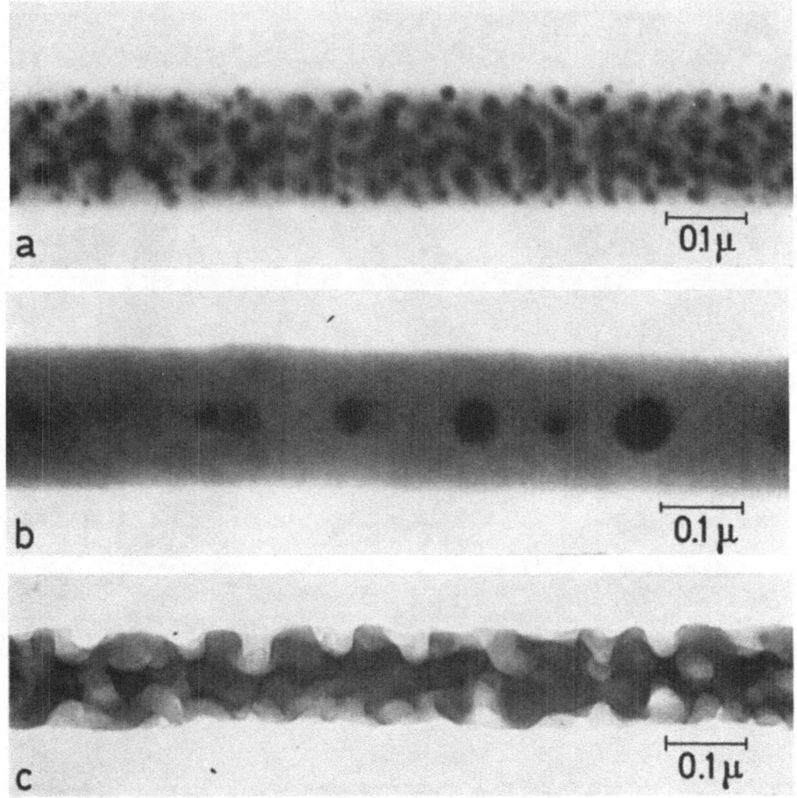

Abb. 132a—c. Bleiglas-Faden.
a Beginnende Bleiausscheidung, b Teilweise Verdampfung der Bleianteile, c SiO_2-Skelett.
(Aufnahmen: G. Schimmel)

erscheinenden Bleiglasfaden bereits dunkle kugelförmige Zentren gebildet, in denen das Blei angereichert ist. Bei weiterer Elektronenbestrahlung wachsen einige der dunklen Bereiche auf Kosten der übrigen und ordnen sich in der Fadenmitte an (Abb. 132b). Setzt man die Bestrahlung fort, so beginnt der Fadendurchmesser zu schrumpfen. Offensichtlich verdampfen Glaskomponenten mit hinreichend hohem Dampfdruck. Schließlich bleibt in Abb. 132c ein skelettartiges fadenförmiges Gerüst übrig.

Justierfehler

Zum Schluß sei noch darauf hingewiesen, daß auch durch Justierfehler Objekteigenschaften vorgetäuscht werden können. Bei Abb. 133 handelt es sich um eine einfache Lochfolie, wie sie bei der Korrektur des axialen Astigmatismus vielfach verwendet wird. In Abb. 133a ist das Gerät korrekt justiert, nicht jedoch in Abb. 133b, wo 1. Astigmatismus vorliegt und 2. Strahlquelle, Objektiv und Projektiv nicht zueinander justiert sind. Durch fehlerhafte Abbildung entsteht der Eindruck, als stellten die Löcher kleine, schräg bedampfte Scheibchen dar.

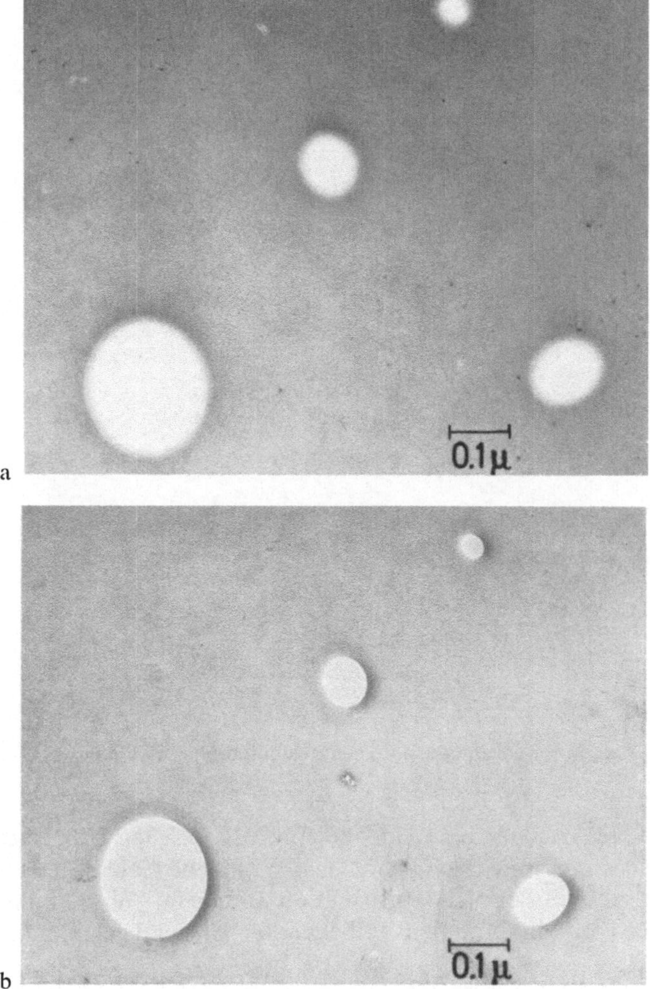

Abb. 133a u. b. Lochfolie.
a Aufgenommen mit gut justiertem Gerät, b Aufgenommen mit dejustiertem Gerät.
(Aufnahmen: G. Schimmel)

Die Beispiele dieses Kapitels demonstrieren, daß die verschiedensten physikalischen und chemischen Effekte als Ursache von Artefakten und Objektveränderungen auftreten können. Bisweilen gehört beträchtliche Erfahrung dazu, zwischen objektbedingten Bildelementen und Artefakten zu unterscheiden. Oft ist es nicht möglich, den Ursprung von Artefakten aufzuklären. Andererseits können Erscheinungen, die zunächst als Artefakte angesehen wurden, Anstoß zur Entwicklung neuer Präparations- und Untersuchungsverfahren geben. Der sicherste Weg, sich vor Fehlinterpretationen zu schützen, besteht bei unbekannten Objekten darin, Ergebnisse durch verschiedene Untersuchungs- und Präparationsverfahren zu kontrollieren.

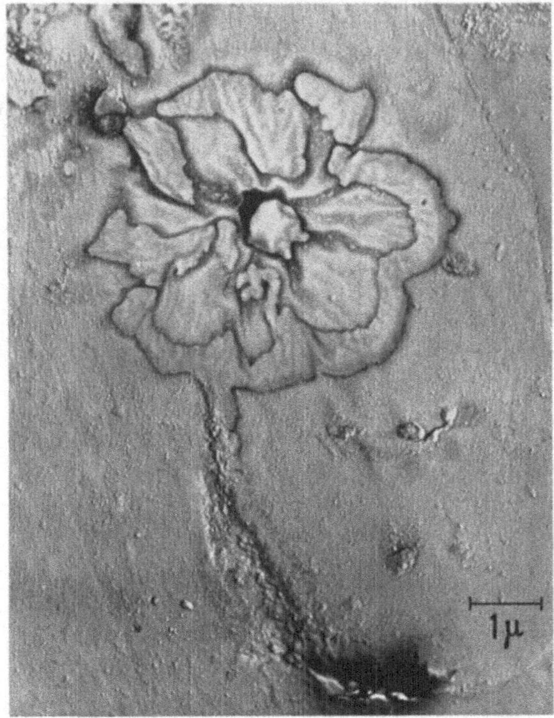

Abb. 134. Trocknungsrückstände auf einer Kollodiumfolie. (Aufnahme: G. SCHIMMEL)

So störend die Artefakte bei elektronenmikroskopischen Untersuchungen auch sein können, so zaubern sie doch bisweilen erstaunliche Gebilde auf die Präparate. Ein besonders schönes Beispiel dafür stellt die Blume in Abb. 134 dar, die sich bei Trocknen einer Kollodiumfolie aus unbekannter Ursache gebildet hatte.

Literatur

Kapitel 1

Monographien

BORRIES, B. v.: Die Übermikroskopie. Berlin: Saenger 1949.

HEBER, G., u. G. WEBER: Grundlagen der modernen Quantenphysik. Teil I: Quantenmechanik, S. 116ff. Leipzig: B. G. Teubner 1956.

HUND, F.: Materie als Feld, S. 87ff. Berlin-Göttingen-Heidelberg: Springer 1954.

LAUE, M. v.: Materiewellen und ihre Interferenzen, 2. Aufl. Leipzig: Geest & Portig 1948.

REIMER, L.: Elektronenmikroskopische Untersuchungs- und Präparationsmethoden, 2. Aufl. Berlin-Heidelberg-New York: Springer 1967.

Zeitschriften

RANG, O.: Zur Eichtransformation der Elektronenwelle. Optik **21**, 59—65 (1964).

Kapitel 2

Monographien

MICHEL, K.: Die Grundlagen der Theorie des Mikroskops. Stuttgart: Wissenschaftliche Verlagsgesellschaft 1950.

Zeitschriften und Kongreßbände

BOERSCH, H.: Über die Wechselwirkung von Elektronen mit Materie. Mikroskopie **21**, 122—141 (1966).

BORRIES, B. v., u. F. LENZ: Über die Entstehung des Kontrastes im elektronenmikroskopischen Bild. Stockholm Conference on Electron Microscopy 1956, S. 60—64.

LENZ, F.: Bildentstehung und Bildkontraste. Vierter Internationaler Kongreß für Elektronenmikroskopie Berlin, S. 306—308. Berlin-Göttingen-Heidelberg: Springer 1958.

Kapitel 3

Monographien

ANDREWS, K. W., D. J. DYSON, and S. R. KEOWU: Interpretation of electron diffraction patterns. London: Hilger & Watts Ltd. 1967.

HIRSCH, P. B., A. HOWIE, R. B. NICHOLSON, D. W. PASHLEY, and M. J. WHELAN: Electron microscopy of thin crystals. London: Butterworths 1965.

LAUE, M. v.: Materiewelle und ihre Interferenzen, 2. Aufl. Leipzig: Geest & Portig 1948.

REIMER, L.: Elektronenmikroskopische Untersuchungs- und Präparationsmethoden, 2. Aufl. Berlin-Heidelberg-New York: Springer 1967.

THOMAS, G.: Transmission electron microscopy of metals. New York and London: Wiley 1964.

Bücher über Röntgenfeinstrukturforschung:

GLOCKER, R.: Materialprüfung mit Röntgenstrahlen unter besonderer Berücksichtigung der Röntgenmetallkunde, 4. Aufl. Berlin-Göttingen-Heidelberg: Springer 1958.

NEFF, H.: Grundlagen und Anwendung der Röntgen-Feinstruktur-Analyse. München: Oldenbourg 1959.

Zeitschriften

Zur Auswertung von Einkristalldiagrammen:

BOLLMANN, W.: A special case of two-dimensionally disordered crystals. Z. Krist. **126**, 1—6 (1968).

DUDEK, H. J., u. W. SCHÜTZ: Elektronenbeugung an Quarz. Z. Naturforsch. **23**a, 533—534a (1968).

RICHTER, H., u. H. KNÖDLER: Elektronenstrahl-Interferenzen an Einkristallen. Z. Naturforsch. **9**a, 147—164 (1954).

RYDER and PITSCH: The uniqueness of orientation determination by selected area diffraction. Phil. Mag. **12**, 437—446 (1967).

Kapitel 4

Monographien

AMELINCKX, S.: The direct observation of dislocations. New York and London: Academic Press 1964.

HIRSCH, P. B., A. HOWIE, D. W. PASHLEY, and M. J. WHELAN: Electron microscopy of thin crystals. London: Butterworths 1965.

THOMAS, G.: Transmission electron microscopy of metals. New York and London: Wiley 1964.

Zur Präparation dünner Metallfolien:

BOLLMANN, W.: Transmission electron microscopy of metals-dislocations and precipitations. In: The encyclopedia of microscopy (Hrsg. G. L. CLARK), p. 291—307. New York: Reinhold Publ. Corp.; London: Chapman & Hall Ltd. (ab 1960).

BRAMMAR, I. S., and M. A. B. DEWEY: Specimen preparation for electron metallography. Oxford: Blackwell Sci. Publ. 1966.

Zeitschriften

EWALD, P. P.: Scattering phenomena in electron diffraction. The origin of the dynamical theory of X-ray diffraction. J. Phys. Soc. Japan **17**, 48—52 (1962).

RANG, O., u. H. POPPA: Zum elektroneninterferometrischen Nachweis von Gitterfehlern in Einkristallen. Naturwissenschaften **45**, 239—240 (1958).

Zu 4.2:

RANG, O.: Formbestimmung dünner Einkristall-Lamellen mit Hilfe der durch Kristallgitter-Reflexe hervorgerufenen Scheinstrukturen. Optik **10**, 90—105 (1953).

—, u. F. SCHLEICH: Elektronenmikroskopische Dunkelfeld-Abbildung als Mittel zur Identifizierung kleiner Kristalle. Z. Physik **136**, 547—555 (1954).

—, u. H. SCHLUGE: Dunkelfeld-Mikroskopie mit definierten Gitter-Reflexen. Optil **9**, 463—472 (1952).

Zu 4.3:

HEIDENREICH, R. D.: Electron microscope and diffraction study of metal crystal textures by means of thin sections. J. Appl. Phys. **20**, 993—1010 (1949).

Zu 4.4:

BOLLMANN, W.: Versetzungen in Metallen. Schweiz. Arch. angew. Wiss. u. Technik **25**, 3—7, (1959).

BOLLMANN, W.: Size an sign of the Burgers vector from transmission micrographs. (Interner Bericht, Veröffentlichung wird vorbereitet.)

HIRSCH, P. B., A. HOWIE, and M. J. WHELAN: A kinematical theory of diffraction contrast of electron transmission microscope images of dislocations and other defects. Phil. Trans., A, **252**, 499 (part I) (1960).

— — — Diffraction effects in electronmicroscopic images. J. Phys. Soc. Japan **17**, 143—154 (1962).

HOWIE, A., and M. J. WHELAN: Diffraction contrast of electron microscope images of crystal lattice defects. II. The development of a dynamical theory. Proc. Roy. Soc. A **263**, 217—237 (1961).

— — Diffraction contrast of electron microscope images of crystal lattice defects. III. Results and experimental confirmation of the dynamical theorie of dislocation image contrast. Proc. Roy. Soc. A **267**, 206—230 (1962).

WHELAN, M. J.: Numerical methods in the theory of diffraction contrast of crystal lattice defects. J. Phys. Soc. Japan **17**, 162—165 (1962).

WHELAN, M. J., P. B. HIRSCH, R. W. HORNE, and W. BOLLMANN: Dislocation and stacking faults in stainless steel. Proc. Roy. Soc. A **240**, 524—538 (1957).

Zu 4.5:

DEMNY, J.: Aussagen des Verdrehungsmoirés über Gitterfehler. Z. Naturforsch. **15**a, 194—199 (1960).

POPPA, H., u. O. RANG: Phasensprünge im elektronenmikroskopischen Verdrehungsmoiré. Z. Metallk. **51**, H. 4 (1960).

RANG, O.: Überstruktur im Elektronen-Beugungsdiagramm eines Glimmerkristalls. Z. Physik **152**, 194—202 (1958).

— Zur geometrischen Theorie der Moiré-Muster auf Elektronenbildern übereinander liegender Einkristalle. Z. Krist. **114**, 98—119 (1960).

—, u. H. POPPA: Fern-Interferenzen von Elektronenwellen als Abbesche „Objekte". Z. Physik **153**, 643—652 (1959).

Kapitel 5

Monographien

MICHEL, K.: Die Grundlagen der Theorie des Mikroskopes. Stuttgart: Wissenschaftliche Verlagsgesellschaft 1950.

REIMER, L.: Elektronenmikroskopische Untersuchungs- und Präparationsmethoden, 2. Aufl. Berlin-Heidelberg-New York: Springer 1967.

Zeitschriften und Kongreßbände

a) Zum Auflösungsvermögen:

DOWELL, W. C. T.: The observation of crystal lattices with smal spacings in the electron microscope. J. Phys. Soc. Japan **17**, 175—178 (1962).

HEYDENREICH, J., H. BETHGE u. U. RUSS: Zur objektiven Darstellung von Auflösungstest-Aufnahmen. Proc. of the Third European Regional Conference of Electron Microscopy, Prague 1964, Vol. A, S. 125—126.

PEASE, R. F. W., and W. C. NIXON: High resolution scanning electron microscopy. J. Sci. Inst. **42**, 81—85 (1965).

RUSKA, E.: Über die Auflösungsgrenzen des Durchstrahlungs-Elektronenmikroskopes. Optik **22**, 319—348 (1965).

SCHUR, K., CHR. SCHULTE u. L. REIMER: Auflösungsvermögen und Kontrast von Oberflächenstufen bei der Abbildung mit einem Raster-Elektronenmikroskop (Stereoscan). Z. angew. Phys. **23**, 405—412 (1967).

THON, F.: Zur Defokussierungsabhängigkeit des Phasenkontrastes bei der elektronenmikroskopischen Abbildung. Z. Naturforsch. **21**a, 476—478 (1966).

— Elektronenmikroskopische Untersuchungen an dünnen Kohlefolien. Z. Naturforsch. **20**a, 154—155 (1965).

b) Zu Stereoaufnahmen:

GROTHE, H., E. KNOBLING u. G. SCHIMMEL: Präparative Hilfsmittel zur quantitativen Auswertung elektronenmikroskopischer Stereoaufnahmen. Vierter Internationaler Kongreß für Elektronenmikroskopie Berlin, S. 146—149. Berlin-Göttingen-Heidelberg: Springer 1958.

HELMCKE, J. G.: Theorie und Praxis der elektronenmikroskopischen Stereoaufnahmen. Optik **11**, 201—225 (1954).

—, u. W. KRIEGER: Feinbau der Diatomeenschalen in Einzeldarstellungen. Z. wiss. Mikr. **61**, 83—92 (1952/53).

—, u. H. J. ORTHMANN: Fehler bei der Tiefenbestimmung elektronenmikroskopischer Stereoaufnahmen. Optik **11**, 562—577 (1954).

Kapitel 6

Monographien

HALL, C. E.: Introduction to electron microscopy. New York: McGraw Hill 1953.

REIMER, L.: Elektronenmikroskopische Untersuchungs- und Präparationsmethoden, 2. Aufl. Berlin-Göttingen-Heidelberg: Springer 1967.

Zeitschriften und Kongreßbände

Allgemeine Abdrucktechnik:

Bachmann, L., u. K. Hayek: Beschattung elektronenmikroskopischer Präparate mit höchstschmelzenden Präparaten. Naturwissenschaften **49**, 153—154 (1962).

Böhler, S.: Allgemeine Präparationstechnik in der Elektronenmikroskopie. Balzers Dokumentation: Elektronenmikroskopische Präparationstechnik (ca. 1963).

Grasenick, F.: Hochauflösende Abdruck- und Umhüllungsverfahren in der Übermikroskopie. Radex Rdsch. **1956**, 226—246.

Mahl, H.: Das Abdruckverfahren und seine Grenzen. Metalloberfläche **12**, 298—323 (1958).

— Zur Wolfram-Oxid-Beschattung elektronenmikroskopischer Präparate. Mikroskopie **17**, 334—338 (1962).

— Das Abdruckverfahren und seine Probleme. Mikroskopie **11**, 93—107 (1956).

Reimer, L., u. Chr. Schulte: Elektronenmikroskopische Oberflächenabdrücke und ihr Auflösungsvermögen. Naturwissenschaften **53**, 489—497 (1966).

Zur Faserpräparation:

Bandel, W.: Anschmutzungen von Cellulosehydratfasern. II. Licht- und elektronenmikroskopische Untersuchungen. Melliand Textilber. **39**, 800—804 (1958).

Jayme, G., u. G. Hunger: Verhornungserscheinungen an Cellulosefaserstrukturen in elektronenoptischer Sicht. Mh. Chemie **87**, 1—3 (1956).

Kling, W., u. H. Mahl: Zur Kenntnis des Waschvorganges. Über elektronenmikroskopische Untersuchungen an Faseroberflächen. Melliand Textilber. **4**, 407—413 (1950).

Mahl, H.: Zur elektronenmikroskopischen Untersuchung von Textilfasern. Z. wiss. Mikr. **60**, 372—380 (1951).

Zur Dekorationstechnik:

Bassett, G. A.: Nucleation of evaporated metal layers on single crystal substrates. Vierter Internationaler Kongreß für Elektronenmikroskopie Berlin, S. 512—515. Berlin-Heidelberg-München: Springer 1958.

— A new technique for decoration of cleavage and slip steps on ionic crystal surfaces. Phil. Mag., **3**, 1042—1045 (1958.)

Bethge, H.: Einige neuere Ergebnisse der elektronenmikroskopischen Untersuchungen an NaCl-Oberflächen. Physik. Blätter **16**, 223—227 (1960).

—, u. W. Keller: Über die Abbildungen von Versetzungen durch Abdampfstrukturen auf NaCl-Kristallen. Z. Naturforsch. **15**a, 271—272 (1960).

— — Elementares Kristallwachstum im elektronenmikroskopischen Bild. European Regional Conference on Electron Microscopy, Delft 1960, S. 266—269.

Grothe, H., u. G. Schimmel: Dekoration von Kunststoffoberflächen. Electron Microscopy 1968. Fourth European Regional Conference, Rome 1968, Vol. 1, S. 513—514. (Tipografia Polyglotta Vaticana).

Kästner, G., u. H. Bethge: Untersuchung zur Gleitstruktur der Ionen-Kristalle. Third European Regional Conference on Electron Microscopy, Prague 1964, S. 267—268.

Krohn, M., u. H. Bethge: Zur Erklärung von Wachstumspiralen mit großer Stufenhöhe. Third European Regional Conference on Electron Microscopy, Prague 1964, S. 309—310.

Schmidt, V., H. Bethge, R. Scholz u. K. W. Keller: Zur Abbildung von Kleinwinkelkorngrenzen großer Versetzungsdichte auf der Oberfläche von NaCl-Kristallen. Third European Regional Conference on Electron Microscopy, Prague 1964, S. 263—264.

Spit, B. I.: Gold decoration applied to polymers. J. Macromol. Sci. **2**, 45—54 (1968).

Kapitel 7

Da dieses Gebiet bisher nicht in geschlossener Form behandelt wurde, können nur Literaturangaben zu Einzelbeispielen gebracht werden.

Bethge, H.: Präparationstechniken zur Untersuchung zeitlich veränderlicher Oberflächenstrukturen. Electron Microscopy 1968. Fourth European Regional Conference, Rome 1968, Vol. 1, S. 273—274. (Tipografia Polyglotta Vaticana.)

Krug, H.: Elektronenoptische Untersuchungen an geschliffenen Metalloberflächen. Werkstatttechnik **53**, 454—462 (1963).

siehe auch: Das Polieren von Glas:

BRÜCHE, E., u. H. POPPA: Das Polieren von Glas. Teil I: Optische Politur. Glastechn. Ber. **28**, 232—242 (1955).

— — Das Polieren von Glas. Teil II: Techn. Politur des Flachglases. Glastechn. Ber. **29**, 183—192 (1956).

— — Das Polieren von Glas. Teil III: Oberflächenschichten beim Polierprozeß. Glastechn. Ber. **30**, 163—175 (1957).

POPPA, H.: Das Polieren von Glas. Teil IV: Auffüllung und Verwalkung beim Polierprozeß. Glastechn. Ber. **30**, 387—393 (1957).

BRÜCHE, E., K. PETER u. H. POPPA: Das Polieren von Glas. Teil V: Kompression und Plastizität von Glas. Glastechn. Ber. **31**, 341—348 (1958).

— — Das Polieren von Glas. Teil VI: Oberflächenfehler bei technischem Glas. Glastechn. Ber. **33**, 37—45 (1960).

SCHIMMEL, G.: Elektronenmikroskopische Untersuchungen über die Hydration von Zementen. Physik. Blätter **16**, 214—220 (1960)

Kapitel 8

Da dieses Gebiet bisher kaum in geschlossener Form behandelt wurde, können nur Literaturangaben zu Einzelbeispielen gebracht werden.

Metallographie:

MELTON, C. W., C. M. SCHWARTZ, and D. L. KIEFER: Modified Thinning Technique for Transmission electron microscopy. Symposium on Technique in Electron Metallography. Amer. Soc. Testing Materials **1962**, 55—59.

MÖLLENSTEDT, CR., u. M. KELLER: Direkte Sichtbarmachung von Metalloberflächen mittels Ionen ausgelöster Elektronen. Radex Rdsch. **1956**, 153—163.

WEGMANN, L.: Auf dem Weg zum Metall-Elektronenmikroskop. Prakt. Metallographie **5**, 241—263 (1968).

Symposium on Techniques for Electron Metallography. ASTM Special Technical Publ. No. 155 1954.

Metallphysik:

ASHALL, D. W., and P. E. EVANS: Yielding and work-hardening in Ni-ThO_2 alloys. Metal Sci. J. **2**, 96—99 (1968).

GIARDA, A., and M. PAGANELLI: Electron microscopical study of some structural features of SAP. Mém. Sci. Rev. Met. **62**, 921—931 (1965).

GUYOT, P., and E. RUEDL: Electron microscopy of SAP following tensile deformation or quenching. European Atomic Energy Comm. Report Eur-2479e, 36 (1965).

HEIMENDAHL, M. v., and G. THOMAS: Substructur and mechanical properties of TD-nickel. Trans. Metallurg. Soc. AIME **230**, 1520—1528 (1964).

WILCOX, B. A., and A. H. CLAUER: Creep of thoriated nickel above and below 0.5 Tm. Trans. Metallurg. Soc. AIME **236**, 570—580 (1966).

Halbleiter:

SCHLÖTTERER, H.: Epitaxiales Wachstum von Silbersulfid auf dünnen Silberschichten. phys. stat. sol. **11**, 219—229 (1965).

—, u. CH. ZAMINER: Kristallbaufehler beim epitaxialen Wachstum von Silizium auf Magnesium-Aluminium-Spinell. phys. stat. sol. **15**, 399—411 (1966).

SEITER, H.: Der Einfluß von Gitterdefekten und mechanischen Spannungen auf das Ätzverhalten von Silizium. Surface Sci. **7**, 332—350 (1967).

THEIS, W.: Gitterstörungen in Halbleiterscheiben. Telefunken-Ztg. **39**, 315—339 (1966).

Mineralogie:

COLE, S. H., and E. A. MONROE: Electron microscope studies of the structure of Opal. J. Appl. Phys. **38**, 1872—1873 (1966).

Menschliches Haar:

RANDEBROCK, R.: Elektronenmikroskopische Aufnahmen des menschlichen Haares. J. Soc. Cosmet. Chemistr. **13**, 405—415, **1962**.

Kapitel 9

Monographien:

Batel, W.: Einführung in die Korngrößenmeßtechnik, 2. Aufl., S. 107—131 Mikroskopische Meth., S. 135—152 Oberflächen-Messungen. Berlin-Göttingen-Heidelberg-New York: Springer 1964.

Zeitschriften:

Kaiser, H., u. H. Specker: Bewertung und Vergleich von Analysenverfahren. Z. Analyt. Chemie **149**, 46—66 (1956).

Kirste, E., u. H. Mahl: Einfluß der Präparationsmethode auf die statistische Korngrößenverteilung bei feindispersen Stoffen. Kolloid.-Z. **164**, 3—8 (1959).

Kleinschmidt, A., u. R. K. Zahn: Morphologie gelöster Desoxyribonuclein-Säure-Präparate und einige ihrer Eigenschaften in Oberflächen-Mischfilmen. Vierter Internationaler Kongreß für Elektronenmikroskopie Berlin, S. 115—118. Berlin-Göttingen-Heidelberg: Springer 1958.

Lenz, F.: Die Bestimmung der Größenverteilung von in einem Festkörper eingebetteten kugelförmigen Teilchen mit Hilfe der durch einen ebenen Schnitt erhaltenen Schnittkreise. Optik **11**, 524—527 (1954).

— Zur Größenverteilung von Kugelschnitten. Z. wiss. Mikr. **63**, 50—56 (1956/58).

Moor, H.: Die Gefrier-Fixation lebender Zellen und ihre Anwendung in der Elektronenmikroskopie. Z. Zellforsch. **62**, 546—580 (1964).

Plesch, —: Das wichtigste über die Fehlerstatistik bei Strahlungsmessungen. Siemens EG-Ber. 4/13/50/1963.

Royen, P., u. M. Trömel: Röntgenographische und elektronenmikroskopische Untersuchung von Magnesiumoxiden verschiedener Herkunft. Ber. Bunsenges. phys. Chemie **1963**, 908—920.

— W. Tolksdorf, F. Granzer u. H. Schuster: Elektronenmikroskopische Nachprüfung der röntgenographisch durch Reflexformanalyse bestimmten „Mittleren Teilchengröße“ eines feindispersen MgO-Rauches. Acta Cryst. **17**, 1246—1252 (1964).

Schimmel, G., u. G. Walter: Elektronenmikroskopische Untersuchung von mit Membranfiltern abgeschiedenem Luftstaub. Naturwissenschaften **46**, 10 (1959).

Staubuntersuchung mit Hilfe von Membranfiltern. Membranfilter Information MI 139 der Membranfilter Göttingen 1960.

Strassen, H. zur: Zur Darstellung und Deutung von Kornverteilungen. Radex Rdsch. **1954**, 143—151.

Kapitel 10

Zeitschriften:

Kirste, E., u. H. Mahl: Einfluß der Präparationsmethode auf die statistische Korngrößenverteilung bei feindispersen Stoffen. Kolloid.-Z. **164**, 3—8 (1959).

Mahl, H.: Das Abdruckverfahren und seine Grenzen. Metalloberfläche **12**, 298—323 (1958).

Orth, H., u. E. W. Fischer: Änderung der Gitterstruktur hochpolymerer Einkristalle durch Bestrahlung im Elektronenmikroskop. Makromol. Chemie **88**, 188—214 (1965).

Sachverzeichnis